Henning Genz
Roger Decker

Symmetrie und Symmetriebrechung in der Physik

Facetten

Giuseppe Caglioti
Symmetriebrechung und Wahrnehmung
Beispiele aus der Erfahrungswelt

Karl von Meyenn (Hrsg.)
Albert Einsteins Relativitätstheorie
Die grundlegenden Arbeiten

Franco Selleri
Die Debatte um die Quantentheorie

Herbert Meschkowski
Denkweisen großer Mathematiker
Ein Weg zur Geschichte der Mathematik

Herrmann Haken und Arne Wunderlin
Die Selbststrukturierung der Materie
Synergetik in der unbelebten Welt

Henning Genz und Roger Decker
Symmetrie und Symmetriebrechung in der Physik

Henning Genz
Roger Decker

Symmetrie und Symmetriebrechung in der Physik

vieweg

Die Deutsche Bibliothek - CIP-Einheitsaufnahme

Genz, Henning:
Symmetrie und Symmetriebrechung in der Physik /
Henning Genz; Roger Decker. - Braunschweig: Vieweg, 1991

ISBN 978-3-528-08558-2 ISBN 978-3-322-86303-4 (eBook)
DOI 10.1007/978-3-322-86303-4

NE: Decker, Roger:

Prof. Dr. Henning Genz
Dr. habil. Roger Decker
Institut für Theoretische Kernphysik
Universität Karlsruhe
D-7500 Karlsruhe 1

Der Verlag Vieweg ist ein Unternehmen der Verlagsgruppe Bertelsmann International.

Satz: Vieweg, Braunschweig
Umschlaggestaltung: Schrimpf und Partner, Wiesbaden

Gedruckt auf säurefreiem Papier

Vorwort

In der Umgangssprache besitzt das Wort Symmetrie zwei verschiedene Bedeutungen. Erstens bedeutet es dasselbe wie Ausgewogenheit, Harmonie und Schönheit. Zweitens dasselbe wie Spiegelsymmetrie. Der Symmetriebegriff der Physik präzisiert und verallgemeinert den Begriff Spiegelsymmetrie der Umgangssprache. Er kann auf Objekte im Raum, auf den Raum selbst, auf die Zeit, auf Aufgaben und Lösungen und auf die Naturgesetze angewendet werden.

Dies Buch ist den Symmetrien der Naturgesetze und ihren Brechungen gewidmet. Sonst noch aufgenommenes dient zur Illustration. Alle Symmetrien verbindet ihre Beziehung zur Unbeobachtbarkeit. Eine Transformation ist genau dann eine Symmetrietransformation, wenn nicht beobachtet werden kann, ob sie durchgeführt wurde. Das ist, sehr verkürzt, ein Hauptthema des Buches.

Das Buch "Symmetrie - Bauplan der Natur" eines der Autoren (Genz 1987a) enthält die Ankündigung einer Broschüre mit den in dem populärwissenschaftlichen Buch unterdrückten Formeln. Statt der geplanten Broschüre ist nun dieses Buch entstanden. Es erzählt das Symmetriethema neu - für Leser, die über bessere Kenntnisse in den Naturwissenschaften verfügen, als sie beim allgemeinen Publikum vorausgesetzt werden können.

Ein Lehr- oder Schulbuch wollten wir nicht schreiben. Dem entsprechend diffus ist das Bild, das wir uns vom Leser machen. Leser, die das schiere Vorkommen einer anderen Formel als $E = mc^2$ von der Lektüre abhält, wollen wir nicht ansprechen. Wir denken, daß am anderen Ende der Skala ein Physikstudium von etwa drei Semestern ausreicht, um das Buch ganz zu verstehen. Insbesondere schaffen die Feynman-Vorlesungen zur Physik (Feynman 1965) die Voraussetzungen hierfür. Physik- und Mathematiklehrer sollten es ohne Schwierigkeiten lesen können. Kenntnisse, die über Abiturwissen in Physik und Mathematik hinausgehen, werden nur bei Einzelfragen vorausgesetzt. Die Botschaft des Buches ist davon unabhängig.

Spezifischer nehmen wir bei quantenmechanischen Einzelfragen an, daß der Leser die bra- und ket-Notierung Diracs kennt. Kennt er sie nicht, kann er ohne weitere Einbuße auf davon abhängende Einzelheiten verzichten. Sehr selten, und genauso peripher, benutzen wir die Maxwellschen Gleichungen. Leser, die NH_3, 10^{-12}, ein Vektorpfeil und $\sqrt{2}$ nicht schreckt, können große Teile des Buches (vielleicht 40%) verstehen. Weitere 40% des Buches setzen zudem einfache Differentialgleichungen, Elemente der Matrizenrechnung, das Wissen um das Verhalten einer Probeladung in einem Magnetfeld und dergleichen voraus. Die restlichen 20% erfordern die erwähnten Spezialkenntnisse in der Quantenmechanik und, viel seltener, der Elektrodynamik.

Unsere Stoffauswahl entspricht diesen Voraussetzungen. Wir erörtern bevorzugt Themen, die mit Hilfe einfacher Formeln besser dargestellt werden können als ohne sie. Ein Beispiel bildet das Noether-Theorem (Kapitel 3, §1); ein Gegenbeispiel bilden die Supersaiten (erwähnt am Ende von Kapitel 4). Wir kennen keine Darstellung dieser Erweiterung der Quantenfeldtheorie, die durch einfache Formeln ein genaueres Verständnis ermöglicht als die rein verbale von - sagen wir - Davies 1989a. Auf Genz 1987a verweisen wir immer dann, wenn schon diese populärwissenschaftliche Darstellung Verständnis auf dem Niveau des jetzigen Buches ermöglicht. So gesehen bilden die beiden Bücher eine Einheit. Genz 1987a gehört aber nicht zu den Voraussetzungen dieses Buches.

Unser Arbeitsgebiet ist die theoretische Elementarteilchenphysik. Folglich haben wir uns besonders bemüht, die Bedeutung von Symmetrie und Symmetriebrechung für sie herauszuarbeiten. Die großen Fortschritte der Elementarteilchenphysik in den letzten Jahrzehnten beruhen auf einem tieferen Verständnis der Symmetriebrechung. In der Kosmologie berufen wir uns vor allem auf das Machsche Prinzip. Ohne den technischen Apparat der Differentialgeometrie vorauszusetzen, ermöglicht es ein intuitives Verständnis vieler Aussagen der allgemeinen Relativitätstheorie. Dadurch hat das Prinzip, verglichen mit der Relativitätstheorie, in unserer Darstellung ein zu großes Gewicht erhalten.

Neu ist an diesem Buch nach unserer Auffassung vor allem die Darstellung von Symmetrie und Symmetriebrechung auf dem beschriebenen Niveau. Darstellungen von Einzelthemen, die unser Symmetrie-Thema zusammenfaßt, für denselben Leserkreis nennen wir am Ende des Buches. Die Abschnitte zur Kosmologie verdanken den schönen Büchern Rindler 1977, Harrison 1983, Martin 1988, Narlikar 1988 und Berry 1990 manches. Der Abschnitt Selbstähnlichkeit in §1 von Kapitel 5 paßt Großmann 1989 an den Stil dieses Buches an. In anderen Abschnitten haben sich frühere Einflüsse so vermischt, daß wir ihnen nicht nachgehen können. Von der Erläuterung der lokalen Symmetrie in Abb. 2.6 wissen wir, daß wir sie gesehen haben, nicht aber, wo. Für Hinweise wären wir dankbar. Professionell-wissenschaftliche Darstellungen der Elementarteilchenphysik (Kapitel 4) sind Lee 1981, Huang 1982, Cheng 1984 und Nachtmann 1986.

Die Karikaturen der Abb. 1.1e, Abb. 1.1f und Abb. 1.34 hat Herr Dipl. Ing. Wilfried Gleichmann für dieses Buch neu gezeichnet; dafür herzlichsten Dank. Für die anderen Abbildungen, für die wir keine Quellen angegeben haben, danken wir Frau Marlies Bielfeld, die auch Teile des Umbruchs besorgt hat, sehr herzlich. Dem Piper-Verlag München danken wir für die Erlaubnis, Abbildungen aus Genz 1987a zu übernehmen. Herrn Dr. Massimo Malvetti herzlichen Dank dafür, daß er einem von uns (R.D.) geholfen hat, Tücken von TeX zu überwinden. Dem Vieweg-Verlag, insbesondere unserm freundlichen Lektor, Herrn Dipl.-Chem. Björn Gondesen, danken wir für seine Geduld mit dem Manuskript und dafür, daß das Buch länger und schöner werden durfte, als ursprünglich geplant war.

Mit Symmetrie und Symmetriebrechung beschreiben wir in diesem Buch nach unserer Auffassung einen wesentlichen Beitrag der Naturwissenschaften zur menschlichen Kultur. Wir hoffen, daß dem Leser die Lektüre Spaß macht. Nichts in dem Buch ist Pflicht für Schule, Studium oder Beruf; alles ist Kür. Je technischer ein Abschnitt ist und je mehr er voraussetzt, desto weniger wichtig ist er in der Regel für das Ziel des Buches, Verständnis für Symmetrie und Symmetriebrechung zu wecken. Der Leser kann also durchaus Abschnitte übergehen, die er nicht lesen mag oder kann.

Karlsruhe, im Juni 1991

Henning Genz

Roger Decker

Inhaltsverzeichnis

Verzeichnis der Kästen

Kapitel 1
Symmetrische Objekte

§1 Symmetrietransformationen

Spiegelt man den Buchstaben A an seiner Mittellinie, bleibt er ungeändert – er ist spiegelsymmetrisch. Auch das B ist spiegelsymmetrisch: Es kann ohne Änderung an seiner waagerechten Mittellinie gespiegelt werden. Bis zum E besitzen alle Großbuchstaben des Alphabets diese Symmetrie. Das F dann ist nicht bewegungssymmetrisch, da es durch keine Bewegung außer der Identität – das ist die Transformation, die wie die "Drehung" um 0° oder 360° überhaupt nichts ändert – mit sich selbst zur Deckung gebracht werden kann. Das H ist doppelt spiegelsymmetrisch: Es wird weder durch die Spiegelung an der waagerechten, noch durch die an der senkrechten Gerade durch seinen Mittelpunkt geändert. Zudem ist es drehsymmetrisch, da es durch die Drehung um 180° um seinen Mittelpunkt in sich selbst überführt wird. Der Buchstabe N ist drehsymmetrisch und nichts weiter: Ihn können wir ohne Änderung um den Mittelpunkt seiner schrägen Linie um 180° drehen, und ihn läßt außer dieser und der Identität keine Bewegung der Ebene ungeändert. Zeichnet man das O als Oval, besitzt es genau dieselben Symmetrien wie das H, I oder X; zeichnet man es hingegen als Kreis, wird es durch keine Drehung um seinen Mittelpunkt und keine Spiegelung an einer beliebigen Gerade durch ihn geändert.

Der Symmetriebegriff Hermann Weyls

In Abb. 1.1 sind Objekte versammelt, mit denen man "etwas anstellen kann, ohne sie dadurch am Ende, wenn man fertig ist mit der Prozedur, geändert zu haben". Das ist, in den Worten eines Physikers (Feynman 1990), der Symmetriebegriff Hermann Weyls (Weyl 1955). Welche Prozedur mit diesem "etwas anstellen" im Einzelfall gemeint ist, entscheidet darüber, wie interessant oder wichtig die jeweilige Symmetrie ist. Zweifelsohne wichtige Symmetrien sind Bewegungssymmetrien. Bewegungssymmetrisch heißen Objekte, die durch mindestens eine Bewegung außer der Identität in sich überführt werden. Zur Erinnerung:

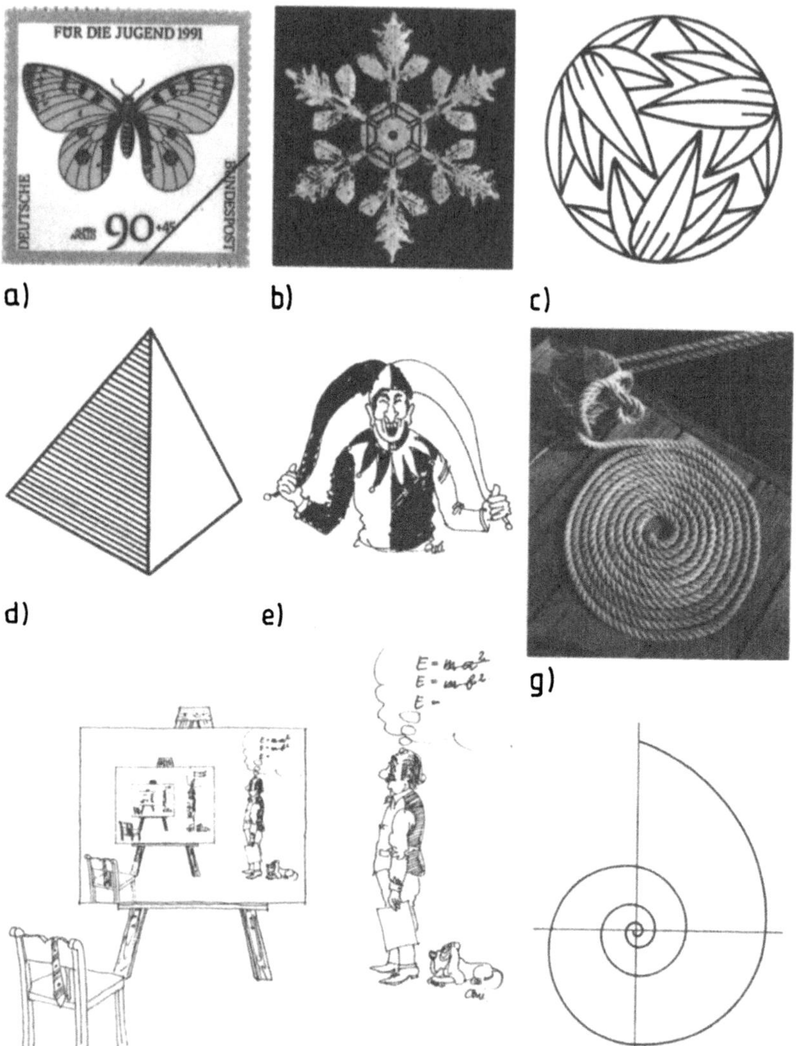

Abb. 1.1 Der Schmetterling in a) ist spiegelsymmetrisch: Er bleibt ungeändert bei der Spiegelung an einem doppelseitigen Spiegel, der ihn in der Mitte von vorn nach hinten und von oben nach unten zerteilt. Den Schneekristall in b) lassen Drehungen um vielfache von 60° um seinen Mittelpunkt und Spiegelungen an sechs Geraden durch ihn ungeändert. Das Familienwappen (c) wird durch die

i)

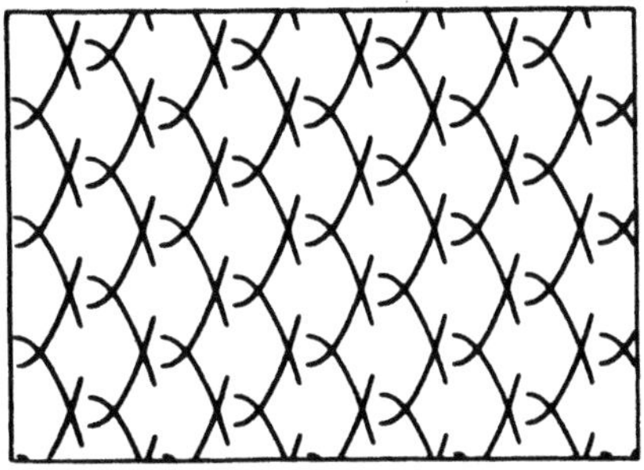
j)

k)

Drehung um 120° nicht geändert. Das Tetraeder in d) ist einer der fünf platonischen Körper (Martin 1982). Das Narrenkostüm in e) ist farbsymmetrisch: Es bleibt, wenn man es spiegelt, und zudem schwarz und weiß vertauscht, ungeändert. Das unendlich große Bild, von dem (f) ein Ausschnitt ist, kann ohne Änderung vergrößert werden – es ist skalensymmetrisch. Das Gehäuse des "gekammerten Perlboots", bildet eine Spirale wie die in (h). Denn (McMahon 1985) "das Perlboot baut sein Gehäuse auf, indem es immer größere Wohnkammern ansetzt, deren Form beim Wachsen gleich bleibt." Das Gehäuse, und mit ihm die Spirale, bleibt also bei Bewegungen, die aus Drehungen und Vergrößerungen zusammengesetzt sind, ungeändert. In Polarkoordinaten r, ϕ wird die Spirale durch die Gleichung $r(\phi) = e^{n \cdot \phi}$, n reell, beschrieben. Folglich bilden die Transformationen $\phi \to \phi' = \phi + \alpha$, $r \to r' = r \cdot e^{n \cdot \alpha}$, wobei α eine beliebige reelle Zahl ist, eine Gruppe von Symmetrietransformationen der Spirale. Die Entstehung der "Archimedes-Spirale" in g) zeigt genauso, daß ihre Punkte bei geeignet gewählten Einheiten in Polarkoordinaten der Gleichung $r(\phi) = \phi$ genügen. Also bilden die Transformationen $\phi \to \phi' = \phi \cdot e^{\alpha}$, $r \to r' = r \cdot e^{\alpha}$ eine Gruppe von Symmetrietransformationen der Spirale. Die Ausschnitte (i-k) stammen aus unendlich ausgedehnten, verschiebungssymmetrischen Mustern. Ihre Bewegungssymmetrien sind *r2*, *c1m* und *p1* (Tabellen 1.1 und 1.2). Die Muster (i) und (k) sind zudem farbsymmetrisch.

Unter Bewegungen versteht man die Transformationen eines Raumes, die den Abstand zweier beliebig herausgegriffener Punkte ungeändert lassen. Neben Drehungen und Verschiebungen sind daher auch Spiegelungen Bewegungen. Der Schneekristall in Abb. 1.1b zum Beispiel ist sowohl mehrfach dreh- als auch spiegelsymmetrisch. Vergrößerungssymmetrisch oder skalensymmetrisch heißen Objekte, die ohne Änderung um einen gewissen Faktor vergrößert werden können. Das "Bild im Bild" der Abb. 1.1f ist ein Ausschnitt aus einem (unendlich großen) vergrößerungssymmetrischen Gebilde. Vergrößerungssymmetrie ist, wie

Kasten 1.1: Gruppenaxiome

Eine Menge G von Elementen, zwischen denen eine Verknüpfung $\circ$ *erklärt ist, heißt* Gruppe, *wenn die Gruppenaxiome 1-4 erfüllt sind:*

1) Ausführbarkeit: Wenn a und b zu G gehören, dann auch das a und b durch Verknüpfung $\circ$ *zugeordnete Element* $c = a \circ b$.

2) Existenz der Gruppeneins e: Es gibt in G ein Element e mit der Eigenschaft $a \circ e = a$ *für alle Elemente a von G.*

3) Existenz des Inversen a^{-1} *zu a: Wenn a in G enthalten ist, gibt es in G ein Element* a^{-1} *mit der Eigenschaft* $a \circ a^{-1} = e$.

4) Assoziativität: Das Zusammensetzungsgesetz ist assoziativ: Für alle a, b und c aus G gilt $(a \circ b) \circ c = a \circ (b \circ c)$.

schon Bewegungssymmetrie, eine interessante Eigenschaft von Objekten. Interessant sind auch Farbsymmetrien. Das sind Symmetrien (Abb. 1.1e+k) gegenüber Transformationen, die aus Bewegungen und Farbvertauschungen zusammengesetzt sind.

Auf all diese Symmetrien werden wir weiter unten eingehen. Hier einige Beispiele für uninteressante Symmetrien. Zunächst einmal bleiben bei Anwendung der Identität alle überhaupt möglichen Gebilde ungeändert. Wir nennen daher nur Gebilde symmetrisch, die zusätzlich zur Identität durch mindestens eine Transformation nicht geändert werden. Drehsymmetrie ist eine interessante Eigenschaft des Buchstabens N, da Drehungen interessante Transformationen sind. Das N bleibt aber auch ungeändert bei denjenigen Transformation der Ebene, die es Punkt für Punkt beliebig umbauen und alle anderen Punkte der Ebene ungeändert lassen. Ohne weitere Einschränkung ist Symmetrie also ein Allerweltsbegriff, und erst spezifische Symmetrien, Bewegungssymmetrien zum Beispiel, verdienen Interesse. Wir werden den Symmetriebegriff im Einzelfall dadurch präzisieren, daß wir *nicht alle* Symmetrietransformationen eines Gebildes betrachten, sondern nur diejenigen, die ein jeweils festzulegendes Kriterium erfüllen.

Symmetriegruppen

Die umkehrbar-eindeutigen Transformationen, die ein beliebiges Objekt S in sich überführen – die Symmetrietransformationen von S – bilden eine Gruppe im mathematischen Sinn (Kasten 1.1 und Kasten 1.2). Erstens folgt daraus, daß zwei Transformationen T_1 und T_2 das Objekt nicht ändern ($T_1(S) = S$, $T_2(S) = S$), daß es auch diejenige Transformation $T_3 = T_2 \circ T_1$ nicht ändert, die dasselbe leistet wie T_1 und T_2 hintereinander ausgeführt: $T_3(S) = T_2(T_1(S)) = T_2(S) = S$. Daher gehört mit T_1 und T_2 auch $T_2 \circ T_1$ zu den Symmetrietransformationen von S, und das Gruppenaxiom der Ausführbarkeit gilt. Die Identität E ist diejenige Transformation, die überhaupt nichts ändert. Sie ändert also auch S nicht, gehört daher – zweitens – zu den Symmetrietransformationen von S und spielt die Rolle der Gruppeneins e (siehe Kasten 1.2). Wird S durch T nicht geändert, dann auch durch die Transformation T^{-1} nicht, die die Wirkung von T aufhebt. Folglich gehört – drittens – mit der Transformation T auch deren Inverse zu den Symmetrietransformationen von S. Schließlich gilt das Gruppenaxiom der Assoziativität für beliebige Transformationen, insbesondere also auch für die hier betrachteten Symmetrietransformationen von S.

Die Gruppe *aller* Symmetrietransformationen eines Objektes sagt im allgemeinen wenig über das Objekt aus, da sie außer interessanten Transformationen zahlreiche uninteressante enthält. Wie Bewegungen sind Vergrößerungen interessante Transformationen, genauso Änderungen der Geschwindigkeiten. Wir fassen die Kandidaten für interessante Symmetrietransformationen zu Gruppen[1] im mathematischen Sinn zusammen. So bilden alle Bewegungen der Ebene eine Gruppe, genauso alle Drehungen um eine Achse im Raum und alle Längenänderungen um einen positiven Faktor.

Man kann sich leicht überlegen, daß diejenigen Elemente einer Gruppe von Transformationen, die Symmetrietransformationen eines Objektes sind, selbst wieder eine Gruppe – eine Untergruppe der gegebenen Gruppe – bilden. Daher bilden nicht nur "alle" Symmetrietransformationen eines Objektes eine Gruppe, sondern auch diejenigen, die in der Gruppe der zugelassenen Transformationen vorkommen.

---

[1] Eine amüsante Variante des Theorems, daß *alle* Symmetrietransformationen eine Gruppe bilden, sagt, daß *alle interessanten* Symmetrietransformationen eine Gruppe bilden. Diese Variante kann aber nicht ganz ernst genommen werden. Das zeigt der "Beweis", daß wie die Schnapszahl 333 oder die Primzahl 17 *alle Zahlen interessant sind*: Wären nicht alle Zahlen interessant, gäbe es eine kleinste uninteressante Zahl. Sehr interessant, die Zahl!

Kasten 1.2: Transformationsgruppen

Gegeben sei eine Menge M von Elementen m. Wir betrachten umkehrbar-eindeutige Transformationen T, die jedem m aus M ein m' ebenfalls aus M zuordnen: $m' = T(m)$. Sind T_1 und T_2 umkehrbar-eindeutige Transformationen von M, so ist es auch die durch $T_3(m) = T_2(T_1(m))$ eindeutig bestimmte Transformation T_3. Wir nehmen an, daß mit T_1 und T_2 auch T_3 zur Menge der betrachteten Transformationen T gehört und schreiben $T_3 = T_2 \circ T_1$. Da die betrachteten Transformtionen umkehr-eindeutig sind, besitzt jedes T eine durch $m = T^{-1}(T(m))$ eindeutig bestimmte inverse Transformation T^{-1}. Mit E der durch $m = E(m)$ für alle m definierten Identität können wir schreiben $T \circ T^{-1} = E$ und nehmen an, daß die Identität zur Menge der betrachteten Transformationen gehört; genauso mit T sein Inverses T^{-1}. Daher gelten für die betrachteten Transformationen T bei der Verknüpfung $\circ$ die Gruppenaxiome 1-3 in Kasten 1.1; die Transformation E spielt die Rolle der Gruppeneins e aus Axiom 2 in Kasten 1.1. Das Assoziativgesetz, Gruppenaxiom 4, kann als $T_3(T_2 \circ T_1(m)) = T_3 \circ T_2(T_1(m))$ geschrieben werden. Die Gültigkeit dieser Gleichung ist leicht einzusehen. Folglich bilden die betrachteten Transformationen eine Gruppe im mathematischen Sinn.

Die Objekte S des Textes bilden (echte oder unechte) Teilmengen von M, auf deren Elemente S die dort betrachteten Transformationen T wirken. Die Punkte der Ebene sind ein wichtiges Beispiel für M; die Bewegungen der Ebene eins für die Transformationen T. Mit S den Punkten eines Quadrats, können wir dann von denjenigen Transformationen T sprechen, die S als Menge, nicht unbedingt also Punkt für Punkt, ungeändert lassen. Sie bilden die Gruppe D_4 (Kasten 1.4), eine Untergruppe der Gruppe der Bewegungen der Ebene.

Da beispielsweise alle Bewegungen eines Raumes eine Gruppe bilden, gilt das auch von denjenigen, die eine Punktmenge des Raumes in sich überführen.

Die Symmetriegruppe eines Gebildes hängt bei Vorwahl der

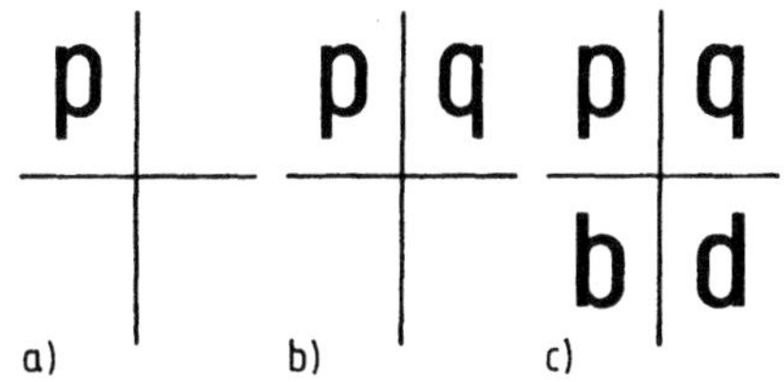

Abb. 1.2 Spiegelsymmetrie an zwei aufeinander senkrecht stehenden Geraden zieht Drehsymmetrie um 180° um den Schnittpunkt der Geraden nach sich.

Gruppe, aus der die zugelassenen Transformationen stammen müssen, von dieser Vorwahl ab. Der Buchstabe N ist als zweidimensionales Gebilde sowohl in die Ebene als auch in den dreidimensionalen Raum eingebettet, besitzt also erstens eine Symmetriegruppe aus Bewegungen des zweidimensionalen und zweitens eine aus Bewegungen des dreidimensionalen Raumes. Wenn dies nicht bereits aus dem Kontext hervorgeht, müssen wir also stets sagen, aus welcher Gruppe von Transformationen die Symmetrieoperationen ausgewählt wurden.

Grundlage der Möglichkeit, symmetrische Gebilde durch ihre Symmetriegruppen zu klassifizieren ist, daß Symmetrietransformationen nicht beliebig zu Symmetriegruppen zusammengestellt werden können. Dies werden wir durch zwei Beispiele erläutern. Wie bereits gesagt, transformieren Bewegungen die Punkte eines Raumes so, daß der Abstand zweier beliebig herausgegriffener Punkte ungeändert bleibt. Offensichtlich sind beliebige Kombinationen von Drehungen, Verschiebungen und Spiegelungen in diesem Sinn Bewegungen. Wir wollen fragen, ob es ein ebenes Gebilde geben kann, das ungeändert bleibt bei den Spiegelungen an zwei aufeinander senkrecht stehenden Geraden und keine weitere Symmetrie gegenüber Bewegungen der Ebene besitzt. Um aus einem beliebigen ebenen Gebilde – beispielsweise dem Buchstaben p in Abb. 1.2a – eines zu erzeugen, das spiegelsymmetrisch an der senkrechten Gerade der Abbildung ist, spiegeln wir das p an dieser und fügen sein Spiegelbild (das q) zum ursprünglichen p hinzu. So erhalten wir die einfach spiegelsymmetrische Abb. 1.2b. Um, ohne deren Symmetrie zu zerstören, aus ihr ein Gebilde zu erzeugen, das zudem symmetrisch ist gegenüber Spiegelungen an der waagerechten Gerade, fügen wir die an ihr gespiegelte Abb. 1.2b hinzu und erhalten die in der Tat doppelt spiegelsymmetrische Abb. 1.2c. Aber schauen wir uns diese Abbildung an: Sie bleibt zudem und ungewollt ungeändert bei Drehungen um 180° um den Schnittpunkt der beiden Spiegelgeraden. Es folgt,

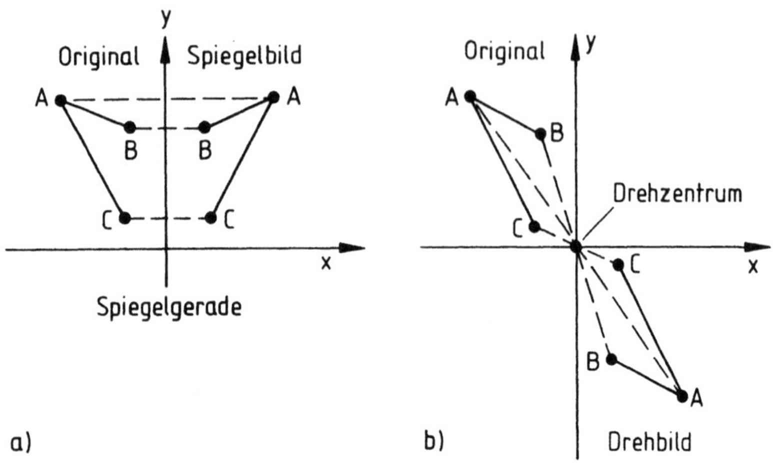

Abb. 1.3 **a) Spiegelungen in der Ebene sind Spiegelungen an Geraden. b) "Punktspiegelungen" in der Ebene sind tatsächlich Drehungen.**

daß doppelte Spiegelsymmetrie an zwei aufeinander senkrecht stehenden Geraden nicht allein vorkommen kann. Sie ist stets begleitet von Drehsymmetrie um 180° um den Geradenschnittpunkt. Für die Symmetriegruppen ebener Gebilde bedeutet dies, daß sie zusätzlich zu den Spiegelungen an zwei aufeinander senkrecht stehenden Geraden stets auch die Drehung um 180° um deren Schnittpunkt enthalten.

Bewegungen der Ebene und des Raumes

Überlegungen wie diese sind auch Ausgangspunkt der Klassifikation aller möglichen Gruppen von Bewegungen. Zunächst einmal bilden die Bewegungen der Ebene zusammen genommen eine Gruppe im mathematischen Sinn; genauso die Bewegungen des dreidimensionalen Raumes. Drehungen der Ebene sind Drehungen um einen Punkt, Drehungen des Raumes Drehungen um eine Drehachse. Verschiebungen sowohl der Ebene als auch des Raumes werden durch (zweikomponentige bzw. dreikomponentige) Vektoren beschrieben, deren Richtung mit der Verschiebungsrichtung zusammenfällt und deren Länge angibt, um wieviel verschoben werden soll. Spiegelungen der Ebene sind Spiegelungen an einer Gerade (Abb. 1.3a), Spiegelungen des Raumes sind entweder Spiegelungen an einer Ebene oder Spiegelungen an einem Punkt (Abb. 1.4). Auf die Punktspiegelung der Ebene (Abb. 1.3b) gehen wir weiter unten ein.

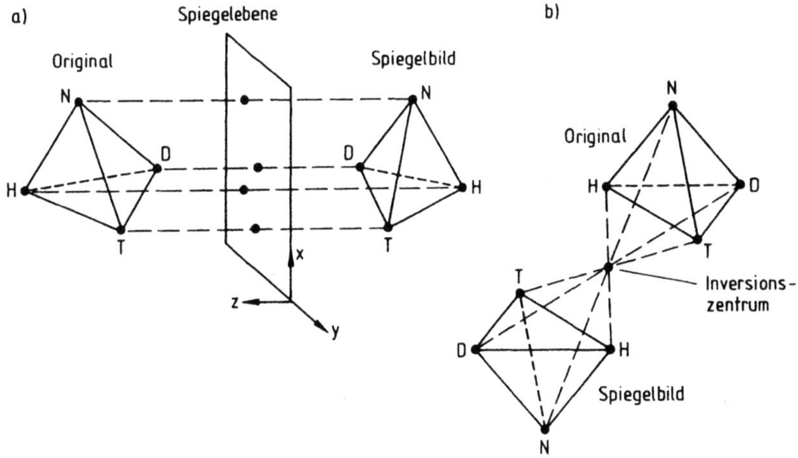

Abb. 1.4 Die Abbildung erläutert die räumlichen Spiegelungen an einer Ebene (a) und an einem Punkt (b) durch das Molekül NHDT (Abb. 1.12c+d) und sein Spiegelbild. Das NHDT links von der Spiegelebene in a) kann mit dem NHDT rechts oben vom Inversionszentrum durch eine Drehung und/oder Verschiebung zur Deckung gebracht werden. Dasselbe gilt von den Spiegelbildern der Moleküle an der Ebene und am Inversionszentrum.

Die Liste aller möglichen Bewegungen ist mit Verschiebungen, Drehungen und Spiegelungen nicht erschöpft; jede beliebige Bewegung der Ebene oder des Raumes läßt sich aber durch Hintereinanderschalten geeignet gewählter Verschiebungen, Drehungen und Spiegelungen erzeugen. Diesen Satz übernehmen wir aus der Mathematik; einige Details stehen im Abschnitt über Händigkeiten.

Die Gleitspiegelung ist eine Bewegung der Ebene, die durch Hintereinanderschalten einer Verschiebung und einer Spiegelung erzeugt wird (Abb. 1.5), selbst aber weder eine Verschiebung, Drehung noch Spiegelung ist: Durch sie entsteht aus dem p der Abbildung das q. Die Drehspiegelung ist eine Bewegung im Raum, die durch Hintereinanderschalten einer Drehung und einer Spiegelung entsteht. Auch sie ist weder eine Verschiebung, Drehung noch Spiegelung. Schraubungen sind zusammengesetzte Bewegungen des Raumes, die ohne Beteiligung einer Spiegelung durch Hintereinanderschalten einer Drehung und einer Verschiebung in Richtung der Drehachse erzeugt werden.

In der Ebene entsteht durch Hintereinanderschalten von Drehungen um einen Punkt wieder eine Drehung um denselben Punkt und wird jede Drehung um einen Punkt durch eine Drehung um denselben

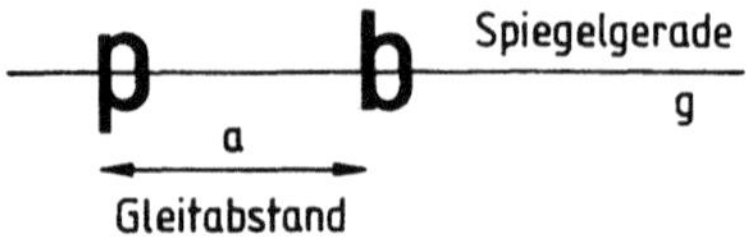

Abb. 1.5 Gleitspiegelung.

Punkt rückgängig gemacht. Folglich bilden die Drehungen um einen Punkt für sich allein eine Gruppe im mathematischen Sinn. Dasselbe gilt für Drehungen im Raum um eine Achse, für Verschiebungen sowohl in der Ebene als auch im Raum und für Verschiebungen zusammen mit den Drehungen um beliebige Punkte (Achsen).

Diese Gruppen von Bewegungen bilden Untergruppen der Gruppe aller Bewegungen der Ebene bzw. des Raumes. Zusammen mit der Identität bildet auch die Drehung der Ebene um 180° um einen Punkt eine Gruppe: Wiederholt man die Drehung, so hat man insgesamt um 360° gedreht, also nichts geändert. Daher ist die Drehung um 180° "zu sich selbst invers". Genauso bildet die Spiegelung an einer beliebigen Gerade zusammen mit der Identität eine Gruppe. Denn die Wiederholung einer Spiegelung hebt deren Wirkung auf. Diese Symmetriegruppen der Abb. 1.6a bzw. Abb. 1.6b sind zwar nicht identisch – Drehungen sind keine Spiegelungen – , aber isomorph[2].

Abb. 1.6 Die Münze in a) ist spiegel-, die in b) drehsymmetrisch.

Spiegelungen

Reale Objekte kann man zwar wirklich drehen und verschieben, im allgemeinen aber nicht in ihr Spiegelbild verwandeln. Durch eine Drehung um 180° um einen Punkt der Papierebene entsteht aus dem p der Abb. 1.2 das d derselben Abbildung. Genauso entsteht das q der Abbildung aus dem p durch Spiegelung an der senkrechten Geraden. Wir nehmen jetzt an, es sei zwar möglich, ebene Objekte – hier: Buchstaben – in der Ebene zu bewegen, in der sie angesiedelt sind; sie aber

---

[2] Isomorph heißen zwei Gruppen, deren Elemente einander so zugeordnet werden können, daß die Gruppenregel erhalten bleibt.

aus der Ebene heraus zu bewegen, soll unmöglich sein. Das wäre so für flache Wesen, die in der Papierebene lebten und keine Ahnung davon hätten, daß ihre Welt in unseren dreidimensionalen Raum eingebettet ist. Die Drehung, durch die aus diesem p dieses d entsteht, könnten sie wirklich durchführen; nicht aber die Spiegelung, die dieses p in dieses q verwandelt. Beide, das p und das q, gibt es in ihrer Ebene; beide sind Spiegelbilder voneinander, wie p und d Drehbilder voneinander sind. Doch ein materielles p nehmen, es spiegeln und ein q aus ihm machen, könnten sie nicht.

Bleibt man in der Ebene, klafft zwischen p und q eine unüberwindbare Lücke, nicht aber zwischen p und d. Allgemein können an materiellen Objekten tatsächlich durchführbare Transformationen in beliebig viele Transformationen zerlegt werden, deren jede beliebig wenig verändert. So ist die Drehung um 180°, die ein p in ein d verwandelt, in N Drehungen um je $(180/N)°$ unterteilbar. Indem wir N größer und größer wählen, zerlegen wir die Drehung um 180° in beliebig viele Drehungen, deren jede beliebig wenig verändert. Es gibt hingegen keine Folge von Bewegungen der Ebene, die über eine kontinuierliche Folge von Zwischenstufen vom p zum q führte. "Infinitesimal" heißen Transformationen, die von einem Parameter so abhängen, daß sie Objekte, auf die sie angewendet werden, beliebig wenig verändern, wenn nur der Parameter klein genug gewählt wird.

Unter den Bewegungen der Ebene ist die Spiegelung an einer Geraden in dem Sinn eine diskrete Transformation, daß es keine infinitesimalen Bewegungen der Ebene gibt, die hintereinander ausgeführt auf beliebige ebene Objekte genauso wirkten wie die Spiegelung. In demselben Sinn sind die Drehungen unter den Bewegungen der Ebene kontinuierliche Transformationen. Zur Veranschaulichung der Möglichkeiten, zwei ebene Gebilde durch Bewegungen zur Deckung zu bringen, zeichnet man am besten eins auf Papier (ein p hier), das andere auf durchsichtige Folie (ein d oder q) und versucht, die Folie so zu bewegen, daß die Buchstaben zur Deckung kommen. Das ist beim d durch Drehen und Verschieben der Folie parallel zur Papierebene möglich; der Versuch hingegen, das q (auf Folie) durch Verschieben und Drehen der Folie parallel zur Papierebene in das p (auf Papier) zu überführen, scheitert.

Insoweit illustriert das Experiment mit der durchsichtigen Folie nur, was wir bereits wissen. Mit ihrer Hilfe können wir zudem Bewegungen des dreidimensionalen Raumes studieren, in den die Folienebene eingebettet ist und die auf diese Ebene genauso wirken wie Bewegungen der Ebene selbst. Beispielsweise bleibt die Ebene der Folie Punkt für Punkt ungeändert, wenn wir den dreidimensionalen Raum an ihr als Spiegelebene spiegeln: Diese Bewegung des Raumes wirkt auf die Folie genauso wie die Identität, die Bewegung der Ebene, die sie Punkt für Punkt ungeändert läßt. (Folglich sind beliebige ebene Objekte, aufgefaßt als Punktmengen im dreidimensionalen Raum, spiegelsymmetrisch.) Interessanter ist die Möglichkeit, das auf Folie gezeichnete q mit dem p in der Papierebene durch eine Drehung der Folie im Raum zur Deckung zu bringen. Dies leistet eine Drehung um 180° um eine Drehachse in der Papierebene – eine Drehung, der man Objekte im dreidimensionalen Raum tatsächlich und materiell unterwerfen kann.

Diese Bewegung leistet für die Ebene dasselbe wie die Spiegelung der Ebene an der Drehachse. Für die Ebene dasselbe leistet auch die Raumspiegelung an der auf der Folienebene senkrecht stehenden Ebene, die sie in der Drehachse schneidet. Während die (tatsächlich durchführbare) Raumdrehung Ober- und Unterseite der Folie vertauscht, läßt die (tatsächlich nicht durchführbare) Raumspiegelung diese ungeändert. Das Gitter der Abb. 1.7, als Gitter im Raum aufgefaßt, veranschaulicht diesen Unterschied. Legt man eine Spiegelebene so, daß sie Dürers "Betende Hände" halten, so wird anschaulich klar, daß durch Spiegelung an einer Ebene aus einer rechten Hand eine linke (und umgekehrt) entsteht. Genauso verwandelt eine Spiegelung Rechts-Schrauben und Muttern in Links-Schrauben und Muttern (und umgekehrt). Wie es unmöglich war, ein p materiell und wirklich durch eine Folge von Bewegungen der Ebene in ein q zu überführen, ist es nun unmöglich, durch eine Folge tatsächlich durchführbarer Bewegungen des dreidimensionalen Raumes eine rechte Hand in eine linke zu verwandeln. Zwischen beiden klafft im Raum genauso eine Lücke wie zwischen p und q in der Ebene.

Mathematisch wird die ebene Spiegelung der Abb. 1.3 durch $x \to x' = -x$, die Raumspiegelung der Abb. 1.4a durch $z \to z' = -z$ beschrieben; alle anderen Koordinaten bleiben bei den Transformationen ungeändert. Die Drehung um 180° der Abb. 1.3b bewirkt $x \to x' = -x$ zusammen mit $y \to y' = -y$.

Weder in der Ebene noch im Raum kann man erst ein bißchen spiegeln, dann noch ein bißchen, bis schließlich die volle Spiegelung erreicht ist. Wie es aber möglich war, das ebene p durch einen Ausflug in den Raum in ein q zu verwandeln, würde durch einen geeigneten Ausflug

Abb. 1.7 Der gefangene Satan einer äthiopischen Zauberrolle. Die Symmetrien des Gitters erläutert der Text.

in vier Dimensionen aus der linken eine rechte Hand entstehen. Da es aber unmöglich ist, einen solchen Ausflug zu unternehmen, besteht diese theoretische Möglichkeit tatsächlich nicht.

Dadurch, daß wir eine Rechts-Schraube oder Mutter um 180° drehen, ändern wir ihren Drehsinn nicht. Folglich ist es unnötig, bei Muttern zwischen Ober- und Unterseite zu unterscheiden. Der Drehsinn spiralförmiger Nudeln kann durch keine tatsächlich durchführbare Bewegung geändert werden; die Nudelfabrik könnte, wenn sie das wollte, den Drehsinn ihrer Nudeln auf der Packung vermerken. Lebten wir in vier Dimensionen, wäre dies bei dreidimensionalen Nudeln unmöglich – sie besäßen keinen Drehsinn. In der dreidimensionalen Welt können ebene Objekte keinen Drehsinn besitzen; das gilt auch für Scheiben wie Buchstabennudeln, bei denen Ober- und Unterseite ununterscheidbar sind. Daher können wir p-, q-, d- und b-Nudeln nicht unterscheiden; Packungsaufschriften, die dies täten, wären sinnlos.

Es gibt genau zwei Händigkeiten

Alle Bewegungen, denen reale Objekte tatsächlich unterworfen werden können, lassen sich aus Verschiebungen und Drehungen zusammensetzen. Die Spiegelung an einer Ebene (Gerade in der Ebene) ist ebenfalls eine Bewegung; ihr aber kann kein Objekt materiell und wirklich unterworfen werden. Dasselbe gilt für Bewegungen, die aus Drehungen, Verschiebungen und Spiegelungen so zusammengesetzt sind, daß sie nicht allein durch Drehungen und Verschiebungen erzeugt werden können. Derartige Bewegungen sind in der Ebene Gleitspiegelungen, im Raum Drehspiegelungen und Punktspiegelungen.

Lage und Orientierung des Spiegelbildes eines Objektes hängen selbstverständlich von der Stellung des Spiegels ab; insofern gibt es verschiedene Spiegelbilder desselben Objektes. Sie alle aber können durch tatsächlich durchführbare Bewegungen – Folgen von Drehungen und Verschiebungen – ineinander transformiert werden. Denn[3] beliebige Spiegel und damit die Spiegelbilder an ihnen werden durch derartige Bewegungen in beliebige andere überführt: Es gibt, betrachtet man tatsächlich und materiell ineinander überführbare Objekte als gleich, nur ein einziges Spiegelbild eines jeden Objektes.

Chiral heißt ein Objekt, das wie die Schnabeltasse für Rechtshänder in Abb. 1.8a mit seinem Spiegelbild – einer Schnabeltasse für Linkshänder – durch keine tatsächlich durchführbare Bewegung zur Deckung gebracht werden kann. Von chiralen Objekten existieren zwei "enantiomorphe" Formen mit verschiedenen Händigkeiten, die Spiegelungen vertauschen. Objekte hingegen, die wie die Tasse in Abb. 1.8b mit ihrem Spiegelbild durch eine durchführbare Bewegung zur Deckung gebracht werden können, besitzen keine Händigkeit; sie heißen achiral. Spiegelsymmetrisch nennen wir Objekte, die, wie abermals die Tasse (Abb. 1.8c) mit ihrem Spiegelbild in einem geeignet aufgestellten Spiegel – eine Gerade in der Ebene, eine Ebene im Raum – identisch sind. Da, anders und umständlich gesagt, spiegelsymmetrische Objekte durch die (selbstverständlich durchführbare) Identität in ihr Spiegelbild an dem Spiegel, der sie nicht ändert, überführt werden, sind sie nach dem Wortlaut der Definition auch achiral. Nicht jedes achirale Objekt ist aber spiegelsymmetrisch. Davon sogleich und abermals weiter unten.

---

[3] Die Bewegungen, die das eine Spiegelbild eines Objektes an zwei verschieden aufgestellten Spiegeln in das andere überführen, unterscheiden sich von denen, die dasselbe für die Spiegel leisten.

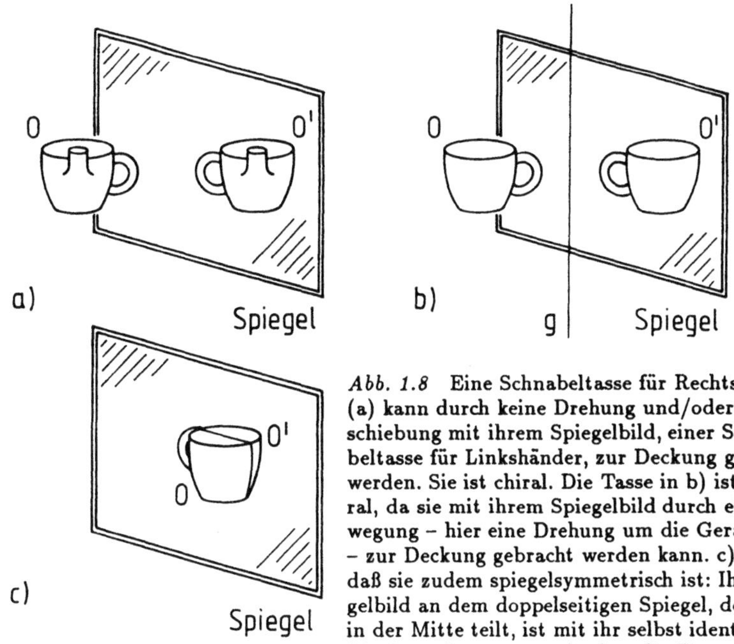

Abb. 1.8 Eine Schnabeltasse für Rechtshänder (a) kann durch keine Drehung und/oder Verschiebung mit ihrem Spiegelbild, einer Schnabeltasse für Linkshänder, zur Deckung gebracht werden. Sie ist chiral. Die Tasse in b) ist achiral, da sie mit ihrem Spiegelbild durch eine Bewegung – hier eine Drehung um die Gerade g – zur Deckung gebracht werden kann. c) zeigt, daß sie zudem spiegelsymmetrisch ist: Ihr Spiegelbild an dem doppelseitigen Spiegel, der sie in der Mitte teilt, ist mit ihr selbst identisch. Ein Inversionszentrum besitzt die Tasse nicht.

Wir wissen, daß kein als Objekt im Raum aufgefaßtes ebenes Objekt chiral ist: Es bleibt ungeändert bei der Spiegelung an der Ebene, die es enthält, ist also sogar spiegelsymmetrisch, nicht nur achiral. Bleibt man in der Ebene, so gibt es sowohl chirale (das p) als auch achirale Objekte (das B). Das B ist sogar spiegelsymmetrisch, da es mit seinem Spiegelbild an seiner waagerechten Mittellinie übereinstimmt. Ein Beispiel für ein achirales, aber nicht spiegelsymmetrisches Objekt in der Ebene ist die beiderseits unendliche Buchstabenfolge ···pbpbpb···. Durch Spiegelung an einer senkrechten Gerade entsteht aus ihr die Buchstabenfolge ···qdqdqd···, die zwar durch eine Drehung um 180° in die ursprüngliche Folge überführt werden kann, mit ihr aber ohne die Drehung (oder eine andere Bewegung) nicht identisch ist. Die unendliche Buchstabenfolge ist also achiral; ist sie auch spiegelsymmetrisch? Dazu wäre erforderlich, daß die Folge durch Spiegelung an einer Gerade ohne zusätzliche Bewegung in sich übergeht. Das könnten höchstens Spiegelungen an senkrechten oder waagerechten Geraden leisten, da allein sie die waagerechte Folge in eine waagerechte transformieren.

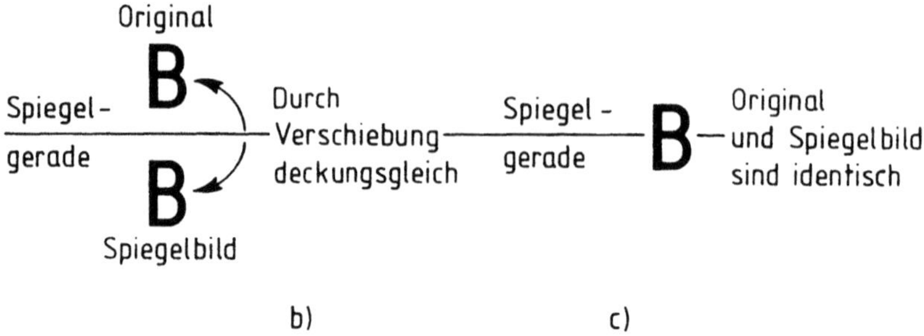

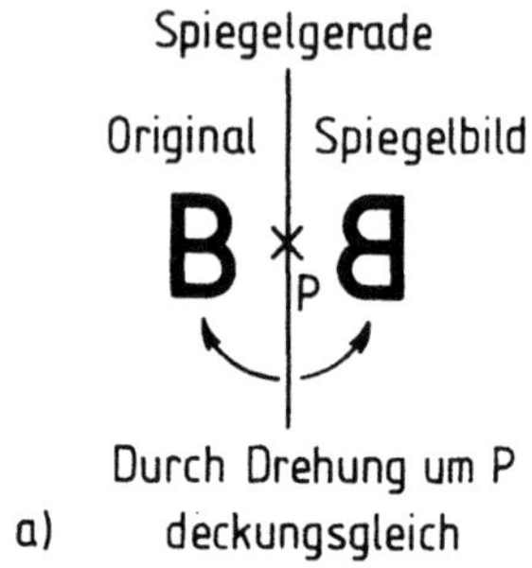

Abb. 1.9 **Bewegungen, die den Buchstaben B mit seinem Spiegelbild in der Ebene an verschiedenen Geraden zur Deckung bringen.**

Die Spiegelungen an den senkrechten Geraden haben wir besprochen. Durch Spiegelung an einer beliebigen waagerechten Gerade entsteht aus ···pbpbpb··· die Folge ···bpbpbp··· . Legt man die Spiegelgerade (Abb. 1.5) in die Mitte der Buchstaben, –pbpbpb–, so besetzt in der gespiegelten Folge ein b den ehemaligen Platz eines p und umgekehrt. Die so entstandene Folge geht durch die Verschiebung um den Abstand eines p von einem b in die waagerechte Richtung in die ursprüngliche über. Wir sehen, daß die aus der Spiegelung an einer Geraden und einer Verschiebung in Richtung der Geraden zusammengesetzte Gleitspiegelung eine Symmetrietransformation der Buchstabenfolge ···pbpbpb··· ist. Es gibt aber keine Spiegelung, die allein, ohne zusätzliche Bewegung, die Folge in sich selbst überführte: Sie ist in der Ebene achiral, aber nicht spiegelsymmetrisch.

Über den Buchstaben B haben wir gesagt, er sei in der Ebene achiral, da er sogar spiegelsymmetrisch ist. Daß das B in der Tat mit seinem Spiegelbild an einer beliebigen Geraden durch eine Drehung oder Verschiebung zur Deckung gebracht werden kann, illustrieren die Abb. 1.9a-c durch Beispiele. Das p ist hingegen in der Ebene chiral, da es durch keine ausführbare Bewegung der Ebene mit seinem Spiegelbild an einer Geraden zur Deckung gebracht werden kann. Welche Gerade wir dieser Feststellung zu Grunde legen, ist gleichgültig, da das Spiegelbild des p an einer beliebigen Geraden (der waagerechten zum Beispiel) mit dem an einer beliebigen anderen (der senkrechten) durch eine Drehung oder Verschiebung zur Deckung gebracht werden kann (das b mit dem q). Auch das Buchstabenpaar pb ist in der Ebene chiral.

Wie in der Ebene, gibt es auch im Raum bis auf Unterschiede, die durch Drehungen und Verschiebungen aufgehoben werden können, nur ein einziges Spiegelbild eines beliebigen Objektes. Das Spiegelbild des Spiegelbildes eines Objektes in demselben Spiegel ist das Original, da die aus zweimal derselben Spiegelung bestehende Bewegung die Identität ist. Spiegelt man ein Objekt an einem ersten, das Spiegelbild dann an einem zweiten Spiegel, kann das Spiegelbild des Spiegelbildes mit dem Original durch eine ausführbare Bewegung zur Deckung gebracht werden: Hintereinanderschalten zweier Spiegelungen ergibt eine ausführbare Bewegung.

Ein bereits erwähnter Satz der Mathematik sagt, daß jede Bewegung als Folge von Drehungen, Verschiebungen und/oder Spiegelungen geschrieben werden kann. Folglich können die Bilder eines Objektes unter beliebig zusammengesetzten Bewegungen, nicht nur unter Spiegelungen, entweder mit dem Objekt selbst oder mit seinem Spiegelbild durch ausführbare Bewegungen zur Deckung gebracht werden. Während bei achiralen Objekten beide Möglichkeiten zusammen fallen, gibt es von chiralen Objekten wie der Schnabeltasse in Abb. 1.8a in der Tat zwei Versionen mit verschiedenen Händigkeiten. Eine dritte Version, die aus dem Objekt durch eine Bewegung entstünde und weder mit ihm noch mit seinem Spiegelbild durch eine ausführbar Bewegung zur Deckung gebracht werden könnte, gibt es von keinem Objekt. In diesem Sinn gibt es genau zwei Händigkeiten.

Dies wollen wir durch einige Bewegungen erläutern, die zwar nicht ausführbar, aber keine Spiegelungen an einer Ebene oder Geraden sind. Da, wie erwähnt, die Kombination einer geraden Zahl von Spiegelungen mit ausführbaren Bewegungen eine ausführbare Bewegung ergibt, können wir uns auf Bewegungen beschränken, die außer ausführbaren Bewegungen genau eine Spiegelung enthalten. Diese Bewegungen ändern offenbar die Händigkeiten chiraler Objekte. Wir wollen sie daher chirale Bewegungen nennen.

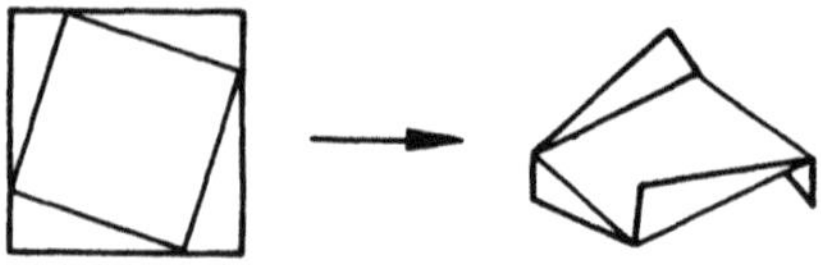

Abb. 1.10 **Das gefaltete Quadrat der Abbildung läßt eine Drehung um 90°, kombiniert mit einer Spiegelung an seiner Ebene, ungeändert.**

Ein Objekt S, das eine chirale Bewegung B nicht ändert, $S = B(S)$, ist notwendig achiral. Ist B keine Spiegelung an einer Ebene oder Gerade, bleibt offen, ob S auch spiegelsymmetrisch ist. Wir wissen, daß die chirale Bewegung der Ebene "Gleitspiegelung" die achirale, aber nicht spiegelsymmetrische Buchstabenfolge ···pbpbpb··· in sich selbst überführt. Eine chirale Bewegung des Raumes, jedoch keine Spiegelung an einer Ebene, ist die Spiegelung an einem Punkt (Abb. 1.4). Die Spiegelung am Ursprung eines dreidimensionalen kartesischen Koordinatensystems überführt die Ortsvektoren $\vec{r}$ in $-\vec{r}$, $r \to \vec{r}\,' = -\vec{r}$. Die Spiegelungen an den drei Koordinatenebenen leisten zusammen genommen offenbar dasselbe. Daher kann die Spiegelung P am Ursprung in die Spiegelung $P_z : z \to z' = -z$ an der x-y-Ebene, gefolgt von der Drehung R_z um 180° $x \to x' = -x$, $y \to y' = -y$ um die z-Achse, insgesamt also $P = R_z \circ P_z$, zerlegt werden. Da sowohl der Ursprung des Koordinatensystems als auch die x-y-Ebene beliebig gewählt werden können, wirkt die Spiegelung an einem Punkt genauso wie die Spiegelung an einer beliebigen Ebene, die den Punkt enthält, gefolgt von der Drehung um 180° um den Normalenvektor der Ebene in dem Punkt. Daher (und wie es sein muß) schließt die Feststellung, daß es bis auf Unterschiede, die durch durchführbare Bewegungen aufgehoben werden können, nur ein einziges Spiegelbild eines beliebigen Objektes gibt, das Ergebnis der Spiegelung des Objektes an einem Punkt ein. Die ausführbare Bewegung, die die Drehung R_z in $P = R_z \circ P_z$ rückgängig macht, und daher jedes P-symmetrische Objekt in sein Bild unter P_z überführt, ist R_z selbst – eine Drehung, die mit ihrem Inversen identisch ist.

Das $N_2H_2D_2T_2$-Molekül der Abb. 1.4b, das durch Zusammenfassen der acht Atome der Abbildung zu einem Molekül entsteht, ist nach seiner Konstruktion symmetrisch gegenüber der Spiegelung am Inversionszentrum. Es zeichnet daher keine Händigkeit aus, ist achiral. Dabei gibt es keine Ebene, an der es ohne Änderung gepiegelt werden könnte, er ist nicht spiegelsymmetrisch. Das Molekül der Abb. 1.4a mit derselben Summenformel besitzt – umgekehrt – zwar eine Spiegelebene, aber kein Inversionzentrum. Es ist leicht, Moleküle zu konstruieren, die beides, Spiegelebene und Inversionszentrum, besitzen. Ein Beispiel erhält der Leser dadurch, daß er die acht Ecken eines Würfels mit denselben Atomen besetzt. Die Chemie kennt auch achirale Moleküle, die wie das gefaltete Quadrat der Abb. 1.10 durch eine Drehung in ihr Spiegelbild überführt werden, ohne eine Spiegelebene oder ein Inversionszentrum zu besitzen. Es wird durch eine Drehspiegelung – eine Spiegelung an einer Ebene, gefolgt von einer Drehung um eine Achse, die auf der Ebene senkrecht steht – nicht geändert.

Die Punktspiegelung in der Ebene (Abb. 1.3b) ist, ihres Namens ungeachtet, eine Drehung, keine Spiegelung. Sie entsteht durch Hintereinanderschalten zweier Spiegelungen an zwei aufeinander senkrecht stehenden Geraden – den Koordinatenachsen beispielsweise eines ebenen kartesischen Koordinatensystems. Da sie aus einer geraden Zahl (zwei) von Spiegelungen aufgebaut ist, muß sie eine ausführbare Bewegung sein. Von Abb. 1.3b lesen wir ab, daß die Punktspiegelung in der Ebene die Drehung um 180° um den Schnittpunkt der beiden Spiegelgeraden ist.

Spiegelsymmetrie

Der Leser ist mit großer Wahrscheinlichkeit nahezu spiegelsymmetrisch: Seine Gestalt bleibt ungeändert bei der Spiegelung an der Ebene, die ihn in der Mitte von hinten nach vorn und von oben nach unten durchschneidet. Wenn wir das B der Abb. 1.9a-c als den von oben gesehenen Leser interpretieren und die Spiegelgerade als Spiegelebene, veranschaulicht das Abb. 1.9c. Der Leser kann also mit seinem Spiegelbild in einem beliebig aufgestellten Spiegel durch eine ausführbare Bewegung zur Deckung gebracht werden. Wir wollen fragen, welche Bewegungen dies bei verschiedenen Stellungen des Spiegels leisten. Steht der Leser einem Spiegel so gegenüber, daß er seinem Spiegelbild in die Augen sieht (Abb. 1.9a), so überführt ihn eine Drehung um 180° um eine Achse in der Spiegelebene in sein Spiegelbild. Das Spiegelbild der linken Hand des Leser ist selbstverständlich eine rechte; jeder Spiegel vertauscht rechts*händig* und links*händig*. "Rechts" und "links" aber, von dem wirklichen Leser aus gesehen (nicht seinem Spiegelbild!), vertauscht der Spiegel, in den er senkrecht hineinsieht, nicht: Wie seine wirkliche linke Hand mit der Uhr, befindet sich auch deren Spiegelbild, die rechte Hand seines Spiegelbildes mit dem Spiegelbild der Uhr, auf seiner linken Seite.

Was also meinen wir, wenn wir sagen, der Spiegel vertausche rechts und links? Zunächst einmal, daß er rechts*händig* und links*händig* vertauscht. Dann aber, zweitens, versetzen wir uns in Gedanken durch die Drehung in unser Spiegelbild, nutzen also aus, daß wir nahezu spiegelsymmetrisch sind. Hierbei vertauschen wir, wie bei jeder Drehung um 180°, rechts und links: Was bisher, sowohl im Spiegel als auch in der Wirklichkeit, links vom Leser lag, befindet sich nun, nachdem er sich durch eine Drehung in sein Spiegelbild verwandelt hat, auf seiner rechten Seite. Linkshändig und rechtshändig wird durch die Drehung nicht geändert, wohl aber rechts und links. Dies, so denken wir, ist der objektive Hintergrund der Bemerkung, der Spiegel vertausche rechts und links. In Wahrheit vertauscht *der Spiegel* natürlich nur vorn und hinten von ihm aus gesehen und damit die Händigkeiten. Die Richtungen vertauschen *wir*.

Soweit die erste Hälfte der altbekannten Scherzfrage: Der Spiegel vertauscht rechts und links – warum nicht oben und unten? Ein spiegelnder Fußboden vertauscht nun aber sehr wohl oben und unten, denn oben und unten sind bei diesem Spiegel dasselbe wie vorn und hinten von ihm aus gesehen. Auch für den Leser, der senkrecht auf dem Spiegelboden steht, vertauscht der Spiegel oben und unten, nicht aber rechts und links. Er kann sich, wie zuvor, durch eine Drehung um 180° um eine Gerade in der Spiegelebene in sein Spiegelbild verwandeln. Die Drehung vertauscht sowohl die persönlichen Richtungen rechts und links des Lesers als auch oben und unten. Sieht sich der Leser, so gedreht, in der Welt unter dem Spiegel um, so findet er, rechts und links seien vertauscht, oben und unten jedoch, da zweimal vertauscht – erst durch den Spiegel, dann durch ihn – ungeändert geblieben.

Die Spiegelung in einem Spiegel, auf den seine eine – rechte – Schulter zeigt, wirkt auf den Leser genauso wie eine Verschiebung (Abb. 1.9b). Das Spiegelbild all dessen, was in der Wirklichkeit links von ihm liegt, liegt hinter dem Spiegel rechts von ihm. Versetzt er sich in Gedanken durch die Verschiebung in sein Spiegelbild und sieht sich um, so sind in der gespiegelten Welt, gemessen an seiner ursprünglichen Sicht der wirklichen Welt, rechts und links vertauscht. Der doppelseitige Spiegel, der den Leser in der Mitte so teilt, daß er mit seinem Spiegelbild identisch ist (Abb. 1.9c), läßt ihn selbst ungeändert. Dieser Spiegel vertauscht nicht nur, wie jeder Spiegel, rechtshändig und linkshändig, sondern auch rechts und links vom Leser aus gesehen. Denn seine persönlichen Richtungen rechts und links stimmen mit vorn und

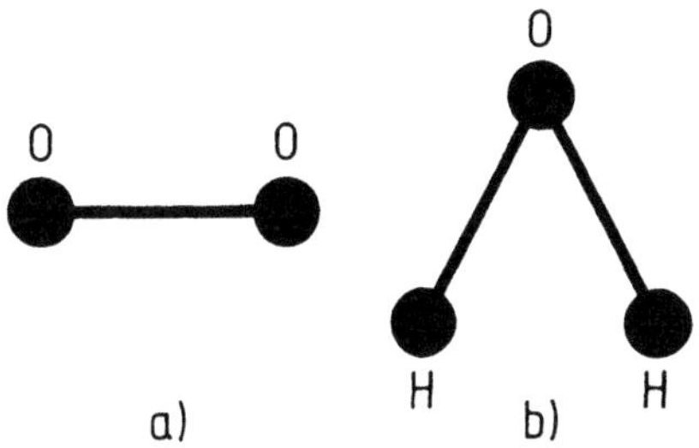

Abb. 1.11 **Die Symmetrien der Moleküle O_2 und H_2O beschreibt der Text.**

hinten von diesem Spiegel aus gesehen überein. Damit ist, Scherz beiseite, die Scherzfrage beantwortet.

Molekülsymmetrien

Moleküle sind Gebäude aus Atomen. Anders als Kristalle, sind sie in keine Richtung unendlich ausgedehnt; ihre Symmetriegruppe kann daher keine Verschiebungen enthalten. Dieselben Symmetrien wie Moleküle besitzen Buchstaben, Ornamente, Tempel und Broschen. Wir halten fest, daß Molekülsymmetrie Verschiebungssymmetrie ausschließt.

Moleküle im dreidimensionalen Raum bestehen aus dreidimensionalen Atomen, ihre Symmetrietransformationen sind Bewegungen des ebenfalls dreidimensionalen Raumes. Ein Beispiel bilden die Symmetrien des Sauerstoffmoleküls O_2. Wir stellen uns O_2 als Hantel vor: zwei Kugeln für die O-Atome an einer Stange (Abb. 1.11a). Dies Molekülmodell bleibt unter anderem ungeändert bei Drehungen um beliebige, auch beliebig kleine, Winkel um die Achse der Hantel als Drehachse, bei Spiegelungen an all den Ebenen, die die Achse enthalten und bei Drehung um 180° um eine beliebige, auf der Molekülachse in deren Mittelpunkt senkrecht stehende Drehachse. Alle anderen Mitglieder der Symmetriegruppe des Sauerstoffmoleküls lassen sich aus diesen Bewegungen durch Hintereinanderschalten gewinnen. Unter diesen befindet sich die Spiegelung an der Ebene, die die Hantelachse in deren Mittelpunkt senkrecht schneidet; zudem die Punktspiegelung an dem Hantelmittelpunkt.

Als zweites Beispiel für die Symmetriegruppen von Molekülen im Raum betrachten wir die des Wassers H_2O (Abb. 1.11b). Zu ihr gehört zunächst einmal die Spiegelung an der Ebene, die die Mittelpunkte der drei Kugeln enthält, die die einzelnen Atome darstellen.

Kasten 1.3: Symmetrien ebener Moleküle

Gegeben sei ein Punkt der Ebene. Wir fragen nach den Bewegungen der Ebene, die diesen Punkt als Fixpunkt besitzen, ihn in sich selbst überführen. Außer der Identität sind dies die Drehungen um den Punkt und die Spiegelungen an den Geraden durch ihn. Daß diese Bewegungen den Punkt ungeändert lassen, ist offensichtlich. Spiegelt man die Ebene erst an einer, dann an der anderen von zwei Geraden, die sich unter dem Winkel α schneiden, so hat man offenbar insgesamt eine Bewegung durchgeführt, die den Schnittpunkt als Fixpunkt besitzt. Diese Bewegung ist eine Drehung um den Winkel 2α. Damit haben wir alle Voraussetzungen beisammen, um die Symmetriegrupppen von Molekülen zu klassifizieren. Dies sind diejenigen Gruppen, die (1) einen Fixpunkt besitzen und (2) außer der Identität mit Drehwinkel Null keine Drehung um einen Winkel enthalten, der kleiner ist als ein in jedem Einzelfall kleinster Winkel $\phi_0 > 0$.

Zunächst gibt es die Gruppe, die die Identität als einziges Element enthält. Sie, die C_1, erfüllt alle an Symmetriegruppen von Molekülen gestellten Voraussetzung und ist die Symmetriegruppe der Moleküle ohne Bewegungssymmetrie. Zweitens gibt es die Symmetrie D_1, die aus der Spiegelung an einer Gerade und der Identität besteht. Sie ist die Symmetriegruppe des Buchstaben T *und der Doppelklexe von Rohrschach-Tests. Alle anderen Symmetriegruppen von Molekülen enthalten zusätzlich zur Identität entweder mindestens eine Drehung um den Fixpunkt oder mindestens zwei Spiegelungen an Geraden, die sich in ihm schneiden. Wir wissen, daß der zweite Fall im ersten enthalten ist, und zeigen zunächst, daß eine Gruppe mit kleinstem Drehwinkel ϕ_0 nur Drehungen um Winkel enthalten kann, die ganzzahlige Vielfache von ϕ_0 sind. Offensichtlich ist ϕ_0 ein ganzzahliger Bruchteil von 360°, d.h. $N \cdot \phi_0 = 360°$, wobei ab jetzt N ganzzahlig ist. Denn es gibt auf jeden Fall ein N mit den Eigenschaften $N \cdot \phi_0 \leq 360°$ und $(N+1) \cdot \phi_0 > 360°$, so daß $\phi_0 > 360° - N \cdot \phi_0 \geq 0$, wobei ϕ_0 in Grad ausgedrückt ist. Da die Gruppe mit der Drehung um den Winkel ϕ_0 auch die um den Winkel $360° - N \cdot \phi_0$ enthalten muß, folgt die Behauptung, da sonst ϕ_0 nicht der kleinste Winkel mit Drehsymmetrie wäre.*

Kommt die Drehung um den Winkel ϕ_1 in der betrachteten Gruppe vor, so folgt, daß ϕ_1 ein ganzzahligen Vielfaches von ϕ_0 ist, durch dieselbe Betrachtung mit ϕ_1 an Stelle von 360°. Die Winkel von Drehungen, die in Symmetriegruppen von Molekülen vorkommen, sind folglich ausnahmslos ganzzahlige Vielfache desselben kleinsten Drehwinkels $\phi_0 = 360°/N$. Auf Grund der Gruppeneigenschaften kommen andererseits alle Drehwinkel $n \cdot 360°/N$ mit $n = 1, \cdots, N$ in der Symmetriegruppe vor. Die Gruppe, die allein aus diesen Drehungen um einen Punkt besteht, heißt C_N. Zusätzlich zu den Drehungen um diese Winkel können Spiegelungen an Geraden durch den Fixpunkt in Symmetriegruppen von Molekülen enthalten sein. Die in der Gruppe enthaltenen Drehungen sind, wie wir gesehen haben, stets genau die Elemente von C_N. Enthält die Symmetriegruppe zusätzlich zu den Drehungen die Spiegelung P an einer Geraden g, so auch die Spiegelung $P' = R(\phi_0) \cdot P$ an einer Geraden g' durch den Fixpunkt, wobei $R(\phi_0)$ die Drehung um den Winkel ϕ_0 ist. Wegen $P \circ P = E$ gilt $P' \circ P = R(\phi_0)$, so daß tatsächlich der von g und g' eingeschlossene Winkel $\phi_0/2$ ist. Es folgt, daß es zusätzlich zu den Drehgruppen C_N Symmetriegruppen D_N von Molekülen in der Ebene gibt, die außer den Drehungen von C_N die Spiegelungen an N Geraden durch den Fixpunkt enthalten, die sich für $N > 1$ unter dem Winkel $360°/2 \cdot N$ schneiden.

Zweitens die Drehung um 180° um die Halbierende des Winkels, den die Verbindungsgeraden der zwei O-Atome mit dem H-Atom einschließen; schließlich die Identität und die Spiegelung an der Ebene, die die Winkelhalbierende enthält und auf der erstgenannten Spiegelebene senkrecht steht.

Ein drittes Beispiel für die Symmetriegruppen dreidimensionaler Moleküle. Die drei Wasserstoffatome H des Ammoniakmoleküls NH_3 bilden ein gleichseitiges Dreieck, über dessen Mittelpunkt das Stickstoffmolekül N angebracht ist (Abb. 1.12a vergl. auch Abb. 1.4). Die Symmetriegruppe des Moleküls enthält insgesamt sechs Bewegungen, nämlich (1) die Identität, (2 und 3) die Drehungen um 120° und 240° um die auf der Ebene der drei H-Atome senkrecht stehende Gerade durch das N-Atom und (4 bis 6) die Spiegelungen an den drei Ebenen, die diese Gerade und eines der drei H-Atome enthalten.

Ersetzt man eines der Wasserstoffatome H des NH_3 durch das

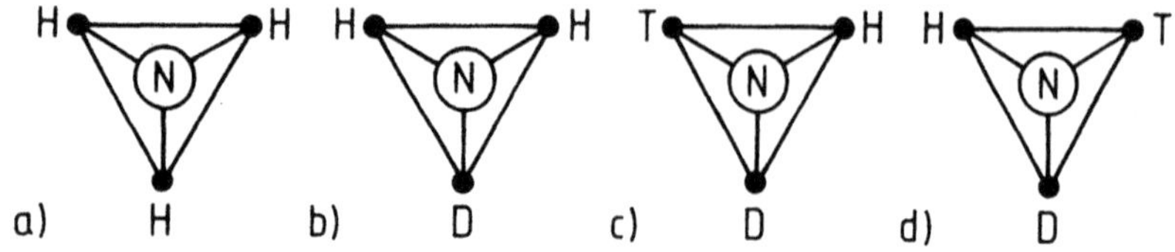

Abb. 1.12 Die Moleküle NH_3 (a) und NH_2D (b) sind spiegelsymmetrisch, nicht aber das NHDT, von dem es zwei Formen gibt, die Spiegelbilder voneinander sind (c+d; siehe auch Abb. 1.4).

Atom des Wasserstoffisotops Deuterium[4] D, so erhält man das Molekül NH_2D der Abb. 1.12b. Wie NH_3 ist auch NH_2D spiegelsymmetrisch: Das Molekül bleibt ungeändert bei Spiegelung an derjenigen der drei Spiegelebenen des NH_3, die das D-Atom enthält. Ersetzt man eines der verbliebenen zwei H-Atome des NH_2D durch ein Atom des Wasserstoffisotops Tritium T, so erhält man (Abb. 1.12c) NHDT, ein Molekül, das durch keine Bewegung (außer der Identität) in sich selbst überführt wird. Da insbesondere alle chiralen Bewegungen das Molekül ändern, gibt es ein zweites NHDT-Molekül (Abb. 1.12d), das sich aus dem ersten (Abb. 1.12c) durch Spiegelung ergibt und mit ihm durch keine durchführbare Bewegung – Drehung und/oder Verschiebung – zur Deckung gebracht werden kann. Im Gegensatz zum NH_2D ist das NHDT also ein chirales Molekül. Von ihm gibt es zwei enantiomorphe Formen (Abb. 1.12c+d), nicht aber vom NH_2D.

Komplizierte Moleküle lassen sich in aller Regel nicht mit ihrem Spiegelbild durch eine Drehung und/oder Verschiebung zur Deckung bringen, bilden also zwei enantiomorphe Formen. Weinsäure ist ein bereits Pasteur bekanntes Beispiel[5]. Wie von den meisten Molekülen des

---

[4] Der Wasserstoffkern besitzt ein aus einem Proton und einem Neutron aufgebautes stabiles Isotop, das Deuteron; das zugehörige Atom heißt Deuterium. Ein instabiles Isotop des Wasserstoffkerns ist das Tritium. Der Tritiumkern besteht aus einem Proton und zwei Neutronen.

[5] Die beiden Formen des Weinsäuremoleküls bilden Kristalle, die unter dem Mikroskop unterschieden werden können. Pasteur hat Lösungen von synthetischer – chemisch erzeugter – Weinsäure auskristallieren lassen, Kristalle beider Typen gefunden, sie sortiert und Lösungen von Kristallen nur eines Typs hergestellt. Von Organismen erzeugte Weinsäure liefert hingegen nur Kristalle eines Typs und dreht, ebenfalls anders als synthetische, die Polarisationsebene von Licht. Pasteur hat festgestellt, daß eine seiner beiden von synthetischer Weinsäure stammenden Lösungen die Polarisationsebene von Licht genauso dreht wie Lösungen der von Organismen erzeugten; die andere

Lebens, kommt auch von diesem Molekül in der Natur nur eine der beiden enantiomorphen Formen vor. Auf Spekulationen, warum das so ist, gehen wir in Kapitel 5 ein.

Anders als die Symmetriegruppe des O_2 enthalten die des NH_3 und des H_2O zwar Drehungen, aber keine um beliebig kleine Winkel. Dem entspricht, daß (selbstverständlich außer der Identität) alle Drehungen, die das H_2O- oder das NH_3-Molekül ungeändert lassen, Atome des Moleküls miteinander vertauschen. Wir wollen weiterhin statt der Gruppen von Bewegungen des Raumes, die dreidimensionale Moleküle ungeändert lassen, Gruppen von Bewegungen der Ebene betrachten, die ebene Gebilde (ebene Moleküle aus Kreisen statt aus Kugeln im Raum, aber auch Buchstaben, Ornamente, Grundrisse, ...) in sich überführen. Damit folgen wir dem Brauch, als Modell für die Verhältnisse im Raum die einfacheren und anschaulicheren Verhältnisse in der Ebene zu schildern.

Ebene Moleküle bestehen aus Kreisen statt Kugeln. Von NH_3 und H_2O abstrahieren wir eine Eigenschaft der Molekülsymmetrien, die in der Ebene alle interessanten Fälle umfaßt: Wir lassen (selbstverständlich außer der Identität) nur Drehungen zu, die endlich ausgedehnte Teile des Moleküls (Atome) miteinander vertauschen. Dadurch schließen wir Symmetriegruppen aus, die Drehungen um beliebig kleine Winkel enthalten.

Wenn wir die Kreise der Abb. 1.11a+b und Abb. 1.12a-d statt als Kugeln im Raum als Kreise in der Ebene interpretieren, erhalten wir die ebenen Varianten von O_2, H_2O, NH_3, NH_2D und NHDT. Die Symmetrien der ersten vier Moleküle sind, in dieser Reihenfolge, die des Rechtecks, des Doppelklexes, des gleichseitigen Dreiecks und des Doppelklexes. Die Symmetriegruppe des ebenen NHDT enthält nur die Identität, das Molekül ist nicht symmetrisch. Es ist insbesondere nicht spiegelsymmetrisch, so daß es von ihm auch in der Ebene zwei enantiomorphe Formen gibt.

Enthält eine Gruppe von Bewegungen keine Verschiebungen, so besitzt sie mindestens einen Fixpunkt. Das ist ein Punkt, den alle Bewegungen der Gruppe ungeändert lassen. Gruppen mit Fixpunkt heißen auch Punktgruppen. Die Fixpunkte einzelner Bewegungen können

---

Lösung dreht die Polarisationsebene in die Gegenrichtung. Folglich ist synthetische Weinsäure eine im Mittel spiegelsymmetrische "racemische" Mischung, die aus gleich vielen Molekülen beider Spiegelungstypen besteht.

Kasten 1.4: Die Symmetriegruppe D_4 des Quadrats und ihre Untergruppen

Die Symmetriegruppe $D_4 = \{E, R, R^2, R^3, \sigma_h, \sigma_v, \sigma_1, \sigma_2\}$ des Quadrats in Abb. 1.13b enthält genau acht Elemente: Die Identität E, die Drehungen R, R^2 und R^3 um $90°, 180°$ und $270°$ um den Mittelpunkt des Quadrats, sowie die vier Spiegelungen $\sigma_h, \sigma_v, \sigma_1, \sigma_2$ an den vier Geraden der Abbildung (mit h für horizontal, v für vertikal). Die "Gruppentafel" einer Gruppe gibt an, welches Element C den Elementen A und B durch $C = A \circ B$ zugeordnet ist. Mit Hilfe einer durchsichtigen Folie (oder durch eine kleine Matrizenrechnung) kann der Leser die Gruppentafel der D_4 aufstellen; er findet

A/B	E	R	R^2	R^3	σ_h	σ_v	σ_1	σ_2
E	E	R	R^2	R^3	σ_h	σ_v	σ_1	σ_2
R	R	R^2	R^3	E	σ_1	σ_2	σ_v	σ_h
R^2	R^2	R^3	E	R	σ_v	σ_h	σ_2	σ_1
R^3	R^3	E	R	R^2	σ_2	σ_1	σ_h	σ_v
σ_h	σ_h	σ_2	σ_v	σ_1	E	R^2	R^3	R
σ_v	σ_v	σ_1	σ_h	σ_2	R^2	E	R	R^3
σ_1	σ_1	σ_h	σ_2	σ_v	R	R^3	E	R^2
σ_2	σ_2	σ_v	σ_1	σ_h	R^3	R	R^2	E

Die D_4 besitzt fünf Untergruppen, die aus genau zwei Elementen bestehen: erstens die $C_2 = \{E, R^2\}$, und dann vier verschiedene Gruppen D_1, nämlich $\{E, \sigma_h\}$, $\{E, \sigma_v\}$, $\{E, \sigma_1\}$ und $\{E, \sigma_2\}$. Außerdem besitzt sie drei Untergruppen mit je vier Elementen: die $C_4 = \{E, R, R^2, R^3\}$ und zwei verschiedene D_2 die $\{E, R^2, \sigma_h, \sigma_v\}$ und die $\{E, R^2, \sigma_1, \sigma_2\}$. Die erste D_2 ist die Symmetriegruppe eines waagerechten, die zweite eines demgegenüber um 45° geneigten Rechtecks. Außer den beiden trivialen Untergruppen $\{E\}$ und D_4 besitzt D_4 sonst keine Untergruppen.

leicht angegeben werden. So sind alle Punkte der Ebene oder des Raumes Fixpunkte der Identität. Die Drehung um eine Achse im Raum besitzt die Punkte der Drehachse als Fixpunkte, da sie genau diese Punkte einzeln nicht ändert. Die Spiegelung im Raum an einer Ebene läßt jeden Punkt der Ebene ungeändert; die Punkte der Spiegelebene sind daher die Fixpunkte der Spiegelung. In der Ebene läßt jede Drehung um einen Punkt diesen Punkt ungeändert und jede Spiegelung an einer Gerade die einzelnen Punkte der Gerade. Jede dieser Bewegungen besitzt daher mindestens einen Fixpunkt.

Die Symmetriegruppen von Molekülen sind nach dem Gesagten Punktgruppen. Die Fixpunkte der Symmetriegruppen von O_2, H_2O, NH_3, NH_2D und NHDT können leicht bestimmt werden. Während zum Beispiel der Mittelpunkt der Hantel in Abb. 1.11a der einzige Fixpunkt der Symmetriegruppe von räumlichem oder ebenem O_2 ist, besitzt die nur aus der Identität bestehende Symmetriegruppe des räumlichen oder ebenen NHDT jeden Punkt des Raumes oder der Ebene als Fixpunkt. Die Fixpunkte der Symmetriegruppe von H_2O im Raum oder in der Ebene sind die Punkte der Gerade durch den Mittelpunkt des O-Atoms, die auf der Verbindungsgerade der Mittelpunkte der H-Atome senkrecht steht.

Insgesamt können wir Symmetriegruppen ebener Moleküle durch die zwei Eigenschaften charakterisieren, daß sie (1) einen Fixpunkt besitzen und (2) außer der Identität mit Drehwinkel Null keine Drehung um einen Winkel enthalten, der kleiner ist als ein für jedes einzelne Molekül angebbarer kleinster Winkel $\phi_0 > 0$ mit Drehsymmetrie. Die Forderung (2) ist offenbar mit der gleichbedeutend, daß es, wenn überhaupt einen Winkel mit Drehsymmetrie, einen kleinsten derartigen Winkel geben soll.

In Kasten 1.3 wird gezeigt, daß alle Drehungen einer Symmetriegruppe eines ebenen Moleküls durch Wiederholung der Drehung um ϕ_0 um den Fixpunkt erzeugt werden können. Folglich – jede Drehgruppe enthält die Drehung um 360° – kann ϕ_0 als $\phi_0 = 360°/N$ mit N ganzzahlig geschrieben werden.

Außer Drehungen kann die Gruppe von Bewegungen der Ebene, die ein ebenes Molekül ungeändert lassen, Spiegelungen an Geraden durch den Fixpunkt enthalten. Kasten 1.3 zeigt auch, daß es genau zwei Serien von Gruppen gibt, die Symmetriegruppen ebener Moleküle sein können. Sie heißen C_N und D_N mit N ganzzahlig. Die Punktgruppe C_N besteht aus den N Drehungen (die Gruppeneins – die Identität – wird nun als Drehung um 360° aufgefaßt) um $n \cdot 360°/N$ mit

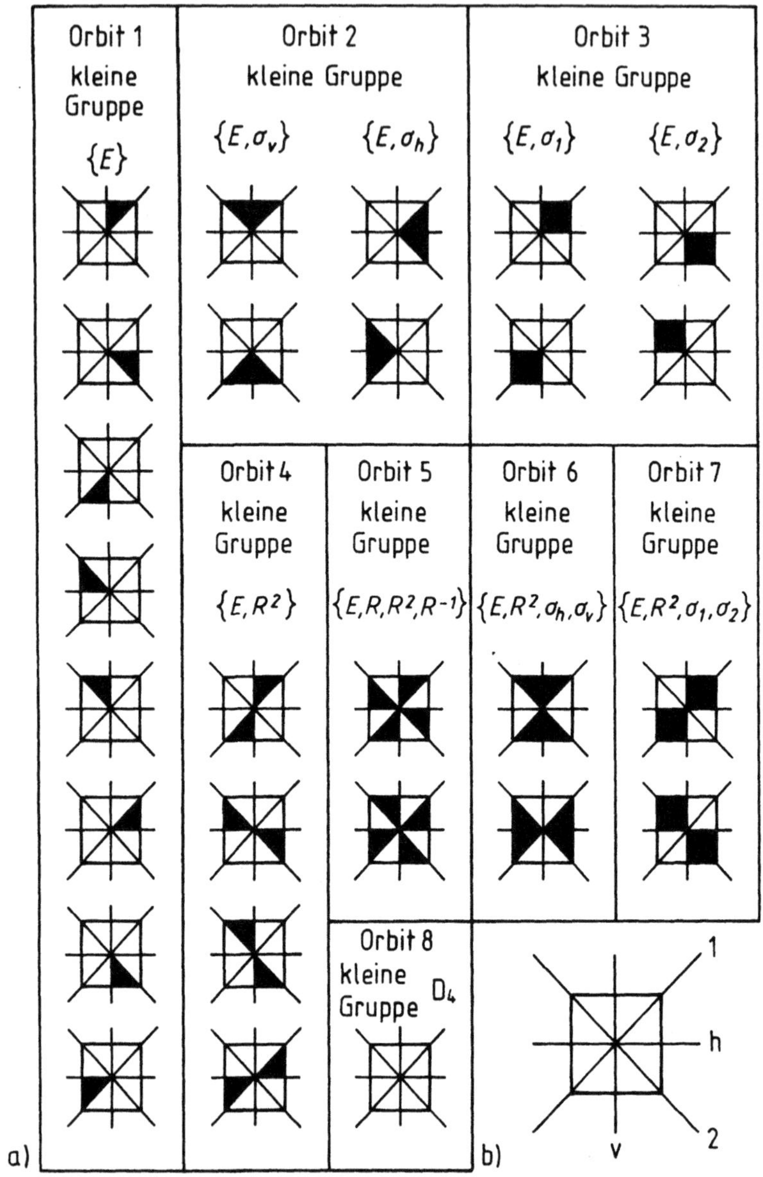

Abb. 1.13 Der Zusammenhang zwischen "kleiner Gruppe" und "Bahn" wird in a) am Beispiel der Symmetriegruppe D_4 des Quadrats veranschaulicht, in b) werden die Spiegelgeraden σ_v, σ_1, σ_h und σ_2 definiert.

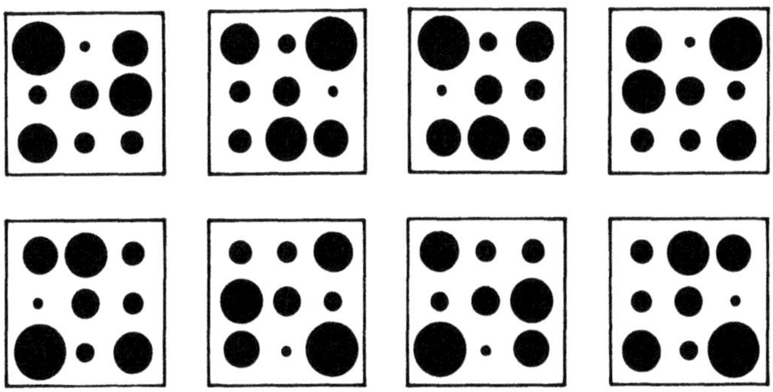

Abb. 1.14 Wirkung der D_4 auf Kreise in einem Quadrat. Nach Rune Mields 1988.

$n = 1, \cdots, N$ um einen Punkt, den Fixpunkt; D_N enthält diese Drehungen und zusätzlich Spiegelungen an N Geraden durch den Drehpunkt, die ab $N = 2$ Winkel von $360°/(2N)$ einschließen. Der kleinste Winkel mit Drehsymmetrie ist in beiden Fällen offenbar $\phi_0 = 360°/N$. Die "Symmetriegruppe" eines ebenen Gebildes ohne Symmetrie ist die C_1; die Symmetriegruppe des Buchstaben N ist die C_2. Einfach spiegelsymmetrische Objekte wie die Buchstaben A und B besitzen die D_1 als ihre Symmetriegruppe, das S besitzt wie das N die C_2, das H die D_2 und der Schneekristall der Abb. 1.1b die D_6. Kasten 1.4 beschreibt die Symmetriegruppe D_4 des Quadrats. Abb. 1.14 zeigt die Wirkung ihrer acht Elemente auf Kreise innerhalb des Quadrats in einer künstlerischen Darstellung. Auf Punktgruppen des Raumes – ein Beispiel ist die Symmetriegruppe des Tetraeders in Abb. 1.1d – gehen wir nicht ein. Es ist interessant und lehrreich, die Symmetrietransformationen des Gitters der Abb. 1.7 in der Ebene (die Symmetrietransformationen der ebenen Abbildung selbst) mit denen im Raum (die Symmetrietransformationen des Raumgitters, das die Abbildung darstellt) zu vergleichen.

Symmetrien von Friesen und Kristallen

Wir wenden uns Gruppen von Bewegungen ohne Fixpunkt zu, und beginnen mit dem zweiten Beispiel dafür, daß aus Symmetrien andere Symmetrien folgen. Aus dem p der Abb. 1.15a wollen wir ein Gebilde erzeugen, das sowohl symmetrisch ist gegenüber Spiegelungen an der senkrechten Gerade a als auch gegenüber Verschiebungen um einen noch festzulegenden Abstand d. Nach bewährtem Muster spiegeln

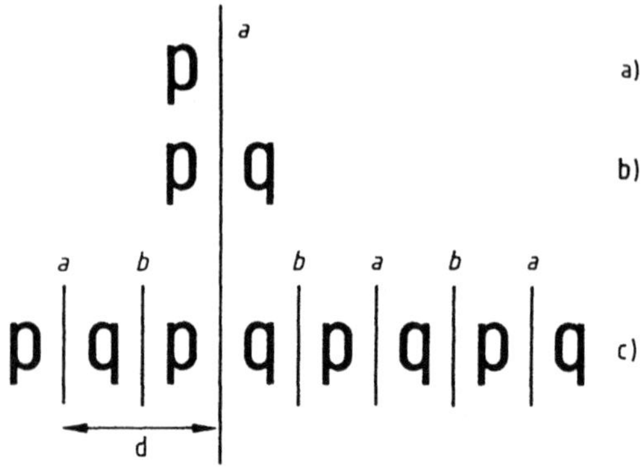

Abb. 1.15 **Spiegelsymmetrie an einer Geraden *a* (a+b), zusammen mit Verschiebungssymmetrie (c) impliziert Spiegelsymmetrie an zwei Serien von Geraden, *a* und *b*.**

wir das p zunächst an der Geraden *a* mit dem Resultat in Abb. 1.15b und verschieben das Ganze dann unendlich oft nach rechts und links um immer denselben Abstand *d*. Abb. 1.15c zeigt einen Ausschnitt aus dem so entstehenden, sich nach beiden Seiten ins unendliche erstreckenden Gebilde. Auf Grund der Konstruktion ist selbstverständlich zu erwarten, daß die Abbildung (genauer: das unendlich ausgedehnte Gebilde, dessen Ausschnitt sie ist) symmetrisch ist gegenüber Spiegelungen an *jeder* Geraden *a*. Zudem ist aber Spiegelsymmetrie an den Geraden *b* aufgetreten. Die Abbildung zeigt, daß das so sein muß.

Verschiebungen und Spiegelungen können also nicht beliebig zu Gruppen zusammengefaßt werden. Ein kleiner Beweis (Martin 1982, Müller 1985) zeigt, daß es genau sieben Möglichkeiten gibt, Verschiebungen um einen Abstand $d > 0$ in eine Richtung (und, selbstverständlich, deren Gegenrichtung) mit anderen Bewegungen der Ebene so zu einer Gruppe zusammenzufassen, daß die Gruppe weder Verschiebungen in eine dritte Richtung, noch um einen kleineren Abstand enthält. Diese sieben Gruppen sind die Symmetriegruppen von Bandornamenten oder Friesen – zweidimensionale Gebilde mit Verschiebungssymmetrie in genau eine Richtung und deren Gegenrichtung um einen endlichen Mindestabstand. Gruppen, die sich um nichts als den Mindestabstand und/oder die Verschiebungsrichtung unterscheiden, sehen wir als gleich an. Jedes Bandornament der Abb. 1.16A besitzt eine andere der sieben Gruppen als seine Symmetriegruppe; die Abb. 1.16B stellen deren Symmetrien in einer in der Kristallographie üblichen Form dar. Der Leser kann durch Vergleich der zusammengehörenden Abbildungen A und B die Bedeutung der Symbole der Abb. 1.16B herausfinden. Die "internationalen" Bezeichnungen

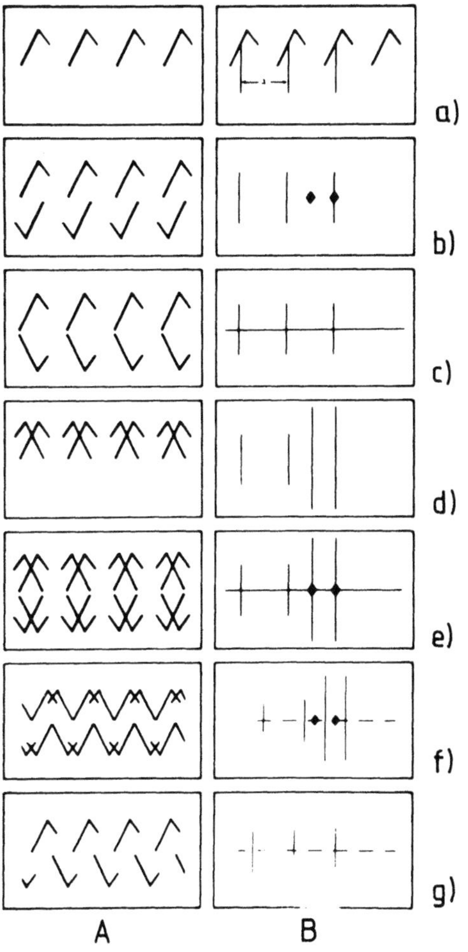

Abb. 1.16 Die sieben Muster und ihre Symmetrien erläutern der Text und die Tabelle 1.1.

$r1, \cdots, r11g$ der Symmetriegruppen der Abb. 1.16a-g erläutert Tabelle 1.1. Vergleich mit Abb. 1.16 zeigt, daß das – übrigens auch noch farbsymmetrische – Bandornament der Abb. 1.1i die Symmetriegruppe der $r2$ der Abb. 1.16b besitzt.

Daß es in der Ebene nur endlich viele einfach verschiebungssymmetrische Muster gibt, kann auf ebene Gebilde mit Verschiebungssymmetrie in zwei linear unabhängige Richtungen verallgemeinert werden: Fliesenmuster oder "ebene Kristalle" gehören notwendig einem von siebzehn verschiedenen Typen mit wesentlich verschiedenen Symmetrie-

Tabelle 1.1 Geradengruppen

Symbol	Bedeutung
$r1$	1: keine Drehsymmetrie
$r2$	2: Drehsymmetrie an 2 Serien von Drehpunkten
$r1m$	1: keine Drehsymmetrie m: Spiegelsymmetrie an 2 Serien senkrechter Geraden
$r11m$	1: keine Drehsymmetrie 1: keine Spiegelsymmetrie an senkrechten Geraden m: Spiegelsymmetrie an waagerechter Gerade
$r2mm$	2: Drehsymmetrie wie bei $r2$ m: Spiegelsymmetrie an senkrechten Geraden m: Spiegelsymmetrie an waagerechter Gerade
$r2mg$	2: Drehsymmetrie wie bei $r2$ m: Spiegelsymmetrie an senkrechten Geraden g: Gleitspiegelungssymmetrie
$r11g$	1: keine Drehsymmetrie 1: keine Spiegelsymmetrie an senkrechten Geraden g: Gleitspiegelungssymmetrie

Das Symbol r für Verschiebungssymmetrie (repetition) steht stets an erster Stelle. Die Bedeutung der anderen Symbole hängt von ihrer Stellung ab: Die 2. Stelle bezeichnet die Drehsymmetrie (1: keine Symmetrie, 2: Drehsymmetrie um 180°*). Die 3. Stelle bezeichnet Spiegelungen an senkrechten Geraden. Es bedeuten die 1 oder kein Symbol: keine Symmetrie, m: Spiegelsymmetrie (m für mirror). Die 4. Stelle bezeichnet Symmetrien bezüglich der waagerechten x-Achse. Es bedeuten kein Symbol: keine Symmetrie, m: Spiegelsymmetrie, g: Gleitspiegelungssymmetrie (g für glide).*

gruppen an. Vorauszusetzen ist wieder, daß es einen kürzesten Abstand gibt, um den das Muster ohne Änderung verschoben werden kann. Genz 1986, 1987a und 1987b enthalten für jedes der siebzehn Muster mit verschiedenen Symmetriegruppen Beispiele und stellen deren Symmetrien dar. Sechs davon zeigt ihrer Symmetrien sind die Genz 1986 entnommene Abb. 1.17. Wieder ergibt ein Vergleich der zusammenhörenden Abbildungen A und B die Bedeutung der Symbole der Abbildungen

Tabelle 1.2a Ebenengruppen

Symbol	Bedeutung
*p*1	1: keine Drehsymmetrie
*p*2	2: Drehsymmetrie um 180°
*p*1*m*	1: keine Drehsymmetrie *m*: Spiegelsymmetrie an waagerechter Gerade
*p*1*g*	1: keine Drehsymmetrie *g*: Gleitspiegelungssymmetrie an waagerechter Gerade
*p*2*mm*	2: Drehsymmetrie um 180° *m*: Spiegelsymmetrie an waagerechter Gerade *m*: Spiegelsymmetrie an senkrechter Gerade
*p*2*gm*	2: Drehsymmetrie um 180° *g*: Gleitspiegelungssymmetrie an waagerechter Gerade *m*: Spiegelsymmetrie an senkrechter Gerade
*p*2*gg*	2: Drehsymmetrie um 180° *g*: Gleitspiegelungssymmetrie an waagerechter Gerade *g*: Gleitspiegelungssymmetrie an senkrechter Gerade
*c*1*m*	siehe *p*1*m*
*c*2*mm*	siehe *p*2*mm*

B. Tabelle 1.2 verallgemeinert Tabelle 1.1 auf Ebenensymmetrien. Die Symmetriegruppen zweier ebener Kristalle sehen wir als nicht wesentlich verschieden an, wenn es möglich ist, die Darstellungen ihrer Symmetrien (Abb. 1.17B) kontinuierlich ineinander zu tranformieren.

Die Symmetriegruppen der ebenen Kristalle in Abb. 1.1j+k und Abb. 1.18 können mit Hilfe von Abb. 1.17 und Tabelle 1.2 bestimmt werden. Die symmetrischen Muster der Abb. 1.1j, Abb. 1.16, Abb. 1.17 und Abb. 1.18 wurden mit Hilfe des Computerprogramms SYMMETRIE[6] eines der Autoren konstruiert (Genz 1986, 1987a, 1987b). Nach Wahl der Symmetriegruppe und vervollständigt das Programm ein vom

[6] Das Programm SYMMETRIE für den APPLE II oder den PC kann von H. Genz, Institut für theoretische Kernphysik der Universität Karlsruhe, 7500 Karlsruhe 1 gegen einen Verrechnungscheck über 34,– DM bezogen werden.

Tabelle 1.2b Ebenengruppen

Symbol	**Bedeutung**
p4	4: Drehsymmetrie um 90°
p4mm	4: Drehsymmetrie um 90° *m*: Spiegelsymmetrie an waagerechter Gerade *m*: Spiegelsymmetrie an 45°-Gerade
p4gm	4: Drehsymmetrie um 90° *g*: Gleitspiegelungssymmetrie an waagerechter Gerade *m*: Spiegelsymmetrie an 45°-Gerade
p3	3: Drehsymmetrie um 120°
p3m1	3: Drehsymmetrie um 120° *m*: Spiegelsymmetrie an 30°-Gerade 1: keine Spiegelsymmetrie an 60°-Gerade
p31m	3: Drehsymmetrie um 120° 1: keine Spiegelsymmetrie an 30°-Gerade *m*: Spiegelsymmetrie an 60°-Gerade
p6	6: Drehsymmetrie um 60°
p6mm	3: Drehsymmetrie um 60° *m*: Spiegelsymmetrie an 30°-Gerade *m*: Spiegelsymmetrie an 60°-Gerade

Die waagerechte Richtung in den Abb. 1.17 ist stets so gewählt, daß in ihr Verschiebungssymmetrie herrscht. Weitere Konventionen legen fest, welche der Richtungen mit Verschiebungssymmetrie dies ist. Die Achsenrichtungen der Tabelle 1.2 sind im Uhrzeigersinn von der waagerechten Richtung aus gezählt. Die Bedeutung des Symbols c (für centered) verglichen mit p (für primitive) zeigt der Vergleich der Muster c1m- und c2mm- Symmetrie mit denen mit p1m- und p2mm-Symmetrie. Siehe auch Martin 1982.

Benutzer eingegebenes Motiv – im Fall der Abb. 1.16, Abb. 1.17 und Abb. 1.18 war es jeweils einer der Haken der Abbildungen – zu einem Muster mit der gewählten Symmetrie. Auf Wunsch stellt es dann die Symmetrien des Musters wie in den Abb. 1.16B und Abb. 1.17B dar.

Bemerkenswerterweise treten als Drehsymmetrien ebener Kristalle nur die C_1 (keine Drehsymmetrie), C_2, C_3, C_4 und C_6 auf; nicht

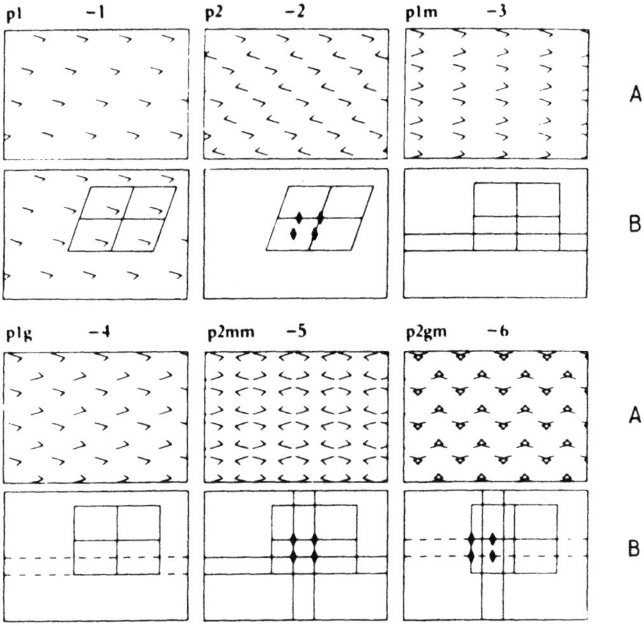

Abb. 1.17 Einige der siebzehn Ebenensymmetrien

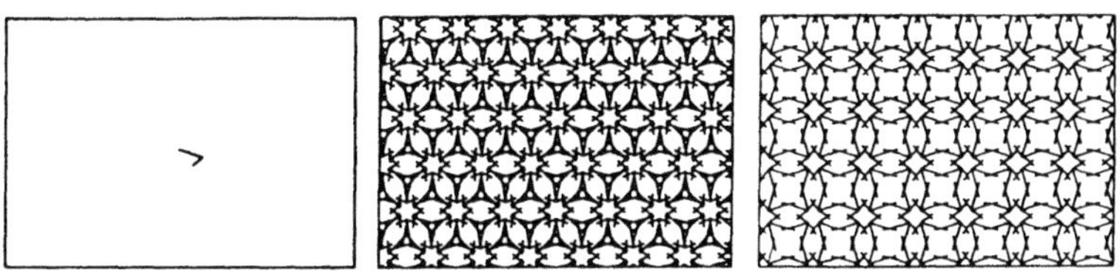

Abb. 1.18 Die Muster der (b+c) hat das Programm SYMMETRIE eines der Autoren (Fußnote 6) aus dem Haken der (a) entwickelt. Auch die Abb. 1.16 und Abb. 1.17 wurden mit Hilfe des Programms gezeichnet.

aber die C_5 oder höhere Drehsymmetrien. Der Versuch, verschiebungssymmetrische Muster mit einer der "verbotenen" Drehsymmetrien zu konstruieren zeigt, warum das so ist (Abb. 1.19).

Physikalisch interessant ist die Ausdehnung dieser Resultate auf dreifach verschiebungssymmetrische Gebilde im Raum. Kristalle sind derartige Anordnungen von Atomen und Molekülen, und die Mathematik zeigt, daß es genau 230 wesentlich verschiedene Symmetriegruppen

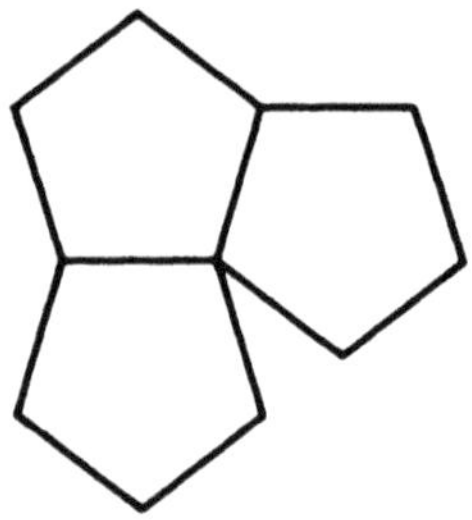

Abb. 1.19 **Offensichtlich kann die Ebene nicht lückenlos mit identischen regelmäßigen Fünfecken überdeckt werden.**

von Kristallen gibt. Diese bilden die Domäne der Kristallographie.

"Kristalle" gibt es in der Terminologie der Kristallographie in beliebig vielen Dimensionen. Zur Definition gehört, daß die Zahl der linear unabhängigen Richtungen mit Verschiebungssymmetrie mit der Dimension des Raumes, in dem der Kristall angesiedelt ist, übereinstimmt. Dementsprechend sind zwar Fliesenmuster, nicht aber Friese Kristalle. In der einen Dimension einer Gerade gibt es ebenfalls Kristalle. Bewegungen der Geraden sind (1) Verschiebungen um beliebige Abstände und (2) Spiegelungen an einem beliebigen ihrer Punkte; weitere gibt es nicht. Dementsprechend gibt es genau zwei Typen wesentlich verschiedener linearer Kristalle: verschiebungssymmetrische ohne und mit Spiegelsymmetrie an zwei Serien von Punkten der Gerade (Abb. 1.20; vergleiche auch die Abb. 1.16a+d).

Zu dem, was man mit einem geeignet gewählten Objekt anstellen kann, ohne es zu ändern, gehört nicht nur, daß man es bewegen oder vergrößern, sondern auch, daß man zusätzlich zu einer Bewegung die Farben seiner Teile vertauschen kann. Die Farben schwarz und weiß des Karnevalskostüms der Person in Abb. 1.1e werden durch die Spiegelung an der Mittelebene, die die Person ungeändert läßt, vertauscht. Die Abbildung wird also durch eine aus der Spiegelung und einer Farbvertauschung zusammengesetzte "Farbspiegelung" nicht geändert. Physikalisch sind Gruppen, die Farbsymmetrien enthalten, interessant, da sie es erlauben, Kristalle zu klassifizieren, die aus magnetischen Atomen/Molekülen mit verschiedenen Richtungen der Magnetisierung aufgebaut sind. Aus dem Bereich der Kunst kennt der Leser sicher die zahlreichen doppelt periodischen Zeichnungen Eschers mit Farbsymmetrien. Abb. 1.1i kombiniert einfache Verschiebungs- und

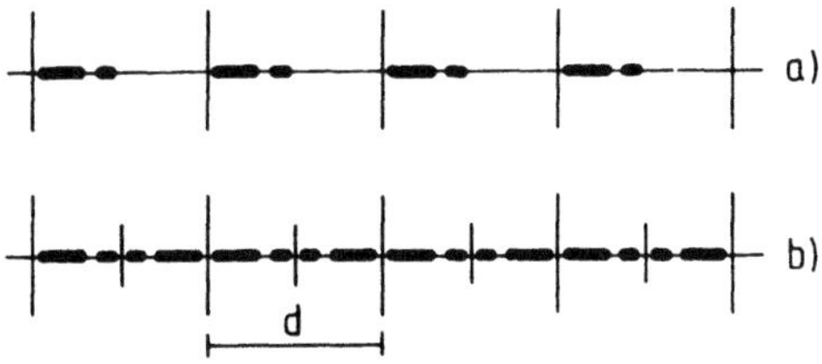

Abb. 1.20 Es gibt genau zwei wesentlich verschiedene Symmetriegruppen linearer Kristalle - die von a) und b).

und Drehsymmetrien mit Farbsymmetrien. Die Spirale in Abb. 1.1h bleibt ungeändert bei Transformationen, die aus Drehungen und Vergrößerungen zusammengesetzt sind. Hingegen sind die Symmetrietransformationen der "Archimedes-Spirale" in Abb. 1.1g nur schwer anschaulich zu interpretieren.

§2 Symmetrieeigenschaften

Ihren drehsymmetrischen Lebensbedingungen sind die spiegel-, nicht aber drehsymmetrischen Menschen genauso gut angepaßt wie die kreisrunden Pilze. Denn Menschen können sich, anders als Pilze, umdrehen: Sowohl die "Menge möglicher Zustände" eines Menschen als auch die eines Pilzes ist drehsymmetrisch. Beim Pilz besteht diese Menge aus genau einem drehsymmetrischen Zustand; beim Menschen aus den unendlich vielen nicht drehsymmetrischen, die aus einem durch Drehungen entstehen. Der Mensch ist zwar nicht drehsymmetrisch, aber die Menge der ihm zugänglichen Zustände ist es. Das reicht zur Erfüllung seiner drehsymmetrischen Aufgaben aus. Und Festungen (Abb. 1.21a) lösen ihre drehsymmetrische Aufgabe, Feinde abzuwehren, die aus allen Richtungen kommen können, ganz anders als Flakgeschütze die ihre. Da sich eine Festung, was Drehungen betrifft, stets in demselben Zustand befindet, baut man sie so drehsymmetrisch wie möglich[7]. Die Flak kann ihren drehsymmetrischen Zweck erfüllen, ohne drehsymmetrisch zu sein, da die Menge ihrer erreichbaren Zustände drehsymmetrisch ist. Nicht nur aus Gewohnheit, sollten wir uns über die Drehsymmetrie des Wesens in Abb. 1.21b, das sich umdrehen kann, wundern. Hingegen wundern wir

[7] Festungsmauern bilden keine Kreise, da auch andere Gesichtpunkte wichtig sind. Der zum Beispiel, daß es keine "toten Winkel" geben soll.

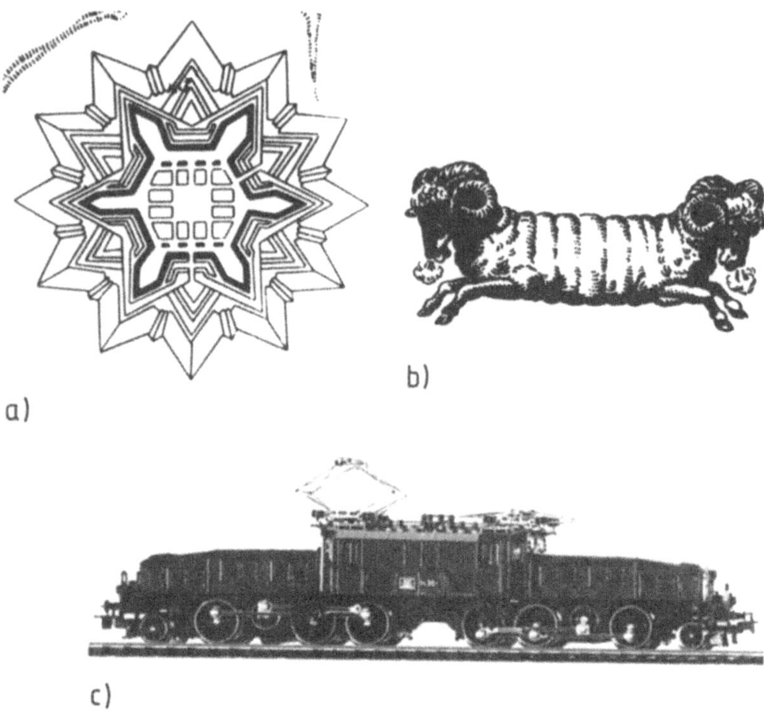

Abb. 1.21 Zur Erfüllung drehsymmetrischer Aufgaben reicht aus, daß die Menge der erreichbaren Zustände drehsymmetrisch ist. Daher überrascht uns Drehsymmetrie bei Wesen, die sich umdrehen können (b). Bei Festungen und Lokomotiven (a+c) hingegen nicht.

uns zu Recht nicht über die Symmetrien einer Rangierlok (Abb. 1.21c). Rechts-links-symmetrisch ist sie aus denselben Gründen wie Lebewesen; um 180° zusätzlich drehsymmetrisch, da sie sich nicht umdrehen kann.

Symmetrien von Aufgaben und Lösungen

Wenn ein Naturgesetz gewisse Symmetrien besitzt, dann auch die Menge der Abläufe, die es erlaubt. Einzelne Abläufe besitzen hingegen in der Regel nicht alle Symetrien der Gesetze, die für sie gelten. Denn um einen einzelnen Ablauf festzulegen, reicht das symmetrische Naturgesetz nicht aus; Anfangsbedingungen müssen hinzukommen. Diese,

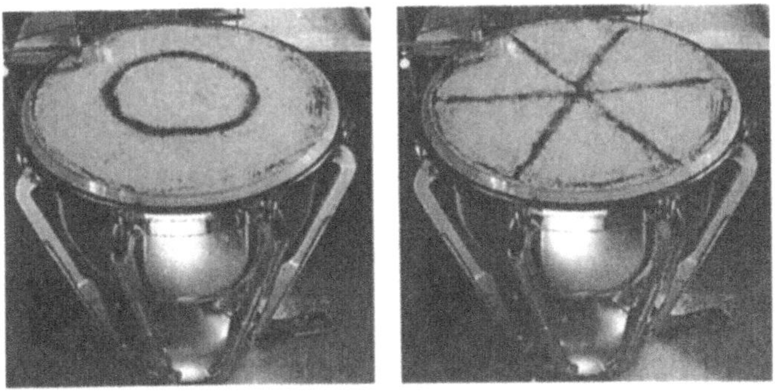

Abb. 1.22 Zwei Schwingungsformen eines Pauken-Fells (a) mit der, und (b) ohne die Kreissymmetrie seiner Bewegungsgleichung.

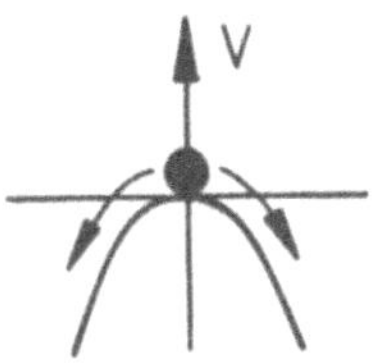

Abb. 1.23 Da die Gleichgewichtslage im Symmetriepunkt des Potentials der Abbildung instabil ist, vergrößern Abläufe anfangs bestehende, unvermeidbare Asymmetrien.

mit ihnen die Abläufe, werden in der Regel nicht alle Symmetrien der Gesetze besitzen, insbesondere nicht deren Zeitverschiebungssymmetrie. Wir sagen, ein Ablauf sei symmetrisch, wenn jeder Zustand, den das System durchläuft, symmetrisch ist. Außer der Zeitverschiebungssymmetrie besitzt die Schwingung einer eingespannten runden Membran in Abb. 1.22a alle Symmetrien der Naturgesetze, die für sie gelten; nicht aber die Schwingung derselben Membran in Abb. 1.22b.

Das Potential der Abb. 1.24a erlaubt sowohl Anfangsbedingungen, die, wie es selbst, spiegelsymmetrisch sind (die Anfangsbedingung der Abbildung; der Massenpunkt *ruht* im Symmetriepunkt) als auch solche, die das nicht sind (alle anderen). Die symmetrische Anfangsbedingung, und nur sie, führt auf den (einzigen) spiegelsymmetrischen Ablauf, daß der Massenpunkt für alle Zeiten im Potenialminimum ruht. Ist die Anfangsbedingung nahezu spiegelsymmetrisch, dann auch der Ablauf: Der Massenpunkt schwingt mit kleiner Amplitude um die *stabile* Gleichgewichtslage.

Die Symmetriepunkte der Potentiale der Abb. 1.23 und 1.24c+d sind hingegen *instabile* Gleichgewichtspunkte. Wieder besitzt allein die Anfangsbedingung, daß der Massenpunkt im Symmetriepunkt ruht, die Spiegelsymmetrie des Potentials. Wir wollen zur Vereinfachung annehmen, es sei möglich, die Anfangs*geschwindigkeit* Null exakt einzustellen. Anders als bei stabilen Gleichgewichtslagen ist jetzt wichtig, daß der symmetrischen Anfangsbedingung genau eine Anfangs*lage* aus einem Kontinuum möglicher Anfangslagen entspricht.

Sowohl praktisch, als auch prinzipiell ist es unmöglich, eine bestimmte Anfangslage genau einzustellen. Dazu müßte ein Punkt aus einem Kontinuum getroffen werden – alle unendlich vielen Zifferen seiner Koordinate müßten stimmen. Da das unerreichbar ist, ist keine einstellbare Anfangslage spiegelsymmetrisch, und es gibt in den Potentialen der Abb. 1.23 und Abb. 1.24c+d keine *auch nur näherungsweise spiegelsymmetrischen* Abläufe. Denn der aus einer asymmetrischen Anfangslage in den Potentialen der Abbildungen folgende Ablauf vergrößert und offenbart deren Asymmetrie – der Massenpunkt entfernt sich vom Symmetriepunkt.

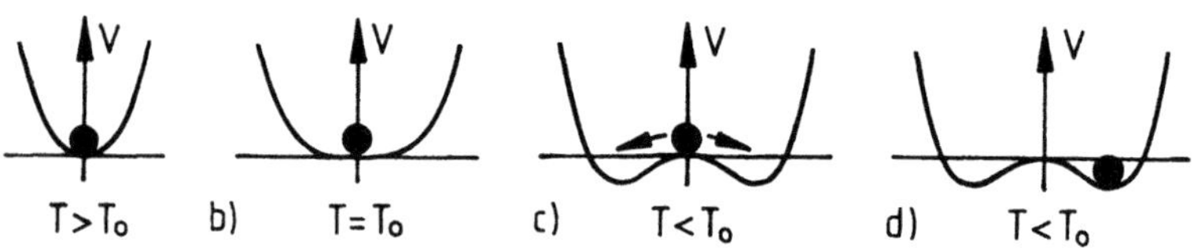

Abb. 1.24 Die Abbildung wird im Text erläutert.

Wenn wir versuchen, die Kugel der Abb. 1.24c genau im Symmetriepunkt abzulegen, wissen wir, *daß* uns das mißlingen wird. Ob wir die Kugel aber rechts oder links von ihm abgelegt haben, wird erst der Ablauf zeigen. Bei einem guten Verfahren, die Kugel im Symmetriepunkt abzulegen, ist beides gleich häufig. Wenn wir die Reibung berücksichtigen, wird der Ball der Abb. 1.24c in jedem Einzelfall also eine der beiden durch Symmetrie äquivalenten stabilen Gleichgewichtslagen annehmen (z.B. Abb. 1.24d); jede mit derselben Wahrscheinlichkeit. Wirken, wie stets in der Realität, unkontrollierbare Störungen auf das System ein, so gilt dasselbe auch dann, wenn angenommen wird, Anfangsbedingungen ließen sich exakt einstellen. Man sagt, daß das System die Symmetrie

Kasten 1.5: Eine symmetrische Aufgabe (Heilbronner 1981)

Zwei Spieler* A *und* B *an einem ovalen Tisch verfügen über beliebig viel deutsches Hartgeld vom Pfennig bis zum Fünfmarkstück. Anfangs ist der Tisch leer. Dann legt* A *eine Münze seiner Wahl auf den Tisch, nach ihm* B *, dann wieder* A *und so weiter. Keine Münze darf teilweise oder gar ganz auf eine andere gelegt werden, so daß (und weil der Tisch endlich ist!) das Spiel nach endlich vielen Zügen endet. Gewinner ist der Spieler, der die letzte Münze abgelegt hat. Frage: Wer gewinnt, wenn er es richtig anstellt, und wie stellt er es an? Antwort: Kasten 1.6.

der Gesetze, die für sein Verhalten gelten, spontan bricht. Hiervon im übernächsten Abschnitt und in den §2 und §3 von Kapitel 5.

Faßt man mehrere Abläufe zu einer "Bahn" zusammen, gilt das über Abläufe gesagte auch für Bahnen: Die Menge der durch das Naturgesetz erlaubten Bahnen besitzt die Symmetrien des Gesetzes. Einzelne Bahnen hingegen können, müssen aber nicht dieselben Symmetrien besitzen. Bei Schwingungen von Membranen gilt dasselbe für die Knotenlinien (Abb. 1.27 bis Abb. 1.29) und bei Bewegungen eines Massenpunktes für die Ruhelagen (Abb. 1.24). Die Symmetrien von Planetenbahnen erörtern wir in Kapitel 2 §1.

Wie die Naturgesetze Bahnen, legen *Aufgaben* ihre Lösungen im allgemeinen nicht eindeutig fest. Ein Beispiel ist die Aufgabe in Kasten 1.5; ein anderes ist die von Michel 1980 im nächsten Absatz. Auch Aufgaben haben daher im allgemeinen mehr Symmetrien als ihre Lösungen; die Menge der Lösungen ist symmetrisch, nicht aber jede einzelne Lösung. Wie aus erlaubten Bahnen durch Symmetrietransformationen der Naturgesetze erlaubte entstehen, so werden durch Symmetrietransformationen von Aufgaben aus Lösungen Lösungen.

Offenbar besitzt die Aufgabe, vier auf den Ecken eines Quadrats mit Seitenlänge μ gelegene Städte A, B, C und D durch ein möglichst kurzes Straßennetz zu verbinden, die vierfache Dreh- und Spiegelsymmetrie D_4 (Kasten 1.4) des Quadrats (Michel 1980). Eine Lösung zeigt Abb. 1.25a. Sie besitzt nur die zweifache Dreh- und Spiegelsymmetrie D_2 eines (waagerechten) Rechtecks. Aus der Lösung in Abb. 1.25a entsteht durch Drehung um 90° die "andere Lösung" in

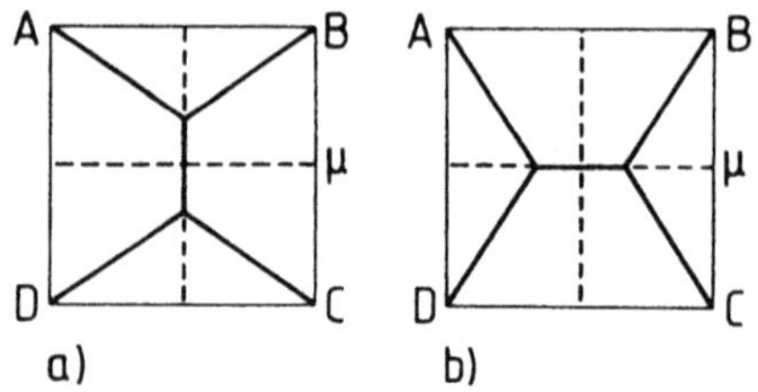

Abb. 1.25 **Die kürzesten Straßennetze, die A, B, C und D verbinden**

Abb. 1.25b. Ausprobieren zeigt, daß die aus den zwei Lösungen der Abb. 1.25a+b bestehende "Menge von Lösungen" durch alle Symmetrietransformationen des Quadrats in sich selbst überführt wird. Weitere Lösungen der Aufgabe gibt es nicht; insbesondere keine mit der D_4-Symmetrie des Quadrats. Daher ist die Symmetriegruppe der Aufgabe (oder, gleichbedeutend, der Menge der Lösungen) größer als die jeder einzelnen Lösung. Der Leser kann sich durch eine kleine Rechnung davon überzeugen, daß die kürzesten Straßennetze der Abb. 1.25 die Längen $(1+\sqrt{3})\mu \approx 2.73\mu$ besitzen. Das ist weniger als die Gesamtlänge $2\sqrt{2}\mu \approx 2.83\mu$ der beiden Diagonalen des Quadrats. Sie bilden zusammen das kürzeste Straßennetz mit dessen D_4-Symmetrie.

Kasten 1.6: Unsymmetrische Lösungen einer symmetrischen Aufgabe

Wenn er es richtig anstellt, gewinnt A. *Dazu legt er im ersten Zug eine beliebige Münze in die Mitte des ovalen Tisches. Wohin* B *auch eine Münze legt - stets kann* A *eine gleiche zentralsymmetrisch gegenüber legen. So entsteht eine* Lösung *- ein mit Münzen bedeckter Tisch -, die im allgemeinen nur die Symmetrie C_2 des Buchstabens* S *besitzt. Die* Aufgabe *hingegen besitzt die höhere D_2-Symmetrie des ovalen Tisches oder des Buchstabens* H. *Lösungen mit dieser Symmetrie gibt es auch. Auf jeden Fall entsteht aus einer Lösung durch die Transformation der D_2 eine Lösung - entweder dieselbe oder eine andere.*

Gegeben sei die Wirkung einer Gruppe von Transformationen auf eine Menge von Objekten; zum Beispiel die Wirkung der Symmetriegruppe D_4 eines Quadrats auf die teilweise ausgefüllten Quadrate der

Abb. 1.13. Die Transformationen der D_4 führen, wie die Abbildung zeigt, aus dieser Menge nicht heraus. Die "kleine Gruppe" eines Objektes innerhalb einer gegebenen Gruppe (hier der D_4) bilden diejenigen Transformationen der gegebenen Gruppe, die das Objekt in sich überführen. Durch die Methoden von §1 kann der Leser leicht zeigen, daß jede "kleine Gruppe" eine Gruppe im mathematischen Sinn ist. "Die Bahn" oder "der Orbit" eines Objektes ist die Menge der Objekte, die aus ihm durch die Transformationen der gegebenen Gruppe entstehen. Die Zahl der verschiedenen Objekte des Orbits eines Objektes, dessen kleine Gruppe $\{E\}$ nur die Identität E enthält, stimmt mit der Zahl N der Elemente der Gruppe überein. Für die Symmetriegruppe des Quadrates veranschaulichen dies der Orbit 1 der Abb. 1.13 und die Serie magischer Quadrate von Rune Mields 1988 in Abb. 1.14. Wird, am anderen Ende der Skala, ein Objekt durch *jede* Transformation der betrachteten Gruppe in sich überführt, so ist seine kleine Gruppe die ganze Gruppe, und sein Orbit besteht nur aus ihm selbst (Orbit 8 der Abb. 1.13).

Interessanter sind Objekte, deren kleine Gruppe weder $\{E\}$ noch die ganze Gruppe D_4 ist. Es kann nicht sein, daß der Orbit eines solchen Objektes aus ihm allein besteht: Sonst wäre seine kleine Gruppe die ganze Gruppe (Orbit 8). Es kann auch nicht sein, daß sein Orbit so viele Objekte enthält wie die Gruppe Elemente. Denn dann müßte, was zwei verschiedene Gruppenelemente aus dem Objekt erzeugen, verschieden sein. Nur E würde also das Objekt nicht ändern, seine kleine Gruppe wäre $\{E\}$. Folglich enthält der Orbit weniger Objekte als N.

Durch ähnliche, wenn auch aufwendigere Überlegungen kann gezeigt werden, daß das Produkt $n \cdot m$ der Zahl n der Elemente der kleinen Gruppe eines Objektes und der Zahl m der Objekte seines Orbits mit der Zahl N der Gruppenelemente übereinstimmt, also $N = n \cdot m$. Dies kann der Leser im Fall der D_4 durch Abzählen beweisen (Abb. 1.13). Als ganze Zahlen sind n und m Teiler von N.

Jede Aufgabe besitzt ihre Symmetriegruppe. Deren Transformationen überführen Lösungen in Lösungen. Das über "Objekte" Gesagte gilt also auch für "Lösungen". Die kleine Gruppe einer Lösung überführt diese in sich; der Orbit einer Lösung sind diejenigen Lösungen, die aus der gegebenen durch die Transformationen der Symmetriegruppe entstehen. Zum Beispiel bilden die beiden Lösungen in Abb. 1.25 zusammen einen Orbit der Symmetriegruppe D_4 der Aufgabe.

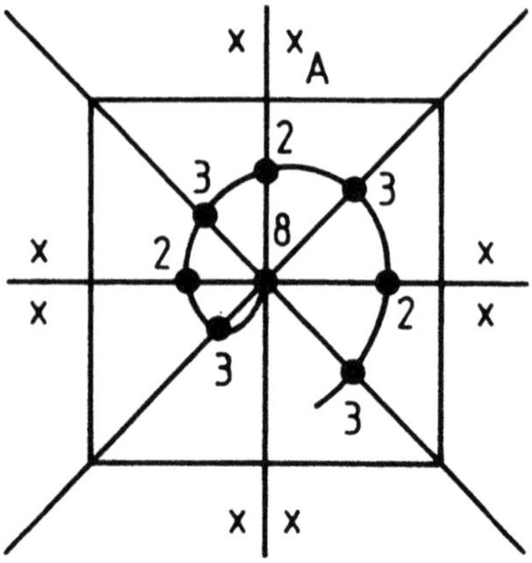

Abb. 1.26 **Bahnen von Punkten unter der Symmetriegruppe des Quadrats.**

Lösungen, die demselben Orbit angehören, sind offenbar eng miteinander verwandt. In vielen Fällen (Orbits 1 und 4-8 der Abb. 1.13) besitzen alle Mitglieder desselben Orbits dieselbe kleine Gruppe. Ist das nicht so (Orbits 2+3), können ihre kleinen Gruppen durch Transformationen der gegebenen Gruppe ineinander überführt werden; vom Standpunkt der gegebenen Gruppe aus gesehen, sind sie äquivalent. Der technische Ausdruck für diese Äquivalenz ist "konjugiert"[8]: Lösungen desselben Orbits besitzen konjugierte kleine Gruppen.

Die Betrachtungen zu Abb. 1.13 hängen von den Ausschmückungen der Quadrate nur über deren kleine Gruppen ab. So konnten wir Orbit 1 durch Abb. 1.14 ersetzen. Genauso könnten wir statt des Orbits des "ersten" Quadrates von Orbit 2 den Orbit eines spiegelsymmetrischen Gesichtes unter der D_4 verwenden. Dasselbe "Stratum" sollen Objekte bilden, die konjugierte kleine Gruppen besitzen. Innerhalb der

[8] Zwei Untergruppen F und H einer Gruppe G heißen konjugiert, wenn es in G ein Element g gibt, das durch $f = g \circ h \circ g^{-1}$ den Elementen h von H die Elemente f von F zuordnet. Als g der kleinen Gruppen $F = \{e, \sigma_v\}$ und $H = \{e, \sigma_h\}$ des Orbits 2 kann eine beliebige Transformation aus D_4 genommen werden, die weder F noch H angehört – zum Beispiel die Drehung um 90° oder die Spiegelung σ_1. All diese Transformationen überführen Objekte mit kleiner Gruppe F in Objekte mit kleiner Gruppe H und umgekehrt. Außer sich selbst, besitzt die ganze Gruppe G keine konjugierte Gruppe. Denn mit h durchläuft $f = g \circ h \circ g^{-1}$ bei festem g ganz G. Auch zu $\{e\}$ gibt es außer $\{e\}$ selbst keine konjugierte Gruppe: Gilt $h = e$, so für beliebige g auch $f = g \circ h \circ g^{-1} = g \circ e \circ g^{-1} = g \circ g^{-1} = e$. Die Wahl $g = e$ zeigt, daß jede Gruppe zu sich selbst konjugiert ist. Zu den "zu einer Gruppe konjugierten Gruppen" gehört also sie selbst.

Gruppe der Drehungen des dreidimensionalen Raumes um einen Drehpunkt ist die kleine Gruppe eines Vektors $\vec{a}$ mit $|\vec{a}| \neq 0$, der an den Drehpunkt angeheftet ist, die Gruppe der Drehungen um ihn als Drehachse. Genau wenn zwei Vektoren in dieselbe Richtung oder in entgegengesetzte Richtungen zeigen, besitzen sie (unabhängig von ihrer Länge) dieselbe kleine Gruppe. Die kleinen Gruppen aller anderen Vektoren, den Nullvektor ausgenommen, sind zu dieser (damit auch zueinander) konjugiert. Die an den Drehpunkt angehefteten Vektoren gehören innerhalb der Drehgruppe also demselben Stratum an. Den Orbit eines Vektors unter dieser Gruppe bilden alle Vektoren mit derselben Länge; ihre Spitzen liegen auf derselben Kugel um den Drehpunkt. Die kleine Gruppe des Nullvektors ist offenbar die ganze Drehgruppe. Er bildet ein Stratum für sich allein.

Der Leser, der mit den Begriffen "raumartiger", "zeitartiger", "lichtartiger" und "Null-" Vektor in der Speziellen Relativitätstheorie vertraut ist, kann den Minkowski-Raum in seine Orbits und Straten zerlegen (siehe auch Kapitel 4, §1). So gehören alle zeitartigen Vektoren auf derselben Massenschale demselben Orbit unter der Lorentz-Gruppe an; alle zeitartigen zusammen bilden ein Stratum. Die lichtartigen bilden ein anderes Stratum, genauso die raumartigen und, für sich allein, der Nullvektor.

Unter der D_4 bilden die Punkte der Ebene unendlich viele Orbits, die in vier verschiedene Straten zerfallen. Das zeigt Abb. 1.26. Die Geraden der Abbildung ausgenommen, ist die kleine Gruppe aller Punkte der Ebene dieselbe, nämlich $\{E\}$. Den Orbit des Punktes A mit dieser kleinen Gruppe bilden (vergleiche Orbit 1 in Abb. 1.13 und Abb. 1.14) die acht durch ein Kreuz gekennzeichneten Punkte der Abbildung. Wandert man auf der Spirale der Abbildung von außen in den Nullpunkt hinein, so trifft man Punkte, die anderen Straten angehören. Ihre Numerierung ist die der Abb. 1.13. Die kleine Gruppe des Nullpunktes ist die ganze D_4. Sein Orbit besteht aus ihm allein. Da zudem kein anderer Punkt der Ebene dieselbe kleine Gruppe besitzt, bildet er sogar ein Stratum.

Vorläufiges zur Symmetriebrechung

Für die Diskussion von Symmetrie und Symmetriebrechung sind die Begriffe kleine Gruppe, Orbit und Stratum sehr nützlich. Diejenigen Symmetrietransformationen der Naturgesetze, die eine erlaubte Bahn in sich überführen, bilden notwendigerweise eine Untergruppe der

Kasten 1.7: Kleine Schwingungen einer quadratischen Membran

Eine quadratische Membran sei so eingespannt, daß ihre Eckpunkte die Koordinaten $(0,0)$, $(0,\pi)$, (π,π) *und* $(\pi,0)$ *besitzen. Die Punkte* (x,y) *der Membran können sich senkrecht nach oben und unten bewegen; die Auslenkung zur Zeit* t *ist* $z(t,x,y)$. *Bei kleinen Schwingungen (Kasten 3.1) genügt die Auslenkung einer Membran mit geeignet gewählten Parametern der Differentialgleichung*

$$\left\{\frac{\partial^2}{(\partial t)^2} - \frac{\partial^2}{(\partial x)^2} - \frac{\partial^2}{(\partial y)^2}\right\} z(t,x,y) = 0.$$

Der Leser kann leicht nachrechnen (siehe auch Kapitel 3, §3), daß der Differentialoperator $\partial^2/(\partial x)^2 + \partial^2/(\partial y)^2$ *und damit die Differentialgleichung bei beliebigen Drehungen, Spiegelungen und Verschiebungen der* x-y-*Ebene ungeändert bleibt. Da die ebenfalls zum Naturgesetz für die Schwingungen der Membran gehörenden Einspannungsbedingungen* D_4-*symmetrisch sind, besitzt das Naturgesetz Quadratsymmetrie. – Sind* m, n *zwei ganze positive Zahlen, so erfüllen die Funktionen*

$$z_{m,n}(t,x,y) = \sin(mx) \cdot \sin(ny) \left\{ a_{m,n} \cdot \sin(t \cdot \sqrt{m^2+n^2}) + b_{m,n} \cdot \cos(t \cdot \sqrt{m^2+n^2}) \right\}$$

für beliebige $a_{m,n}, b_{m,n}$ *sowohl die Differentialgleichung, als auch die Einspannungsbedingungen* $z(t,0,y) = z(t,\pi,y) = z(t,x,0) = z(t,x,\pi) = 0$. *Die Lösungen* $z_{m,n}$ *beschreiben Schwingungen der Membran mit der Frequenz* $\sqrt{m^2+n^2}/2\pi$; *die allgemeine Lösung kann als* $\sum_{m,n} z_{m,n}$ *geschrieben werden. – Knotenlinien einer Schwingung* $z(t,x,y)$ *zur Zeit* t *sind diejenigen Kurven* $y(x)$, *für die* $z(t,x,y(x)) = \dot{z}(t,x,y(x)) = 0$ *gilt. Es ist leicht zu zeigen, daß die Knotenlinien von Schwingungen* $z_{m,n}$ *mit bestimmten* m,n *– erstens – für alle* t *dieselben und – zweitens – entweder zur* x- *oder zur* y-*Achse des Koordinatensystems parallel sind. Bei der Schwingungen* $z_{1,1}$ *gibt es außerhalb der Einspannung der Membran keine Knotenlinien; die Schwingungen* $z_{1,2}$, $z_{2,1}$, $z_{2,2}$, $z_{1,3}$ *und* $z_{3,1}$ *besitzen außer der als durchgezogene Linien gezeichneten Einspannung die gestrichelten Linien der Abbildungen Abb. 1.27a1, a2, b, c1 und c2 in dieser Reihenfolge als Knotenlinien.*

Jeder Schwingung $z_{m,n}$ ist eindeutig ein Knotenlinienbild zugeordnet. Umgekehrt legt jedes Knotenlinienbild, das einer solchen Schwingung entspricht, deren m, n eindeutig fest. Einer "entarteten" Schwingungsfrequenz entspricht mehr als ein Paar positiver Zahlen m, n. Ist $m \neq n$, so ist n, m ein anderes Paar zu derselben Frequenz. Die Symmetriebetrachtungen des Textes betreffen nur diese Entartungen. Daß es weitergehende gibt, zeigen bereits die Zahlenpaare $m = 5$, $n = 5$ und $m = 1$, $n = 7$ mit $m^2 + n^2 = 50$. - Das Knotenlinienbild der Abb. 1.27c3 ist das der Linienkombination $z_{1,3} - z_{3,1}$ der Schwingungen mit den Knotenlinienbildern der Abb. 1.27c1 und Abb. 1.27c2. Obwohl einer auf Grund von $m \neq n$ entarteten Schwingungsfrequenz zugeordnet, besitzt es die Symmetrie D_4 des Quadrats. Im allgemeinen ist es daher unmöglich, von den Symmetrien von Knotenlinienbildern, die zu anderen Lösungen als den $z_{m,n}$ gehören, Aussagen über die Entartungen von Frequenzen abzulesen.

---

ursprünglichen Symmetriegruppe; die kleine Gruppe der Bahn mit n Elementen. Sowohl diese als auch die anderen Symmetrietransformationen überführen erlaubte Bahnen in erlaubte. Die aus einer Bahn so entstehenden Bahnen bilden zusammen einen Orbit. Dieser besteht aus $m = N/n$ verschiedenen Bahnen. Bereits aus den Symmetrien eines Naturgesetzes folgt daher manches über die Möglichkeiten, diese zu brechen. Das von Bahnen gesagte gilt genauso für Knotenlinien, Ruhelagen und Abläufe als Funktionen der Zeit.

Gegeben sei eine eingespannte quadratische Membran. Die Symmetriegruppe der für ihre Schwingungen geltenden Naturgesetze ist die D_4. Bei kleinen Schwingungsamplituden ist die Bewegungsgleichung der Membran linear. Auf die Besonderheiten von linearen Systemen gehen wir in Kapitel 3, §2 ein. Jetzt konzentrieren wir uns auf Eigenschaften der Knotenlinienbilder einer quadratischen Membran (Kasten 1.7), die aus der D_4-Symmetrie der für ihre Bewegungen geltenden Naturgesetze folgen.

Das Knotenlinienbild einer schwingenden Membran ist eine Konsequenz der Anfangsbedingungen der Schwingung; es kann die D_4-Symmetrie der für die Schwingungen der Membran geltenden Naturgesetze besitzen, muß das aber nicht. Schwingungen ohne Knotenlinie werden durch die Transformationen der D_4 in eben solche überführt;

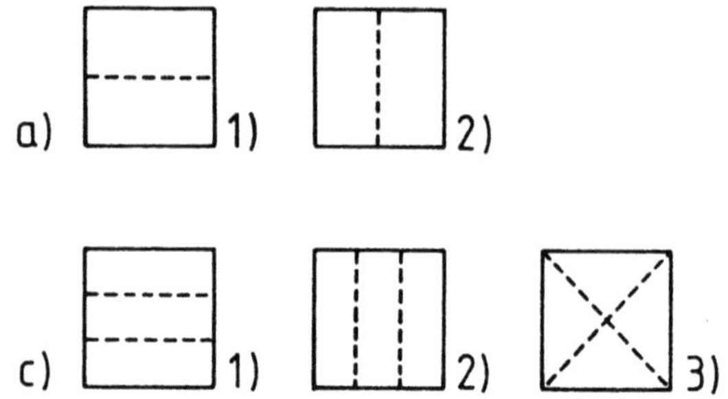

Abb. 1.27 Knotenlinien von Schwingungsformen einer quadratischen, am Rand eingespannten Membran.

das zugehörige (leere) Knotenlinienbild besitzt die volle D_4-Symmetrie. Damit ist die D_4 auch die kleine Gruppe des Knotenlinienbildes, so daß sein Orbit aus ihm allein besteht. Aus der D_4-Symmetrie der für die Schwingungen geltenden Naturgesetze können wir in diesem Fall also nicht schließen, daß es Schwingungen mit derselben Frequenz, aber einem anderen Knotenlinienbild gibt. Bei kleiner Amplitude gibt es sie tatsächlich nicht. Zur Vereinfachung setzen wir voraus, daß die Membran mit einer Frequenz schwingt.

Die kleine Gruppe des Knotenlinienbildes in Abb. 1.27a1 ist die aus Orbit 6 in Abb. 1.13 bekannte $\{E, R_2, \sigma_v, \sigma_h\}$. Der Orbit enthält zusätzlich zum Knotenlinienbild der Abb. 1.27a1 das in Abb. 1.27a2. Da wir wissen, daß der Orbit aus insgesamt genau 8/4=2 Knotenlinienbildern besteht, brauchen wir nach keinen weiteren zu suchen. Die zugehörigen Frequenzen sind notwendig dieselben. Auf Grund der D_4-Symmetrie der für die Schwingungen geltenden Naturgesetze gibt es also mindestens zwei Schwingungen mit der Frequenz der Schwingung der Abb. 1.27a und verschiedenen Knotenlinienbildern; denen in Abb. 1.27a1+2. Daraus folgt, daß die zugehörige Schwingungsfrequenz entartet ist: Der lineare Raum der Lösungen von Schwingungsgleichung und Einspannungsbedingungen mit dieser Frequenz besitzt mindestens die Dimension zwei. Er ist übrigens tatsächlich zweidimensional.

Das Knotenlinienbild der Abb. 1.27b besitzt für sich allein D_4-Symmetrie. Aus der D_4-Symmetrie der für die Schwingungen geltenden Naturgesetze folgt also wie bei der Schwingung ohne Knoten nicht, daß es Schwingungen mit derselben Frequenz, aber einem anderen Knotenlinienbild gibt. Wie bei der Schwingung ohne Knoten trifft das auch hier bei Schwingungen mit kleinen Amplituden tatsächlich zu. Der Leser sei aber gewarnt (Kasten 1.7): Obwohl das Knotenlinienbild der Abb.

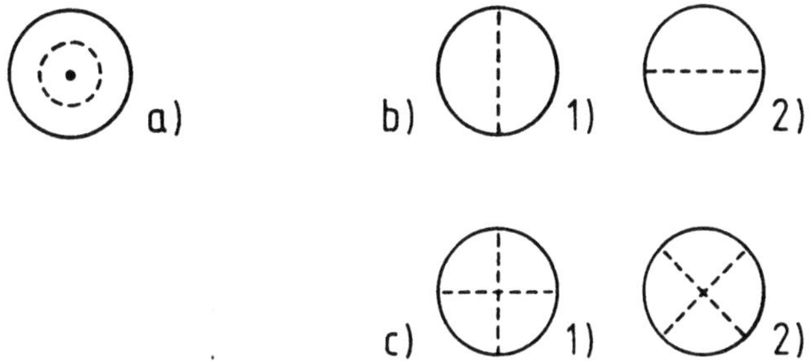

Abb. 1.28 **Knotenlinien von Schwingungsformen einer kreisförmigen, am Rand eingespannten Membran.**

1.27c3 D_4-Symmetrie besitzt, gehören bei kleinen Amplituden auch die Knotenlinienbilder der Abb. 1.27c1+2 zu Schwingungen mit derselben Frequenz. Auf die Abb. 1.27c1+2 können übrigens dieselben Überlegungen angewendet werden wie auf die Abb. 1.27a1+2 – mit demselben Resultat.

Bei kleinen Amplituden, also linearer Schwingungsgleichung, sind Linearkombinationen von Lösungen mit einer bestimmten Frequenz abermals Lösungen mit derselben Frequenz. Die Linearkombinationen besitzen in der Regel andere Knotenlinienbilder als die einzelnen Summanden; daher die verschiedenen Knotenlinienbilder mit verschiedenen Symmetrien, die zu Schwingungen mit derselben Frequenz gehören. Ist ein Knotenlinienbild der linear schwingenden Membran gegeben, aus dem durch eine Transformation der D_4 ein anderes Knotenlinienbild entsteht, so ist die zugehörige Frequenz mindestens zweifach entartet. Zu ihr gehören dann also mindestens zwei (im reellen) linear unabhängige Lösungen der Schwingungsgleichung.

Abb. 1.28 zeigt fünf Knotenlinienbilder von Schwingungen einer eingespannten, runden Membran. Die Symmetriegruppe des Naturgesetzes für die Schwingungen einer solchen Membran besteht aus beliebigen Drehungen um ihren Mittelpunkt und den Spiegelungen an beliebigen Geraden durch ihn; wir wollen sie D_∞ nennen. Von den Knotenlinienbildern der Abb. 1.28 besitzt nur das in Abb. 1.28a dieselbe D_∞-Symmetrie wie das Naturgesetz. Die der Abb. 1.28b1+2 werden durch gewisse Transformationen der D_∞ ineinander überführt und gehören daher zu Schwingungen mit derselben Frequenz. Dasselbe gilt von der Knotenlinienbildern der Abb. 1.28c1+2.

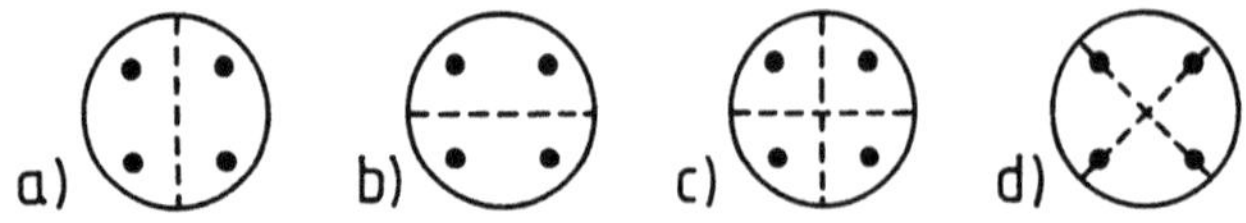

Abb. 1.29 **Knotenlinien von Schwingungsformen einer kreisförmigen, am Rand eingespannten Membran mit Störstellen**

Sei nun die volle D_∞-Symmetrie durch die in Abb. 1.29 hinzugefügten Gewichte explizit gebrochen. Die Symmetriegruppe der Naturgesetze für die Schwingungen der gestörten Membran ist "nur noch" die D_4. Doch so wie in den Abb. 1.29 dargestellt, kann offenbar auch die gestörte Membran schwingen.

Wir wollen mit Mathews 1970 fragen, ob die Symmetriebrechung der Naturgesetze von D_∞ herunter auf D_4 Entartungen der zugehörigen Schwingungsfrequenzen aufheben kann. Offenbar nicht bei den Knotenlinienbildern der Abb. 1.29a+b: Wie durch Transformationen der D_∞, gehen diese auch durch Transformationen der D_4 auseinander hervor. Wohl aber bei den Knotenlinienbildern der Abb. 1.29c+d: Während diese durch Transformationen der Symmetriegruppe D_∞ der ungestörten Membran ineinander überführt werden, gibt es in der Symmetriegruppe D_4 der gestörten Membran keine Symmetrietransformation, die dies leistet. Die Störung der Symmetrie der eingespannten runden Membran durch die Massen der Abb. 1.29 vermag also zwar die Entartung der Schwingungsfrequenz der Abb. 1.28c1+2 aufzuheben, nicht aber die der Abb. 1.28b1+2.

Gruppentheoretisches zur spontanen Symmetriebrechung

Wir können in diesem Buch nur wenig über das "Nußschalen-Beispiel" zur spontanen Symmetriebrechung in Abb. 1.24 hinausgehen. Gegeben seien Potentialfunktionen $V(x)$ in einer Dimension x, die von einem Parameter T so abhängen, daß für $T > T_0$ (mit festem T_0) die Funktionen $V(x)$ qualitativ die Gestalt in Abb. 1.24a, für $T < T_0$ aber die in Abb. 1.24c+d besitzen. Eine solche Serie von Funktionen ist

$$V(x) = \frac{x^4}{4} + \frac{\alpha}{2} \cdot (T - T_0) \cdot x^2, \tag{1.1}$$

wobei $\alpha > 0$ ist. Unabhängig von der Werten der Parameter besitzen diese Funktionen dieselbe Symmetriegruppe von Transformationen der Variablen x: die Gruppe $Z_2 \equiv \{E, \sigma\}$ aus E und der Spiegelung σ am

Ursprung. Die x-Achse zerfällt in zwei Straten unter dieser Gruppe. Der Punkt $x = 0$ mit Z_2 als seiner kleinen Gruppe bildet ein Stratum für sich; alle anderen Punkte besitzen $\{E\}$ als kleine Gruppe und gehören dem anderen Stratum an. Der Orbit von Punkten $x \neq 0$ unter Z_2 besteht aus x und $-x$.

Physikalisch besonders interessant sind diejenigen Punkte X, in denen die Kräfte verschwinden. In ihnen, den Ruhelagen des Systems, ist die Potentialfunktion stationär, besitzt also entweder ein Maximum oder Minimum. Die Bedingung hierfür,

$$\frac{d}{dx}V(x)|_{x=X} = 0, \text{ das ist } X \cdot [X^2 + \alpha \cdot (T - T_0)] = 0,$$

besitzt für $T > T_0$ genau die eine (reelle; nur diese kommen in Betracht) Lösung $X_0 = 0$; für $T < T_0$ zudem die beiden Lösungen $X_+ = \alpha \cdot (T_0 - T)$ und $X_- = -\alpha \cdot (T_0 - T)$. Vom Verhalten von $V(x)$ für große positive oder negative x können wir ablesen, daß das Extremum bei X_0 für $T > T_0$ ein Minimum sein muß; bei $T < T_0$ hingegen muß es ein Maximum sein. Die Extrema bei X_+ und X_- sind, wenn es sie gibt, Minima. Insgesamt besitzt $V(x)$ also die gewünschten Eigenschaften: Für $T > T_0$ sieht es qualitativ aus wie $V(x)$ in Abb. 1.24a, für $T < T_0$ wie in Abb. 1.24c+d.

Wir fassen T als Parameter – Kontrollparameter – auf, den wir ändern können. Physikalisch interessante Interpretationen von T werden in Kapitel 3, §4 nachgeliefert. Jetzt nehmen wir an, $V(x)$ sei das Potential für einen Massenpunkt. Wir beginnen mit $T > T_0$ und erniedrigen T auf Werte unterhalb von T_0. So lange $T > T_0$ ist, ändert sich das Potential $V(x)$ qualitativ nicht: Sein einziges Extremum ist ein Minimum an dem Punkt $X_0 = 0$, dessen kleine Gruppe mit der Symmetriegruppe Z_2 von $V(x)$ übereinstimmt. Dieser Punkt ist in dem Sinn isoliert, daß in seiner Nachbarschaft keine Punkte liegen, die demselben Stratum angehören. Bei $T = T_0$ gilt $V(x) = x^4/4$; die Funktion hat keinen quadratischen Term (Abb. 1.24b). Dann, bei $T < T_0$, besitzt sie zwei Minima an den Punkten X_- und X_+, die durch die oben definierte Symmetriegruppe Z_2 von $V(x)$ vertauscht werden. Diese liegen in einem Kontinuum von Punkten, die demselben Stratum angehören. An der Stelle X_0 besitzt die Funktion jetzt ein Maximum; das über das Stratum von X_0 gesagte gilt weiter.

Physikalisch interessant an der Änderung, die $V(x)$ bei $T = T_0$ erfährt, ist, daß die stabilen Ruhelagen für $T < T_0$ einem anderen Stratum angehören als für $T > T_0$. Die Symmetrie von $V(x)$ hängt, wie festgestellt, von T nicht ab. Ein System, das sich stets so verhält, daß sein $V(x)$ minimal ist, wird für $T < T_0$ ein qualitativ anderes Verhalten zeigen als für $T > T_0$. Während für $T > T_0$ sein Zustand – allgemeiner: der Grundzustand – durch die Forderung, daß $V(x)$ minimal sein soll, eindeutig festgelegt war, kann (und muß!) das System für $T < T_0$ zwischen zwei Zuständen wählen, die es annehmen kann. Der Übergang von Abb. 1.24a zu Abb. 1.24c veranschaulicht die Änderung der Potentialfunktion mit T. Der Massenpunkt, der anfangs – für $T > T_0$, Abb. 1.24a – in dem dann einzigen Minimum ruht, beginnt bei $T = T_0$, sich in der Situation der Abb. 1.24c zu befinden. Dem hierzu bereits gesagten haben wir nichts hinzuzufügen: Der Massenpunkt wird eines der neuen Minima annehmen; das ist sicher. Nicht vorhergesagt werden kann, welches. Da die kleine Gruppe der Orte der Minima von $V(x)$ für $T < T_0$ "nicht mehr" die ganze Symmetriegruppe Z_2 von $V(x)$ ist, besitzt der Grundzustand, den das System annimmt, nicht die volle Symmetrie der Gesetze, die für es gelten. Denn, das sei wiederholt, $V(x)$ besitzt für alle T dieselbe Symmetrie. Die beiden Grundzustände bilden zusammen einen Orbit unter der Symmetriegruppe. Übrigens heißt das bei $T = T_0$ in Abb. 1.24 auftretende Phänomen in der Katastrophentheorie treffend Bifurkation.

Symmetrieanalyse

Gegeben sei eine beliebige Massenverteilung; zur Vereinfachung wollen wir annehmen, in der Ebene. Wenn die Massenverteilung durch die Spiegelung an einer Gerade nicht geändert wird, dann auch nicht ihr Schwerpunkt. Da bei der Spiegelung an einer Gerade nur die Punkte der Gerade ungeändert bleiben, liegt also der Schwerpunkt einer ebenen, spiegelsymmetrischen Massenverteilung in der Spiegelgerade. Besitzt die Massenverteilung Drehsymmetrie um einen Punkt in der Ebene, dann stimmt der Drehpunkt mit dem Schwerpunkt überein.

Die "Ursache" Massenverteilung legt ihre "Wirkung" Schwerpunkt eindeutig fest. Genauso bestimmt in der Elektrostatik jede Ladungsverteilung "ihr" elektrisches Feld: Das Feld besitzt die Symmetrien der Ladungsverteilung, und Symmetrieanalyse kann angewendet werden. In der Magnetostatik folgt das magnetische Feld aus der Stromverteilung, besitzt deren Symmetrien und Symmetrieanalyse ist abermals möglich.

Da elektrische und magnetische Felder Vektoren sind, wissen wir von vornherein, wie Drehungen auf sie wirken. Wie sich die Felder bei

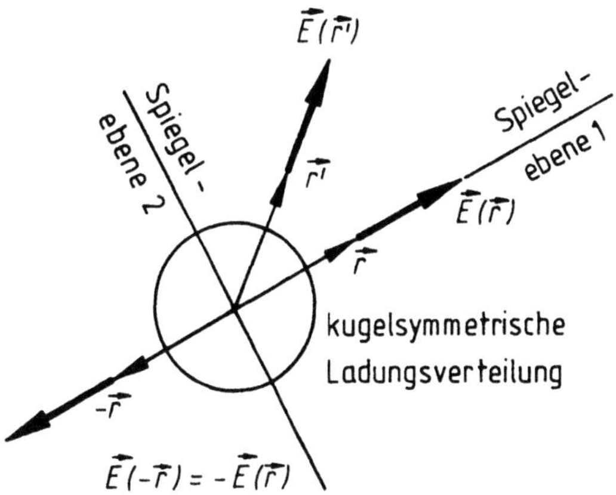

Abb. 1.30 **Symmetrien des elektrischen Feldes einer kugelsymmetrischen Ladungsverteilung**

Spiegelungen verhalten, kann von den Wirkungen dieser Transformationen auf ihre "Ursachen", die Ladungs- und Stromverteilungen, abgelesen werden.

Gegeben sei (Abb. 1.30) eine kugelsymmetrische Ladungsverteilung; das Zentrum der Symmetrie sei der Koordinatenursprung $\vec{r} = 0$. Das elektrische Feld, dessen Ursache diese Ladungsverteilung ist, besitzt deren Drehsymmetrie. Der an der Stelle $\vec{r}$ angeheftete Vektor $\vec{E}(\vec{r})$ des elektrischen Feldes bleibt insbesondere ungeändert bei beliebigen Drehungen um $\vec{r}$ als Drehachse. Da nur Vektoren, die zu $\vec{r}$ parallel oder antiparallel sind, diese Eigenschaft besitzen[9], gilt $\vec{E}(\vec{r}) = f(\vec{r})\vec{r}$. Hier ist $f(\vec{r})$ eine bisher noch beliebige Funktion des Ortsvektors $\vec{r}$. Sind $\vec{r}$ und $\vec{r}\,'$ zwei verschiedene Ortsvektoren gleicher Länge, so gibt es eine Drehung um eine Achse durch den Ursprung, die $\vec{r}$ in $\vec{r}\,'$ überführt. Diese Drehung ändert die Ursache des elektrischen Feldes, die Ladungsverteilung, nicht. Wenn wir also das elektrische Feld $\vec{E}(\vec{r}) = f(\vec{r})\vec{r}$ an der Stelle $\vec{r}$ kennen, können wir das an der Stelle $\vec{r}\,'$ dadurch berechnen, daß wir $\vec{E}(\vec{r})$ eben dieser Drehung unterwerfen. Das ergibt $\vec{E}(\vec{r}\,') = f(r)\vec{r}\,'$. Denn der Betrag von $\vec{E}$ wird durch die Drehung nicht geändert, so daß

$$|\vec{E}(\vec{r})| \equiv |f(\vec{r})| \cdot |\vec{r}| = |f(\vec{r}\,')| \cdot |\vec{r}\,'| = |f(\vec{r}\,')| \cdot |\vec{r}|$$

[9] Wir können auch sagen, daß $\vec{r}$ und $\vec{E}(\vec{r})$ innerhalb der Drehgruppe dieselbe kleine Gruppe besitzen. Das ist die Gruppe der Drehungen um $\vec{r}$, also zugleich um $\vec{E}(\vec{r})$, als Drehachse.

und damit $|f(\vec{r})| = |f(\vec{r}\,')|$. Ist nun $\vec{E}(\vec{r})$ zu $\vec{r}$ parallel oder antiparallel, so auch $\vec{E}(\vec{r}\,')$ zu $\vec{r}\,'$: Die Eigenschaft, parallel oder antiparallel zu sein, wird durch Drehungen nicht geändert. Also besitzen $f(\vec{r})$ und $f(\vec{r}\,')$ dasselbe Vorzeichen, und $f(\vec{r})$ hängt nur vom Betrag r von $\vec{r}$ ab.

Dieses wohlbekannte Resultat – die Vektoren des elektrischen Feldes einer kugelsymmetrischen Ladungsverteilung um den Ursprung des Koordinatensystems sind zum Ortsvektor $\vec{r}$ entweder parallel oder antiparallel; ihr Betrag hängt nur von $r = |\vec{r}|$ ab – wollen wir benutzen, um das "Spiegelbild" des elektrischen Feldes $\vec{E}$ zu bestimmen. Wenn eine Spiegelung die das Feld erzeugende Ladungsverteilung nicht ändert, dann auch nicht das Feld. Das Spiegelbild von $\vec{E}$ soll so definiert werden, daß beim Übergang vom Urbild zum Spiegelbild der spiegelsymmetrischen Ladungsverteilung das $\vec{E}$-Feld insgesamt tatsächlich ungeändert bleibt.

Wir spiegeln die kugelsymmetrische Ladungsverteilung an einer der Ebenen, die das Zentrum der Symmetrie enthalten. Ortsvektoren $\vec{r}$ in der Spiegelebene (Spiegelebene 1, Abb. 1.30) werden durch die Spiegelung nicht geändert. Dasselbe muß von den an sie angehefteten, zu ihnen parallelen oder antiparallelen Vektoren des elektrischen Feldes gelten; sonst würde durch Spiegelung der spiegelsymmetrischen Ladungsverteilung ihr elektrisches Feld geändert. Folglich bleiben elektrische Feldvektoren $\vec{E}$ bei Spiegelungen an Ebenen, die sie enthalten, ungeändert. Ortvektoren $\vec{r}$, die senkrecht auf der Spiegelebene stehen (Spiegelebene 2, Abb. 1.30), werden durch die Spiegelung an ihr in $-\vec{r}$ überführt. Aus dem an $\vec{r}$ angehefteten Feld $\vec{E}(\vec{r})$ wird durch die Spiegelung also das an $-\vec{r}$ angeheftete $\vec{E}(-\vec{r}) = -\vec{E}(\vec{r})$. Das aber bedeutet, daß ein elektrischer Feldvektor $\vec{E}$ durch die Spiegelung an einer Ebene, auf der er senkrecht steht, in $-\vec{E}$ überführt wird.

Die elektrischen Feldvektoren $\vec{E}$ verhalten sich also bei Spiegelungen in allen Stücken wie die Ortsvektoren $\vec{r}$. Derartige Vektoren heißen polare Vektoren. Sie werden zu Recht durch Pfeile dargestellt. Denn Drehungen und Spiegelungen ändern deren Richtungen wie die von Pfeilen. Auch Geschwindigkeiten $\vec{v}$, Beschleunigungen $\vec{a}$ und Kräfte $\vec{K}$ bilden polare Vektoren.

Wir eilen zu sagen, daß es andere als polare Vektoren tatsächlich gibt. Sie heißen axiale Vektoren. Ein Beispiel bilden die magnetischen Felder $\vec{B}$; ein anderes die Drehimpulsvektoren. Wir werden gleich sehen, daß ein axialer Vektor oder "Axialvektor" bei Spiegelungen an Ebenen,

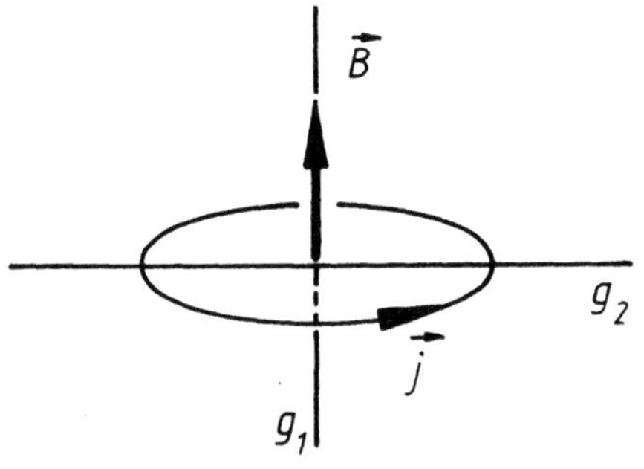

Abb. 1.31 **Das magnetische Feld $\vec{B}$ eines Kreisstroms $\vec{j}$ in dessen Mittelpunkt.**

die ihn enthalten oder zu denen er parallel ist, sein Vorzeichen umkehrt, während die Spiegelung an einer Ebene, auf der er senkrecht steht, seine Richtung nicht ändert. Selbstverständlich muß berücksichtigt werden, daß der Ort, an den der Axialvektor angeheftet ist, ein polarer Vektor ist. Beliebige Vektoren sind Summen polarer und axialer Vektoren.

Um Axialvektoren einzuführen, verfahren wir wie bei den polaren, gehen aber statt von einer Ladungs- von einer Stromverteilung aus. Gegeben sei eine kreisförmige Stromschleife $\vec{j}$ in einer Ebene (Abb. 1.31). Drehungen um die auf der Ebene im Mittelpunkt der Stromschleife senkrecht stehende Gerade g_1 ändern die Stromverteilung nicht. Daher wird auch das magnetische Feld $\vec{B}(\vec{r})$, dessen Ursache die Stromverteilung ist, durch diese Drehungen nicht geändert. Das magnetische Feld $\vec{B}$ im Mittelpunkt der Stromschleife steht also auf deren Ebene senkrecht; das Vorzeichen von $\vec{B}$ wird durch Konvention so festgelegt, wie die Abbildung zeigt. Die Stromverteilung bleibt ungeändert, wenn wir sie an ihrer Ebene spiegeln; folglich auch ihre observablen Wirkungen, zum Beispiel das magnetische Feld im Mittelpunkt der Stromschleife. Wir sehen also, daß ein magnetisches Feld durch die Spiegelung an einer Ebene, auf der es senkrecht steht, nicht geändert wird – ein merkwürdiges Resultat. Berücksichtigt man die Spiegelung der Punkte, an die das $\vec{B}$-Feld angeheftet ist, wird das in der Symmetrieachse durch die Spiegelung *verschoben.*

Eine Drehung um 180° um eine Gerade g_2 durch den Mittelpunkt des Kreisstromes in seiner Ebene kehrt dessen Drehsinn um. Da $\vec{B}$ ein Vektor ist, wird die Richtung von $\vec{B}$ durch diese Drehung um eine Achse, auf der $\vec{B}$ senkrecht steht, ebenfalls umgekehrt. Auf den Kreisstrom wirkt die Spiegelung an einer Ebene, die auf der Ebene des Kreisstromes in dessen Mittelpunkt senkrecht steht, genauso wie diese Drehung.

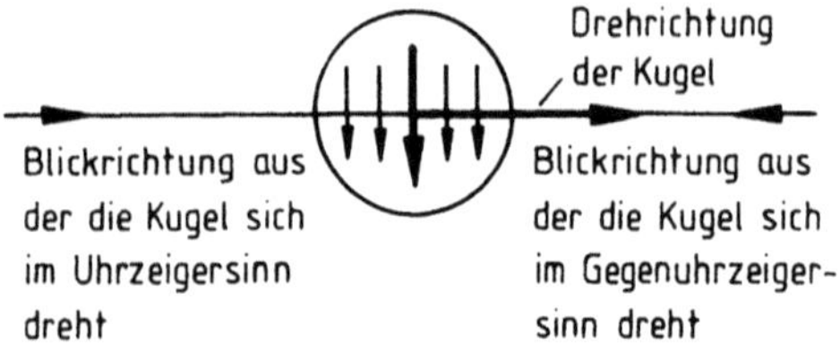

Abb. 1.32 **Die sich drehende Kugel kann benutzt werden, um Richtungen zu kennzeichnen.**

Daher ändern beide, Drehung und Spiegelung, auch $\vec{B}$ in gleicher Weise: Die Richtung von $\vec{B}$ wird umgekehrt. Folglich wird die Richtung eines magnetischen Feldes $\vec{B}$ durch die Spiegelung an einer Ebene, die es enthält, umgekehrt – ein genauso merkwürdiges Resultat wie das des vorigen Absatzes. Es folgt aus jenem durch Kombination einer Drehung mit der Spiegelung.

Polare und axiale Vektoren mit zwar demselben Verhalten bei Drehungen, aber verschiedenem bei Spiegelungen, können auftreten, da es zwei wesentlich verschiedene Möglichkeiten gibt, Richtungen im Raum zu kennzeichnen. Einerseits durch Wegweiser wie Pfeile; auf diese "polare" Richtungskennzeichnungen gehen wir nicht weiter ein. Zweitens können Richtungen "axial" durch Achsen von Drehungen gekennzeichnet werden. Ein Beispiel liefert die bereits besprochene Kurve mit Drehsinn – die Stromschleife – in der Ebene; ein anderes ein sich drehender Körper, eine Kugel zum Beispiel (Abb. 1.32). Wir können uns so aufstellen, daß wir die Kugel, parallel zur Drehachse betrachtet, im Uhrzeigersinn rotieren sehen. Von der Gegenseite aus gesehen, rotiert die Kugel anders herum.

Die sich drehende Kugel können wir also benutzen, um eine Richtung im Raum festzulegen. Wir sagen zunächst, daß wir eine der beiden Richtungen der Gerade meinen, um die sich die Kugel dreht – Richtung oder Gegenrichtung. Von diesen wählen wir diejenige aus, in die wir blicken, wenn wir die Kugel im Uhrzeigersinn rotieren sehen. Wir nennen diese, durch die Drehung der Kugel definierte Richtung, ihre Drehrichtung. Wenn wir die sich drehende Kugel nun durch ihr Spiegelbild ersetzen und diesem, genau wie der ursprünglichen Kugel, eine Drehrichtung zuweisen, so stellen wir fest, daß die Drehrichtung ein axialer Vektor ist. Zum Beispiel ändert die Spiegelung an der Äquatorebene der Kugel – auf dieser steht die Drehrichtung senkrecht – den

Drehsinn und damit die Drehrichtung nicht. Und so weiter, ganz wie oben bei dem magnetischen Feld der Stromschleife.

Daß Kräfte $\vec{K}$ polare Vektoren sind, ist selbstverständlich, da sie Probekörper in ihre Richtung in Bewegung setzen, und da Bewegungen Richtungen genauso wie Pfeile definieren. Von dem Ausdruk $\vec{K} = e\vec{E}$ für die Kraft $\vec{K}$ auf eine Probeladung e im elektrischen Feld $\vec{E}$ können wir daher ablesen, daß auch elektrische Felder polare Vektoren sind. Dies haben wir zuvor aus dem Verhalten der *Ursachen* elektrischer Felder – der Ladungsverteilungen – bei Spiegelungen geschlossen; hier folgt es aus den *Wirkungen* der Felder – den Kräften auf Probeladungen.

Es ist lehrreich, genauso das Verhalten des Magnetfeldes $\vec{B}$ unter Spiegelungen von der Kraft abzulesen, die es nach der Formel $\vec{K} = e\vec{v}\times \vec{B}$ auf eine Probeladung e mit der Geschwindigkeit $\vec{v}$ ausübt. Aus der Formel folgt, daß $\vec{K}$ auf der Ebene, die $\vec{v}$ und $\vec{B}$ aufspannen, senkrecht steht. Die Spiegelung an dieser Ebene kehrt folglich die Richtung des polaren Vektors $\vec{K}$ um. Als ebenfalls polarer Vektor bleibt $\vec{v}$ bei der Spiegelung ungeändert. Folglich kann $\vec{B}$ kein polarer Vektor sei: Sonst würde die Spiegelung beide, $\vec{v}$ und $\vec{B}$, und damit $\vec{K}$, ungeändert lassen. Ein Axialvektor $\vec{B}$ kehrt bei einer Spiegelung an einer Ebene, die ihn enthält, sein Vorzeichen um. Daraus folgt das richtige Verhalten des polaren Vektors $\vec{K}$ unter Spiegelungen.

Das Verhalten eines polaren oder axialen Vektors bei der Spiegelung an einer Ebene hängt von der Ebene ab. Wir werden sogleich sehen, daß sich alle axialen und alle polaren Vektoren bei der Spiegelung P *an einem Punkt* gleich verhalten. Daher ist es einfacher, Vektoren durch ihr Verhalten unter P zu unterscheiden als durch die Wirkungen der Spiegelungen an Ebenen auf sie.

Aus §1 wissen wir, daß die Spiegelung P an einem Punkt – wir wählen den Ursprung des Koordinatensystems – durch Hintereinanderschalten der Spiegelungen an drei aufeinander senkrecht stehenden Ebenen entsteht, die sich in dem Punkt schneiden. Wenn wir die Spiegelebenen so wählen, daß der P zu unterwerfende Vektor in der Schnittgerade von zweien liegt, wird die Richtung eines polaren Vektors bei den Spiegelungen an den Ebenen einmal, die des axialen Vektors zweimal umgekehrt – mit dem Ergebnis, daß P das Vorzeichen eines polaren Vektors umkehrt und das eines axialen ungeändert läßt.

Durch dieses Verhalten polarer und axialer Vektoren unter P wollen wir abermals und einfacher zeigen, daß das Magnetfeld $\vec{B}$ ein axialer Vektor ist. Würde $\vec{B}$ wie das polare $\vec{v}$ unter P sein Vorzeichen ändern,

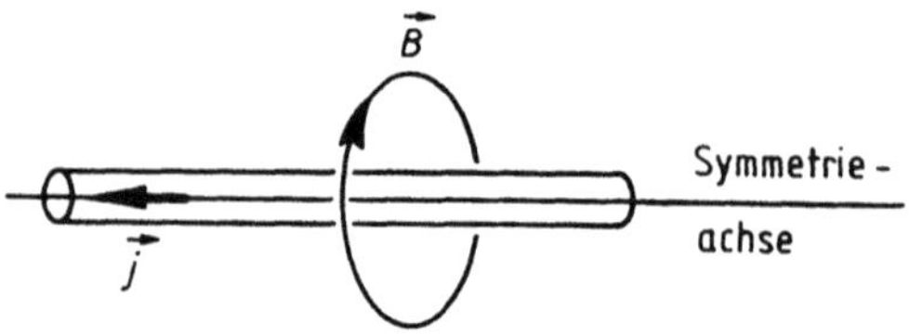

Abb. 1.33 **Bereits aus der Spiegelsymmetrie folgt, daß das Magnetfeld eines unendlich langen, geraden, stromführenden Leiters Kreise um den Leiter bildet.**

behielte $\vec{v}\times\vec{B}$ und damit $\vec{K}$ sein Vorzeichen, was für das polare $\vec{K}$ nicht zutrifft. Ist $\vec{B}$ aber ein axialer Vektor, bleibt die Gleichung $\vec{K} = e\cdot\vec{v}\times\vec{B}$ bei Spiegelungen insgesamt ungeändert – wie es sein muß.

Der "Nachbau des Spiegelbildes" einer Probeladung e am Ort $\vec{r}$ und mit der Geschwindigkeit $\vec{v}$ unter der Punktspiegelung P ist einfach dieselbe Ladung e am Ort $-\vec{r}$ mit der Geschwindigkeit $-\vec{v}$. Für beide, Urbild und Spiegelbild, gilt genau dann dieselbe Formel $\vec{K} = e(\vec{E} + \vec{v}\times\vec{B})$ für die Lorentzkraft $\vec{K}$ auf die Probeladung und $-\vec{K}$ auf ihr Spiegelbild, wenn $\vec{E}$ ein polarer, $\vec{B}$ ein axialer Vektor ist. Besitzt die Probeladung das magnetische Moment $\vec{\mu}$, so auch der Nachbau des Spiegelbildes. Denn $\vec{\mu}$ ist Quelle eines Magnetfeldes und damit ein axialer Vektor.

Als Abschluß des Themas Symmetrieanalyse wollen wir das $\vec{B}$-Feld eines unendlich langen, geraden, runden stromdurchflossenen Leiters so weit wie möglich durch Symmetrieargumente bestimmen (Abb. 1.33). Der Strom $\vec{j}$ wird durch Spiegelungen an Ebenen, die die Symmetrieachse der Stromverteilung enthalten, nicht geändert; das $\vec{B}$-Feld also auch nicht. Da $\vec{B}$ ein axialer Vektoren ist, folgt bereits hieraus, daß $\vec{B}$ Kreise um die Symmetrieachse bildet. Denn $\vec{B}$ muß auf all diesen Spiegelebenen senkrecht stehen. Aus der Verschiebungssymmetrie von $\vec{j}$ folgt dann, daß die $\vec{B}$-Linien den Leiter wie Schläuche umhüllen.

Symmetrie und Unbeobachtbarkeit

Gegeben sei der Buchstabe p. Durch eine Bewegung der Ebene entstehe aus ihm dasselbe p um einen gewissen Abstand verschoben. Vergleich der Situation vor der Transformation mit der nach ihr ergibt, um welche Bewegung es sich handelt: um eine Verschiebung um einen gewissen, durch den Vergleich feststellbaren Abstand. Sei zweitens der Buchstabe S gegeben. Er wird durch die Drehung um 180° um seinen Mittelpunkt nicht geändert. Daher ist es unmöglich, durch Vergleich des S mit seinem durch eine Bewegung erzeugten Abbild herauszufinden,

„Da hat doch schon wieder einer das Bild verkehrt 'rum aufgehängt."

Abb. 1.34 Zu Symmetrie und Unbeobachtbarkeit.

welche Bewegung durchgeführt wurde: Zwei Bewegungen, die sich nur durch eine Drehung um 180° um den Mittelpunkt des S unterscheiden, ergeben dasselbe Abbild.

Symmetrie bedeutet mit anderen Worten Unbeobachtbarkeit; Unbeobachtbarkeit hier einer Bewegung durch nichts weiter als ein Objekt, dessen Symmetriegruppe die Bewegung enthält. Den einfachen anschaulichen Sachverhalt, den diese Formulierung umschreibt, erläutert die Karikatur in Abb. 1.34. Sie nutzt aus, daß allein durch konzentrische Kreise die Wirkung einer Drehung um den gemeinsamen Mittelpunkt nicht beobachtet werden kann.

Wir wollen diese Überlegungen auf den Raum selbst anwenden. Der Raum soll *verschiebungssymmetrisch* heißen, wenn der um einen gewissen Abstand verschobene Raum von dem ursprünglichen nicht unterschieden werden kann. Nun ist es unmöglich, den "Raum" relativ zu einem Beobachter zu verschieben. Wir wollen sagen, der Raum sei verschiebungssymmetrisch, wenn ein Beobachter mit seinen Apparaten in einem abgeschlossenen Labor auf keine Weise herausfinden kann, wo das Labor sich befindet: ob das Labor, anders gesagt, seit dem letzten Experiment verschoben wurde. Dem Beobachter sind, da ihm der Blick aus dem Labor verwehrt ist, nur *innere* Eigenschaften seiner Apparatur zugänglich.

Der Raum der Anschauung ist als euklidischer Raum selbstverständlich verschiebungssymmetrisch. Genauso der Raum von ebenen Käfern, die in der Ebene leben und keine Ahnung davon haben,

Kasten 1.8: Poincaré

Über die Frage, ob eine Geometrie "richtig" sein kann, schreibt Poincaré 1903; *deutsche Übersetzung nach* Simonyi 1990:

"Was soll man aber von der folgenden Frage denken: Ist die Euklidische Geometrie richtig? Die Frage hat keinen Sinn. Ebenso könnte man fragen, ob das metrische System richtig ist und die älteren Systeme falsch sind ⋯.

Wir wollen uns z.B. eine in eine große Kugel eingeschlossene Welt denken, welche folgenden Gesetzen unterworfen ist: Die Temperatur ist darin nicht gleichmäßig, sie ist im Mittelpunkt am höchsten und vermindert sich in dem Maße, als man sich von ihm entfernt, um auf den absoluten Nullpunkt herabzusinken, wenn man die Kugel erreicht, in der die Welt eingeschlossen ist ⋯. Sei R genauer der Halbmesser der begrenzenden Kugel, sei r die Entfernung des betrachteten Punktes vom Mittelpunkt dieser Kugel, dann soll die absolute Temperatur proportional zu $(R^2 - r^2)$ *sein. Endlich setze ich voraus, daß ein Objekt, welches von einem Punkt nach einem anderen mit verschiedener Temperatur übertragen wird, sich sofort ins Wärme-Gleichgewicht mit seiner neuen Umgebung setzt.*

Nichts ist in dieser Hypothese widerspruchsvoll oder undenkbar.

Ein bewegliches Objekt wird also immer kleiner in dem Maße, wie es sich der begrenzenden Kugel nähert. Beachten wir vor allem, daß diese Welt ihren Einwohnern unbegrenzt erscheinen wird, wenn sie auch vom Gesichtspunkte unserer gewöhnlichen Geometrie aus als begrenzt gilt. Wenn diese Einwohner sich der begrenzenden Kugel nähern wollen, kühlen sie ab und werden immer kleiner. Die Schritte, welche sie machen, sind also auch immer kleiner, so daß sie niemals die begrenzende Kugel erreichen können."

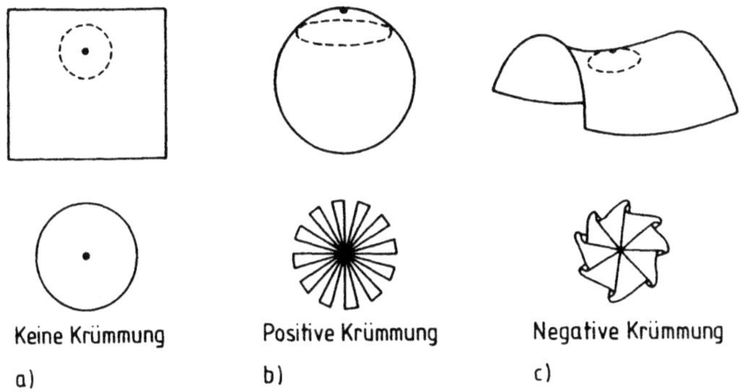

Abb. 1.35 **Die Abbildung vergleicht den Umfang eines Kreises in einer Fläche mit positiver (b) und negativer (c) Krümmung mit dem eines Kreises in der Ebene (a) mit demselben Radius.**

daß ihr Raum tatsächlich in einen dreidimensionalen eingebettet ist. Auch Käfer in der Oberfläche einer Kugel werden sagen, ihr Raum sei verschiebungssymmetrisch; wir draußen werden diese Symmetrie als Drehsymmetrie der Kugeloberfläche um den Kugelmittelpunkt bezeichnen. Insgesamt gibt es drei Typen verschiebungssymmetrischer Räume. Anders als Ebene und Kugel (Abb. 1.35a+b) kann der dritte nicht in den euklidischen dreidimensionalen Raum eingebettet werden. Der Anschauung ist daher nur ein Ausschnitt des Raumes zugänglich (Abb. 1.35c).

Mit Feynman 1965 wollen wir uns Käfer vorstellen, die auf einer zweidimensionalen Herdplatte leben, deren Temperatur vom Ort abhängt (Abb. 1.36). Die Abmessungen der Käfer, ihrer Meßlatten und so weiter sollen auf dieselbe Weise von der Temperatur abhängen – beispielsweise zur absoluten Temperatur mit demselben Ausdehnungskoeffizienten proportional sein. Derartige Wesen, aber in drei Dimensionen, und einige ihrer Erfahrungen hat bereits Poincaré 1903 (Kasten 1.8) beschrieben. Zur Bestimmung der Längen von Kurvenstücken verwenden Feynmans Käfer kurze Meßlatten gleicher Länge. Sie verbinden, der Kurve folgend, Anfangs- und Endpunkt durch Meßlatten miteinander und nennen "Länge des Kurvenstücks" die Zahl der Meßlatten, die sie dazu brauchen. Die kürzeste Verbindung zweier Punkte, und damit eine *Gerade*, ist für sie diejenige Kurve, die die wenigsten Meßlatten erfordert. Da die Meßlatten bei Erwärmung länger werden, weichen die Geraden der Käfer, verglichen mit denen, die wir Außenstehenden auf die

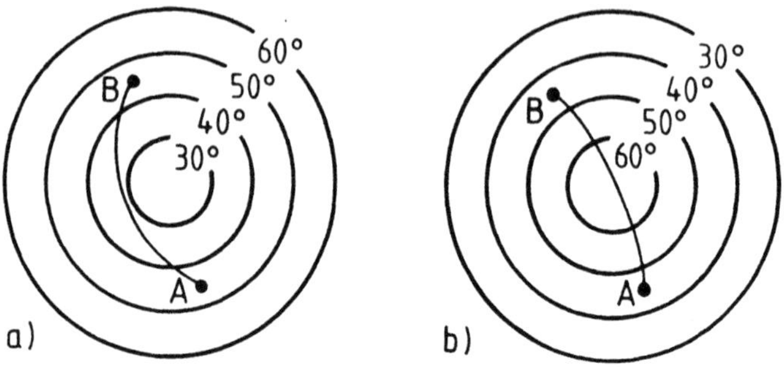

Abb. 1.36 Die Abbildungen werden im Text erläutert. Die Kreise bedeuten Isotherme, die Kurven zwischen A und B "kürzeste Verbindungen" der Punkte durch Meßlatten, die bei Erwärmung länger werden.

Herdplatte zeichnen, in wärmere Gebiete aus. Denn die Überbrückung desselben Abstandes erfordert dort weniger Meßlatten. Die Käfer aber, die davon nichts wissen, definieren ihre Geraden als diejenigen Kurven zwischen zwei Punkten, für die sie die wenigsten Meßlatten brauchen.

Der Kreis mit dem Radius R um einen Punkt P ist in einem zweidimensionalen Raum die Menge der Punkte mit dem Abstand R vom gegebenen Punkt (Abb. 1.35). Ist U der Kreisumfang, gilt in der Ebene $R = U/(2 \cdot \pi)$. Nicht aber in den beiden anderen Räumen der Abb. 1.35. Wir definieren $r \equiv R - U/(2 \cdot \pi)$ und finden $r > 0$ für Kreise in der Kugeloberfläche und $r < 0$ für den Kreis der Abb. 1.35c. Für kleine R gilt allgemein

$$U(R) = 2 \cdot \pi \cdot R \cdot (1 - K \cdot R^2/6). \tag{1.2}$$

Das wird für die Kugeloberfläche in Kasten 1.9 bewiesen. Die "Gaußsche Krümmung" K hängt im allgemeinen vom betrachteten Punkt ab.

Die nur mit Meßlatten ausgestatteten Käfer in einem Raum können dessen Gaußsche Krümmung als Funktion des Ortes bestimmen. Wir diskutieren nur das Vorzeichen von K (das mit dem von r übereinstimmt). Ist es im Innern eines Kreises auf der Herdplatte (Abb. 1.38b) wärmer als auf seinem Umfang (Temperaturverteilung der Abb. 1.36b), so sind die Meßlatten der Käfer im Inneren länger, und sie brauchen weniger als $U/(2 \cdot \pi)$ von ihnen, um einen Punkt des Umfangs mit dem Mittelpunkt zu verbinden. Daher finden sie $r < 0$. Umschließt der

Kasten 1.9: Gaußsche Krümmung einer Kugeloberfläche

Der Nordpol einer Kugel mit Radius a hat die Polarkoordinaten $(r, \theta, \phi) = (a, 0, 0)$. *Mißt man Winkel im Bogenmaß, so haben genau die Punkte* $(a, R/a, 0 \leq \phi < 2\pi)$ *auf der Kugeloberfläche von P den Abstand R, bilden also dort einen "Kreis mit Radius R" (Abb. 1.38a). Im dreidimensionalen Raum, in den die Kugeloberfläche eingebettet ist, bilden die Punkte ebenfalls einen Kreis: Sein Radius ist* $a \cdot \sin(R/a)$, *sein Umfang also* $U = 2\pi \cdot a \cdot \sin(R/a)$. *Werden R und U auf der Kugeloberfläche wie im Text beschrieben mit kurzen Meßlatten gemessen, und die Einheiten so gewählt, daß der Umfang eines Großkreises* $2\pi \cdot a$ *ist, ergeben sich dieselben Werte. Folglich gilt* $r \equiv R - U/(2\pi) = R \cdot [1 - (a/R) \cdot \sin(R/a)]$. *Aus* $|\sin x| < |x|$ *für* $x \neq 0$ *und der für kleine x gültigen Entwicklung* $\sin x = x - x^3/6$ *folgt* $r > 0$ *für* $R \neq 0$ *und* $r \approx R \cdot (R/a)^2/6$ *für* $R/a \ll 1$. *Nach Gl(1.2) ist die Gaußsche Krümmung K der Kugeloberfläche* $1/a^2$. *Sie ist konstant, größer als Null, und geht für* $a \to \infty$ *in die Krümmung* $K = 0$ *der Ebene über.*

der Kreis ein Gebiet, das kälter ist als sein Rand (Temperaturverteilung der Abb. 1.36a), so finden sie $r > 0$. Käfer in den Oberflächen der Abb. 1.35 können dieselben Experimente mit ihren Meßlatten anstellen und finden $r = 0$ für die Ebene, $r > 0$ für die Kugeloberfläche und $r < 0$ für den Kreis der Abb. 1.35c. Die Krümmungen K von Ebene und Kugeloberfläche hängen nicht vom Ort ab. Sie bilden daher Räume mit konstanter Krümmung. Der dritte Typ eines verschiebungssymmetrischen Raumes, von dem wir gesprochen haben, besitzt konstante *negative* Krümmung.

Käfer, die in einem Raum mit konstanter Krümmung leben, können diese durch Experimente mit Meßlatten an einem beliebigen Ort ermitteln. Indem sie ihre Experimente an anderen Stellen wiederholen, stellen sie fest, *ob* sie in einem Raum mit konstanter Krümmung leben – ob dieser, anders gesagt, verschiebungssymmetrisch ist. Eine moderne Herdplatte mit verschiedenen Kochstellen kann als Modell für einen zweidimensionalen Raum mit ortsabhängiger Krümmung dienen; ein zu Abb. 1.35 analoges Modell ist die Oberfläche der Vase in Abb. 1.39. Die Dreiecke illustrieren eine andere Meßgröße, die den Bewohnern

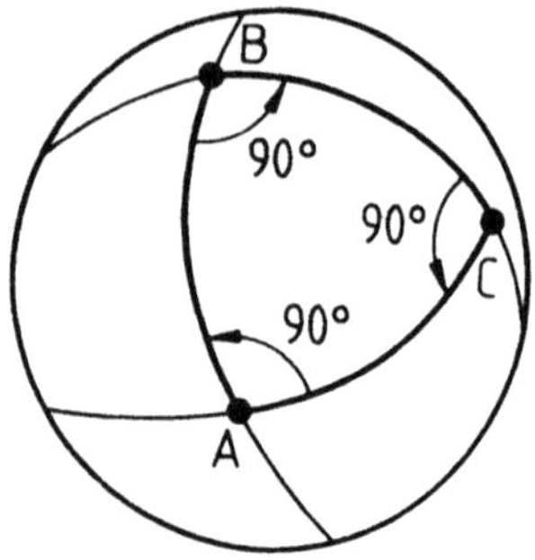

Abb. 1.37 Die Winkelsumme des Dreiecks ABC in der Kugeloberfläche beträgt 270°.

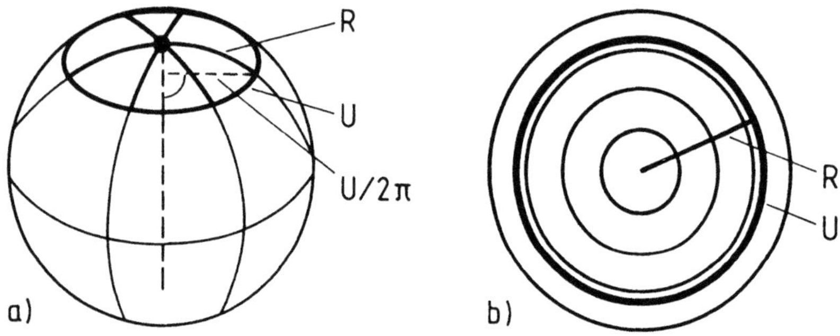

Abb. 1.38 Die Abbildung veranschaulicht die Relation zwischen Umfang und Radius auf der Kugeloberfläche (a) und auf den heißen Herdplatten (b) der Abb. 1.36.

eines Raumes zugänglich ist, und die von dessen Krümmung abhängt: die Winkelsumme im Dreieck. Dreiecke bestehen aus den drei kürzesten Verbindungen von drei Punkten (Geodäten). Das sind in der Ebene Gerade, auf der Kugeloberfläche Großkreise. Die Winkelsumme in dem Dreieck der Abb. 1.37 ist offenbar 270°. Allgemein ist, anders als in der Ebene mit Krümmung Null, die Winkelsumme in einem Raum mit negativer Krümmung stets kleiner, und in einem Raum mit positiver Krümmung stets größer als 180°. Der Leser kann sich leicht davon überzeugen, daß auch die Winkelsummen von Dreiecken in den Räumen der Abb. 1.36a+b von 180° so abweichen, wie es den Krümmungen der Räume entspricht.

Es wird gesagt (Weinberg 1972), Carl Friedrich Gauß (1777-

1885) habe die Winkelsumme in einem von drei Bergen des Harzes aufgespannten Dreieck gemessen um herauszufinden, ob wir in einem gekrümmten Raum leben. Nach der Allgemeinen Relativitätstheorie ist der Raum an der Oberfläche der Massenansammlung Erde tatsächlich gekrümmt; so wenig aber, daß die zugehörige Abweichung der Winkelsumme von 180° unbeobachtbar ist[10].

Mit den Worten *"Die rechte Hand ist der linken ähnlich und gleich, und wenn man bloß auf eine derselben allein sieht, auf die Proportion und die Lage der Teile untereinander und auf die Größe des Ganzen, so muß eine vollständige Beschreibung der einen in allen Stücken auch von der anderen gelten"* stellt Immanuel Kant (Kant 1960) im Jahr 1786 fest, daß der Nachbau des Spiegelbildes eines beliebigen Objektes in der Wirklichkeit – die rechte Hand ist ein Nachbau des Spiegelbildes der linken – nicht nur stets möglich ist, sondern auch, daß allein durch Beobachtungen innerer Eigenschaften ein Unterschied beider weder definiert noch beobachtet werden kann.

Für unbewegte "statische" Objekte in dem Raum unserer Anschauung ist das sicher richtig. Keiner noch so vollständigen Beschreibung einer Hand, die diese nicht mit einem Objekt vergleicht, das wir vor uns sehen, können wir entnehmen, ob eine rechte oder eine linke Hand beschrieben wird. Ein Steinmetz, den wir anweisen, das Beschriebene zu realisieren, wird sich nach Fertigstellung des Daumens frei entscheiden müssen (und können), ob er den Zeigefinger rechts oder links von ihm anbringen soll. Bei jeder der beiden möglichen Wahlen kann er gleichermaßen erfolgreich sein.

In der Natur kann es aber Objekte – masselose Neutrinos – geben, die sich stets mit Lichtgeschwindigkeit bewegen, und deren Spiegelbilder nicht existieren, also auch nicht nachgebaut werden können. Hiervon in Kapitel 2, §2.

---

[10] Die Stärke des Gravitationsfeldes an der Erdoberfläche kann durch die Erdbeschleunigung $g \approx 10^3 \mathrm{cm/s^2}$ beschrieben werden. Dem enspricht in relativistischen Theorien die Strecke $a \approx c^2/g \approx 10^{18}$cm, wobeit c die Lichtgeschwindigkeit ist. Dimensionsanalyse (Kapitel 5) sagt also, daß die durch die Masse der Erde an ihrer Oberfläche bewirkte Krümmung des Raumes die der Oberfläche einer Kugel mit dem Radius 10^{18}cm ist (Martin 1988). Diese Krümmung entspricht etwa 10^9 Erdradien. Weil c groß ist, ist der Raum bei normaler Schwerkraft nur wenig gekrümmt. Die durch die Raumkrümmung bewirkten Ablenkungen besitzen bei einer Flugstrecke L die Größenordnung $(L/a - \sin L/a)\cdot a \approx L\cdot(L\cdot a)^2/6$, betragen also noch bei $L = 10^{17}$cm deutlich weniger als 1%.

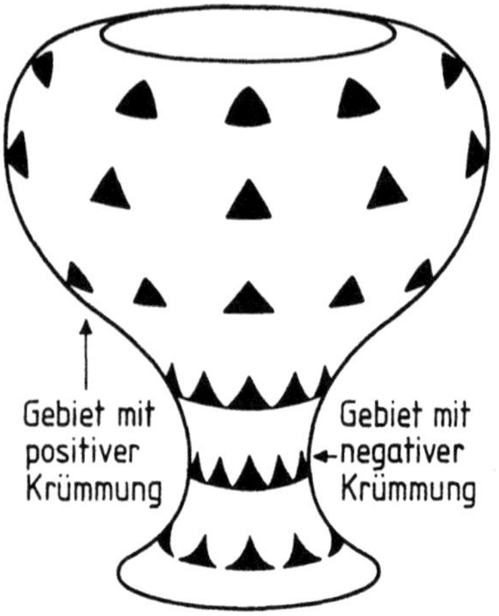

Abb. 1.39 **Wenn die Krümmung einer Oberfläche vom Ort abhängt, dann auch die Winkelsumme von Dreiecken in ihr.**

Durch Argumente, denen wir uns nicht anschließen können, folgert Kant aus seiner Feststellung der inneren Gleichheit rechtshändiger und linkshändiger Objekte übrigens, daß es den absoluten Raum geben müsse. Da die rechte Hand und die linke ***bei Gleichheit ihrer inneren Eigenschaften doch nicht gleich sind***, müßten sie sich durch ihr Verhältnis zum absoluten Raum unterscheiden (den es damit geben muß, und der selbst nicht spiegelsymmetrisch sein kann).

Merkwürdigerweise verwenden Poincaré und Feynman ihr im wesentlichen gleiches Modell (Kasten 1.8 bzw. Abb. 1.36) zu entgegengesetzten Zwecken. Was seine Wesen mit Hilfe – wie er sagt – ihrer Lineale herausfinden, hat für Poincaré nichts mit Geometrie zu tun: Es ist nur eine Konsequenz der zufälligen Eigenschaften von Objekten im Raum, beruht auf Physik statt auf Geometrie. Geometrie hat für Poincaré keinen realen Inhalt; welche Geometrie verwendet wird, ist eine Frage der Einfachheit. Erst die Physik, verkörpert durch "starre" Körper oder die Eigenschaften von Lichtstrahlen, besitzt einen tatsächlichen Inhalt.

Feynman nimmt die Erfahrungen seiner Kreaturen ernster. Diese können, was sie über Kreise und Dreiecke herausgefunden haben, als Eigenschaften, eines gekrümmten Raumes beschreiben. Sie haben keinen Grund, sich so zu sehen, wie sie Poincaré oder Feynman sieht: Als Wesen, die "in Wahrheit" in einem ihnen verborgenen Raum mit der Krümmung Null leben; einem, dessen physikalische Gesetze so sind, daß er ihnen ihre Erfahrungen ermöglicht. Feynman stimmt seinen Käfern zu, wenn sie ihren Raum für gekrümmt halten; er will, daß wir uns als Käfer sehen, die ihren dreidimensionalen Raum ausmessen.

Nicht nur dadurch, daß er statische innere Eigenschaften von Objekten im Raum wie die Winkelsummen von Dreiecken ermittelt, kann ein Beobachter versuchen, etwas über seinen Ort im Raum herauszufinden. Er kann auch untersuchen, ob überall dieselben Naturgesetze gelten. Die Naturgesetze betreffen abgeschlossene Systeme. Die für ein solches System geltenden Naturgesetze sind verschiebungssymmetrisch, wenn allein durch Beobachtung des von der Außenwelt abgeschlossenen Systems und seines Verhaltens im Laufe der Zeit nicht ermittelt werden kann, wo es sich befindet. Hier geht es selbstverständlich nicht um einen Vergleich der Lage des Systems mit der eines verschobenen oder darum, die Position des Systems relativ zu einem möglicherweise vorhandenen Koordinatensystem von außen abzulesen. Denn ein derartiges Vorgehen würde die bei der Anwendung der Naturgesetze zu machende Grundannahme verletzen, daß das System von der Außenwelt abgeschlossen ist. Die unter dieser Voraussetzung zulässigen Fragen betreffen ausschließlich innere Eigenschaften des Systems – Fragen, die sich auch dann stellen lassen, wenn es außer dem System und des zu ihm hinzu gerechneten Beobachters nichts gibt auf Welt.

Es ist leicht möglich, diese Überlegungen von Verschiebungen auf Bewegungen zu übertragen, die aus Verschiebungen und Drehungen zusammengesetzt sind; genauso auf Änderungen der Geschwindigkeit. Der direkten Übertragung auf Spiegelungen steht die Tatsache im Wege, daß es unmöglich ist, zusammen mit dem Spiegelbild eines Systems das eines Beobachters in der Wirklichkeit aufzubauen. Doch wir können zulassen, daß ein ungespiegelter Beobachter mit dem Nachbau des Spiegelbildes des Systems experimentiert, wenn wir jeden Vergleich der Abläufe, die er beobachtet, mit denjenigen seiner Eigenschaften verbieten, die nicht spiegelsymmetrisch sind.

Die inneren Eigenschaften von Systemen, deren Beobachtung wir bei der Frage nach den Symmetrien des Raumes und denen der Naturgesetze erlauben, zerfallen in statische und solche, die Abläufe betreffen; letztere wollen wir "dynamische" nennen. Auf sie gehen wir im nächsten Kapitel ein. Die Trennung zwischen Eigenschaften des Raumes und Eigenschaften der Naturgesetze mag gelegentlich künstlich erscheinen. Insbesondere steht die Zeit in den Relativitätstheorien nahezu gleichberechtigt neben dem Raum. Das Naturgesetz für die Bewegungen von

Probekörpern im Schwerefeld nach der Allgemeinen Relativitätstheorie kann zwar als Bewegungsgleichung für Abläufe formuliert werden. Aber in der gekrümmten vierdimensionalen Raum-Zeit bilden die Bahnen, die Körper im Schwerefeld beschreiben, zugleich auch kürzeste Verbindungen zwischen denjenigen Raum-Zeit-Punkten, die sie frei fallend durchlaufen. Das Naturgesetz ist also eine geometrische Eigenschaft der gekrümmten Raum-Zeit, und die Gesetze der Elektrodynamik können nach Kaluza und Klein als Eigenschaften von Linien in einem *fünf*dimensionalen Raum formuliert werden (Dodd 1984, Pagels 1985, Davies 1986, 1987, 1989, Rollnik 1987, Cooper 1988). "Geometrisierung" der Naturgesetze heißt die Bemühung, geometrische Formulierungen der fundamentalen Naturgesetze zu finden. Da wir tatsächlich in vier Dimensionen leben, müssen (und können!) bei der Geometrisierung auftretende Extra-Dimensionen in einem Kompaktifizierung genannten Verfahren unbeobachtbar gemacht werden: Sie werden zu so kleinen Kreisen aufgerollt, daß man, geht man in ihre Richtung, bereits nach vielleicht 10^{-40} cm wieder an derselben Stelle angekommen ist.

Das kosmologische Prinzip

Das Universum ist sehr irregulär: Es ist fast überall nahezu leer; an einigen Stellen aber gibt es extreme Massenkonzentrationen. Die Massenverteilung im Universum, und mit ihr nach Einsteins Allgemeiner Relativitätstheorie der Raum, ist also sicher nicht verschiebungssymmetrisch (homogen in der Sprache der Kosmologie). Beide, Universum und Raum, sind auch nicht drehsymmetrisch (isotrop). Das kosmologische Prinzip sagt, daß bei Mittelung über große Bereiche diese Irregularitäten verschwinden: Im großen ist das Universum nach dem kosmologischen Prinzip sowohl homogen als auch isotrop.

Ob das tatsächlich so ist, wissen wir nicht. Dafür sprechen vor allem zwei Befunde. Erstens, daß die Temperatur der kosmischen Hintergrundstrahlung mit überraschender Genauigkeit von der Richtung, aus der die Strahlung kommt, unabhängig ist (Kasten 2.1). Daher war das Universum zu der Zeit, als die Strahlung entstanden ist, homogen und isotrop. Spätere Irregularitäten haben sich erstaunlicherweise auf die Strahlung nicht merkbar ausgewirkt. Zweitens spricht die Beobachtung, daß die Fluchtgeschwindigkeiten der fernen Galaxien zu ihrem Abstand von uns proportional sind, für die Homogenität und Isotropie des Universums im Großen.

Die zweite Feststellung erscheint dem Leser möglicherweise paradox: Daß die Fluchtgeschwindigkeiten zu dem Abstand *von uns* proportional sind, spricht doch statt für Homogenität dafür, daß wir einen ausgezeichneten Platz im Universum einnehmen! Das ist aber nicht so. Gegeben sei eine unendlich lange Gummischnur, auf der die Galaxien wie Perlen im Abstand a aufgereiht sind. Nun werde die Gummischnur gleichmäßig auseinander gezogen; der Abstand der Galaxien zur Zeit t sei $a(t)$. Diese Anordnung zeichnet keine der Galaxien vor einer anderen aus; die Anordnung ist, wenn man nur auf große Abstände sieht, homogen. Die Galaxien auf der einen Seite der Milchstraße numerieren wir mit positiven, die auf der anderen mit negativen ganzen Zahlen; die Milchstraße selbst bekommt die Nummer Null. Dann ist der Abstand der n-ten Galaxie von der Milchstraße $a_n(t) = n \cdot a(t)$, so daß ihre Fluchtgeschwindigkeit $\dot{a}_n(t) = n \cdot \dot{a}(t) = a_n(t) \cdot [\dot{a}(t)/a(t)]$ zur Entfernung $a_n(t)$ proportional ist. Hätten wir einer anderen Galaxie die Nummer Null gegeben, hätten wir dasselbe Ergebnis erhalten: Von jeder Galaxie entfernen sich alle anderen mit einer Geschwindigkeit, die zu ihrer Entfernung proportional ist. Und auch die Proportionalitätskonstante ist für alle Galaxien dieselbe: $[\dot{a}(t)/a(t)]$.

Es ist leicht, das Modell auf mehrere Dimensionen auszudehnen. Allgemein kann gezeigt werden, daß expandierende homogene und isotrope Räume unabhängig von allem weiterem dem Hubble-Gesetz genügen: Von jeder Galaxie entfernen sich alle anderen mit Geschwindigkeiten, die zu ihren Abständen von ihr proportional sind. Der Leser kennt sicher das bekannteste Modell eines expandierenden Universums: einen Luftballon, der aufgeblasen wird, und auf dessen Oberfläche Scheiben als Darsteller der Galaxien geklebt sind. Aus dem vorigen Abschnitt wissen wir, daß die Oberfläche einer Kugel einen zweidimensionalen Raum mit konstanter Krümmung bildet.

Da die Galaxien Cluster und Superkluster bilden, muß man über Bereiche mitteln, die diese enthalten, bevor man hoffen kann, Isotropie und Homogenität zu erreichen. Wir gehen auf die zahlreichen offenen Fragen, die damit verbunden sind, nicht ein.

Die kleinsten Einheiten der Kosmologie, ihre Atome, sind die Galaxien. Sie bewegen sich mit dem expandierenden kosmischen Substrat. Ihnen ordnen wir "fundamentale Beobachter" zu, die über identische Uhren verfügen. Wir wollen annehmen, daß jeder Beobachter ein Protokoll seiner Beobachtungen als Funktion der Zeit anfertigt, die er von seiner Uhr abliest. Da nach dem kosmologischen Prinzip Orte ununterscheidbar sind, sehen alle fundamentalen Beobachter im Laufe der Zeit dasselbe. Folglich können sie die Nullpunkte ihrer Zeitrechnungen so wählen, daß ihre Protokolle identisch sind. Indem sie ihre Uhren durch diese Prozedur synchronisieren, ordnen sie jedem Ort eine Uhr zu, die die "kosmische Zeit" t zeigt.

Zum Beispiel kann jeder fundamentale Beobachter den mittleren Abstand der nahen Galaxien als Funktion der Zeitanzeige seiner Uhr messen. Beobachter B' finde $a'(t')$, und B'' finde $a''(t'')$. Dann gilt nach dem Gesagten $a''(t) = a'(t - \tau)$ für ein gewisses τ. Wenn B' und B'' ihre Uhren durch die Forderung $a'(t) = a''(t)$, wobei $t = t' = t''$ ist, synchronisieren, sind auch die Ergebnisse ihrer anderen Messungen als Funktionen von t identisch. Ein Beispiel bilden die Ergebnisse $T'(t) = T''(t)$ für die Temperaturen der kosmischen Hintergrundstrahlung, die bei B' und B'' dann ankommt, wenn sie von ihren Uhren t ablesen.

Nach der Allgemeinen Relativitätstheorie sind nur Räume mit konstanter Krümmung mit der vom kosmologischen Prinzip geforderten homogenen und isotropen Materieverteilung im Universum vereinbar. Wenn die Krümmung des Raumes insgesamt konstant ist, ist die Krümmung des dreidimensionalen Ortsraums ortsunabhängig. Sie kann negativ, Null oder positiv sein. In jedem der drei Fälle wird der gesamte Raum – genauer: seine Metrik – durch einen von t abhängenden Skalenfaktor $R(t)$ festgelegt. Zu ihm ist unser $a(t)$ proportional.

Zweidimensionale Modelle dreidimensionaler gekrümmter Räume kennen wir bereits. Bei positiver Krümmung ist $c \cdot R(t)$ der Radius der Kugel, deren Oberfläche den gekrümmten zweidimensionalen Raum bildet. Dann kann die Expansion des Universums durch einen Luftballon erläutert werden. Daß eine Ebene expandiert, bedeutet, daß sich Punkte in ihr voneinander entfernen. Da es unmöglich ist, einen zweidimensionalen Raum mit konstanter negativer Krümmung in einen dreidimensionalen einzubetten, versagt in diesem Fall die Anschauung.

Aus dem vorigen Abschnitt wissen wir, wie Beobachter im Innern eines Raumes dessen Krümmung ermitteln können. Das Schicksal des Universums in ferner Zukunft hängt von dem Vorzeichen der Raumkrümmung ab; diese wieder von der Dichte der Materie und dem Wert der kosmologischen Konstanten (Kasten 5.5). Wir verweisen auf die Literatur (Weinberg 1972, 1977, 1989, Rindler 1977, Fritzsch 1983, Harrison 1983).

Das kosmologische Prinzip ist offensichtlich eine Symmetrieannahme: Wenn es gilt, sind nicht nur die Naturgesetze verschiebungs- und drehsymmetrisch, sondern auch das Universum im Großen. Über den Ursprung dieser Symmetrien und darüber, ob sie voneinander abhängen, wissen wir kaum etwas. Symmetrisch gegenüber Verschiebungen der Zeit ist das Universum im Urknallmodell selbstverständlich nicht. Es besitzt auch keine Symmetrie gegenüber Änderungen der Geschwindigkeit: Daß ein Beobachter sich gegenüber einem fundamentalen Beobachter bewegt, kann er bereits dadurch erkennen, daß die Temperatur der Hintergrundstrahlung von der Richtung, aus der sie bei ihm ankommt, abhängt (Kasten 2.1). Und die Galaxien sind wegen der Längenkontraktion nicht isotrop verteilt.

Gilt das kosmologische Prinzip, enthält die Gruppe der Transformationen, die das Universum im Großen ungeändert lassen, Verschiebungen im Raum. Dann sind nach einer Mittelung über hinreichend große Gebiete alle Plätze gleichberechtigt und ununterscheidbar: Jeder einzelne Platz, auch unserer, ist typisch. Ohne das kosmologische Prinzip wären unsere Beobachtungen für das Universum als ganzes irrelevant. Mit ihm können sie helfen, die richtige Lösung der Gleichungen der Allgemeinen Relativitätstheorie für das Universum, wenn es denn homogen ist, festzulegen.

Ein interessantes, aber anscheinend unrealistisches Modell des Universums, das dem kosmologischen Prinzip nicht genügt, ist das von Charlier (Rindler 1977). In ihm bilden Galaxien Cluster, diese Supercluster, die wieder Super-Supercluster, und so weiter, ohne Ende. Auf derartige fraktale Gebilde und ihre Kennzahlen gehen wir in Kapitel 5 ein. Das Charlier-Universum genügt dem kosmologischen Prinzip schon deshalb nicht, weil kein Volumen groß genug ist, um für das Ganze typisch zu sein.

Kapitel 2
Symmetrien von Naturgesetzen

§1 Abläufe und Unbeobachtbarkeit

Wenn er Details übersieht, kann der Gast einer Hotelkette durch Betrachtung der statischen inneren Eigenschaften seines Zimmers nicht herausfinden, in welcher Stadt und in welchem Land er sich befindet. Denn die Zimmer einer Hotelkette sind überall gleich. Wir wollen fragen, ob er durch ein gewisses physikalisches Experiment, das er in seinem Zimmer durchführt, Näheres über seine Position erfahren kann. Angenommen, der Gast hat in seinem Hotelzimmer Zugang zu der offiziellen Zeit, die von der Physikalisch-Technischen Bundesanstalt (PTB) überall in Deutschland verbreitet wird, und verfügt ansonsten über eine Pendeluhr als einziges physikalisches Gerät. Was kann er allein mit Hilfe von Pendeluhr und PTB-Zeit über seine Position herausfinden?

Das Gesetz, das den Gang der Pendeluhr beherrscht, ist symmetrisch gegenüber Verschiebungen (besser: Drehungen) parallel zur Erdoberfläche. (Wir nehmen, etwas unrealistisch, an, daß die Erdanziehung überall auf der Erdoberfläche dieselbe ist, werden aber berücksichtigen, daß sie mit der Höhe abnimmt.) In dem Zimmer, in dem die Pendeluhr hängt, geht sie also genauso wie sie in irgend einem anderen Zimmer in derselben Höhe gehen würde. Das bedeutet zugleich, daß der Gang der Pendeluhr nicht benutzt werden kann, um zu beobachten, wo sie sich bei unveränderter Höhe befindet. Da das Schwerefeld der Erde nach oben abnimmt, besteht hingegen keine Symmetrie gegenüber Verschiebungen der Uhr nach oben oder unten: Weiter oben geht die Uhr langsamer. Daher ist es möglich, ihren Gang zu benutzen, um "Höhe" zu definieren und zu beobachten. Die Pendeluhr ist ein, wenn auch ungenauer, Höhenmesser. Der Gast in seinem Hotelzimmer kann also durch die Pendeluhr nicht entscheiden, bei welcher Breite und Länge, wohl aber in welcher Höhe er sich befindet – ob im ersten oder im hunderteinundzwanzigsten Stock eines Hotels irgendwo. Denn das Gesetz für den Gang der Pendeluhr ist zwar symmetrisch gegenüber Verschiebungen in horizontaler, aber asymmetrisch gegenüber Verschiebungen in vertikaler Richtung.

Abgeschlossene Systeme

Das Gesetz für den Gang einer Pendeluhr in Erdnähe gehört sicher nicht zu den fundamentalen Naturgesetzen. Wir müssen uns also nicht darüber wundern, daß es nicht ohne Einschränkung verschiebungssymmetrisch ist. Da die Erde den Gang der Uhr beeinflußt, ist die Uhr für sich allein kein abgeschlossenes, von äußeren Einflüssen zumindest insofern abgeschirmtes System, daß sie überall gleich ginge. Doch bereits wenn wir Uhr und Erde zu *einem* physikalischen System zusammenfassen, gelten für den Gang der Uhr uneingeschränkt verschiebungssymmetrische Gesetze: Wie sie geht hängt nicht davon ab, wo auf ihrer Bahn um die Sonne sich die Erde gerade befindet. Erstens sind nämlich die unter Einbeziehung der Erde den Gang der Uhr im leeren Raum bestimmenden Gesetze verschiebungssymmetrisch, und zweitens sind Uhr und Erde gegenüber Einflüssen aus Sonnensystem und Weltall hinreichend abgeschirmt, um eben diese Gesetze für *Uhr plus Erde im leeren Raum* auf den Gang der Uhr anwenden zu können. Die Verschiebungssymmetrie der für Uhr plus Erde geltenden Naturgesetze bedeutet zugleich, daß durch den Gang der Uhr ein absoluter Ort des Systems aus Uhr und Erde weder definiert noch beobachtet werden kann.

Will man ausprobieren, ob eine bestimmte Transformation eine Symmetrietransformation der Gesetze ist, die das Verhalten einer Apparatur bestimmen, kann man die Apparatur zusammen mit all dem, das ihr Verhalten beeinflußt, der Transformation entsprechend verändert – verschoben, gedreht, gespiegelt (Abb. 2.1), in Bewegung gesetzt, vergrößert, $\cdots$ – neu aufbauen und das Verhalten des veränderten Nachbaus der Apparatur mit dem der ursprünglichen vergleichen. Zu dem Vergleich müssen die Daten, die die ursprüngliche Apparatur während eines Ablaufes liefert, zunächst der gegebenen Transformation unterworfen und dadurch in mögliche Daten ihres veränderten Nachbaus umgerechnet werden. Stimmen zu allen Zeiten (wenn, wie in der Speziellen Relativitätstheorie, die Transformation auch die Zeit betrifft, muß auch diese umgerechnet werden) die Ergebnisse der Umrechnung mit den vom veränderten Nachbau der Apparatur gelieferten Daten überein, sind die Gesetze symmetrisch; sonst nicht.

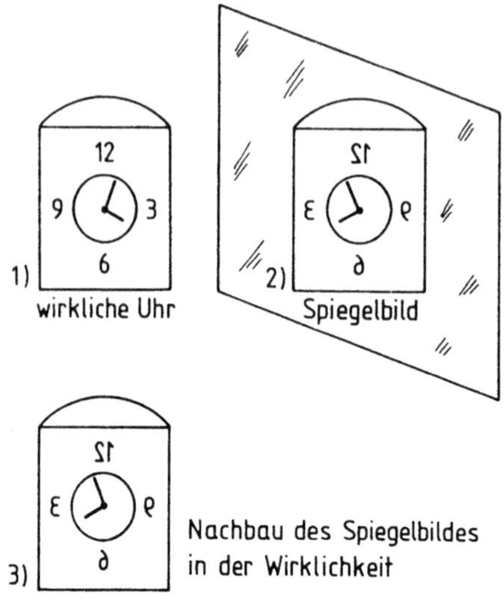

Abb. 2.1 Der Text beschreibt, wie die Uhr, ihr Spiegelbild und dessen Nachbau verwendet werden können, um die Spiegelsymmetrie der Naturgesetze zu testen.

So formuliert, scheint Symmetrie der Naturgesetze gegenüber einer beliebig gewählten Transformation eine Selbstverständlichkeit zu sein. Aber die Vorschrift, zusammen mit der Apparatur all das verändert neu aufzubauen, das ihr Verhalten beeinflußt, kann die Naturgesetze nicht einschließen. Die Naturgesetze gelten für alle Apparaturen in der wirklichen Welt, für den veränderten Nachbau der Apparatur genauso wie für das Urbild; beide sind denselben Naturgesetzen unterworfen. Diese können bewirken, daß einer von zwei Apparaten, der bei Beginn eines Ablaufs ein veränderter Nachbau des anderen ist, dies auch im Laufe der Zeit bleibt – müssen es aber nicht.

Veränderte Nachbauten

Wir wollen annehmen, daß es der Kunst des Experimentators gelungen ist, von äußeren Einflüssen freie abgeschlossene Systeme zum Test der fundamentalen Naturgesetze zu bauen. Ein solches System einer Transformation zu unterwerfen soll bedeuten, es der Transformation entsprechend verändert in der Wirklichkeit neu aufzubauen und alles andere so zu lassen, wie es ist. Ist bereits dies auf Grund der Naturgesetze unmöglich, sind diese sicher nicht symmetrisch gegenüber der in Rede stehenden Transformation[1]. Ein einfaches Beispiel bilden

[1] Diese Überlegungen setzen voraus, daß alles, was das Experiment beeinflußt,

die Skalentransformationen – Transformationen, die alle Abstände um denselben positiven Faktor vergrößern oder verkleinern. Da es doppelt so große Atome als die wirklichen nicht gibt und auf Grund der Naturgesetze nicht geben kann, ist der exakte, doppelt so große Nachbau einer beliebigen Apparatur in der Wirklichkeit unmöglich: Ein makroskopisches System, das ein vergrößerter Nachbau eines kleineren zu sein scheint, enthält nicht größere, sondern mehr Atome; die fundamentalen Naturgesetze sind nicht skalensymmetrisch (Kapitel 5, §1).

Die fundamentalen Naturgesetze sind auch nicht spiegelsymmetrisch: Es gibt physikalische Systeme, die sich, im Spiegel betrachtet, anders verhalten als der Nachbau ihres Spiegelbildes in der Wirklichkeit. Hierauf gehen wir in §2 dieses Kapitels ausführlich ein. Nach heutigem Verständnis ist die Spiegelsymmetrie so gebrochen, daß es die Spiegelbilder gewisser Elementarteilchen – der Neutrinos – in der Wirklichkeit nicht geben kann, da die asymmetrischen Naturgesetze ihre Existenz verbieten. Emittiert ein System also Neutrinos, muß sich der Nachbau seines Spiegelbildes im Laufe der Zeit anders verhalten als das System selbst, im Spiegel betrachtet: Der Nachbau des Spiegelbildes würde sonst Teilchen – die Spiegelbilder der Neutrinos – emittieren, deren Existenz die Naturgesetze verbieten.

Die Verschiebungssymmetrie der Naturgesetze in Raum und Zeit bedeutet, daß Nachbauten von Apparaten anderswo und zu anderen Zeiten – dieselben Apparate, in Raum und Zeit verschoben – genauso funktionieren wie die Urbilder. Das ist, soweit wir wissen, tatsächlich der Fall: Bereits unmittelbar nach dem Urknall galten überall im Weltall dieselben Naturgesetze wie heute und hier; der Zeitpunkt des Urknalls kommt in den Naturgesetzen nicht vor. Eine ganz andere Frage ist, ob unmittelbar nach dem Urknall dieselben Anfangsbedingungen für Experimente herstellbar waren wie heute. Das ist, der Symmetrie der Gesetze unbeschadet, sicher nicht der Fall.

Die fundamentalen Naturgesetze sind nicht nur verschiebungs-, sie sind auch drehsymmetrisch. Das bedeutet, daß man abgeschlossene, zum Test dieser Naturgesetze bestimmte Systeme ohne Änderung

---

zu ihm hinzu gerechnet und mit ihm der Symmetrietransformation unterworfen wird. Die Allgemeine Relativitätstheorie bringt durch ihre Auffassung von Schwerkraft und Trägheit die Raumkrümmung und damit die Welt als ganzes ins Spiel. Hierauf gehen wir nur gelegentlich ein. Wichtige Symmetrietransformationen der Allgemeinen Relativitätstheorie sind die Transformationen von einem "kleinen" frei fallenden Bezugssystem zu einem anderen.

Kasten 2.1: Geschwindigkeit der Milchstraße gegenüber der Materie und der Hintergrundstrahlung

Die kosmische Hintergrundstrahlung, von Penzias und Wilson 1964/65 entdeckt, ist mit verblüffender Genauigkeit eine Plancksche Wärme- oder Hohlraumstrahlung. Ihre Temperatur beträgt (2.735± 0.06)K (Abb. 2.2), und ohne jede Wechselwirkung erfüllt sie den Weltraum seit dem Zusammenschluß von Kernen und Elektronen zu Atomen bei etwa 4000K, $3 \cdot 10^5$ *Jahre nach dem Urknall. Seither ist sie durch die Expansion des Universums um den Faktor 1500 kälter geworden. Vom Urknall bis zum Jahr* $3 \cdot 10^5$ *nach ihm befand sie sich (durch Compton-Streuung an den bei hohen Temperaturen hinreichend zahlreichen freien Ladungen, und selbst energiereich genug, um Atome zu ionisieren) im thermischen Gleichgewicht mit der Materie, so daß das mittlere Ruhsystem der Materie mit dem Bezugssystem übereinstimmen sollte, in dem die* Hintergrundstrahlung im Mittel ruht. *Bis auf Lage und Orientierung, gibt es genau* ein *derartiges System; in ihm, und nur in ihm, ist die Plancksche Hintergrundstrahlung isotrop und besitzt eine bestimmte Temperatur. – Das mittlere Ruhsystem einer Hohlraumstrahlung ist das System, in dem die Wände des Hohlraums ruhen. Aber auch ein Beobachter, der* nur die Plancksche Hintergrundstrahlung registriert, *kann seine Geschwindigkeit gegenüber dem Ruhsystem ermitteln. Denn wegen des Doppler-Effekts hängt deren Temperatur von der Richtung ab, aus der sie kommt. So ist die "von vorn" kommende Strahlung energiereicher, da blau verschoben, als die "von hinten" kommende, rotverschobene. Wenn die Strahlung tatsächlich eine Plancksche Strahlung ist, kann der Beobachter aus der Winkelabhängigkeit der Temperatur seine Geschwindigkeit relativ zu ihr berechnen. Die beobachtete Strahlung besitzt dann zwar ein Dipolmoment, aber kein Quadrupolmoment oder höheres Moment. Auch die bisher genaueste Messung (Abb. 2.2) konnte kein Quadrupolmoment der Hintergrundstrahlung nachweisen. – Smoot 1977 hat bei Beobachtungen von einem U2-Flugzeug aus eine vorwärts-rückwärts Temperaturdifferenz von (0.0035± 0.0006)K gefunden, die einer Bewegung der Erde mit (390± 60) km/s Geschwindigkeit gegenüber der* Hintergrundstrahlung *in die Richtung des Sternbilds Löwe entspricht.*

Die Theorie sagt, daß dies zugleich die Geschwindigkeit der Erde gegenüber dem mittleren Ruhsystem der Materie ist. Der Fehler des Meßergebnisses überdeckt die Geschwindigkeit der Erde auf ihrer Bahn um die Sonne von etwa 30 km/s. Mit 300 km/s rotiert das Sonnensystem um das Zentrum der Milchstraße, und gegenüber den benachbarten Galaxien bewegt es sich mit etwa derselben Geschwindigkeit. Diese Eigenbewegungen des Sonnensystems (Tabelle 1 von Smoot 1977) können die beobachtete Bewegung gegenüber dem Ruhsystem von Materie und Hintergrundstrahlung aber nicht erklären. Vektorielle Subtraktion der (gegenwärtigen) Rotationsgeschwindigkeit des Sonnensystems in der Milchstraße (absolut 300 km/s) von der gemessenen Geschwindigkeit der Erde (absolut 390 km/s) in der Hintergrundstrahlung ergibt die Geschwindigkeit der Milchstraße im Ruhsystem von Hintergrundstrahlung und Materie: 600 km/s.

experimenteller Resultate um einen beliebigen Winkel um eine beliebige Achse drehen (*nicht*: in Drehung versetzen!) kann. Daher kann bei Drehsymmetrie der fundamentalen Naturgesetze eine absolute Richtung im Raum weder definiert noch beobachtet werden. Die fundamentalen Naturgesetze sind weiterhin symmetrisch gegenüber Änderungen der Geschwindigkeit. In einem mit konstanter Geschwindigkeit fliegenden Flugzeug verhält sich ein System zu ihrem Test für den mitfliegenden Beobachter genauso wie das auf der Erde ruhende System für den dort ruhenden.

Bewegte Bezugssysteme

Ein Beobachter kann, wenn er sich umsieht, im Prinzip zwar feststellen, ob er sich relativ zur Gesamtheit der Galaxien bewegt[2]. Aber diese Möglichkeit, "absolute Geschwindigkeit" als Geschwindigkeit relativ zum Ruhsystem des Universums am Ort des Beobachters zu definieren, hat nichts mit den Naturgesetzen zu tun (zumindest nicht, so weit wir heute wissen). Bei abgeschlossenen Systemen, die den Blick auf die Sterne nicht gestatten, gibt es sie nicht. Für Geschwindigkeitsbestimmungen relativ zur kosmischen Hintergrundstrahlung (z.B. Weinberg 1977) gilt analoges (Kasten 2.1). Denn auch von ihr können wir Experimente abschirmen. Ein alles durchdringender Äther hingegen würde,

[2] Genaueres steht im Abschnitt zum kosmologischen Prinzip (Kap. 1, §2).

wenn es ihn gäbe, für die Naturgesetze die absolute Geschwindigkeit Null definieren, und Abweichungen von ihr kämen in ihnen vor. Tatsächlich gibt es keinen Äther, die Geschwindigkeit eines abgeschlossenen physikalischen Systems kommt, wenn zeitlich konstant, in den Naturgesetzen nicht vor und ist genau deshalb unbeobachtbar.

Hingegen kommt die *Dreh*geschwindigkeit physikalischer Systeme in den Gesetzen der klassischen Mechanik und denen der Speziellen Relativitätstheorie vor. Für *sich drehende* Systeme gelten wegen der bei Drehungen auftretenden Fliehkräfte in diesen Theorien andere Naturgesetze als für sich nicht drehende. Die Naturgesetze erlauben es daher, absolute Drehgeschwindigkeiten zu beobachten und zu definieren; Symmetrie gegenüber Änderungen der Drehgeschwindigkeit gibt es nicht. Nach der Newtonschen Mechanik und der Speziellen Relativitätstheorie ist jede Drehung eine Drehung relativ zum absoluten Raum, der wie der Äther ohne ansonsten beobachtbar zu sein, allgegenwärtig ist und für die Naturgesetze die Drehgeschwindigkeit Null definiert. Für diese Theorien ist die Tatsache, daß genau bei den Systemen, die sich, verglichen mit dem Firmament, nicht drehen, keine Fliehkräfte auftreten, nur ein erstaunlicher Zufall. Erstaunlich ist in der Tat, daß man die Drehgeschwindigkeit der Erde gegenüber dem Firmament durch Experimente mit einem Foucaultschen Pendel im geschlossenen Raum ermitteln kann. Das Experiment nützt aus, daß die Naturgesetze keine Symmetrie gegenüber Änderungen der Drehgeschwindigkeit besitzen – genauso wie es möglich war, auf Grund der Asymmetrie des Gesetzes für eine Pendeluhr gegenüber Verschiebungen in die senkrechte Richtung die Pendeluhr als Höhenmesser zu verwenden.

Das Machsche Prinzip hingegen führt Fliehkräfte auf den Einfluß ferner Galaxien – des Universums insgesamt – auf sich drehende Körper zurück. Fliehkräfte treten laut Mach bei sich relativ zum Firmament drehenden Systemen eben deshalb auf, weil sie sich so drehen – durch eine Art Wechselwirkung des rotierenden Systems mit dem nicht rotierendem Universum als Ganzem. Kein System kann von dem Einfluß der fernen Galaxien abgeschirmt werden. Mach kann also annehmen, daß das Firmament – genauer: das materielle Universum insgesamt; nicht nur ein ansonsten unbeobachtbarer absoluter Raum oder Äther – auch für die Naturgesetze festlegt, was es bedeutet, sich nicht zu drehen: Bezieht man die fernen Galaxien nicht ein, gibt es keine abgeschlossenen Systeme. Bezieht man sie aber ein, sind Gesetze, die dem Machschen Prinzip genügen, symmetrisch gegenüber Änderungen der

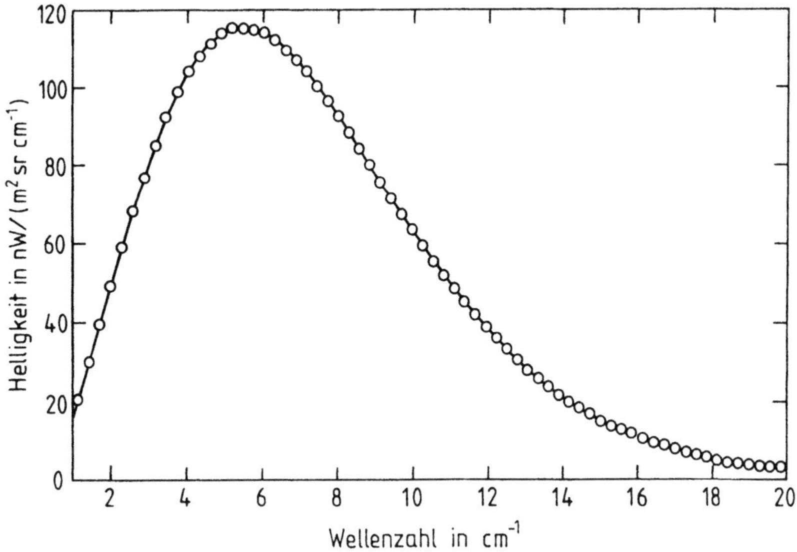

Abb. 2.2 Das Spektrum der kosmischen Hintergrundstrahlung hat das Experiment FIRAS (für Far InfraRed Absolute Spectrometer) an Bord des im November 1989 gestarteten Satelliten COBE (für COsmic Background Explorer) in nur neun Minuten Betriebszeit aufgenommen (Mather 1990; siehe auch Schwarzschild 1990). Die Meßpunkte für Wellenlängen zwischen 0.5 mm und 1 cm zeigen innerhalb ihrer Genauigkeit keine Abweichung von dem Planckschen Spektrum eines schwarzen Strahlers mit 2.735 K Temperatur (die durchgezogene Kurve). Da die Temperatur der einzige Parameter der Intensität einer Planckschen Strahlung als Funktion der Wellenlänge ist, folgt die ganze Kurve bereits aus einem ihrer Punkte.

Drehgeschwindigkeit, bei denen auch die Galaxien in Rotation versetzt werden – eine höchst theoretische Symmetrie, die aber doch sagt, daß eine Rotation des Universums als Ganzes unbeobachtbar wäre.

Relativitätstheorien und das Machsche Prinzip

Unter allen Bezugssystemen zeichnet Newtons Mechanik die Inertialsysteme dadurch aus, daß sie nur in ihnen für abgeschlossene physikalische Systeme gilt. Bereits Newtons erstes Gesetz – ein Körper, auf den keine Kräfte wirken, bewegt sich in einer geraden Linie mit konstanter Geschwindigkeit – reicht zur Kennzeichnung der Inertialsysteme aus. Kennt man ein Inertialsystem, kennt man sie alle: Sie bewegen sich mit beliebigen konstanten Relativgeschwindigkeiten. Aber nicht bereits dadurch, daß wir die Inertialsysteme kennzeichnen können, verstehen wir, warum sie vor allen anderen Bezugssystemen ausgezeichnet sind: Von ihnen lesen wir zwar ab, was es bedeutet, sich zu bewegen, ohne beschleunigt zu sein; was aber diese Bewegungsform vor anderen auszeichnet, erfahren wir durch sie nicht. Newton, da er innerhalb seiner Theorie keine Erklärung fand, hat zu ihr die Hypothese vom absoluten Raum hinzugefügt: Die Inertialsysteme bewegen sich relativ zum absoluten Raum geradlinig-gleichförmig. Der absolute Raum definiert, was es bedeutet, sich ohne Beschleunigung zu bewegen.

Zusätzliche Erklärungskraft gewinnt Newtons Theorie durch die Hypothese vom absoluten Raum nicht. Die Theorie mit ihm ist zu der ohne ihn äquivalent. Die Hypothese ist also überflüssig und erklärt nichts. Das ist nur einer der Einwände, denen Newtons Hypothese von vorne herein begegnen mußte. Es ist zudem unmöglich, die "Geschwindigkeit" des absoluten Raumes festzulegen. Newtons Theorie ist ja symmetrisch gegenüber den Galilei-Transformationen (Kapitel 3, §1 und Kasten 3.1), von denen man dachte, sie beschrieben den Übergang von einer Geschwindigkeit zu einer anderen richtig. Aus der Galilei-Symmetrie folgt überdies, daß von zwei nicht gleichzeitigen Ereignissen nicht gesagt werden kann, ob sie an demselben Ort stattgefunden haben: Die Entfernung ihrer Orte hängt vom Bezugssystem ab. Wenn der Leser dies Buch im Flugzeug in Frankfurt geöffnet und in New York geschlossen hat, kann er sagen, beides habe er an derselben Stelle getan. Von der Erde aus gesehen, hat er das nicht.

In Newtons Mechanik besitzt zwar der Zeitunterschied zwischen zwei Ereignissen eine absolute Bedeutung[3] nicht aber, wenn sie nicht gleichzeitig sind, ihr räumlicher Abstand. Der dritte, wohl wichtigste Einwand gegen den absoluten Raum stammt von Einstein (zitiert nach Berry 1990): *"Es widerstrebt dem wissenschaftlichen Verstande, ein Ding zu setzen, was zwar wirkt, auf welches aber nicht gewirkt werden kann".*

Insgesamt kann der absolute Raum Newtons also keinen absoluten Ort und keine absolute Geschwindigkeit auszeichnen, sondern nur die

[3] In der speziellen Relativitätstheorie ist das Quadrat $c^2 \cdot (t_1 - t_2)^2 - (\vec{r}_1 - \vec{r}_2)^2$ des vierdimensionalen Abstand zweier Ereignisse zu Zeiten t_1, t_2 und an Orten $\vec{r}_1$, $\vec{r}_2$ vom Bezugssystem unabhängig. Daher ist es in ihr, anders als in der Mechanik Newtons, sinnvoll, von einer "vierdimensionalen Raum-Zeit" zu sprechen.

Klasse der sich relativ zueinander geradlinig-gleichförmig bewegenden Inertialsysteme. Ob der absolute Raum nun aber eingeführt wird oder nicht – in Newtons Theorie und unserer Alltagserfahrung spielen Inertialsysteme eine herausragende Rolle. Der Leser möge sich beispielsweise zwei Kugeln auf derselben Achse vorstellen, von denen die eine rotiert und sich wölbt, die andere nicht. Schwer zu verstehen ist, wie die Kugeln "wissen" können, welche rotiert und sich deshalb wölben muß (Rindler 1977).

Auf das Machsche Prinzip, das als "Standard der Nichtbeschleunigung" die fernen Massen des Weltalls einführt, und auf die Allgemeine Relativitätstheorie gehen wir sogleich ein. Daß in zwei Bezugssystemen dieselben Naturgesetze gelten, bedeutet selbstverständlich nicht, daß "objektiv derselbe" Ablauf zwei Beobachtern in ihren verschiedenen Bezugssystemen gleich erscheint. Von "subjektiver Identität" sprechen wir, wenn wir ein physikalisches System zusammen mit einem Beobachter derselben Symmetrietransformation unterwerfen; von objektiver Identität, wenn zwei Beobachter, die sich durch eine Symmetrietransformation unterscheiden, dasselbe System beobachten (Wightman 1959). Bei Symmetrie der Naturgesetze ist Wechsel des Bezugssystems immer dann eine erfolgversprechende Methode zur Lösung eines physikalischen Problems, wenn dieses in einem anderen Bezugssystem einfacher – das heißt in der Regel symmetrischer – ist als in dem gegebenen. Kasten 2.2 zeigt dies an einem Beispiel.

Der irische Bischof Berkeley, ein Zeitgenosse Newtons, hat dagegen, daß der absolute leere Raum verwendet werden könne, um festzulegen, ob sich ein einzelner, in ihn eingebrachter Körper dreht, den Einwand[4] erhoben, daß es im leeren Raum nichts gibt, das zu beurteilen erlaubte, ob sich der Körper bewegt – geschweige denn, ob er sich dreht. Er schlug die Fixsterne als Beziehungspunkte vor, auf die alle Bewegungen – gleichförmig oder nicht – zu beziehen seien (Harrison 1983).

---

[4] Dieser Gedanke findet sich bereits bei Aristoteles, der ihn benutzt, um, entgegen den Atomisten, die Existenz des leeren Raums zu leugnen. Gäbe es den leeren Raum, so gäbe es in ihm keine "natürliche" Bewegung von Körpern in die Richtung der Plätze, die ihnen nach Aristoteles zukommen: Das Feuer könnte sich nicht nach oben bewegen, da der leere Raum keine Richtung als "oben" auszeichnet, die Steine könnten nicht nach unten fallen; und so weiter. Näheres hierzu wird Genz 1992 enthalten.

Kasten 2.2: Bezugssystemwechsel I

Eine ruhende Kugel werde von einer anderen mit derselben Masse m elastisch angestoßen. Aufgabe: *Zeigen Sie, daß nach dem Stoß die Kugeln sich entweder in Richtungen bewegen, die senkrecht aufeinander stehen, oder daß eine der Kugeln ruht.* Lösung: *Die Geschwindigkeiten der Kugeln nach dem Stoß seien $\vec{v}$ und $\vec{w}$. Dann faßt die Gleichung $\vec{v} \cdot \vec{w} = 0$ beide Möglichkeiten zusammen. Um sie zu beweisen, gehen wir durch eine Galilei-Transformation zu dem System über, in dem der Schwerpunkt der Kugeln ruht. Ist die Geschwindigkeit der stoßenden Kugel vor dem Stoß $2 \cdot \vec{U}$, bewegt sich dieses System mit der Geschwindigkeit $\vec{U}$. Denn in dem System mit dieser Geschwindigkeit besitzen die Kugeln vor und nach dem Stoß Geschwindigkeiten, die durch Addition von $-\vec{U}$ zu den Geschwindigkeiten im Labor entstehen. Daher ist die Geschwindigkeit des stoßenden Teilchens in diesem System $\vec{U}$, die des im Labor ruhenden $-\vec{U}$, so daß die Summe der Impulse $m \cdot \vec{U}$ und $-m \cdot \vec{U}$ verschwindet (wie es im Schwerpunktssystem sein muß). – Nach dem Stoß besitzen die Kugeln wegen des Impulssatzes entgegengesetzt-gleiche Impulse $m \cdot \vec{u}$ und $-m \cdot \vec{u}$, und aus dem Energiesatz $2 \cdot (m \cdot \vec{U}^{\,2}/2) = 2 \cdot (m \cdot \vec{u}^{\,2}/2)$ folgt $|\vec{U}| = |\vec{u}|$; mehr kann über $\vec{u}$ nicht gesagt werden. – Abb. 2.3 stellt den Stoß im Schwerpunktssystem und die Rücktransformation ins Labor dar. Die Geschwindigkeiten $\vec{v}$ und $\vec{w}$ entstehen aus $\vec{u}$ und $-\vec{u}$ durch Addition von $\vec{U}$. Denn das ist die Transformation, die die Galilei-Transformation ins Schwerpunktssystem rückgängig macht. Folglich gilt $\vec{v} = \vec{u} + \vec{U}$ und $\vec{w} = -\vec{u} + \vec{U}$, so daß $\vec{v} \cdot \vec{w} = (\vec{u} + \vec{U}) \cdot (-\vec{u} + \vec{U}) = -\vec{u}^{\,2} + \vec{U}^{\,2} = 0$ – wie zu beweisen war.*

Dieser Komplex von Ideen wurde von Einstein dem österreichischen Physiker Ernst Mach zugeschrieben. Nach Mach muß ununterscheidbar sein, ob die Erde sich dreht, und der Rest der Welt still steht, oder ob der Rest die fest stehende Erde umrundet. Allerdings reicht für Mach die Möglichkeit, Drehungen und andere Beschleunigungen zu *erkennen*, nicht aus, um Trägheitskräfte zu erzeugen. Drehung der Erde kann bereits erkannt werden, wenn der Raum außer ihr nur nahezu masselose Staubkörner enthält. Zur logischen Möglichkeit, Drehungen

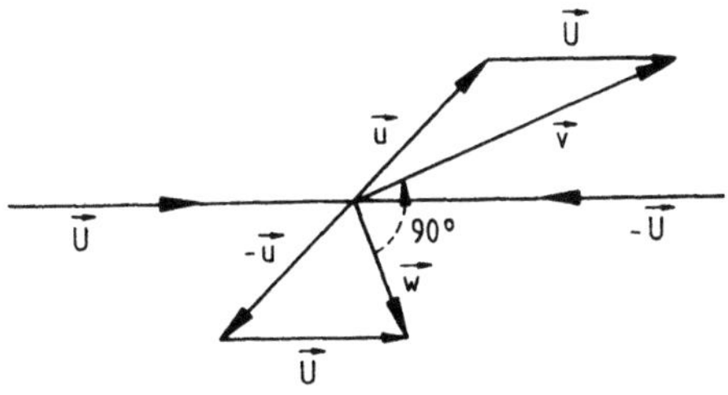

Abb. 2.3 Die Abbildung zeigt die elastische Streuung zweier Kugeln mit gleicher Masse im Schwerpunktssystem (Geschwindigkeiten $\vec{U}$, $-\vec{U}$, $\vec{u}$ und $-\vec{u}$) und die Rücktransformation ins Laborsystem (Geschwindigkeiten $2 \cdot \vec{U}$, $\vec{0}$, $\vec{v}$ und $\vec{w}$). In Kasten 2.2 wird gezeigt, daß nach dem Stoß entweder eine Kugel ruht, oder die Endgeschwindigkeiten $\vec{v}$ und $\vec{w}$ aufeinander senkrecht stehen.

zu definieren, muß nach Mach ein physikalischer Effekt hinzukommen, der die Fliehkräfte erzeugt – und der sollte von der Entfernung und der Größe der "Fixsterne" abhängen. Wenn es auf der Erde im leeren Universum keine Fliehkräfte gibt, können diese nicht dadurch auftreten, daß Staubkörner hinzukommen, verglichen mit denen die Erde sich dreht. Das Machsche Prinzip läßt uns vielmehr erwarten, daß die Erde für die Staubkörner definiert, was es bedeutet, sich nicht zu drehen – sie wird die Staubkörner mit sich führen.

In Kasten 2.3 wenden wir diese Überlegungen auf ein Foucaultsches Pendel an. Aus dem Machschen Prinzip folgen zahlreiche Effekte, deren Größe erst die Allgemeine Relativitätstheorie zu berechnen gestattet.

Bezieht man die Schwerkraft und den "Zustand der Welt" ein, bekommt die Frage nach den Inertialsystemen einen neuen Aspekt. Dann gibt es tatsächlich keine unendlich ausgedehnten Inertialsysteme: Nur in einem Gebiet ohne Schwerkraft bewegen sich die Teilchen ja kräftefrei. Logisch ist es selbstverständlich möglich, die Galaxien, wie Newton die Sterne, als Objekte aufzufassen, die in den leeren Raum eingebracht worden sind, und dort als Quellen von Kräften wirken. Gerade das aber schließt der Ansatz von Mach und Einstein zum Verständnis der Trägheitskräfte aus.

Wenn wir annehmen, das Zentrum unserer Galaxie ruhe in einem Inertialsystem, dann gilt dasselbe nach dem kosmologischen Prinzip auch von den Zentren der anderen Galaxien. Da das Weltall mit sich

Kasten 2.3: Mitführen des Inertialsystems

Ein drehbar aufgehängtes Pendel behält seine Schwingungsebene bei. Hängt, wie wir zur Vereinfachung annehmen, das Pendel über dem Nordpol, dreht sich die Erde unter ihm, so daß sich von der Erde aus gesehen *die Schwingungsebene des Pendels dreht. Hierauf beruht der Foucaultsche Versuch von 1850/51. Das Machsche Prinzip sagt, daß die Massen des Weltalls zusammen bestimmen, was es bedeutet, sich nicht zu drehen: Sie halten, bildlich gesprochen, die Schwingungsebene des Pendels fest. Angenommen nun, das Pendel und die Erde befinden sich in einem ansonsten leeren Weltall. Dann legt nach dem Machschen Prinzip die Erde (nicht aber, obwohl das vorerst dasselbe ergeben würde, das Pendel; das wäre physikalisch und aus Gründen der Stetigkeit absurd) fest, was es bedeutet, sich nicht zu drehen: Auf ihr treten keine Fliehkräfte auf, und das* Pendel dreht sich mit ihr. *Wir fügen nun die anderen Massen des Weltalls nach und nach zu dem System so hinzu, wie es tatsächlich ist: Die Erde rotiert ihnen gegenüber. Dann machen diese Massen ihren Einfluß zunehmend geltend: Auf der Erde treten Fliehkräfte auf, und die Massen des Weltalls beginnen, die Schwingungsebene des Pendels anzuhalten. Obwohl die Rolle der Erde bei der Definition dessen, was es heißt, sich nicht zu drehen, kleiner und kleiner wird, ist es aus Gründen der Stetigkeit ausgeschlossen, daß sie ihren Einfluß vollständig verliert. Gäbe es also die Erde, die sich unter dem Pendel dreht, nicht, würde sich dessen Schwingungsebene gegenüber ihrer tatsächlichen Lage drehen. Das aber heißt, daß die sich drehende Erde die Schwingungsebene des Pendels mitführt: Die sich drehende Erde ist ein Teil der Massenverteilung im Universum, und das Pendel muß einen Kompromiß (Weinberg 1972, Seite 239) zwischen seinen Versuchen schließen, seine Schwingungsebene gegenüber der (nahen) Erde und den anderen Massen im Weltall beizubehalten. – Die Größe des Effektes wächst mit der Masse des rotierenden Körpers. Aus dem Machschen Prinzip folgt auch, daß bei linearer Beschleunigung einer großen Masse die Massen in ihrer Nachbarschaft mitgezogen werden. Lense und Thirring haben 1918 gezeigt, daß Effekte wie dieser in der Allgemeinen Relativitätstheorie tatsächlich auftreten, und ihre Größe berechnet. Durch ein Gyroskop in einem Erdsatelliten wäre der Effekt nachweisbar; ein wichtiges, seit langem geplantes Experiment. – Wenn tatsächlich die Massen anderswo den Widerstand von Massen hier gegen Beschleunigungen festlegen, wird man erwarten, daß die trägen Massen, und damit die Ergebnisse von Experimenten, davon abhängen, in welche Richtung (und wo; diese Frage ist aber Experimenten nicht zugänglich) Massen beschleunigt werden - in die Richtung oder Gegenrichtung einer großen Masse wie das Zentrum der Milchstraße (Weinberg 1972, Seite 87). Nach dem Effekt, der als Richtungsabhängigkeit und damit Verletzung der Drehsymmetrie der Naturgesetze auftreten würde, wurde experimentell ohne Erfolg gesucht (Hughes-Drever-Experimente, Chupp 1989 und Zitate dort) - im Einklang mit der Allgemeinen Relativitätstheorie: Auf Grund des starken Äquivalenzprinzips haben Massen in der Umgebung eines Labors keinen anderen Einfluß als den, festzulegen, welches die frei fallenden Bezugssysteme sind.*

---

vermindernder Geschwindigkeit expandiert, bewegen sich diese Bezugssysteme nicht mit konstanten Geschwindigkeiten relativ zueinander – es gibt, anders gesagt, keine unendlich ausgedehnten Inertialsysteme. Probekörper weit außerhalb unserer Galaxie kommen zudem unter den Einfluß der zahlreichen Galaxien weiter innen, beginnen also durch deren gemeinsame Schwerkraft zu fallen – durch eben die Schwerkraft, die die Expansion des Weltalls abbremst.

Die Beschleunigung eines beliebigen Körpers ist zu der Kraft, die auf ihn wirkt, proportional. Der Kehrwert der Proportionalitätskonstante ist die "träge Masse" m_T des Körpers. Die Kraft, mit der ein Körper durch andere Massen angezogen wird (und, wegen *actio = reactio*, andere Massen anzieht), ist zu seiner "schweren Masse" m_S proportional. Durch die historischen Experimente von Galilei (ohne den Widerstand der Luft würden alle Körper gleich schnell fallen) und Baron Roland von Eötvös (das Verhältnis von Fliehkraft zu Schwerkraft ist bei allen Körpern dasselbe), sowie durch neuere (sie faßt Will 1981 zusammen) und neueste (in Fackler 1990 zusammengefaßte) Präzisionsexperimente wissen wir, daß das Verhältnis m_T/m_S für alle Körper gleich ist. Bei geeigneter Wahl der Einheiten stimmen träge und schwere Masse also überein.

Eine "fünfte Kraft", die zur – sagen wir – Baryonenzahl proportional wäre, würde sich experimentell als Verletzung von $m_T = m_S$ bemerkbar machen. Genauso eine zu m_S proportionale Kraft mit einer anderen Reichweite als der Reichweite unendlich der Schwerkraft. Wir erwähnen diese Möglichkeiten, da es seit Fischbach 1986 bis vor kurzem starke Hinweise darauf gab, daß $m_T = m_S$ effektiv verletzt ist (Fackler 1989. Genz 1987a und 1990 stellt einige Aspekte populärwissenschaftlich dar). Wir müssen in diesem Abschnitt übrigens zwischen Masse und Energie unterscheiden, da diese nicht in allen Theorien der Schwerkraft identisch sind (wohl aber in der Allgemeinen Relativitätstheorie).

Newtons Theorie kann die Gleichheit von träger und schwerer Masse nicht erklären. Da Machs Ansatz die träge Masse auf den Einfluß schwerer Massen anderswo zurückführen will, sollte er, wenn erfolgreich, auch die Gleichheit von träger und schwerer Masse erklären: Beide wären zu derselben "Ladung" des Körpers proportional – ganz wie die Coulomb- und die Induktionskraft in der Elektrodynamik zu der einen elektrischen Ladung des Körpers proportional sind (Rindler 1977).

Die Allgemeine Relativitätstheorie beruht auf dem "schwachen Äquivalenzprinzip" – der Gleichheit von träger und schwerer Masse. Sie ermöglicht es, in eine Theorie der Gravitation als Ersatz für die Inertialsysteme andere Bezugssystemen einzuführen, in denen "dieselbe Mechanik" gilt: die Bezugssysteme von frei fallenden, nicht rotierenden und hinreichend kleinen Labors. Da wegen des schwachen Äquivalenzprinzips alle Bestandteile eines auch großen Labors in einem homogenen Schwerefeld genau gleich fallen, verhalten sich das Labor und die in ihm aufgebauten mechanischen Experimente so, als gäbe es keine Schwerkraft; sie ist in dem frei fallenden Labor "wegtransformiert". Ist das Schwerefeld, in dem sich das Labor bewegt, inhomogen, ist das anders. Zum Beispiel bewegen sich im radial symmetrischen Schwerefeld der Erde zwei Massen, die in demselben Abstand von der Erde zu fallen beginnen, auf einander zu. Wird das Labor aber so klein gewählt, daß – gemessen an der angestrebten Genauigkeit – das Schwerefeld in ihm homogen ist, gelten in dem ganzen Labor und für eine gewisse Beobachtungszeit die Newtonschen Gesetze für ein Inertialsystem.

Einsteins Äquivalenzprinzip[5] besagt, daß nicht nur für mechanische Experimente à la Newton in hinreichend kleinen, frei fallenden und nicht rotierenden Labors dieselben Naturgesetze wie in den (hypothetischen) Inertialsystemen gelten, sondern zudem für alle Experimente

[5] Wir verwenden die Terminologie von Will 1981.

außer denen, deren Ausgang von der Schwerkraft abhängt. Zu den letzteren gehören Cavendish-Experimente zur Bestimmung der gegenseitigen Anziehung von Massen.

Das starke Äquivalenzprinzip bezieht diese Experimente mit ein. Es gilt genau dann, wenn, wie alle anderen Energien, die Selbstenergien von Gravitationsfeldern die gleiche träge und schwere Masse besitzen. Ist das nicht so, verhalten sich Körper mit verschiedenen Massen in Schwerefeldern verschieden – die Erde zum Beispiel anders als der Mond im Schwerefeld der Sonne (Nordtvedt-Effekt). Experimente haben keinen Unterschied ergeben. Von allen bekannten[6] Theorien der Schwerkraft erfüllt nur Einsteins Allgemeine Relativitätstheorie das starke Äquivalenzprinzip. Sie hat alle Experimente zu ihrem Test mit fliegenden Fahnen bestanden (Will 1981 und 1989).

Wir wollen nachtragen, daß in die Betrachtungen dieses Abschnitts, die über Newtons Theorie hinausgehen, die Zeit einbezogen werden muß. Die physikalisch richtigen Umrechnungsvorschriften von Orten, Zeiten, Geschwindigkeiten, Kräften und so weiter sind die Lorentz- und nicht die Galilei-Transformationen. Dem entsprechend gilt in kleinen, frei fallenden Labors die spezielle Relativitätstheorie, so daß die Symmetriegruppe, die die Koordinatensysteme verschiedener frei fallender Labors in einem homogenen Schwerefeld miteinander verbindet, die Poincaré-, und nicht die Galilei-Gruppe ist (Kapitel 3 bzw. Kapitel 4).

Nachzutragen bleibt auch, daß die Allgemeine Relativitätstheorie den Raum, anders als Mach es wollte, nicht abgeschafft hat. So gibt es Lösungen der Gleichungen der Theorie (das Modell von de Sitter aus dem Jahr 1917), in denen der Raum zwar gekrümmt, aber leer ist: Materie enthält er nicht. Bringt man in ihn Test-Teilchen ein, entfernen sie sich voneinander – der Raum expandiert. Eddington (zitiert nach Narlikar 1988) spricht von "Bewegung ohne Materie" – im Gegensatz zu Einsteins Lösung seiner Gleichungen in demselben Jahr, die ein statisches Universum mit Materie beschreibt – "Materie ohne Bewegung", wie Eddington sagt. In beiden Modellen ist die "kosmologische Konstante" (Kasten 5.5) nicht Null.

Wie das Modell von de Sitter zeigt, bewirkt die kosmologische Konstante, daß der leere Raum gekrümmt ist: Sie ist ein Maß für die

---

[6] Die Experten denken sogar, daß das starke Äquivalenzprinzip die Allgemeine Relativitätstheorie impliziert (Will 1981).

Energie des Vakuums. In Einsteins Allgemeiner Relativitätstheorie gibt es zusätzlich zur Materie und der kosmologischen Konstante genau ein Feld – den "metrischen Tensor" des gekrümmten Raumes, der in der angestrebten Quantentheorie der Gravitation deren Austauschteilchen, die Gravitonen, beschreiben soll. Andere Theorien der Schwerkraft enthalten zudem andere Felder, die Brans-Dicke-Theorie zum Beispiel ein skalares Feld. In Theorien der Elementarteilchen ist der Raum in allen seinen Zuständen gefüllt mit Feldern der Elementarteilchen und virtuellen Teilchen-Antiteilchen-Paaren. Auf Details können wir nicht eingehen, und verweisen auf die in Kasten 5.5 angegebene Literatur. Eine experimentell bestätigte Theorie, durch die wir die Elementarteilchen und die Gravitation zusammen verstünden, gibt es bisher nicht. Einen glanzvollen spekulativen Ansatz bilden die Superstringtheorien (Rollnik 1987, Weinberg 1987a, Baillin 1989, Cooper 1988, Davies 1989a, Peat 1989, Trefil 1990). Auf sie gehen wir am Ende von Kapitel 4 kurz ein.

Naturgesetze, Anfangsbedingungen und Erhaltungssätze

Wir nehmen an, daß es sinnvoll ist, zwischen physikalischen Systemen und den Gesetzen, die für sie gelten, zu unterscheiden. Beim Nachbau des Spiegelbildes eines Systems bleiben die für dieses geltenden Naturgesetze ungeändert; insofern ist die Spiegelung unvollständig. E. P. Wigner hat betont, daß es möglich ist, die Welt in zwei Zuständigkeitsbereiche zu unterteilen: Den Bereich, für den möglicherweise symmetrische Naturgesetze – Gesetze! – gelten und den zufallsbestimmten der Anfangsbedingungen.

Ob dies in der Tat möglich ist, wissen wir nicht. Es ist aber eine korrekte Beschreibung physikalischer Theorien. Sie nehmen genau diese Aufteilung vor. Wigner (Moore 1967, Seite 3) erinnert auch an E. A. Milnes Bemerkung, daß nach Mach die Naturgesetze eine Konsequenz des Inhalts des Universums sind. Bemerkenswert ist, wie Wigner es ausdrückt, daß *"... dieser Gesichtspunkt mit so gutem Erfolg außer Acht gelassen werden konnte, und daß sich die Unterscheidung zwischen Anfangsbedingungen und Naturgesetzen als so fruchtbar erwiesen hat"*.

Symmetrische Naturgesetze sind mit unsymmetrischen Erscheinungen wegen der Möglichkeit oder Notwendigkeit unsymmetrischer Anfangsbedingungen verträglich. Wie es (Kapitel 1, §2) im drehsymmetrischen Gravitationsfeld keine Anfangsbedingungen gibt, die auf

Tabelle 2.1

Symmetrie-operation	**Unbeobachtbare Größe**	**Erhaltungs-größe**
Verschiebung	Absoluter Ort	Impuls
Drehung	Absolute Richtung	Drehimpuls
Zeitverschiebung	Absolute Zeit	Energie
Raumspieglung P	Absolute Händigkeit	Parität

Abläufe mit denselben Drehsymmetrien führten, können auch Planeten*bahnen* die volle Drehsymmetrie der Bewegungsgleichung, die für sie gilt, nicht besitzen; nicht einmal näherungsweise[7]. Denn Planetenbahnen sind Ellipsen um das Zentrum der Drehsymmetrie, die Sonne, als Brennpunkt. Die Bahn eines jeden Planeten liegt also in einer Ebene, die auch die Sonne enthält. Drehungen um Gerade in dieser Ebene durch den Mittelpunkt der Sonne überführen die Bewegungsgleichungen in sich, *ändern aber die Ebene und damit die Planetenbahn*: Es gibt keine Planetenbahn, die die vollständige Drehsymmetrie der Naturgesetze für seine Bewegung besäße. Da, daß die Planetenbahn in einer Ebene liegt, aus der Erhaltung des Drehimpulses und damit aus der Drehsymmetrie der Naturgesetze folgt[8] (Tabelle 2-1 und Kapitel 3, §1), *bewirkt* die *Symmetrie der Gesetze* die *Asymmetrie der Bahn.*

Die Drehsymmetrie der Gesetze der Planetenbewegung läßt zu, daß die Bahn eines Planeten in seiner Ebene drehsymmetrisch, also ein Kreis um den Mittelpunkt der Sonne ist, erzwingt das aber in keiner Weise. Der Schluß, daß die Planetenbahnen auf Grund der Drehsymmetrie der Gesetze Kreise sein müßten, wäre genau dann berechtigt, wenn die Bahnen der Planeten innerhalb ihrer Ebenen durch die symmetrischen Naturgesetze *allein* festgelegt würden. Seit Newton wissen

[7] Eine Bahn, die näherungsweise die Drehsymmetrien des Kraftfeldes der Sonne besäße, müßte jedem Punkt einer Kugeloberfläche um sie beliebig nahekommen. Wir nehmen an, daß die Sonne eine Kugel und – verglichen mit den Planeten – sehr schwer ist. Dann sind Newtons Bewegungsgleichungen für die Planeten symmetrisch gegenüber beliebigen Drehungen um beliebige Achsen durch den (dann festen) Mittelpunkt der Sonne.

[8] Es folgt auch, daß die Sonne in derselben Ebene liegt. Wir benutzen nur, daß unabhängig von der Lage der Sonne Drehungen um Achsen durch ihren Mittelpunkt, die auf der Ebene der Planetenbahn nicht senkrecht stehen, die Bahn ändern

wir aber, daß das nicht so ist, daß erst Anfangsbedingungen zusammen mit den Naturgesetzen eine einzelne Bahn festlegen. Drehsymmetrie der Naturgesetze für die Planetenbewegung bedeutet, daß die *Menge der möglichen Bahnen eines Planeten* drehsymmetrisch ist (Kapitel 1, §2), hat aber für sich allein keine Konsequenzen für die Form der Bahn in der Ebene. Aus der Drehsymmetrie der Gesetze folgt insbesondere nicht, daß einzelne Bahnen bei Drehungen um die Sonne ungeändert bleiben. Wohl aber überführt eine Symmetrietransformation der Naturgesetze jede mögliche Bahn im Einklang mit den Gesetzen in eine ebenfalls mögliche. Aus der Menge der erlaubten Bahnen wählen die Anfangsbedingungen jeweils eine bestimmte aus.

Ist die Bahn eines Planeten kein Kreis, wird sie durch beliebige Drehungen um den Mittelpunkt der Sonne geändert. Denn als Ellipsenbahn um die Sonne zeichnet die Bahn eine bestimmte, zeitlich konstante Richtung in der Ebene aus – die von dem Brennpunkt, in dem die Sonne steht zu demjenigen Punkt, in dem die Entfernung Sonne-Planet minimal ist, dem Perihel (Abb. 3.6a). Bahnen ohne zeitlich konstantes Perihel sind, wenn geschlossen, symmetrisch gegenüber Drehungen um gewisse endliche Winkel und, wenn nicht geschlossen, nahezu symmetrisch gegenüber Drehungen um beliebige Winkel. Wir werden in Kapitel 3, §3 sehen, daß die zeitliche Konstanz des Perihels (oder, äquivalent, des Runge-Lenz-Vektors) aus einer nicht-geometrischen Symmetrie der Hamiltonfunktion der Planetenbewegung, nicht allein des Potentials, folgt. Wieder erzwingen *Symmetrien der Naturgesetze Asymmetrien einzelner Bahnen.* Das Perihel der Bahnen von Massenpunkten in anderen drehsymmetrischen Kraftfeldern als dem Gravitationsfeld *wandert* im Allgemeinen, so daß diese Bahnen *symmetrischer* sind als die Ellipsenbahnen der Planeten. Sie können das sein, da die Naturgesetze, denen sie genügen, gewisse Symmetrien der Naturgesetze für die Planetenbewegung *nicht* besitzen.

Nicht-geometrische Symmetrien mischen Orte und Impulse (Kapitel 3, §3). Die des Kepler-Problems und des isotropen dreidimensionalen harmonischen Oszillators[9] zeichnet aus, daß einige ihrer Konsequenzen wie die Erhaltung des Perihels *geometrisch interpretiert* werden können.

Goethe nennt im "Prolog im Himmel" seines Faust die Bewegung der Sonne (im System des Ptolemäus) eine "vorgeschriebne Reise" und

[9] Auf die Sonderrolle des isotropen harmonischen Oszillators vermöge seiner nicht-geometrischen Symmetrien (Kapitel 3, §3) gehen wir nicht ein.

Kasten 2.4: Tests von Erhaltungssätzen

a) Erhaltung der elektrischen Ladung. Das Elektron ist das leichteste elektrisch geladene Teilchen, das wir kennen. Wenn es tatsächlich kein leichteres gibt, wäre beim Zerfall eines Elektrons die elektrische Ladung nicht erhalten. Sieht man von der Ladungserhaltung ab, kann das Elektron, ohne einen bekannnten Erhaltungssatz zu verletzen, in Neutrinos und Photonen zerfallen. Daher wird die Lebensdauer des Elektrons als Maß dafür angesehen, wie gut der Erhaltungsatz der elektrischen Ladung erfüllt ist. Wenn Protonen stabil, Elektronen aber instabil sind, lädt sich die Erde positiv auf. Bereits daraus, daß keine kompensierenden Ströme in der Atmosphäre beobachtet werden, folgt eine Mindestlebensdauer des Elektrons (Pomanski 1976). Bessere Grenzen ergibt die Beobachtung großer Materiemengen. Wenn ein Elektron aus der K-Schale eines Atoms durch Zerfall verschwindet, wird die Lücke, die es hinterläßt, von anderen Elektronen aufgefüllt. Die dabei emittierten Photonen können experimentell nachgewiesen werden. Da Bellotti 1983 in seinem Experiment keine gefunden hat, kann er als Grenze für die mittlere Lebensdauer von Elektronen $2 \cdot 10^{22}$ Jahre angeben.

b) Erhaltung der Leptonenzahlen. Angeregte Atome gehen dadurch in den Grundzustand über, daß sie Photonen emittieren. Wäre das μ^- nichts als ein angeregtes Elektron e^-, sollte es in ein e^- plus ein Photon zerfallen. Derartige Zerfälle werden nicht beobachtet. Der wichtigste Zerfall des μ^- ist der in ein e^-, ein μ-Neutrino ν_μ und ein Elektron-Antineutrino $\overline{\nu_e}$. Die Lebensdauer des μ^- gegenüber den Zerfällen in e^- plus ein oder zwei Photonen übersteigt die gegenüber dem Zerfall $\mu^- \rightarrow e^- \nu_\mu \overline{\nu_e}$ um mindestens den Faktor 10^{10} (Particle Data Group 1990). Es soll daher zwei (bezieht man das τ ein, drei) separat erhaltene Leptonenzahlen geben, die Elektronen-Zahl und die Müonen-Zahl. Die Neutrinos von e^- und μ^- tragen dieselben Leptonenzahlen 1 wie das e^- und μ^- selbst; deren Antiteilchen -1. Die Leptonenzahlen des Photons sind Null. Diese Zuschreibungen erlauben die beobachteten Zerfälle der Müonen und verbieten die nicht beobachteten. Nicht beobachtet wird auch der Zerfall $\mu^- \rightarrow e^- \overline{\nu_\mu}\, \nu_e$ eines μ^- in ein e^-, ein μ-Antineutrino $\overline{\nu_\mu}$ und ein Elektron-Neutrino ν_e.

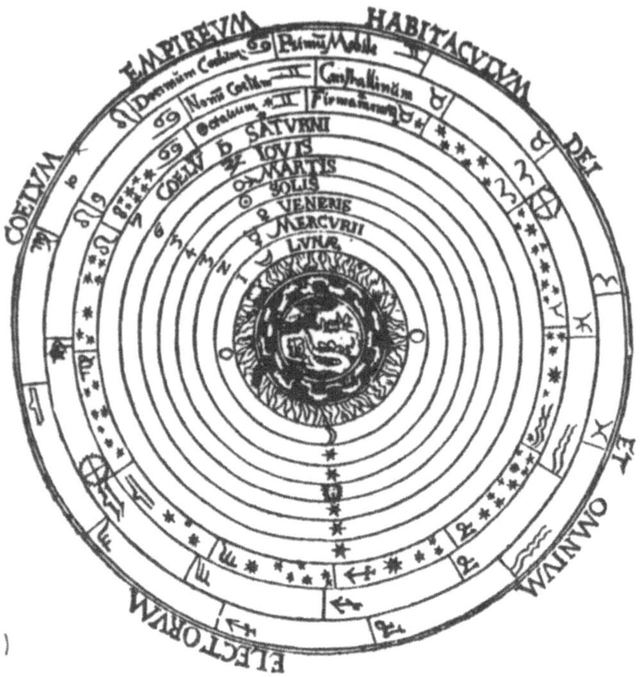

a)

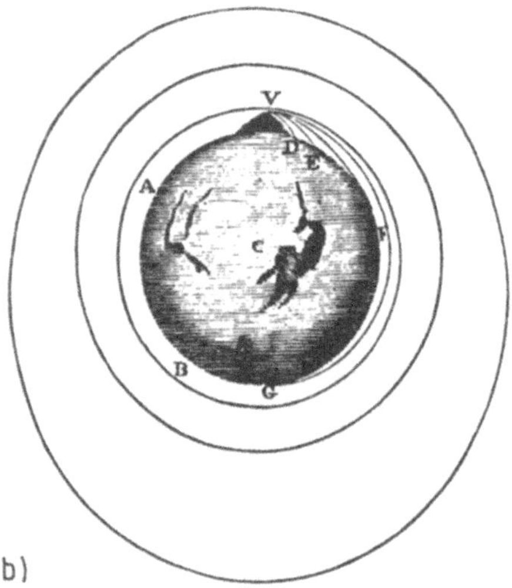

b)

Abb. 2.4 Abbildung a) aus einer Kosmographie von 1553 zeigt das ptolemäische System mit der Erde als Mittelpunkt des Universums. Folgt man der Abbildung, gibt es keine Gemeinsamkeiten zwischen irdischen und himmlichen Erscheinungen. Seinen demgegenüber neuen Ansatz, irdische und himmlische Erscheinungen durch dasselbe, für beide gültige Gesetze zu verstehen, illustriert Newton in seinen "Prinzipia" (1686) durch (b). Allein die Anfangsbedingungen entscheiden darüber, ob ein Stein auf die Erde zurückfällt, oder ob er die Erde wie der Mond umkreist.

drückt damit, so denken wir, die in Altertum und Mittelalter vorherrschende Meinung aus, daß Bewegungen in den Himmeln als unmittelbarer Ausdruck der Naturgesetze deren Drehsymmetrie besitzen, Bahnen also Kreise sein (oder, besser noch, Kugelschalen ausfüllen) müßten (Abb. 2.4a). Kepler wußte auf Grund seiner Auswertungen von Tycho Brahes Beobachtungen, daß die Bahn des Mars um die Sonne tatsächlich kein Kreis, sondern ein *platt gedrückter* Kreis ist. Und als zusätzliche Asymmetrie steht die Sonne nicht im Mittelpunkt dieses seltsamen Ovals! Zwei Jahre später hat er erkannt, daß der plattgedrückte Kreis eine Ellipse mit der Sonne an einem ihrer Brennpunkte ist (Baeyer 1986). Anders als Kepler unterscheiden wir seit Newton (Abb. 2.4b) zwischen symmetrischen Naturgesetzen und unsymmetrischen Anfangsbedingungen. Die weitere Bahn einer ausgebrannten Rakete hängt vom Ort der Rakete im Augenblick des Ausbrennens genauso ab wie von Größe und Richtung ihrer Geschwindigkeit in diesem Augenblick: Wenn diese Größen nicht in ganz bestimmten Verhältnissen zueinander stehen, kann die weitere Bahn keine Kreisbahn um die Sonne (oder die Erde) sein. Genauso wurden die wirklichen Bahnen der Planeten nicht allein durch drehsymmetrische Gesetze festgelegt, sondern auch durch die mehr oder weniger zufälligen Bedingungen, unter denen das Sonnensystem sich bildete und Stabilität erreichte. Die Abb. 2.4 sollen den Übergang von der mittelalterlichen zur modernen Naturwissenschaft illustrieren.

Wir sehen also, daß die Symmetrien der Naturgesetze nicht von Einzelabläufen, sondern nur von Beziehungen zwischen ihnen abgelesen werden können: Mit einer Bahn ist auch diejenige möglich, die sich durch eine Symmetrieoperation aus ihr ergibt. Daher bedeutet, wie bereits betont, Symmetrie der Naturgesetze Unbeobachtbarkeit. Durch die Symmetrieoperation "Verschiebung parallel zur Erdoberfläche" ist aus jeder möglichen Schwingung des Pendels der Pendeluhr an einem Ort eine ebenfalls mögliche anderswo entstanden; aus eben diesem Grund konnte allein durch die Beobachtung der Schwingungen eines Pendels dessen absoluter Ort nicht bestimmt werden.

In der ersten Spalte von Tabelle 2-1 sind einige Symmetrieoperationen der Naturgesetze für im leeren Raum aufgebaute Experimente zusammengetragen, die zweite nennt die zugehörigen unbeobachtbaren, die dritte die erhaltenen Größen. Der Leser wird sich möglicherweise gefragt haben, wie das Naturgesetz für die Pendeluhr von Verschiebungen in Richtung der Erdoberfläche (auf einer flachen Erde; ge-

Kasten 2.5: Konstanz von Natur"konstanten"

Es ist weder einfach, noch eindeutig möglich, die Annahme, eine in den Naturgesetzen vorkommende "Konstante" sei eine Funktion der Zeit und/oder des Ortes, zu einer konsistenten Theorie auszubauen. Tests der Frage, ob eine Naturkonstante wie das Wirkungsquantum $\hbar$, die Lichtgeschwindigkeit c, die Feinstrukturkonstante α oder die Gravitationskonstante G wirklich konstant sei, müssen daher in der Regel willkürlich anmutende Annahmen machen; zum Beispiel die, alle anderen *Naturkonstanten seien tatsächlich konstant. Sei zum Beispiel die Bahn des Mondes um die Erde mit Masse M ein Kreis mit Radius R. Für einen Umlauf braucht der Mond dann die Zeit $T = 2\pi\sqrt{R^3/(G \cdot M)}$. Wir wollen nach dem Einfluß einer Zeitabhängigkeit von G auf den Zusammenhang von T und R fragen. Unter der Annahme $\dot{M} = 0$ folgt durch Differenzieren der Gleichung für T nach der Zeit $\dot{G}/G = 3\dot{R}/R - 2\dot{T}/T$. Beobachtungen des Mondes, die den 1969 von Apollo 11 auf dem Mond aufgestellten Laser-Spiegel benutzen, haben unter Berücksichtigung zahlreicher Korrekturen $|\dot{G}/G| < 3 \cdot 10^{-11}$ pro Jahr ergeben (*Williams 1978*). Wir dürfen also weiterhin $\dot{G} = 0$ und $\dot{M} = 0$ annehmen. Unklar ist was ein Ergebnis $\dot{G} \neq 0$ unter der Annahme $\dot{M} = 0$ bedeuten würde. Wäre $\dot{G}$ nicht Null, so wären die Naturgesetze nicht symmetrisch gegenüber Verschiebungen der Zeit, und der Energiesatz, also vielleicht auch $\dot{M} = 0$, würde nicht gelten (*Irvine 1983, 1986*; siehe auch Abb. 2.5). Theorien mit $\dot{G} \neq 0$ diskutiert* Will 1984*; siehe auch* Will 1989. *In ihnen ist die Änderung von G an die Entwicklung des Universums gekoppelt, so daß $\dot{G}/G$ heute dieselbe Größenordnung wie $H_0 = \dot{R}/R$ besitzen sollte. Hier ist R der gegenwärtige Radius des Universums und H_0 der gegenwärtige Wert der Hubble-"Konstante". Der Kehrwert von H_0 ist $2 \cdot 10^{10}$ Jahre, etwas größer als das Alter des Universums von $1.5 \cdot 10^{10}$ Jahre, so daß H_0 nahezu mit der Rate identifiziert werden kann, mit der das Universum älter wird – ein Jahr pro $1.5 \cdot 10^{10}$ Jahre. Da die meisten Theorien ein negatives $\dot{G}/G$ bevorzugen, müßte sich der Mond von der Erde* entfernen. *Die bisher genauesten Messungen von $\dot{G}/G$ sind sowohl mit Null, als auch mit einem Wert in der erwarteten Größenordnung verträglich (*Will 1984 *und z.B.* Damour 1988, *der findet $\dot{G}/G = (1.0 \pm 2.3) \cdot 10^{-11}$).*

Dirac 1937 *hat zuerst* $\dot{G} \neq 0$ *erwogen (Kasten 5.1). Seither fragen viele Autoren, welche Natur"konstanten", nicht nur G, konstant sind (z.B.*Dyson 1972, Irvine 1983, 1986, McCrea 1983, Marciano 1984, Norman 1986*). Ob* $\hbar$ *konstant sei, untersuchen* Baum 1976 *und* Solheim 1976 *(Zitat nach* Norman 1986*) durch Bestimmung sowohl der Energie E, als auch der Wellenlänge* λ *von Photonen, die von "alten" und "neuen" astronomischen Lichtquellen stammen. Sie finden keine Anzeichen dafür, daß* $\hbar = E \cdot \lambda / (2\pi \cdot c)$ *von dem Alter der Lichtquelle abhinge. Vergleich der Feinstruktur von Linien mit ihrer Rotverschiebung hat genauso keine Hinweise dafür ergeben, daß die Feinstrukturkonstante* α *zeitabhängig sei. Sehr gute Obergrenzen für die Zeitabhängigkeit der Konstanten der schwachen, elektromagnetischen und starken Wechselwirkung haben detaillierte Untersuchungen der Spaltprodukte in dem* $2 \cdot 10^9$ *Jahre alten "natürlichen Reaktor" in Gabon ergeben (*Irvine 1983, 1986*). Insgesamt gibt es keine experimentelle Hinweise dafür, daß die Naturkonstanten tatsächlich zeit- und/oder ortsabhängig seien.*

---

nauer meinen wir Drehungen um den Mittelpunkt einer kugelförmigen Erde) unabhängig sein kann, während doch für ein Pendel der Impulssatz (genauer: der Drehimpulssatz) nicht gilt. (Wir betrachten ein frei schwingendes Pendel; Reibung wird vernachlässigt.) Der Grund ist, daß Verschiebungen des Pendels nicht nur Zustandsvariable wie Lage und Geschwindigkeit der Pendelmasse ändern, sondern auch Variable, die *das System* definieren – den Aufhängungspunkt zum Beispiel. Der Impulssatz (genauer: Drehimpulssatz) gilt, wenn wir die Erde mit einbeziehen. Erst das *System Erde plus Pendel* ist in dem Sinn verschiebungssymmetrisch (genauer: drehsymmetrisch), daß Verschiebungen (genauer: Drehungen) nur Zustandvariable betreffen, das System selbst aber ungeändert lassen.

Für Theorien, deren Gesetze symmetrisch sind gegenüber Transformationen, die nur Zustandsvariable eines Systems ändern, nicht aber das System definierende Variable, gilt das 1918 von der Mathematikerin Emmi Noether bewiesene Noether-Theorem (Honerkamp 1986), das derartigen Symmetrietransformationen Erhaltungssätze zuordnet. Der Beweis benötigt zusätzlich zur Symmetrie einige technische Voraussetzungen, die aber für quantenmechanische Theorien stets erfüllt sind. Details folgen weiter unten sowie in Kapitel 3, §1 und §3. Erhaltungsgrößen[10] sind zeitlich konstante Funktionen der Zustandsvariablen eines Systems. Das heißt genauer, daß sich die Zustandsvariablen – Orte und Geschwindigkeiten von Massenpunkten in der Mechanik – bei einem Ablauf als Funktionen der Zeit so ändern, daß ihre Funktionen, die Erhaltungsgrößen sind, ungeändert bleiben.

Energie, Impuls und Drehimpuls sind, soweit wir wissen, Erhaltungsgrößen der fundamentalen Naturgesetze. Experimente mit Elementarteilchen testen deren Erhaltung und zeigen, daß Massen[11] in die Energiebilanz einbezogen werden müssen. Wenn aus einem Elektron und einem Positron bei einem Zusammenstoß Photonen werden, wird sowohl die Masse des Elektrons, als auch die des Positrons nach Einsteins $E = mc^2$ in Energie "umgewandelt" und von den Photonen davon getragen. Wenn Elektron und Positron bei der Annihilation nahezu ruhen, entstammt nahezu die ganze Energie der Photonen den Massen von Elektron und Positron. Die Erhaltungssätze von Energie, Impuls und Drehimpuls sind Konsequenzen von Symmetrien der Speziellen Relativitätstheorie (Tabelle 2-1); ihre besten Tests folgen aus den (durchgängig erfolgreichen) Tests dieser Symmetrien (z.B. Haugan 1987, Will 1981; siehe auch Will 1989).

Die Physik der Elementarteilchen und die Beschleunigertechnologie beruhen darauf, daß die Spezielle Relativitätstheorie richtig ist. Wäre sie falsch, würde keiner der großen Teilchenbeschleuniger funktionieren; Effekte wie die Zeitdilatation oder die Energie-Masse-Äquivalenz gehören zu den selbstverständlichen, durch praktisch jedes Experiment implizit getesten Grundlagen der Elementarteilchenphysik.

Die wohl vollständigste Liste von Ergebnissen von "Tests of conservations laws" in der Elementarteilchenphysik enthält Particle Data Group 1990. Tests von Erhaltungssätzen, die allein auf den Symmetrien der Speziellen Relativitätstheorie basieren, sind dort nicht aufgeführt. Zwei Symmetrietests der Liste – Erhaltung der elektrischen Ladung und der Leptonenzahlen – beschreiben wir in Kasten 2.4; einen weiteren – Erhaltung der Baryonenzahl – in Kasten 4.5.

---

[10] Erhaltungsgrößen, die außerdem explizit von der Zeit abhängen, betrachten wir nicht.

[11] Mit "Masse" meinen wir stets "Ruhemasse", bis auf den Faktor c^2 also "Energie im Ruhesystem". Die Masse eines Teilchens, z.B. des Photons, ist genau dann Null, wenn es kein Ruhesystem besitzt. Weiteres zu Masse und Energie steht in Kapitel 4, §1.

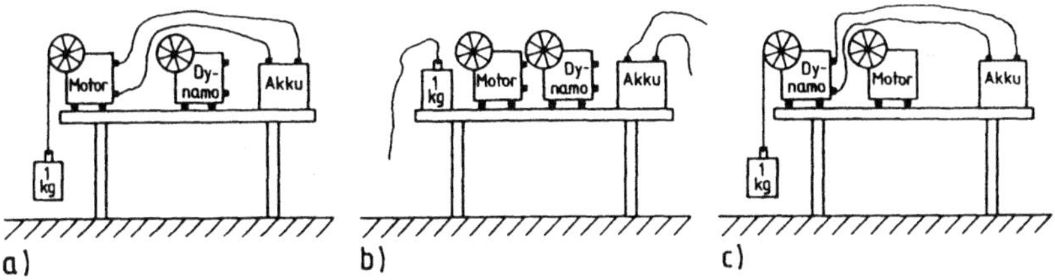

Abb. 2.5 **Die Apparatur erlaubt Energie zu gewinnen, wenn sich die Gravitationskonstante im Laufe der Zeit ändert.**

Abb. 2.5 erläutert durch ein Beispiel (Pagels 1983, Genz 1987a) den Zusammenhang der Symmetrie der Naturgesetze gegenüber Verschiebungen der Zeit mit dem Energiesatz. Bei Symmetrie ist für ein Experiment der Zeitpunkt, zu dem es durchgeführt wird, ohne Bedeutung – absolute Zeit ist unbeobachtbar. Der Zeitpunkt kommt dann zwar unter den Anfangsbedingungen vor (anfangs, dann und dann, sollen die und die Verhältnisse herrschen), nicht aber in den Naturgesetzen. Käme beispielsweise der Zeitpunkt des Urknalls in den Naturgesetzen vor, wäre absolute Zeit beobachtbar und die Naturgesetze wären nicht symmetrisch gegenüber Verschiebungen der Zeit. Hingegen spricht die Tatsache, daß das Alter des Universums eine Beobachtungsgröße mit dem Zahlenwert $15 \cdot 10^9$ Jahre ist, nicht gegen diese Symmetrie: Der Zeitpunkt des Urknalls ist derjenige, zu dem die Anfangsbedingung "Temperatur und Dichte unendlich groß" bestand. Auf spekulative Theorien (z.B. Hawking 1988), die den tatsächlichen Zustand der Welt als Konsequenz allein von Naturgesetzen begreifen wollen, gehen wir nur gelegentlich ein (z.B. Kapitel 5, §2).

In Abb. 2.5 wird angenommen, an einem Montag sei die Gravitationskonstante G und damit die Schwerkraft der Erde größer als sonst immer, vorher oder nachher. Wenn G nicht als Zustandsvariable[12], sondern als bei der Definition des Systems vorzugebene Größe in den Naturgesetzen vorkommt, sind sie bei $\dot{G} \neq 0$ *nicht* symmetrisch

[12] Anders als in der Allgemeinen Relativitätstheorie, in der G notwendig konstant ist, ist G – genauer: $1/G$ – in einer Reihe von alternativen Theorien, z.B. der von Brans und Dicke, ein skalares Feld, und damit eine orts- und zeitabhängige Zustandsvariable. Das Feld ist an die Massendichte des Universums gekoppelt, und legt im Einklang mit dem Machschen Prinzip die Beschleunigung von Massen durch Massen als Funktion von Ort und Zeit

gegenüber Verschiebungen der Zeit (Kasten 2.5): Schon durch ein Gewicht an einer Feder kann zwischen diesem Montag und allen anderen Tagen unterschieden werden.

Mit Hilfe von Elektromotor, Dynamo, Akkumulator und Gewichtsstück der Abb. 2.5 ist es nun möglich, ohne sonst irgend etwas zu ändern, Energie zu gewinnen. Am Sonntag, bei normaler Schwerkraft, verwenden wir Strom aus dem Akku, um mit Hilfe des Motors das auf dem Boden stehende Gewichtsstück auf den Tisch zu heben. Am Montag, bei nach Annahme vergrößerter Schwerkraft, hängen wir das nun schwerere Gewicht am Dynamo auf und lassen es wieder auf den Boden herunter. Die dabei frei werdende elektrische Energie – natürlich *mehr* Energie als zum Heben des Gewichtes erforderlich war – speichern wir im Akku. Am Dienstag, wenn wieder die normale Schwerkraft herrscht, haben wir das mechanische System insgesamt nicht geändert, ihm aber Energie entnommen, die wir im Akku davontragen können.

Vereinheitlichung und Symmetrieerweiterung

Die wohl wichtigsten Fortschritte unseres Verständnisses der Natur zeigen, daß sehr verschiedene Phänomene eine gemeinsame Wurzel besitzen. Die moderne Naturwissenschaft hat mit der Erkenntnis Newtons begonnen, daß dieselbe universelle Schwerkraft und dasselbe universelle Bewegungsgesetz das Verhalten frei fallender Äpfel genauso beherrscht wie das des Mondes oder der Planeten. Entgegen der Auffassung des Mittelalters, daß auf Erden und in den Himmeln verschiedene Gesetze gelten, versuchen wir seit Newton bewußt, die Welt auf Grund einheitlicher, überall und stets geltender Naturgesetze zu verstehen.

Offensichtlich bedeutet eine solche Vereinheitlichung zugleich auch eine Symmetrieerweiterung: Die Gesetze Newtons für die Bewegung von Körpern unter dem Einfluß der Schwerkraft, die sie aufeinander ausüben, hängen zunächst einmal von Zeit und Ort nicht ab. Sie besitzen zudem eine Art von Ersetzungssymmetrie: In ihnen können wir, ohne ihre Gültigkeit zu beschädigen, Sonne durch Erde und Mars durch Apfel ersetzen. Da jedoch vor Newton keine Naturgesetze im modernen Sinn bekannt waren, ist es in diesem Fall vielleicht angebrachter,

---

fest; schlußendlich also die Skala der trägen Massen von Elementarteilchen (Weinberg 1972, S.158). In dieser Theorie würde die Energie, die wir gemäß Abb. 2.5 bei zeitlich veränderlichem G im Akku davon tragen können, dem skalaren Feld entstammen; der Energiesatz wäre nicht verletzt.

statt von Symmetrieerweiterung der Naturgesetze von Symmetrieerweiterung unserer Vorstellungen zu sprechen.

Die zweite gleich wichtige Symmetrieerweiterung in der Geschichte der Physik betrifft all die Erscheinungen, die wir heute als elektromagnetisch bezeichnen. Durch eine Zufallsentdeckung des dänischen Physikers Oersted ist seit 1820 bekannt, daß elektrischer Strom magnetische Wirkungen auslöst, daß also zwischen zwei ganz verschiedenen Klassen von Phänomenen – ursprünglich: Magnetsteine und geriebener Bernstein – Beziehungen bestehen. Faraday hat 1831 entdeckt, daß ein *sich änderndes* magnetisches Feld $\vec{B}$ elektrische Ströme verursacht. Folglich können Magnetismus und elektrischer Strom nur zusammen verstanden werden.

Die Maxwellschen Gleichungen (Kasten 2.7) unterscheiden sich von ihren Vorgängern durch den Term $(d/dt)\vec{E}$, der der Entdeckung Faradays ihre Umkehrung zur Seite stellt: Wie *sich ändernde* magnetische Felder $\vec{B}$ elektrische Wirkungen hervorrufen, so *sich ändernde* elektrische $\vec{E}$ magnetische. Insofern vereinigen die Maxwellschen Gleichungen Elektrizität und Magnetismus. Genauer sind die Maxwellschen Gleichungen im Vakuum ohne Quellen (Ladungsdichte $\rho = 0$, Stromdichte $\vec{j} = 0$) symmetrisch gegenüber der Transformation[13]

$$\vec{E} \to \vec{E}\,' = \frac{1}{\sqrt{\epsilon_0 \cdot \mu_0}} \cdot \vec{B}, \quad \vec{B} \to \vec{B}\,' = -\sqrt{\epsilon_0 \cdot \mu_0} \cdot \vec{E}. \tag{2.1}$$

Wenn $\vec{E}$ und $\vec{B}$ den Gleichungen ohne Quellen genügen, dann auch $\vec{E}\,'$ und $\vec{B}\,'$. Ohne den Term $\dot{\vec{E}}$ träfe das nur bei Feldern zu, die zeitlich konstant sind.

Maxwell hat seine Gleichungen aber nicht aus dieser (für die Gleichungen mit Quellen sowieso nicht geltenden) Symmetrieforderung hergeleitet, sondern aus einer Konsistenzbedingung an ρ und $\vec{j}$, die aus deren Bedeutung folgt: Ströme können in ein Gebiet hinein fließen und dort bewirken, daß sich die Ladungsdichte im Laufe der Zeit ändert. Das beschreibt die Kontinuitätsgleichung

$$\dot{\rho} + \vec{\nabla} \cdot \vec{j} = 0,$$

[13] Tatsächlich besteht Symmetrie gegenüber einer größeren Gruppe von Transformationen, die zur Drehgruppe in der Ebene isomorph ist.

die, wie es sein muß, aus den Maxwellschen Gleichungen folgt (Kasten 2.7). Aus den Gleichungen ohne $\dot{\vec{E}}$ folgt hingegen $\vec{\nabla} \cdot \vec{j} = 0$ – eine Gleichung, die besagt, daß Ströme nur auf geschlossenen Bahnen fließen können. Durch diese brilliante Beobachtung hat Maxwell seine Gleichungen begründet. Daß $\dot{\vec{E}}$ tatsächlich in den korrekten Gleichungen für Elektrizität und Magnetismus vorkommt, wurde alsbald experimentell bestätigt. Davon weiter unten.

Magnetische Monopole

Die vollständigen Maxwellschen Gleichungen mit Ladungen und Strömen sind offenbar nicht symmetrisch gegenüber der Transformation in Gl. 2.1. Es ist auch nicht möglich, die Transformation in Gl. 2.1 durch eine Transformation der Quellen ρ, $\vec{j}$ so zu ergänzen, daß die Transformation insgesamt eine Symmetrietransformation der Maxwellschen Gleichungen ist. Denn die Maxwellschen Gleichungen $\vec{\nabla} \cdot \vec{E} = \rho/\epsilon_0$ und $\vec{\nabla} \cdot \vec{B} = 0$ sagen, daß es zwar einzelne elektrische, nicht aber einzelne magnetische Ladungen geben kann. Letztere wären magnetische Monopole – genau wie elektrische Ladungen elektrische Monopole sind. Sie würden die Gleichung $\vec{\nabla} \cdot \vec{B} = \rho_m$ erfüllen, wobei ρ_m die magnetische Ladungsdichte ist. Dirac 1931 hat diese Gleichung statt der Gleichung Maxwells angenommen, und zu der anderen homogenen Maxwellschen Gleichung genauso einen Strom $\vec{j}_m$ magnetischer Ladungen hinzufügt,

$$\vec{\nabla} \times \vec{E} + \dot{\vec{B}} = -\vec{j}_m.$$

Dadurch hat er für die elektromagnetischen Felder $\vec{E}$, $\vec{B}$ Gleichungen mit Ladungen ρ, ρ_m und Strömen $\vec{j}, \vec{j}_m$ erhalten, die, wenn auch diese geeignet transformiert werden, die Symmetrie der Gl. 2.1 besitzen (Jackson 1983, Cheng 1984).

Diracs Forderung nach vollständiger Symmetrie zwischen Elektrizität und Magnetismus führt auf die Maxwellschen Gleichungen mit magnetischen Monopolen und deren Strömen. Sie wäre ein Paradebeispiel für die Macht von Symmetrieforderungen, wäre sie nur experimentell erfolgreich. Das aber ist sie, so weit wir heute wissen, nicht: Nach magnetischen Monopolen haben viele Experimente gesucht, alle erfolglos[14].

---

[14] Wenn sie zu schwer sind, können magnetische Monopole nicht in Beschleuni-

Die Natur scheint in diesem Fall von einer Regel abzuweichen, die sie sonst befolgt: Wenn ein Naturgesetz mehrere Formen annehmen kann, besitzt es die symmetrischere. Diese Regel erlaubt, durch Symmetrieargumente die Existenz von Elementarteilchen vorherzusagen. Ein Beispiel für eine erfolgreiche Vorhersage ist die des c-Quarks (Kapitel 4): Mit ihm sind die Naturgesetze symmetrischer als sie ohne es wären.

Diracs Vorhersage magnetischer Monopole ist außerordentlich attraktiv. Bereits die Existenz eines einzigen Monopols im Universum würde bewirken, daß elektrische Ladungen nur als ganzzahlige (positive oder negative) Vielfache einer Elementarladung auftreten können. Das wird sogleich gezeigt. Daher würden magnetische Monopole eine der großen Fragen der Physik beantworten: Warum ist die elektrische Ladung quantisiert? Dem entsprechend treten magnetische Monopole in den einzigen Theorien auf, die die Quantisierung der Ladung zu beweisen gestatten, einigen der (noch immer) spekulativen Großen Vereinigten Theorien (grand unified theories, GUT, Kapitel 4). Obwohl sie Elementarteilchen sind, sollen die Monopole der GUT etwa die Masse von 10^{16} Protonen besitzen. Das ist die Masse einer Bakterie, 10^{-8}g! Auf diese Monopole mit ihren interessanten Eigenschaften gehen wir nicht ein und verweisen auf die Literatur (Huang 1982, Fritzsch 1983, Okun 1985, Cheng 1984, Pagels 1985, Davies 1987, Börner 1988).

Mit oder ohne magnetische Monopole läßt die klassische Maxwellsche Theorie beliebige Ladungen zu. Nicht aber die Quantenmechanik: Ist die Ladung nicht quantisiert, kann es in der Quantenmechanik keine magnetischen Monopole geben. Das hat Dirac 1931 und 1948 gezeigt; wir verweisen auf Jackson 1983 und Cheng 1984. Diracs Folgerung erhält man am einfachsten, wenn man den Monopol (*den* Einzelpol, nicht *das* Monopol!) als das eine Ende eines unendlich langen, unendlich dünnen Solenoids interpretiert und verlangt, das Feld im Innern

---

gern erzeugt werden. Und Dipole können vielleicht deshalb nicht in Paare von Monopolen aufgebrochen werden, weil sie einander dafür zu stark anziehen. Aus Gründen, die wir weiter unten anführen, kann beides vermutet werden. Es bleibt die Suche nach Monopolen, die vom Urknall übrig geblieben sind. Fliegt ein Monopol durch eine supraleitende Spule, ruft er in ihr einen Dauerstrom hervor, der nachgewiesen werden kann. Trotz zahlreicher Experimente gibt es hierfür nur einen Kandidaten, den von Cabrera 1982. Er wurde mit einer Spule nachgewiesen, die viel kleiner ist als die heute verwendeten. Genauer sollten wir sagen, daß es einen Kanditaten gab – Cabrera hat seine Entdeckung, ohne Gründe nennen zu können, widerrufen; was immer das für die Physik bedeuten mag.

des Solenoids solle unbeobachtbar sein. Das andere Ende des Solenoids befindet sich im unendlichen[15] und ist bereits deshalb unbeobachtbar. In der Quantenmechanik kann ein in einem Gebiet eingeschlossener magnetischer Fluß durch Experimente außerhalb des Gebietes nachgewiesen werden: Außerhalb verschwindet zwar das Magnetfeld, nicht aber das Vektorpotential, und das ermöglicht den Nachweis des magnetischen Flusses durch ein Interferenzexperiment mit geladenen Teilchen (Aharanov-Bohm-Experiment; wir verweisen auf Feynman 1965). Die Änderung der Phase der Wellenfunktion eines Teilchens mit der elektrischen Ladung q auf einem Weg, der einmal um das Gebiet mit dem eingeschlossenen magnetischen Fluß $-g$ herumführt, ist $-(q \cdot g)/(\hbar \cdot c)$, so daß das Solenoid genau dann durch das Interferenzexperiment nicht beobachtet werden kann, wenn

$$(q \cdot g)/(\hbar \cdot c) = 2 \cdot \pi \cdot n, \qquad n = 0, \pm 1, \pm 2, \cdots$$

gilt. Der magnetische Fluß im Solenoid stimmt bis auf das Vorzeichen mit dem überein, der das Solenoid in den Außenraum verläßt – der "magnetischen Ladung" g des Monopols. Gibt es im Universum also einen magnetischen Monopol mit der Ladung g, können als elektrische Ladungen nur ganzzahlige Vielfache von $\pm 2 \cdot \pi \cdot \hbar \cdot c/(2 \cdot g)$ auftreten. Die Umkehrung gilt auch: Ist e die elektrische Elementarladung, so kann es nur magnetische Monopol-Ladungen g geben, die ganzzahlige Vielfache von $\pm \hbar \cdot c/(2 \cdot e)$ sind. Dies hat eine wichtige Konsequenz: Wie die elektrostatische Kraft zwischen zwei Elementarladungen zu der Feinstrukturkonstante $\alpha = e^2/(4 \cdot \pi \cdot \hbar \cdot c) = 1/137$ proportional ist, so die magnetostatische zwischen zwei Monopolen mit den kleinstmöglichen Ladungen $g = 2 \cdot \pi \cdot \hbar \cdot c/(2 \cdot e)$ zu der "magnetischen Feinstrukturkonstante" $g^2/(\hbar \cdot c) = 1/(4 \cdot \alpha) = 34$. Daher ist die magnetostatische Kraft, mit der sich zwei entgegengesetzt-gleiche magnetische Monopole mindesten – bei kleinstmöglichen magnetischen Ladungen – anziehen, um den Faktor $34 \cdot 137 = 4658$ größer als die elektrostatische zwischen zwei Elementarladungen. Auf die daraus folgenden Eigenschaften magnetischer Monopole gehen wir nicht ein (Jackson 1983). Die Monopole der GUT haben zusätzliche, bei kleinen Abständen viel stärkere Wechselwirkungen.

[15] Die Maxwellschen Gleichungen ohne ρ_m dürfen auf den Monopol ohne Solenoid nicht angewendet werden, da ohne den Term der magnetische Fluß durch eine Kugel um das Ende des Solenoids insgesamt Null ist.

Licht, Magnetismus und Elektrizität

Wir kehren zu den Maxwellschen Gleichungen, wie sie tatsächlich sind, zurück. Sie besitzen Lösungen, die sich im leeren Raum ausbreitende Anregungen beschreiben. Die Theorie erlaubt es, die Ausbreitungsgeschwindigkeit dieser Anregungen aus elektrischen und magnetischen Größen zu berechnen[16]; das Ergebnis ist die Ausbreitungsgeschwindigkeit c des Lichtes (die übrigens erst 1878 mit einer für einen erfolgreichen Vergleich ausreichenden Genauigkeit bestimmt wurde; Römers Ergebnis von 1676 war um den Faktor 3/4 kleiner als der richtige Wert $c = 299792458$ m/s). Wir verstehen seit Maxwell also Licht zusammen mit Magnetismus und Elektrizität aus einer gemeinsamen Wurzel – eine grandiose Symmetrieerweiterung. Zugleich sagt die Theorie die Existenz elektromagnetischer Wellen voraus; eine Voraussage, die im Oktober 1887 von Heinrich Hertz in Karlsruhe durch deren Erzeugung und Nachweis bestätigt wurde.

Von heute aus gesehen ist vielleicht noch wichtiger, daß Maxwells Vereinheitlichung magnetischer und elektrischer Erscheinungen eine Erweiterung der raum-zeitlichen Symmetrien der für sie geltenden Naturgesetze bedeutet. Der niederländische Physiker H. A. Lorentz hat 1899 gezeigt, daß die Maxwellschen Gleichungen ungeändert bleiben, wenn man Ort und Zeit den heute nach ihm genannten Lorentz-Transformationen unterwirft, und zugleich die Felder $\vec{E}$ und $\vec{B}$ geeignet umrechnet. Schreibt man Ort und Zeit hingegen so um, wie es die klassische Physik bei Geschwindigkeitsänderungen vorschreibt, gibt es keine Transformation der Felder, die bewirkte, daß die transformierten Felder dieselben Maxwellschen Gleichungen wie die ursprünglichen erfüllen.

Die physikalische Bedeutung der Lorentz-Transformationen hat Einstein im Jahr 1905 erkannt (Kasten 2.6): Sie, und nicht die nach Galilei benannten klassischen Transformationen beschreiben, wie Raum und Zeit von der Geschwindigkeit des Beobachters abhängen. Folglich muss auch die korrekte Mechanik, anders als die Galilei-symmetrische Newtons, eben diese raum-zeitlichen Symmetrien besitzen. Einsteins spezielle Relativitätstheorie, die diese Erkenntnis formuliert, ist also das Ergebnis einer Symmetrieforderung. Doch da alle physikalischen Theorien die Abhängigkeit von Orten und Zeiten von der Geschwindigkeit des Beobachters genau gleich beschreiben müssen, ist Symmetrie

[16] In einem Medium mit Dielektrizitätskonstante oder Permittivität ϵ und Permeabilität μ gilt für die Lichtgeschwindigkeit $c = (\mu \cdot \epsilon)^{-1/2}$.

Kasten 2.6: Bezugssystemwechsel II

Gegeben seien ein System von Ladungen und Strömen und zwei Beobachter, die sich relativ zueinander mit konstanter Geschwindigkeit bewegen. Beim Übergang von dem Bezugssystem des einen zu dem des anderen müssen die Abstände der Ladungen *nach den Formeln der Speziellen Relativitätstheorie umgerechnet werden, so daß die Ladungsdichten in den Bezugssystemen nicht übereinstimmen. Dasselbe gilt für die Stromdichten. Aus den Umrechnungsformeln für Ladungs- und Stromdichten können die elektromagnetischen Felder $\vec{E}$ und $\vec{B}$, deren Quellen sie sind, hergeleitet werden. Zusammen genommen, ändern diese Umrechnungsformeln der Speziellen Relativitätstheorie für die Zeit, den Ort, die Ladungs- und Stromdichte und die Felder $\vec{E}$ und $\vec{B}$ die Maxwellschen Gleichungen nicht. – Beide Beobachter können auch dieselbe Formel für die Lorentz-Kraft $\vec{K} = e(\vec{E} + \vec{v} \times \vec{B})$ auf eine mit der Geschwindigkeit $\vec{v}$ bewegte Ladung e anwenden. Einstein war überzeugt, daß dies möglich sei, und diese Überzeugung hat ihn (zitiert nach* Rindler 1977*) zur Speziellen Relativitätstheorie hingeführt:* "Mehr oder weniger direkt zur Speziellen Relativitätstheorie hat mich die Überzeugung geführt, daß die elektromagnetische Kraft auf einen bewegten (elektrisch geladenen) Körper in einem reinen Magnetfeld nichts anders sei als eine elektrische Kraft (in dem Ruhsystems des Körpers)". *Denn in einem Magnetfeld wirkt auf den ruhenden Körper überhaupt keine Kraft. – Zur Erläuterung betrachten wir einen elektrisch neutralen Leiter, in dem ein Strom fließt – Elektronen bewegen sich mit der Geschwindigkeit v von links nach rechts. Dann – in dem System, in dem das so ist – gibt es kein elektrisches Feld, und den Leiter umgibt ein Magnetfeld, so daß eine Probeladung, die sich parallel zum Leiter und in die Richtung des Stromes mit der Geschwindigkeit v bewegt, vom Leiter* angezogen oder abgestoßen, *tatsächlich abgestoßen, wird. Woher kommt die Kraft, die das bewirkt, im Ruhsystem der Probeladung?*

Da Magnetfelder auf eine ruhende Ladung keine Kraft ausüben, muß es im Ruhsystem der Probeladung ein auf dem Leiter senkrecht stehendes elektrisches Feld geben. Das gibt es in der Tat – erstens auf Grund der Umrechnungsformel für elektromagnetische Felder und zweitens, damit äquivalent, für Ladungsdichten in Ruhe und in Bewegung (Feynman 1990): Das ruhende Elektron "sieht" einen geladenen Draht, in dem die positiven und negativen Ladungsdichten von Protonen und Elektronen einander nicht kompensieren.

---

gegenüber Lorentz-Transformationen ein Kriterium auch bisher unbekannter Naturgesetze: Sie müssen, sollen sie richtig sein, die Symmetrien der Speziellen Relativitätstheorie besitzen. Wir wissen um diese Symmetrien der Naturgesetze und können also sagen, wie die Naturgesetze beschaffen sein müssen, ohne sie selber bereits zu kennen. In den Worten E. P. Wigners stehen die Symmetrien der Naturgesetze zu diesen in demselben Verhältnis wie die Naturgesetze zu den Erscheinungen. Die größte Leistung Newtons war nach Wigner die Trennung von Anfangsbedingungen und Gesetzen; die Einsteins dann die Trennung von Gesetzen und Symmetrien.

Fortschritt in der Theorie der Elementarteilchen bedeutete bisher stets vor allem Symmetrieerweiterung; der gegenwärtige Stand wird durch das Wort "Standardmodell" beschrieben (Kapitel 4). Die wohl wichtigste Grundlage dieses Modells und seiner Verallgemeinerungen ist die Idee, daß die fundamentalen Naturgesetze "lokal" symmetrisch sein sollten.

Lokale Symmetrien

Gegeben sei eine globale Symmetrietransformation der Naturgesetze – eine, die überall und zu allen Zeiten dasselbe bewirkt. Eine Verschiebung um $\vec{a}$ ist eine solche Transformation; genauso die gleichzeitige Vertauschung aller Protonen der Welt mit allen Neutronen. "Lokale Transformationen" sind Transformationen, die nicht überall und/oder zu allen Zeiten dasselbe bewirken. Ein Beispiel ist eine Verschiebung um einen vom Ort $\vec{r}$ und/oder der Zeit t abhängigen Parameter $\vec{a}(t,\vec{r}) : \vec{r} \rightarrow \vec{r}\,' = \vec{r} + \vec{a}(t,\vec{r})$. Was die Verschiebung bewirkt, hängt vom Ort und von der Zeit ab – auf dem Mond wurde vor einer Sekunde um eine andere Entfernung und/oder in eine andere Richtung verschoben als jetzt auf der Erde.

Kasten 2.7: Elektromagnetische Potentiale und Eichtransformationen

Ist $\rho \equiv \rho(t,\vec{x})$ *die Ladungs-,* $\vec{j} \equiv \vec{j}(t,\vec{x})$ *die Stromdichte im leeren Raum, so gelten für die elektromagnetischen Felder* $\vec{E} \equiv \vec{E}(t,\vec{x})$, $\vec{B} \equiv \vec{B}(t,\vec{x})$ *die Maxwellschen Gleichungen in der Form*

$$\vec{\nabla} \cdot \vec{E} = \rho/\epsilon_0, \qquad \vec{\nabla} \cdot \vec{B} = 0, \tag{2.2}$$

$$\vec{\nabla} \times \vec{E} + \dot{\vec{B}} = 0 \text{ und } \vec{\nabla} \times \vec{B} - \mu_0\epsilon_0\dot{\vec{E}} = \mu_0\vec{j}. \tag{2.3}$$

Hier sind ϵ_0 *und* μ_0 *konstant; als Selbstkonsistenzbedingung an* ρ *und* $\vec{j}$ *folgt wegen* $\vec{\nabla} \cdot (\vec{\nabla} \times \vec{B}) = 0$ *aus der zweiten Gl. 2.3 (durch Divergenzbildung) und aus der ersten Gl. 2.2 (durch ableiten nach der Zeit) die Kontinuitätsgleichung* $\dot{\rho} + \vec{\nabla} \cdot \vec{j} = 0$. *Wegen der zweiten Gl. 2.2 gibt es ein Feld* $\vec{A} \equiv \vec{A}(t,\vec{x})$ *– das Vektorpotential –, für das*

$$\vec{B} = \vec{\nabla} \times \vec{A} \tag{2.4}$$

gilt. Einsetzen in die erste Gl. 2.3 liefert $\vec{\nabla} \times (\vec{E} + \dot{\vec{A}}) = 0$, *so daß* $-(\vec{E} + \dot{\vec{A}})$ *Gradient eines Feldes* $\phi \equiv \phi(t,\vec{x})$ *– des skalaren Potentials – ist:*

$$\vec{E} = -\vec{\nabla}\phi - \dot{\vec{A}}. \tag{2.5}$$

Ist nun $\Omega \equiv \Omega(t,\vec{x})$ *eine beliebige Funktion von* $(t,\vec{x})$, *so führen die Potentiale*

$$\vec{A}\,' = \vec{A} - \vec{\nabla}\Omega \qquad \text{und} \qquad \phi' = \phi + \dot{\Omega} \tag{2.6}$$

wegen $\vec{\nabla} \times (\vec{\nabla}\Omega) = 0$ *auf dieselben Felder* $\vec{E}$, $\vec{B}$ *wie die ursprünglichen* $\vec{A}$, ϕ. *Die Transformationen* $\vec{A} \to \vec{A}\,'$, $\phi \to \phi'$ *heißen* Eichtransformationen der Elektrodynamik. *Da sie die Observablen* $\vec{E}$, $\vec{B}$ *(und selbstverständlich* ρ, $\vec{j}$*) ungeändert lassen, ist unbeobachtbar, ob eine Eichtransformation durchgeführt wurde. Eichtransformationen ändern nur die* Beschreibung *des physikalischen Systems durch die Potentiale, nicht dessen Zustand: Jeder* beobachtbare *Ablauf wird durch Eichtransformationen in sich selbst überführt – nicht also in einen anderen, der ebenfalls den Maxwellschen Gleichungen genügt. – Beschränkt man sich* *auf die Observablen, gibt es keine Eichtransformationen. Einsetzen der Darstellungen der $\vec{E}$, $\vec{B}$ durch die Potentiale in die Maxwellschen Gleichungen liefert die Gleichungen – Naturgesetze –, die die Potentiale erfüllen. Eichtransformationen der Potentiale sind zunächst einmal Symmetrietransformationen in dem vertrauten Sinn, daß sie Potentiale, die den Naturgesetzen genügen, in Potentiale überführen, die das ebenfalls tun. Die zweite wichtigste Eigenschaft der Eichtransformationen ist nunmehr eine Tautologie: Sie überführen jede Menge vermöge der Eichtransformationen äquivalenter Potentialfunktionen ($\vec{A}$, ϕ) in sich selbst!*

Ob weit entfernte Experimentatoren ihre Apparaturen einer Symmetrietransformation der Naturgesetze unterwerfen, kann sich auf den Ablauf von gleichzeitig hier durchgeführten Experimenten nicht auswirken. Insofern ist die Idee, daß die Naturgesetze, wenn global, dann auch lokal symmetrisch seien, ungemein plausibel. Jede beobachtete globale Symmetrie der Naturgesetze ist, so die Idee, eine Konsequenz der zugehörigen lokalen: Derjenigen lokalen Symmetrie, die sich ergibt, wenn die Parameter der globalen Symmetrietransformation von Ort und Zeit abhängen[17].

Wir müssen offen lassen, ob die Idee von den lokalen Symmetrien insgesamt plausibel oder gar zwingend ist. Im Gebiet zwischen Regionen, in denen um verschiedene Abstände verschoben wurde, führt die Transformation zu Stauchungen und Verzerrungen; das wird weiter unten wichtig sein. Daß Transformationen mit derartigen Konsequenzen überhaupt Symmetrietransformationen der Naturgesetze sein können, ist von vorne herein wenig plausibel. Aber darauf kommt es weniger an als darauf, daß die Idee von den lokalen Symmetrien sehr erfolgreich ist. Alle Theorien im Einklang mit den Prinzipien der Lokalität, der Quantentheorie und der Speziellen Relativitätstheorie, die wir auswerten können, sind lokal symmetrisch; die Wechselwirkungen dieser Theorien folgen aus der Forderung nach lokaler Symmetrie. Jetzt sollen Konsequenzen lokaler Symmetrien durch ein Beispiel – die lokale Formulierung der Speziellen Relativitätstheorie – plausibel gemacht wer-

[17] Ist (Kapitel 4) $U = e^{i\phi Q}$ die globale Symmetrietransformation, dann $e^{i\phi(t,\vec{r})Q}$ die lokale.

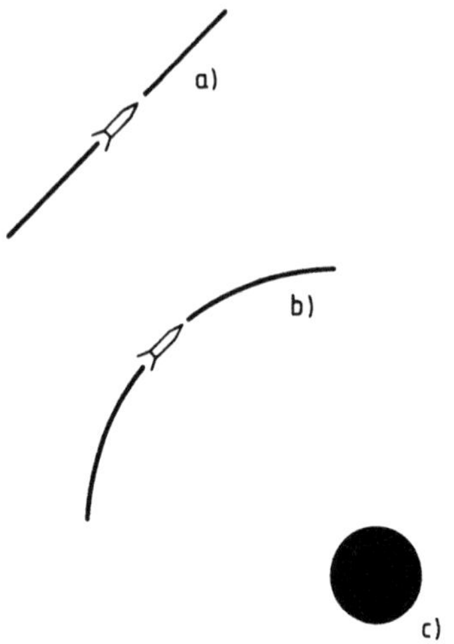

Abb. 2.6 **Durch eine Verschiebung, deren Parameter vom Ort abhängen, entsteht aus der geraden Bahn einer ausgebrannten Rakete im leeren Raum (a) die Bahn in b). Zwar nicht im leeren Raum, aber im Gravitationsfeld der Masse in c) ist sie eine Bewegung im Einklang mit den Naturgesetzen.**

den. Anschließend wollen wir die lokalen Symmetrien der Elektrodynamik und ihrer Verallgemeinerungen besprechen.

Globale Transformationen sind ein Spezialfall lokaler Transformationen. Wir erwarten daher, daß die Forderung nach lokaler Symmetrie der Naturgesetze stärkere Konsequenzen haben wird als die Forderung nur nach globaler Symmetrie. Das ist in hohem Maße der Fall. Globale Symmetrien sind damit verträglich, daß es nur freie Teilchen, d.h. Teilchen ohne Wechselwirkungen, gibt. Sie implizieren vor allem, daß Teilchen in Familien wie der aus Proton und Neutron bestehenden Familie namens Nukleon auftreten. Wenn Teilchen miteinander wechselwirken, führen globale Symmetrien die a priori unabhängigen Wechselwirkungen der einzelnen Teilchen auf einheitliche Wechselwirkungen ganzer Teilchenfamilien zurück (Kapitel 4). Doch erst lokale Symmetrien schließen die vollständig unphysikalische Möglichkeit aus, daß es keine wie auch immer geartete Wechselwirkung zwischen den Teilchen einer Theorie gibt: Eine Theorie freier Teilchen kann zwar global, nicht aber lokal symmetrisch sein, lokale Symmetrie erzwingt Wechselwirkungen. Diesen Sachverhalt soll unser Beispiel – der Übergang von globaler zu lokaler Verschiebungssymmetrie – veranschaulichen.

Es ist leicht zu sehen, daß eine Theorie ohne Wechselwirkung nicht lokal verschiebungssymmetrisch sein kann. Wie schon oft betont, transformiert eine Symmetrietransformation der Naturgesetze jede durch die Naturgesetze erlaubte Bewegung in eine erlaubte. Wir betrachten zunächst die Bewegung der ausgebrannten Rakete der Abb. 2.6 im ansonsten leeren Raum. Sie bewegt sich mit konstanter Geschwindigkeit in einer geraden Linie. Naturgesetze ohne Wechselwirkung erlauben genau derartige geradlinig-gleichförmige Bewegungen. Zugleich sind Gesetze ohne Wechselwirkung global verschiebungssymmetrisch, da jede Verschiebung um überall und zu allen Zeiten dieselbe Entfernung und in dieselbe Richtung beliebige geradlinig-gleichförmige Bewegungen in abermals geradlinig-gleichförmige transformiert.

Die Theorie ohne Wechselwirkung ist aber nicht lokal verschiebungssymmetrisch. Denn Verschiebungen um unterschiedliche Abstände und/oder in unterschiedliche Richtungen an verschiedenen Stellen und/oder zu verschiedenen Zeiten transformieren die geradlinig-gleichförmige Bewegung der Rakete in Abb. 2.6a in Bewegungen auf gekrümmten Bahnen (Abb. 2.6b), die nicht mit konstanter Geschwindigkeit durchlaufen werden. Das aber ist eine Bewegungsform, die Naturgesetze ohne Wechselwirkung verbieten. Da lokal verschiebungssymmetrische Gesetze mit der Bewegung in Abb. 2.6a auch die in Abb. 2.6b erlauben, müssen sie Wechselwirkungen von Massen vorsehen.

Naturgesetze mit Wechselwirkungen erlauben die Bewegung in Abb. 2.6a unter der Voraussetzung, daß es außer der ausgebrannten Rakete keine Masse in der Welt gibt. Andererseits setzt die Bewegung der Abb. 2.6b nicht nur voraus, daß die Naturgesetze Wechselwirkungen von Massen vorsehen, sondern auch, daß sich tatsächlich Massen in der Nähe der ausgebrannten Rakete befinden. Folglich muß die lokale Symmetrietransformation, die von der Abb. 2.6a zur Abb. 2.6b führt, den zuvor leeren Raum derart mit Massen füllen, daß die Bahn der Abb. 2.6b mit den wirklichen Naturgesetzen – denen mit der Wechselwirkung – im Einklang ist.

Der Himmelskörper der Abb. 2.6c steht für diese Massen. In seinem Schwerefeld ist die Bewegung der Abb. 2.6b eine Bewegung im Einklang mit den Gesetzen der Allgemeinen Relativitätstheorie, zu der wir durch die Forderung nach lokaler Symmetrie gegenüber den Transformationen der Speziellen Relativitätstheorie gekommen sind. In der quantenmechanischen Version der Allgemeinen Relativitätstheorie würde die lokale Transformation vermutlich den Raum mit Gravitonen, den Austauschteilchen der Gravitation, füllen.

Eichtransformationen und kovariante Ableitungen

Die lokalen Symmetrietransformationen der klassischen, nichtquantenmechanischen Elektrodynamik sind diejenigen Transformationen der Potentiale, die die beobachtbaren Felder $\vec{E}$ und $\vec{B}$ nicht ändern (Kasten 2.7). In der Quantenelektrodynamik, der Quantentheorie der elektromagnetischen Wechselwirkung von Elektronen, multiplizieren diese Transformationen zudem die Wellenfunktionen (genauer: die Feldoperatoren) der Elektronen mit orts- und/oder zeitabhängigen Phasenfaktoren. Zwar sind die Phasen von Wellenfunktionen nicht generell unbeobachtbar, aber die durch lokale Symmetrietransformationen bewirkten Phasenunterschiede sind es. Wieder erzwingt die Forderung nach lokaler Symmetrie die Existenz von Austauschteilchen – jetzt der Photonen. Mehr noch: Sie legt die Wechselwirkung der Photonen mit den Elektronen im wesentlichen eindeutig fest.

Um dies zu erläutern, beginnen wir mit der Elektrostatik. Jedes zeitlich konstantes elektrisches Feld $\vec{E}(\vec{x})$ kann als Gradient geschrieben werden, $\vec{E}(\vec{x}) = -\vec{\nabla}\phi(t,\vec{x})$. Es ist bekanntlich stets möglich, $\vec{E}(\vec{x})$ als Gradienten einer *von der Zeit t unabhängigen* Funktion darzustellen, aber der Formalismus erlaubt auch zeitabhängige Potentiale $\phi(t,\vec{x})$. Für uns sind bestimmte Zeitabhängigkeiten von ϕ, die sich auf $\vec{E}$ nicht auswirken, besonders wichtig: Abhängigkeiten, die dadurch hereinkommen, daß der Nullpunkt des Potentials zu verschiedenen Zeiten verschieden gewählt wird, $\phi(t,\vec{x}) \to \phi'(t,\vec{x}) = \phi(t,\vec{x}) + C(t)$. Hier ist $C(t)$ eine beliebige Funktion der Zeit. Da die Maxwellschen Gleichungen partielle Differentialgleichungen nach t und $\vec{x}$ sind, ist t bei Differentationen nach $\vec{x}$ konstant zu halten, so daß ϕ' auf dasselbe $\vec{E}$-Feld führt wie ϕ. Als Funktion nur von t ist $C(t)$ stets die Ableitung einer geeignet gewählten Funktion[18] $\Omega(t)$, $C(t) = \dot{\Omega}(t)$.

Die zeitabhängige Schrödinger-Gleichung für ein nicht relativistisches Elektron mit Ladung $-e$ und Masse m im Potentialfeld $\phi(t,\vec{x})$ lautet $i\hbar\frac{\partial}{\partial t}\Psi(t,\vec{x}) = \left[-\frac{\hbar^2}{2m}\vec{\nabla}^2 + e\phi(t,\vec{x})\right]\Psi(t,\vec{x})$. Wenn α eine reelle Zahl und $\Psi(t,\vec{x})$ eine Lösung dieser Gleichung ist, dann ist auch $\Psi'(t,\vec{x}) = e^{-i\alpha}\Psi(t,\vec{x})$ eine Lösung. Diese "globale" Symmetrie der Schrödinger-Gleichung erlaubt es, die Phase der Wellenfunktion frei zu wählen. Dem entspricht, daß Observable Ψ nur in der Form $\Psi^*A\Psi = \Psi'^*A\Psi'$

---

[18] Die vollständige Eichtransformation mit $\Omega(t)$ läßt das Vektorpotential $\vec{A}$ ungeändert (Kasten 2.7).

enthalten; eine Konstruktion, die von der (konstanten) Phase von Ψ nicht abhängt. Hier ist A ein Operator im Raum der Wellenfunktionen. Das α der zeitabhängigen "lokalen" Form dieser Transformation hängt von der Zeit t ab, $\alpha = \alpha(t)$. Sie ist *keine* Symmetrietransformation der Schrödinger-Gleichung mit dem Potential ϕ: Gilt die Schrödinger-Gleichung für $\Psi(t,\vec{x})$, so erfüllt $\Psi'(t,\vec{x}) = e^{-i\alpha(t)}\Psi(t,\vec{x})$ die Gleichung

$$\begin{aligned} i\hbar\frac{\partial}{\partial t}\Psi'(t,\vec{x}) &= \hbar\dot{\alpha}(t)\Psi'(t,\vec{x}) + i\hbar(e^{-i\alpha(t)})\frac{\partial}{\partial t}\Psi(t,\vec{x}) \\ &= \left\{-\frac{\hbar^2}{2m}\vec{\nabla}^2 + e\left[\phi(t,\vec{x}) + \frac{\hbar}{e}\dot{\alpha}(t)\right]\right\}\Psi'(t,\vec{x}), \end{aligned}$$

die Schrödinger-Gleichung für $\Psi'(t,\vec{x})$ im Potentialfeld $\phi'(t,\vec{x}) = \phi(t,\vec{x}) + \dot{\Omega}(t)$, wobei $\Omega(t) = (\hbar\alpha(t)/e)$ ist. Die Transformation $\phi \to \phi'$ kennen wir bereits; sie läßt als Eichtransformation der Elektrodynamik $\vec{E}$ ungeändert. Folglich ist die *simultane* Transformation $\Psi(t,\vec{x}) \to \Psi'(t,\vec{x})$, $\phi(t,\vec{x}) \to \phi'(t,\vec{x})$ von Ψ und ϕ eine Symmetrietransformation der Schrödinger-Gleichung für ein Elektron im elektrischen Feld $\vec{E}$, die $\vec{E}$ nicht ändert. Dadurch, daß wir zu der Eichtransformation der Elektrodynamik die lokale (vorerst nur zeitabhängige) Phasenänderung $\Psi \to \Psi'$ hinzunehmen, dehnen wir die Eichtransformationen auf die Quantenmechanik aus. Phasenänderungen heißen daher ebenfalls Eichtransformationen; die globalen Eichtansformationen erster, die lokalen zweiter Art. Da die Schrödinger-Gleichung für ein freies Elektron (ohne Wechselwirkung) $i\hbar\frac{\partial}{\partial t}\Psi(t,\vec{x}) = -\frac{\hbar^2}{2m}\vec{\nabla}^2\Psi(t,\vec{x})$ *nicht* symmetrisch ist gegenüber Eichtransformationen zweiter Art, erzwingt die Forderung nach Symmetrie die Einführung einer Wechselwirkung. Symmetrie kann es nur geben, wenn die Eichtransformationen zweiter Art so erweitert werden, daß sie andere Felder – die Eichfelder – einbeziehen, und Ψ mit diesen Feldern geeignet wechselwirkt.

Die Schrödinger-Gleichung eines Elektrons im elektromagnetischen Potential ist die einfachste Gleichung, die bei zeitabhängigen Phasenänderungen der Wellenfunktion des Elektrons ungeändert bleibt. Sie kann daher aus der Forderung nach beidem, Symmetrie und Einfachheit, hergeleitet werden. Fordert man genauso Symmetrie gegenüber den zeit- *und* ortsabhängigen lokalen Eichtransformationen $\Psi(t,\vec{x}) \to \Psi'(t,\vec{x}) = exp\{-i\alpha(t,\vec{x})\}\Psi(t,\vec{x})$ der Wellenfunktion, erhält man als einfachste Realisation die Schrödinger-Gleichung

$$i\hbar\left[\frac{\partial}{\partial t} + \frac{ie}{\hbar}\phi(t,\vec{x})\right]\Psi(t,\vec{x}) = -\frac{\hbar^2}{2m}\left[\vec{\nabla} - \frac{ie}{\hbar}\vec{A}(t,\vec{x})\right]^2\Psi(t,\vec{x})$$

für ein Elektron in Wechselwirkung mit einem elektromagnetischen Feld. Hier ist $\vec{A}$ das aus Kasten 2.7 bekannte Vektorpotential. Der Leser kann leicht nachzurechnen, daß diese Gleichung die gewünschte Symmetrie gegenüber der Transformation von Ψ besitzt, wenn zudem die Potentiale $\vec{A}$ und ϕ der durch $\Omega(t,\vec{x}) = (\hbar/e)\cdot\alpha(t,\vec{x})$ gekennzeichneten Eichtransformationen in Kasten 2.7 unterworfen werden.

Die Ausdrücke $[(\partial/\partial t) + (ie/\hbar)\phi(t,\vec{x})]\cdot\Psi(t,\vec{x})$ und $[\vec{\nabla} - (ie/\hbar)\vec{A}(t,\vec{x})]\cdot\Psi(t,\vec{x})$ heißen "kovariante Ableitungen" von Ψ: Bei einer Eichtransformation werden sie mit demselben Faktor $exp\{-i\alpha(t,\vec{x})\}$ multipliziert wie Ψ. Verwendet man die kovarianten an Stelle der gewöhnlichen Ableitungen, heben sich daher in einer Gleichung, die gegenüber Eichtransformationen erster Art mit einem *konstanten* Phasenfaktor symmetrisch ist, auch die Phasenfaktoren einer Eichtransformation zweiter Art heraus; die Gleichung ist auch lokal symmetrisch. Daraus folgt eines der wohl erfolgreichsten Rezepte der theoretischen Physik: Ist eine Gleichung für eine Funktion Ψ gegeben, die symmetrisch gegenüber einer Eichtransformation erster Art ist, erhält man eine gegenüber einer lokalen Eichtransformationen symmetrische Gleichung, indem man Eichfelder einführt, und die Ableitungen $\partial/\partial t$ und $\vec{\nabla}$ durch die kovarianten Ableitungen ersetzt. So kann sowohl die elektroschwache Wechselwirkung, als auch die der Quantenchromodynamik hergeleitet werden (Kapitel 4). Die Konstruktion der Eichfelder und der kovarianten Ableitungen sind in diesen Fällen allerdings recht aufwendig.

Die Schrödinger-Gleichung für ein Teilchen mit der Ladung $Q\cdot(-e)$ erhält man, wenn man in der Gleichung für das Elektron e durch $Q\cdot e$ ersetzt, und m als Masse des Teilchens interpretiert. Die lokale Phasentransformation der Wellenfunktion Ψ des Teilchens schreiben wir als $\Psi(t,\vec{x}) \rightarrow \Psi'(t,\vec{x}) = exp\{-iQ\alpha(t,\vec{x})\}\Psi(t,\vec{x})$. Damit ist die Transformation, der die Potentiale unterworfen werden müssen, um insgesamt Symmetrie zu erreichen, unabhängig von Q stets dieselbe, durch $\Omega(t,\vec{x}) = (\hbar/e)\cdot\alpha(t,\vec{x})$ gekennzeichnete. Fordert man Symmetrie gegenüber diesen Transformationen, so folgt, daß die Wechselwirkungsterme in der Schrödinger-Gleichung eines Teilchens der Ladung $Q\cdot(-e)$ zu Q proportional sind – wie es sein muß.

Eine Wellenfunktion, die ein aus N Teilchen zusammmengesetztes System beschreibt, ist eine Summe von Produkten der N Wellenfunktionen der N Teilchen. Bei einer globalen Phasentransformation wird jede der Wellenfunktionen mit einem konstanten Phasenfaktor multipliziert. Wenn wir ihn als $exp\{-iQ\alpha\}$ schreiben, wobei Q die Ladung des jeweiligen Teilchens und α konstant ist, wird die Wellenfunktion des zusammengesetzten Systems ebenfalls mit diesem Faktor multipliziert; Q bedeutet nun die Gesamtladung, die Summe der Ladungen der N Teilchen. Multiplikation von Ψ mit $exp\{-iQ\alpha(t,\vec{x})\}$ ist die lokale Form dieser globalen Transformation. Wir sehen also, daß die lokale Eichtransformation in der Form $\Psi(t,\vec{x}) \rightarrow \Psi'(t,\vec{x}) = exp\{-iQ\alpha(t,\vec{x})\}\Psi(t,\vec{x})$ diese auf die Sektoren des Hilbertraumes mit verschiedenen Ladungen so ausdehnt, daß die Wellenfunktion zusammengesetzter Systeme wie die elementarer transformiert werden.

Die Forderung nach Symmetrie der Schrödinger-Gleichung gegenüber den Eichtransformationen der Quantenmechanik, den lokalen Änderungen der Phasen der Wellenfunktionen, kann nur erfüllt werden, wenn die durch die Wellenfunktionen beschriebene Teilchen mit Eichfeldern – den elektromagnetischen Potentialen – wechselwirken, und diese zugleich mit den Eichtransformationen der Wellenfunktionen den zugehörigen Eichtransformationen der Elektrodynamik unterworfen werden. Das umgekehrte gilt auch: Ohne die begleitende lokale Eichtransformationen der Ψ-Felder, ist die Schrödinger-Gleichung für die elektromagnetischen Wechselwirkungen nicht symmetrisch gegenüber den Eichtansformation der Elektrodynamik. Geht man von der Schrödinger-Gleichung für ein nichtrelativistisches, elektrisch geladenes Teilchen aus, ist die einfachste Gleichung mit den gewünschten Symmetrien die richtige Schrödinger-Gleichung für die Wechselwirkung des Teilchens mit dem elektromagnetischen Feld.

Es ist möglich, diese Ideen und Forderungen auf die relativistische Quantenfeldtheorie zu übertragen. In ihr bekommt die Forderung nach Symmetrie gegenüber Änderungen der Phase eine neue Bedeutung. Denn in Quantenfeldtheorien werden Teilchen durch Feldoperatoren beschrieben. Ist eine Theorie, die Elektronen (und deren Antiteilchen, die Positronen) als einzige geladene Teilchen enthält, symmetrisch gegenüber der Multiplikation des Feldoperators des Elektrons mit einem konstanten Phasenfaktor $e^{-i\alpha}$, so ist die elektrische Ladung eine Erhaltungsgröße. In der elementaren Quantenmechanik ändert sich die Ladung bereits deshalb nicht im Laufe der Zeit, weil der Formalismus eine zwar beliebige, bei jedem Prozeß aber *feste Zahl* der Variablen verlangt, von denen die Wellenfunktion abhängt. Da jedem Teilchen eine Variable entspricht, ist in der elementaren Quantenmechanik sogar die

Teilchenzahl, nicht nur die elektrische Ladung zeitlich konstant. Die triviale Symmetrie der Schrödinger-Gleichung gegenüber Multiplikation der Wellenfunktionen mit einem konstanten Phasenfaktor bekommt erst in der Quantenfeldtheorie – bei der "zweiten Quantisierung" – eine physikalische Bedeutung: Sie beschreibt, wenn weiter gültig, die Erhaltung der elektrischen Ladung.

Das Antiteilchen des Elektrons, das Positron, wird durch Ψ^+ (mit $+$ der hermiteschen Konjugation) beschrieben. Die Transformation $\Psi \rightarrow e^{-i\alpha}\Psi$ bedeutet $\Psi^+ \rightarrow (e^{-i\alpha}\Psi)^+ = e^{i\alpha}\Psi^+$, so daß der Feldoperator des positiv geladenen Positrons bei der Eichtransformation mit $e^{i\alpha}$ multipliziert wird. Zusammenfassend können wir den Faktor für Elektron und Positron als $e^{iQ\alpha}$ mit Q der Ladung des Teilchens schreiben. Für Feldoperatoren gilt im wesentlichen dasselbe wie für die Wellenfunktionen der Quantenmechanik: Die Feldoperatoren elektrisch neutraler Teilchen wie $\Psi^+\Psi$ bleiben bei der Eichtransformation ungeändert, die doppelt negativ geladener wie $\Psi\Psi$ werden mit $e^{-2i\alpha}$ multipliziert; genauso bei anders geladenen Teilchen.

Geht man von der relativistischen Dirac-Gleichung für den Feldoperator des Elektrons ohne Wechselwirkung aus, und ersetzt in ihr, wie bereits in der nichtrelativistischen Schrödinger-Gleichung, die Ableitungen durch kovariante Ableitungen mit den elektromagnetischen Potentialen, erhält man die Quantenelektrodynamik, die höchst erfolgreiche Theorie der Wechselwirkung von Elektronen mit Photonen. In ihr werden die Photonen durch die elektromagnetischen Potentiale beschrieben. Wieder gehen diese, nicht nur die $\vec{E}$ und $\vec{B}$, in die Gleichungen ein, und legt die Forderung nach lokaler Symmetrie bei vorgegebener "freier Gleichung" die für den Feldoperator des Elektrons und die Potentiale geltenden Gleichungen "mit Wechselwirkung" im wesentlichen eindeutig fest.

Es ist höchst bemerkenswert, daß die Quantenelektrodynamik aus allgemeinen theoretischen Vorstellungen wie relativistischer Symmetrie, Quantenmechanik und Eichsymmetrie folgt. Jemand, der an diese Forderung glaubte, und sich ihre einfachste Realisation überlegte, würde die Resultate der Quantenelektrodynamik finden. Zum Beispiel könnte er aus der Masse und der Ladung des Elektrons dessen magnetisches Moment g berechnen. Sein Resultat stimmte mit dem experimentellen auf mehr als zehn Stellen überein [Particle Data Group 1990:
$g = 2 \cdot (1.001159652193 \pm 0.000000000010)$].

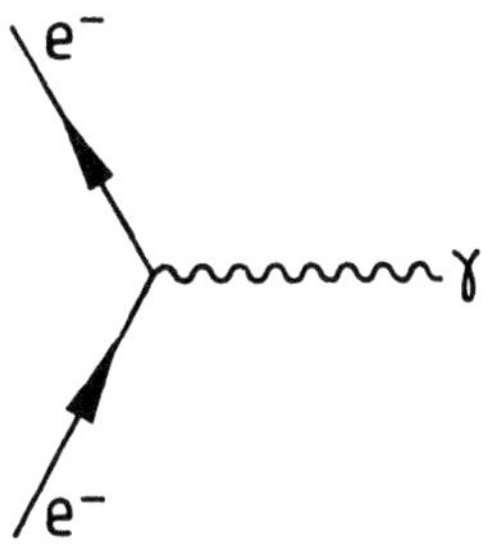

Abb. 2.7 Der Elektron-Photon-Vertex.

Die Kopplung der elektrischen Ladungen an die durch die elektromagnetischen Potentiale beschriebenen Lichtteilchen ist die eigentliche Grundlage der Maxwellschen Gleichungen. Eine dieser Interpretation Rechnung tragende symbolische Formulierung der Theorie zeigt Abb. 2.7: Ein geladenes Teilchen – ein Elektron – sendet ein Photon aus. Die elektrische Ladung ist hereingekommen, da wir verlangt haben, daß zu der Erhaltung *dieser* Ladung eine lokale Symmetrie gehören solle. Allgemeiner fragt man nach der lokalen Form von Symmetrietransformationen, die gültige Erhaltungsätze implizieren. An den erhaltenen Ladungen greift dann die Wechselwirkung über die zugehörigen Austauschteilchen an. Die – experimentell bestens bestätigte – Erhaltung der Baryonenzahl bildet in dem Sinn ein Fossil unter den Erhaltungssätzen der Elementarteilchenphysik, daß keine lokale Symmetrie bekannt ist, die auf diesen Erhaltungssatz führte. Damit gibt es kein Austauschteilchen, das an die "Baryonenladung" koppelt: Zwar wechselwirken Teilchen auf Grund ihrer elektrischen, nicht aber auf Grund ihrer Baryonen-Ladungen miteinander.

Um 1970 haben Glashow, Salam und Weinberg die lokalen Symmetrien der Quantenelektrodynamik so erweitert, daß sie die Ladungen der schwachen Wechselwirkung einbeziehen. Einige Details stehen in Kapitel 4. Ein Ergebnis dieser Symmetrieerweiterung war die Vorhersage, daß es – erstens – eine bis dahin unbekannte Wechselwirkung (die neutrale schwache) geben müsse und – zweitens – drei dem Photon entsprechende Teilchen, deren Kopplungen an die zugehörigen Ladungen die Grundlage der weiteren Wechselwirkungen sind. Beides wurde inzwischen glänzend bestätigt; die vorhergesagten Teilchen $W^{\pm}$ und Z^0 wurden 1983 von Carlo Rubbia und seiner Gruppe entdeckt. Die historische Parallele ist auffallend: Wie die Theorie Maxwells durch Hertz' Entdeckung der elektromagnetischen Wellen (oder Photonen) bestätigt wurde, so die von Glashow, Salam und Weinberg durch Rubbias Entdeckung der $W^{\pm}$ und Z^0. Sowohl Maxwell als auch Glashow, Salam und Weinberg haben eine vorliegende Theorie durch eine mit höherer Symmetrie ersetzt – Maxwell ohne zu wissen, was er tat, Glashow, Salam und Weinberg mit genau diesem Ziel.

§2 Spiegelsymmetrien und ihre Brechungen

Gegeben seien eine Uhr und der Nachbau ihres Spiegelbildes in der Wirklichkeit. Keiner Beschreibung einer der Uhren, die sie nicht mit einem uns bekannten Objekt vergleicht, können wir entnehmen, ob die Uhr selbst oder der Nachbau ihres Spiegelbildes beschrieben wird. Das ist, auf Uhren angewendet, noch einmal die Feststellung Kants (Kapitel 1, §2), daß eine linke Hand vom Nachbau ihres Spiegelbildes, einer rechten, nicht unterschieden werden kann. Einfacher noch können wir sagen, daß eine linke Hand, im Spiegel betrachtet, mit einer rechten identisch ist; analoges gilt für Uhren. Es geht uns wie Kant um die Frage, ob es möglich ist, allein durch innere Eigenschaften zwischen einem Original und dem Nachbau seines Spiegelbildes zu unterscheiden. Wie, laut Kant, eine "linke Hand einer rechten ähnlich und gleich ist", so auch eine Uhr dem Nachbau ihres Spiegelbildes (Abb. 2.1).

Wir betrachten eine altmodische Federuhr. Sie ist ein abgeschlossenes System in dem Sinn, daß, ist sie einmal aufgezogen und gestellt, ihr Gang allein durch die Naturgesetze bestimmt wird. Daher hängt es von den Naturgesetzen, und nur von ihnen ab, ob die Uhr, im Spiegel betrachtet, genauso geht wie der Nachbau ihres Spiegelbildes in der Wirklichkeit. Wäre das nicht so, könnten wir allein auf Grund innerer Eigenschaften eine "linke Uhr" von einer "rechten" unterscheiden. Wir fragen also, ob zwei Uhren, die in einem Augenblick (Geschwindigkeiten eingeschlossen) Spiegelbilder voneinander sind, dies im Laufe der Zeit bleiben. Wenn so, sind die Naturgesetze für den Gang von Uhren spiegelsymmetrisch; ansonsten nicht.

Nun erwartet der Leser selbstverständlich, daß eine Uhr, im Spiegel betrachtet, sich in jeder Hinsicht genauso verhält wie der Nachbau ihres Spiegelbildes in der Wirklichkeit, und damit hat er Recht. Es gibt aber abgeschlossene physikalische Systeme, deren Verhalten, im Spiegel betrachtet, sich von dem des Nachbaus ihres Spiegelbildes unterscheidet. Das zeigt, daß die Naturgesetze insgesamt nicht spiegelsymmetrisch sind. Hiervon handelt, unter anderem, dieser Paragraph.

Spiegelungen klassisch und quantenmechanisch

Die "diskreten" Spiegelungen unterscheiden sich von den "kontinuierlichen" Drehungen und Verschiebungen vor allem dadurch, daß sie nicht tatsächlich durchgeführt werden können (Kapitel 1, §1). Behauptet also jemand von einem Objekt, das sich durch keine Verschiebung und/oder Drehung mit seinem Spiegelbild zur Deckung bringen läßt, die Naturgesetze verböten den Nachbau des Spiegelbildes dieses Objektes in der Wirklichkeit, so können wir ihn nicht bereits dadurch widerlegen, daß wir das Objekt nehmen und es durch eine Bewegung tatsächlich und wirklich in sein Spiegelbild überführen.

In der Quantenmechanik werden Objekte wie Moleküle oder Elementarteilchen durch Zustandsvektoren oder Wellenfunktionen beschrieben; die Wirkungen von Operationen wie Spiegelungen, Drehungen, Verschiebungen oder Änderungen der Geschwindigkeit beschreiben Operatoren, die auf die Zustandsvektoren oder Wellenfunktionen wirken (Kapitel 3, §3). Insbesondere ist jeder Spiegelung ein Operator zugeordnet, der sie (vorsichtig ausgedrückt) für diejenigen Zustände der Quantenmechanik darstellt, die ein Spiegelbild besitzen. Zur Spiegelung am Ursprung des Koordinatensystems gehöre zum Beispiel der Operator P, der "Paritätsoperator". Sei nun $|\Psi\rangle$ der Zustand eines Objektes – der Leser kann an ein Neutron oder ein NHDT-Molekül denken –, und $|\Psi'\rangle$ der Zustand des am Ursprung gespiegelten Objektes, das es in diesem Fall geben soll. Dann überführt P den ersten in den zweiten Zustand, $|\Psi'\rangle = P|\Psi\rangle$ und (evt. bis auf einen Phasenfaktor) umgekehrt, $|\Psi\rangle = P|\Psi'\rangle$, so daß P zwei Zustände, die Punktspiegelbilder voneinander sind, vertauscht. Gibt es zwar das durch $|\Psi\rangle$ beschriebene Objekt, nicht aber dessen Spiegelbild, so existiert kein Zustand mit den Eigenschaften des Spiegelbildes und damit kein Operator P, der auf $|\Psi\rangle$ angewendet diesen ergäbe. Selbstverständlich sind Naturgesetze, die die Existenz eines Objektes, nicht aber die seines Spiegelbildes erlauben, nicht spiegelsymmetrisch. Kann ein Objekt in einem Zustand $|\Psi\rangle$ mit seinem Spiegelbild durch eine ausführbare Bewegung zur Deckung gebracht werden, so existiert bei Symmetrie der Naturgesetze gegenüber den ausführbaren Bewegungen sowohl sein $|\Psi\rangle$ als auch sein $|\Psi'\rangle$; ist das Objekt symmetrisch bei Spiegelung am Ursprung des Koordiantensystems, gilt sogar $|\Psi\rangle = |\Psi'\rangle$ (zumindest bis auf einen Phasenfaktor).

Wir wollen zunächst nur Systeme betrachten, für die spiegelsymmetrische Naturgesetze gelten. Dann gibt es zu jedem Zustand eines

Systems den "gespiegelten Zustand" und damit einen Operator P, der die Spiegelung für alle Zustände des Systems beschreibt. Daß Hintereinanderschalten zweier Spiegelungen die Identität ergibt, bedeutet für den Paritätsoperator $P \cdot P = E$. Hier ist E der Eins-Operator[19] im Zustandsraum. Wie in Kapitel 3, §3 im Detail dargestellt wird, bedeutet Symmetrie gegenüber einer Transformation, die, wie die Spiegelung, nicht von der Zeit abhängt, daß der sie darstellende Operator Ω mit dem Hamilton-Operator H des Systems vertauscht; als Formel $H\Omega = \Omega H$ oder für $\Omega = P$

$$[H, P] \equiv H \cdot P - P \cdot H = 0. \tag{2.7}$$

Zudem ist jeder Operator, der eine Symmetrietransformation darstellt, unitär; hier also $P \cdot P^{+} = E$. Daraus folgt durch linksseitige Multiplikation mit P sofort, daß P auch hermitesch ist, $P = P^{+}$. Als hermitescher Operator ist P diagonalisierbar, und da P zudem mit H vertauscht, gibt es eine Basis von Zuständen, die sowohl eine bestimmte Energie besitzen, als auch Eigenzustände von P sind. All dies kann der Leser seinem Lehrbuch der Quantenmechanik entnehmen. Die Begriffe *unitär* und *hermitisch* werden in Kapitel 3, §3 erläutert. Wegen $P \cdot P = E$ gilt für die Eigenwerte η_P von P die Gleichung $(\eta_P)^2 = 1$, so daß $\eta_P = \pm 1$. Alle Zustände im Eigenraum H_+ von P zu $\eta_P = 1$ sind selbstverständlich Eigenzustände von P; es lassen sich in ihm keine konstruieren, die P vertauscht. Dasselbe gilt vom Eigenraum H_- von P zu $\eta_P = -1$. Es ist aber leicht möglich, durch Linearkombination von Zuständen aus H_+ und H_- Paare von Zuständen zu gewinnen, die, wie von den Zuständen von Urbild und Spiegelbild erwartet, durch P vertauscht werden. Entstammt $|+\rangle$ dem Teilraum H_+ und $|-\rangle$ dem Teilraum H_-,

$$P|+\rangle = |+\rangle, \qquad P|-\rangle = -|-\rangle, \tag{2.8}$$

so bilden die durch

$$|R\rangle = \frac{(|+\rangle + |-\rangle)}{\sqrt{2}} \qquad \text{und} \qquad |L\rangle = \frac{(|+\rangle - |-\rangle)}{\sqrt{2}} \tag{2.9a}$$

[19] Da Transformationen im Zustandsraum, die sich nur durch einen Phasenfaktor unterscheiden, physikalisch gleich zu interpretieren sind, können wir genau genommen nur $P \cdot P = \eta E$ schliessen, wobei η ein Phasenfaktor ist. Derartige Phasenfaktoren können an mehreren Stellen nicht ausgeschlossen werden. Durch Untersuchungen E. P. Wigners wissen wir, wann die Beachtung von Phasenfaktoren physikalisch wichtige Möglichkeiten eröffnet und wann nicht. Damit verbundene Fragen übergehen wir und schließen Phasenfaktoren nur ein, wenn sie physikalisch wichtig sind.

definierten Zustände $|R\rangle$ (R steht für "rechtshändig") und $|L\rangle$ (L für "linkshändig") ein solches Paar: $P|R\rangle = |L\rangle$ und $P|L\rangle = |R\rangle$. Werden umgekehrt $|R\rangle$ und $|L\rangle$ durch P vertauscht, so liefert die Auflösung der Gl. 2.9a nach $|+\rangle$ und $|-\rangle$,

$$|+\rangle = \frac{(|R\rangle + |L\rangle)}{\sqrt{2}} \qquad \text{und} \qquad |-\rangle = \frac{(|R\rangle - |L\rangle)}{\sqrt{2}}, \tag{2.9b}$$

stets ein Paar von Eigenzuständen von P mit Eigenwerten $\eta_P = \pm 1$. Man sagt auch, daß Zustände $|\pm\rangle$ mit der Eigenschaft $P|\pm\rangle = \pm|\pm\rangle$ eine bestimmte, positive oder negative, Parität besitzen.

Wir werden gleich sehen, daß $|R\rangle$ und $|L\rangle$ im allgemeinen keine Eigenzustände der Energie sind, so daß die klassische, an rechten und linken Händen gebildete Vorstellung von Original und Spiegelbild im allgemeinen nicht (genauer: nur in Grenzfällen) auf Zustände der Quantenmechanik übertragen werden kann. Denn ein System in einem Zustand, der kein Eigenzustand der Energie ist, ändert seine Eigenschaften im Laufe der Zeit. Wir verwenden das Schrödingerbild, in dem die Zustände eines Systems Funktionen der Zeit sind, und wollen annehmen, daß sich das System zur Zeit $t = 0$ in dem jeweils betrachteten Zustand $|\Psi\rangle = |+\rangle$, $|-\rangle$, $|R\rangle$ oder $|L\rangle$ befindet. Dann befindet es sich zur Zeit t in dem Zustand

$$|\Psi(t)\rangle = e^{-iHt/\hbar}|\Psi\rangle. \tag{2.10}$$

Ist $|\Psi_E\rangle$ also ein Eigenzustand von H zum Energieeigenwert E,

$$H|\Psi_E\rangle = E|\Psi_E\rangle, \tag{2.11}$$

so ändert sich der Zustand des Systems im Laufe der Zeit nur um den Phasenfaktor $e^{-iEt/\hbar}$,

$$|\Psi_E(t)\rangle = e^{-iEt/\hbar}|\Psi_E\rangle, \tag{2.12}$$

und solch eine Änderung wirkt sich auf die Eigenschaften des Systems nicht aus. Ist $|\Psi\rangle$ aber eine Summe $|\Psi\rangle = \alpha|\Psi_E\rangle + \beta|\Psi_{E'}\rangle$ von Eigenzuständen $|\Psi_E\rangle$ und $|\Psi_{E'}\rangle$ von H zu verschiedenen Energieeigenwerten E und E' mit von Null verschiedenen Koeffizienten α und β , so gilt

$$|\Psi(t)\rangle \equiv e^{-iHt/\hbar}|\Psi\rangle = \alpha e^{-iEt/\hbar}|E\rangle + \beta e^{-iE't/\hbar}|E'\rangle \tag{2.13}$$

und der Zustand des Systems ändert sich nicht nur um einen Phasenfaktor. Daher sind die Eigenschaften des Systems nun nicht zeitlich konstant.

Sicher sind weder $|R\rangle$ noch $|L\rangle$ Eigenzustände der Energie, wenn dies nicht bereits $|+\rangle$ und $|-\rangle >$ sind. Denn wegen $P|\pm\rangle = \pm|\pm\rangle$ kann keine Komponente von $|+\rangle$ eine von $|-\rangle$ kompensieren und umgekehrt, so daß alle Eigenzustände der Energie, die zu $|+\rangle$ oder $|-\rangle$ beitragen, sowohl in der Entwicklung von $|R\rangle$ als auch in der von $|L\rangle$ nach diesen Zuständen vorkommen. Da nach unserer Annahme über die Symmetrie der Naturgesetze der Spiegelungsoperator P mit dem Energieoperator H vertauscht, können $|+\rangle$ und $|-\rangle$ als Eigenzustände der Energie gewählt werden. Beliebige Zustände lassen sich als Linearkombinationen dieser simultanen Eigenzuständen von H und P darstellen. Wenn es zwei Zustände $|+\rangle$ und $|-\rangle$ gibt, die zu derselben, dann entarteten, Energie $E = E_+ = E_-$ gehören, gibt es zwei Zustände $|R\rangle >$ und $|L\rangle >$ (die der Gl. 2.9a), die durch P vertauscht werden und Eigenzustände der Energie, also bis auf einen Pasenfaktor zeitlich konstant sind; sonst nicht.

Zur Vereinfachung wollen wir annehmen, daß alle Zustände, die das System annehmen kann, Linearkombinationen von genau zwei Zuständen $|+\rangle$ und $|-\rangle$ (oder, äquivalent, $|R\rangle$ und $|L\rangle$) sind. Wir wollen, da dieser Fall der Anschauung leichter zugänglich ist, künftig zudem statt der Punktspiegelung P die Spiegelung an einer Ebene diskutieren und wählen dazu P_z, die Spiegelung an der (xy)-Ebene. Mit P ist P_z unitär, besitzt das Quadrat E und vertauscht[20] mit H, so daß die bisherigen Aussagen von P auf P_z übertragen werden können.

Die Zustände $|\pm\rangle$ seien nun also Eigenzustände von P_z mit positiver bzw. negativer Parität,

$$P_z|+\rangle = |+\rangle \qquad \text{und} \qquad P_z|-\rangle = -|-\rangle. \tag{2.14}$$

Als Eigenzustände eines hermiteschen Operators zu verschiedenen Eigenwerten stehen sie senkrecht aufeinander. Da H mit P_z vertauscht, gibt es eine Basis, in der sowohl H als auch P_z diagonal ist. In dem zweidimensionalen Zustandsraum bilden die $|\pm\rangle$ notwendig diese Basis, so daß die $|\pm\rangle$ zugleich Eigenzustände von H,

$$H|+\rangle = E_+|+\rangle \qquad \text{und} \qquad H|-\rangle = E_-|-\rangle, \tag{2.15}$$

[20] Dies folgt, da P und P_z sich nur um eine Drehung unterscheiden, aus der Drehsymmetrie.

und damit bis auf Phasenfaktoren zeitlich konstant sind.

Die $|R\rangle$ und $|L\rangle$ aus Gl. 2.9a mit den $|\pm\rangle$ aus Gl. 2.14 werden durch P_z vertauscht,

$$P_z|R\rangle = |L\rangle \qquad \text{und} \qquad P_z|L\rangle = |R\rangle, \tag{2.16}$$

stehen senkrecht aufeinander, und spannen genau wie die $|\pm\rangle$ den ganzen Zustandsraum auf. Gl. 2.9b zeigt, wie die $|\pm\rangle$ aus den $|R\rangle$ und $|L\rangle$ berechnet werden können.

Aus Gl. 2.9a und Gl. 2.15 folgen die wichtigen Gleichungen

$$\begin{aligned} H|R\rangle &= \frac{(E_+|+\rangle + E_-|-\rangle)}{\sqrt{2}}, \\ H|L\rangle &= \frac{(E_+|+\rangle - E_-|-\rangle)}{\sqrt{2}} \qquad \text{und} \\ \langle L|H|R\rangle &= \langle R|H|L\rangle = \frac{(E_+ - E_-)}{2}, \end{aligned} \tag{2.17}$$

so daß $|R\rangle$ (dasselbe gilt von $|L\rangle$) genau im Fall $E_+ = E_-$ Eigenzustand von H ist. Der Energieeigenwert $E = E_+ = E_-$ ist dann entartet, und alle dem System zugänglichen Zustände sind Eigenzustände von H zu derselben Energie E. Genau in dem Fall behält das System, wie bereits in den Zuständen $|+\rangle$ und $|-\rangle$, in den Zuständen $|R\rangle$ und $|L\rangle$ bis auf den Phasenfaktor $e^{-iEt/\hbar}$ im Laufe der Zeit seinen Zustand bei. Notwendig und hinreichend für all dies ist nach der dritten Gl. 2.17 $\langle L|H|R\rangle = 0$.

Wenn E_+ und E_- nicht übereinstimmen, bleiben die Eigenschaften des Systems im Laufe der Zeit genau dann ungeändert, wenn es sich entweder in dem Zustand $|+\rangle$ oder dem Zustand $|-\rangle$ befindet. Befindet es sich zur Zeit $t = 0$ in dem Zustand $|R\rangle$, so zur Zeit t im Zustand

$$\begin{aligned} e^{\frac{-iHt}{\hbar}}|R\rangle &= \frac{(e^{\frac{-iE_+t}{\hbar}}|+\rangle + e^{\frac{-iE_-t}{\hbar}}|-\rangle)}{\sqrt{2}} \\ &= \frac{e^{\frac{-iE_+t}{\hbar}}}{\sqrt{2}}(|+\rangle + e^{\frac{-i(E_- - E_+)t}{\hbar}}|-\rangle). \end{aligned} \tag{2.18}$$

Zu Zeiten T, für die gilt $-1 = e^{-i(E_- - E_+)T/\hbar}$ ist der so erreichte Zustand bis auf einen Phasenfaktor der Zustand $|L\rangle$, zum ersten Mal also zur Zeit

$$T = \frac{h}{(2|E_+ - E_-|)}\ . \tag{2.19}$$

Wenn sich das System daher zur Zeit $t = 0$ im Zustand $|R\rangle$ befindet, so nach der Zeit T im gespiegelten Zustand $|L\rangle$: Das System "verwandelt sich" bei $E_+ \neq E_-$ im Laufe der Zeit in sein Spiegelbild! Nach abermals der Zeit T befindet sich das System wieder im ursprünglichen Zustand $|R\rangle$. Und so weiter: Das System pendelt periodisch zwischen seinen spiegelbildlichen Zuständen $|R\rangle$ und $|L\rangle$ hin und her.

Spiegelbilder im Ortsraum

Gegeben sei das Molekül NHDT aus Kapitel 1, §1. Wir nehmen weiterhin an, daß die Mittelpunkte der H-, T- und D-Atome[21] die Eckpunkte eines *raumfesten* gleichseitigen Dreiecks besetzen (Abb. 2.8). Die Ebene des H-D-T-Dreiecks sei die (xy)-Ebene; die z-Achse des Koordinatensystems stehe in seinem Mittelpunkt auf ihr senkrecht. Das N-Atom bewege sich in dem Potential $V(z)$ der Abb. 2.9 auf der z-Achse. Dann gibt es klassisch zwei statische Formen des NHDT mit verschiedenen Händigkeiten (Kapitel 1, §1): Das N-Atom ruht entweder in dem rechten oder dem linken Potentialminimum (Abb. 2.9a oder b). Die Moleküle der Abb. 2.8b und Abb. 1.12c stimmen überein; das der Abb. 1 12d entsteht aus dem der Abb. 2.8a durch eine Drehung um 180°. In der Ruhelage der Abb. 2.9c, die keine Händigkeit auszeichnet, ist das Molekül instabil.

Die Spiegelung P_z der z-Koordinate, $z \to z' = -z$, ändert das Potential in Abb. 2.9 zwar nicht, $V'(z) \equiv V(-z) = V(z)$, vertauscht aber die klassischen Grundzustände. Befindet sich das Molekül in einem von ihnen, bricht es folglich die Spiegelsymmetrie der Gesetze, die für es gelten (Abb. 1.24c+d). Bei dem quantenmechanischen System mit dem Potential der Abb. 2.9 gibt es hingegen keine derartige Symmetriebrechung: Der quantenmechanische Zustand niedrigster Energie besitzt dieselben Symmetrien wie das Potential. Erst im klassischen Grenzfall "unendlich" schwerer Atome, "unendlich" vieler Freiheitsgrade oder einer "unendlich" hohen Potentialbarriere können wir die klassische Situation zurückgewinnen. Hiervon sogleich.

Aus der Spiegelsymmetrie des Potentials folgt die des Hamilton-Operators, $[H, P_z] = 0$, so daß wir die Ergebnisse des letzten Abschnitts übernehmen können. Die Wellenfunktion $\Psi_+(z)$ eines Zustands $|+\rangle$ mit positiver Parität, $P_z|+\rangle = |+\rangle$, ist auf Grund der Bedeutung von P_z eine gerade Funktion $\Psi_+(z) = \Psi_+(-z)$ von z (Abb. 2.10a); die Wellenfunktion $\Psi_-(z)$ eines Zustands $|-\rangle$ mit negativer Parität, $P_z|-\rangle = -|-\rangle$,

[21] Genauer sollten wir von den Kernen der Atome sprechen.

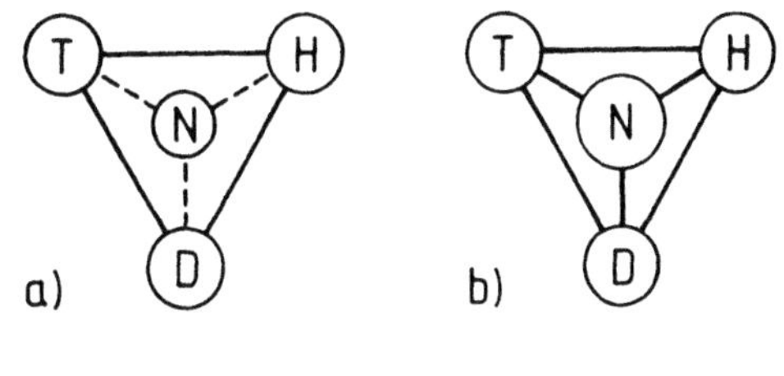

Abb. 2.8 **Dadurch, daß sich das N-Atom eines NHDT-Moleküls durch die HDT-Ebene hindurch auf deren andere Seite bewegt, entsteht aus dem einen Spiegelungstyp des NHDT der andere (Abb. 1.12). In a) befindet sich das N-Atom unterhalb der Papierebene, in b) oberhalb.**

eine ungerade, $\Psi_-(z) = -\Psi_-(-z)$ (Abb. 2.10b). Die aus den $|+\rangle$, $|-\rangle$ gemäß Gl. 2.9a konstruierten Zustände $|R\rangle$, $|L\rangle$ besitzen die Wellenfunktionen $\Psi_R(z)$, $\Psi_L(z)$ in Abb. 2.10c+d. Diese werden (Gl. 2.16) durch P_z vertauscht. Befindet sich das N-Atom im Zustand $|R\rangle$, so wird es bei Ortsmessungen mit überwiegender Wahrscheinlichkeit in der rechten Potentialmulde angetroffen; im Zustand $|L\rangle$ in der linken.

Den klassischen Grundzuständen in Abb. 2.9a+b (oder Abb. 2.8a +b) entsprechen in der Quantenmechanik die Zustände $|R\rangle$ und $|L\rangle$. Während aber das klassische N-Atom, wenn es sich einmal in einem der Zustände der Abb. 2.9a+b befindet, diesen Zustand beibehält, verläßt das N-Atom der Quantenmechanik den Anfangszustand $|R\rangle$ und wechselt zwischen den Zuständen $|R\rangle$ und $|L\rangle$ hin und her.

Wegen der Spiegelsymmetrie der Naturgesetze gibt es Eigenzustände von H, die zugleich auch spiegelsymmetrisch sind (Gl. 2.14), also entweder eine Wellenfunktion wie in Abb. 2.9a oder in Abb. 2.9b besitzen. Genau wenn die zugehörigen Energien übereinstimmen, sind zudem noch die den klassischen Grundzuständen entsprechenden Zustände der Abb. 2.10c+d Eigenzustände von H. Dann und genau dann sind sie zeitlich konstant. Darüber, ob das so ist, macht die Spiegelsymmetrie von H keine Aussage.

Nach der elementaren Quantenmechanik ist der Zustand mit der niedrigsten Energie E_+ im Potential der Abb. 2.10 nicht entartet und besitzt positive Parität; der erste angeregte Zustand – der mit der nächsthöheren Energie E_- – ist ebenfalls nicht entartet und besitzt negative Parität. Diese Eigenzustände von H zu verschiedenen Energien wählen wir als unsere $|+\rangle$ und $|-\rangle$ (Abb. 2.10a+b). Die $|R\rangle$ und $|L\rangle$ der Gl. 2.9a sind nun also keine Eigenzustände von H und damit auch

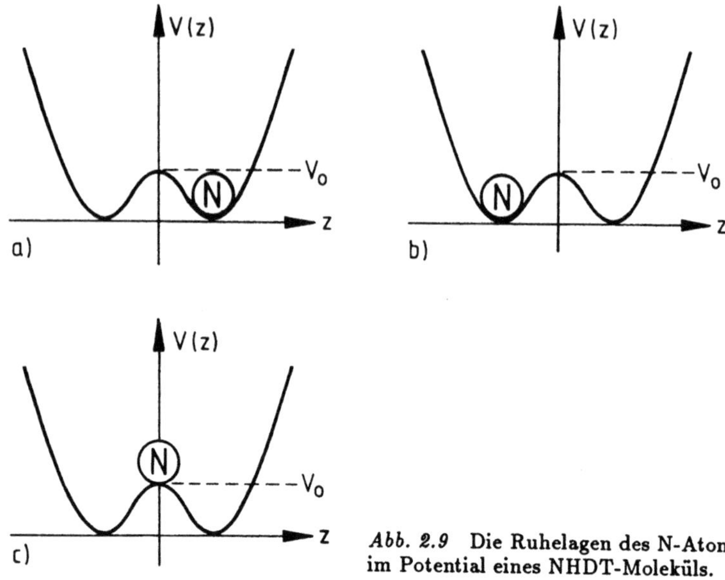

Abb. 2.9 Die Ruhelagen des N-Atoms im Potential eines NHDT-Moleküls.

nicht zeitlich konstant: Wird, wie in Gl. 2.18 angenommen, der Zustand des Systems zur Zeit $t = 0$ durch $\Psi_R(z)$ in Abb. 2.10c beschrieben, so nach der Zeit T der Gl. 2.19 durch das $\Psi_L(z)$ der Abb. 2.10d; nach abermals T wieder durch $\Psi_R(z)$ und so weiter. Hierbei durchdringt die im Zustand $|R\rangle$ (bzw. $|L\rangle$) im Gebiet des rechten (linken) Potentialminimums konzentrierte Wahrscheinlichkeit, das N-Atom zu finden, die Potentialbarriere. Im Fall $E_- < V_0$ überwindet das N-Atom hierbei ein Potentialgebiet, in das es klassisch nicht eindringen kann. Dieser Prozeß heißt Tunneleffekt. Klassisch ist ein Platzwechsel des N-Atoms nur möglich, wenn seine Energie größer ist als V_0. Quantenmechanisch wechselt das N-Atom bei jedem (endlichen) Wert von V_0 zwischen den beiden Minima hin und her. Je größer V_0, desto langsamer läuft dieser Prozeß ab, bis bei $V_0 = \infty$ kein Tunneln mehr möglich ist (Abb. 2.11) und zusätzlich zu den Zuständen $|+\rangle$ und $|-\rangle$ die Zustände $|R\rangle$ und $|L\rangle$ zeitlich konstant sind. Offenbar entsprechen die so erreichten $|R\rangle$, $|L\rangle$ nahezu vollkommen den klassischen Grundzuständen des Moleküls.

Da zeitlich konstant, sind die $|R\rangle$, $|L\rangle$ bei $V_0 = \infty$ Eigenzustände von H. Folglich stimmen die Energien E_+, E_- der Eigenzustände $|+\rangle$, $|-\rangle$ von H, deren Linerakombinationen sie sind (Gl. 2.9a), überein: $V_0 \to \infty$ impliziert $E_- - E_+ \to 0$. Das zeigt auch Abb. 2.11.

Der Grenzübergang $V_0 \to \infty$ bewirkt, daß im Gebiet zwischen den beiden Potentialminima die Wellenfunktion verschwindet. Daher kann die Schrödinger-Gleichung für das Gebiet $-\infty < z < \infty$ in zwei unabhängige Schrödinger-Gleichungen zerlegt werden – eine für das Gebiet $-\infty < z < 0$, die andere für $0 < z < \infty$. Deren Grundzustände in Abb. 2.11c+d besitzen offenbar dieselbe Energie E; aus ihnen entstehen durch Linerkombinationen (Gl. 2.9b) die beiden Eigenzustände niedrigster Energie des vollständigen H in den Abb. 2.11a+b mit derselben Energie E: $E_+ = E_- = E$. Alle vier Zustände der Abb. 2.11 und deren Linearkombinationen sind also Eigenzustände von H zu derselben Energie und damit stationär.

Bei endlichem V_0 ist wegen $E_+ < E_-$ der Grundzustand $|+\rangle$ des quantenmechanischen Systems nicht entartet und daher spiegelsymmetrisch; spontane Symmetriebrechung kann es nicht geben. Im klassischen Grenzfall, für den $V_0 \to \infty$ steht, gehören $|+\rangle$, $|-\rangle$ zu derselben entarteten niedrigsten Energie und es gibt zeitlich konstante Zustände mit dieser Energie – eben die $|R\rangle$, $|L\rangle$ – die die Symmetrien der für das System geltenden Gesetze nicht besitzen: Sie werden durch P_z vertauscht. Seltsam ist, daß das bei $V_0 \to \infty$ entstehende klassische System keine Zustände besitzt, die den symmetrischen quantenmechanischen $|+\rangle$, $|-\rangle$ entsprächen. Denn wir können das System für beliebige Werte von V_0 quantenmechanisch behandeln. Daher sind dem System die Zustände $|+\rangle$, $|-\rangle$ für beliebige V_0 zugänglich. Wir kommen auf die Frage nach dem Schicksal der Zustände $|+\rangle$, $|-\rangle$ im klassischen Limes zurück.

Die Höhe V_0 der Barriere ist nur *ein* Parameter des Hamiltonoperators H des Moleküls. Ein anderer ist der Abstand a der Potentialminima; wieder ein anderer die Masse M des N-Atoms. Hier ist nur diejenige Parameterkombination wichtig, die beschreibt, wie weit das Molekül vom klassischen Grenzfall entfernt ist. Die sichtbarsten dieser Parameter sind Anzahl und Massen der Atome, die an der Umwandlung des Moleküls in sein Spiegelbild teilnehmen müßten. Wie Vergrößern von V_0, erschwert auch Vergrößern von M den Übergang von dem einem Spiegelungstyp zum anderen. Den klassischen Grenzfall erreichen wir daher sowohl durch $V_0 \to \infty$ als auch durch $M \to \infty$.

Es ist leicht möglich, ein Potential wie das der Abb. 2.9 bis Abb. 2.11 aus den Potentialen zweier harmonischer Oszillatoren mit derselben Federkonstante k, Kreisfrequenz $\omega = \sqrt{k/M}$, zusammenzusetzen (Abb. 2.12). Offenbar gilt $V_0 = k \cdot a^2/8$. Ist V_0 sehr groß verglichen mit

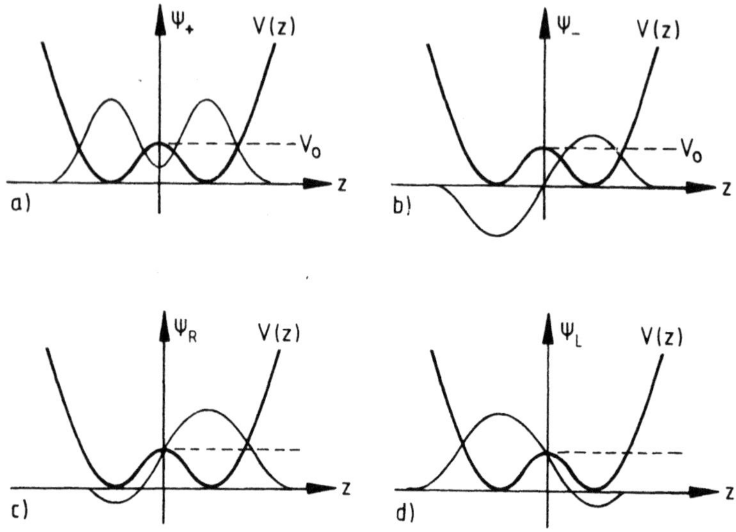

Abb. 2.10 Das Potential ist dick, Wellenfunktionen sind dünn eingezeichnet.

der Grundzustandsenergie $\hbar\omega/2$ eines der beiden Oszillatoren, treffen alle Kriterien dafür zu, daß sich das Molekül im Grundzustand und im ersten angeregten Zustand nahezu klassisch verhält. Insbesondere verschwinden die Wellenfunktionen Ψ_R, Ψ_L, Ψ_+ und Ψ_- im Gebiet zwischen den beiden Potentialminima nahezu, und die Wahrscheinlichkeit dafür, daß das N-Atom aus dem Zustand Ψ_R durch den Tunneleffekt in den Zustand Ψ_L übergeht, ist vernachlässigbar klein. Geschrieben als $2 \cdot V_0 \cdot \sqrt{M/k} >> \hbar$ oder $a^2 \cdot \sqrt{k \cdot M} >> 4\hbar$, bestätigt das Kriterium $V_0 >> \hbar\omega/2$ die Überlegungen des letzten Absatzes.

Die dritte Gl. 2.17 macht die Zusammenhänge zwischen V_0 und $E_- - E_+$ besonders deutlich. Die Gleichung sagt, daß die Energiedifferenz zu dem Matrixelement $\langle R|H|L\rangle$ proportional ist. Dies Matrixelement ist nur dann von Null verschieden, wenn es ein Gebiet gibt, in dem die Wellenfunktionen $\Psi_R(z)$ und $\Psi_L(z)$ überlappen, soll heißen, nicht beide verschwinden. Ist, wie wir sagen wollen, die Überlappung groß, so auch das Matrixelement und mit ihm $E_- - E_+$; ist die Überlappung klein, so auch das Matrixelement und die Energiedifferenz. Wenn die Gestalt des Potentials so eingeschränkt wurde, daß es durch V_0 festgelegt wird, entscheidet V_0 auf einfache Weise darüber, ob die Über-

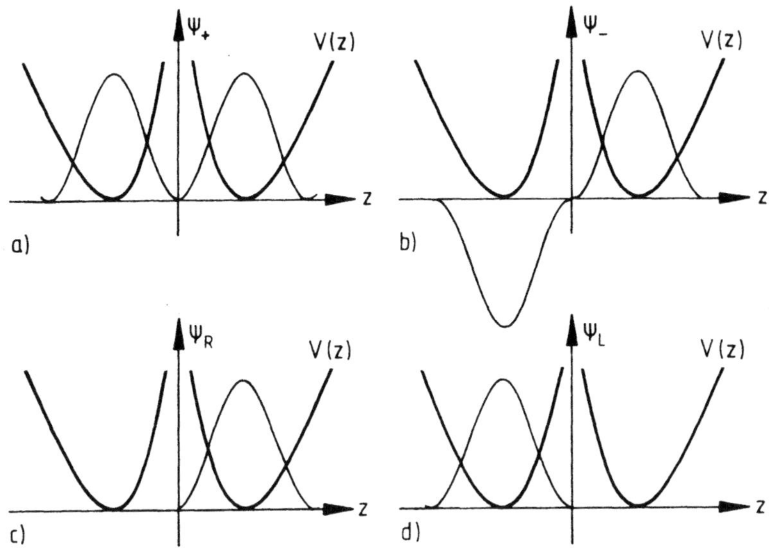

Abb. 2.11 Das Potential ist dick, Wellenfunktionen sind dünn eingezeichnet.

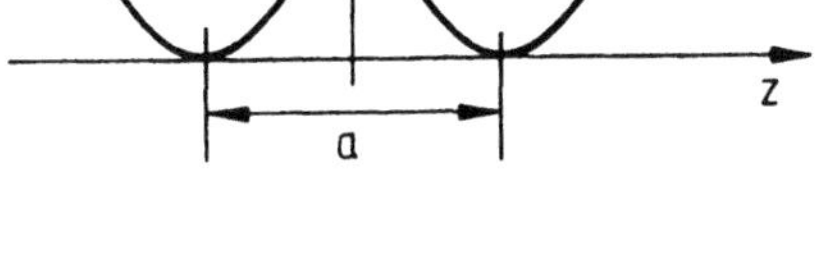

Abb. 2.12 Das Potential wurde aus dem eines harmonischen Oszillators konstruiert.

lappung groß ist. Bei großem V_0 ist in den Zuständen $|R\rangle$ und $|L\rangle$ die Wahrscheinlichkeit, das N-Atom im Gebiet der Potentialbarriere zu finden, klein. Damit verschwinden beide Wellenfunktionen dort nahezu, so daß sowohl $\langle R|H|L\rangle$ als auch die Energiedifferenz $E_- - E_+$ bei großem V_0 klein ist.

Auch die dritte Gl. 2.17 ergibt also, daß der klassische Grenzfall stationärer Gleichgewichtszustände bei $V_0 = \infty$ erreicht wird. Ist V_0 hingegen klein, sind Überlappung und Energiedifferenz groß.

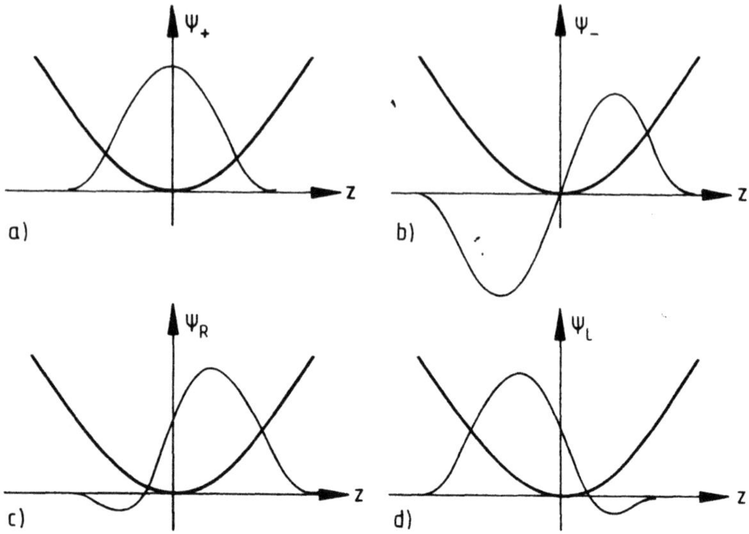

Abb. 2.13 Das Potential ist dick, Wellenfunktionen sind dünn eingezeichnet.

Wenn wir annehmen, daß das Potential der Abb. 2.9 bei $V_0 \to 0$ in das des harmonischen Oszillators mit Kreisfrequenz ω übergeht (Abb. 2.13), ist $E_+ = (1/2)\hbar\omega$ die Energie des Grundzustandes (Abb. 2.13a), $E_- = (3/2)\hbar\omega$ die des ersten angeregten Zustands (Abb. 2.13b). Von all ihren Linearkombinationen sind nur diese Zustände selbst stationär; zwischen den Zuständen der Abb. 2.13c+d wechselt das System mit der Frequenz $\omega/(2\pi)$ hin und her.

Nach der klassischen Physik besitzt jedes Molekül in jedem seiner (stationären) Grundzustände eine bestimmte Gestalt. NHDT beispielsweise kann klassisch gesehen entweder in der Form der Abb. 2.8a (entsprechend Abb. 2.9a) oder in der Form der Abb. 2.8b (entsprechend Abb. 2.9b) auftreten; eine stabile dritte Möglichkeit gibt es nicht. Nach der Quantenmechanik besitzt jedes Molekül einen nichtentarteten, stationären und spiegelsymmetrischen Grundzustand $|+\rangle$ (Abb. 2.10a), dessen Energie um einen endlichen Betrag kleiner ist als die seines ersten angeregten Zustands $|-\rangle$ (Abb. 2.10b). Eine bestimmte Gestalt besitzen chirale Moleküle der Quantenmechanik im Grundzustand hingegen nicht: Von allen Ortsmessungen ergeben gleich viele die Gestalt der Abb. 2.8a wie die der Abb. 2.8b.

Wir wissen, daß chirale Moleküle zwischen ihren Zuständen $|R\rangle$ und $|L\rangle$ hin und her oszillieren: "kleine" Moleküle schnell, "große" langsam. Hund 1927 hat als erster gezeigt, daß chirale Moleküle biologischen Ursprungs so groß sind, daß sie ihre Händigkeit für geologische Zeiträume beibehalten. Bereits Alanin ist ein Beispiel für ein solches Molekül; Weinsäure ein anderes. Wir verstehen also, daß große chirale Moleküle, die – weshalb auch immer – einmal einen ihrer Zustände $|R\rangle$ oder $|L\rangle$ angenommen haben, diesen nicht wieder verlassen. Unbekannt ist, warum große Molekülen stets in einem dieser beiden Zustände mit bestimmter Gestalt angetroffen werden; niemals in einem spiegelsymmetrischem. Die übliche Schrödinger-Gleichung von Molekülen kann das nicht erklären. Wir verweisen auf Wightman 1989 und die dort angegebene Literatur. Insbesondere führt Pfeifer 1980 den Übergang des Moleküls in eine seiner beiden enantiomorphen Formen auf Wechselwirkungen mit dem Strahlungsfeld, Clavirie 1986 (auch Zeh 1970) auf Wechselwirkungen mit dem Coulomb-Feld der Elektronen und Kerne seiner molekularen Umgebung zurück. Ein anderer Vorschlag (Kondepudi 1984, Mason 1984, Hegstrom 1990 und Salam 1990) macht die paritätsverletzende neutrale schwache Wechselwirkung (Kapitel 4) für den Übergang verantwortlich (siehe auch Kapitel 5)

Formal kann die Unmöglichkeit, ein großes Molekül in einen anderen Zustand als $|R\rangle$ oder $|L\rangle$ zu versetzen, durch eine "Überauswahlregel" (Kasten 3.3) beschrieben werden (Primas 1983, Wightman 1989). Sie stellt fest, daß jedes einzelne große chirale Molekül die Spiegelsymmetrie der Gesetze, die für es gelten, brechen muß: Es befindet sich entweder im Zustand $|R\rangle$ oder $|L\rangle$; niemals in einer Linearkombination $|z\rangle = \alpha|R\rangle + \beta|L\rangle$ mit von Null verschiedenen α und β. Über Details des Mechanismus, der das bewirkt, besteht keine Einigkeit.

Moleküle mit elektrischem Dipolmoment

Gegeben sei ein großes Molekül, das laut elementarer Quantenmechanik sowohl spiegelsymmetrische Zustände $|+\rangle$ und $|-\rangle$, als auch nicht spiegelsymmetrische $|R\rangle$ und $|L\rangle$, die Spiegelbilder voneinander sind, annehmen kann. Kein System in einem spiegelsymmetrischen Zustand kann ein auf seiner Spiegelebene – der (xy)-Ebene – senkrecht stehendes Dipolmoment besitzen; hingegen wird ein Molekül in einem der Zustände $|R\rangle$ oder $|L\rangle$ in der Regel ein in die positive oder negative z-Richtung zeigender Dipol sein (das NHDT im Zustand der Abb. 2.8a oder Abb. 2.8b).

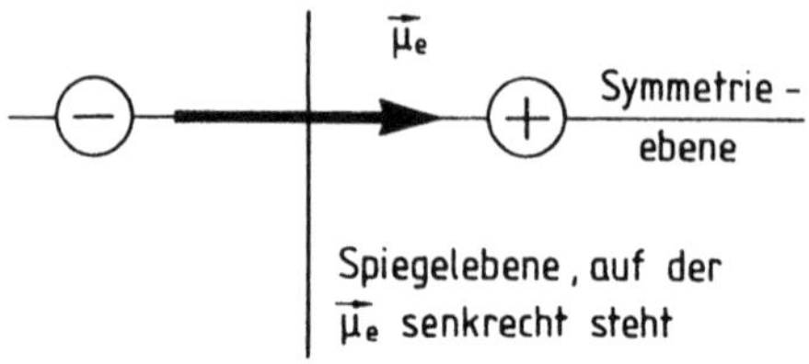

Abb. 2.14 **Die Abbildung zeigt das elektrische Dipolmoment zweier entgegengesetzt-gleicher Punktladungen.**

Daß große chirale Moleküle stets in einem der Zustände $|R\rangle$ oder $|L\rangle$ angetroffen werden, bedeutet daher zugleich, daß sie in der Regel ein elektrisches Dipolmoment in z-Richtung besitzen. Wenn nun die Umgebung eines Moleküls dessen Dipolmoment verstärkt, sind die Zustände $|+\rangle$ und $|-\rangle$ instabil: Tritt als Fluktuation bei einem Molekül in einem der Zustände $|+\rangle$ oder $|-\rangle$ ein Dipolmoment in z-Richtung auf, wird es durch die Umgebung verstärkt, und das Molekül nimmt schlußendlich den Zustand $|R\rangle$ oder $|L\rangle$ mit diesem Dipolmoment an (Clavirie 1986).

Leicht zu sehen ist, daß kein System in einem spiegelsymmetrischen Zustand ein auf seiner Spiegelebene senkrecht stehendes elektrisches Dipolmoment besitzen kann. Zunächst die Definition des Dipolmoments. Zwei entgegengesetzt-gleiche Punktladungen $q > 0$ und $-q$ in einem gewissen Abstand d besitzen zusammen genommen ein elektrisches Dipolmoment $\vec{\mu_e}$ (Abb. 2.14). Dieses zeigt von der negativen zur positiven Ladung; sein Betrag ist $\mu_e = qd$. Das Dipolmoment von Systemen, die aus verteilten Gesamtladungen q und $-q$ aufgebaut sind, ergibt sich genauso aus der Lage der Schwerpunkte der positiven und der negativen Ladungsverteilungen. Allgemein ist das elektrische Dipolmoment einer Ladungsverteilung $\rho(\vec{r})$ als Funktion des Ortsvektors $\vec{r}$ das Raumintegral

$$\vec{\mu_e} = \int \vec{r}\rho(\vec{r}\,)d^3r. \tag{2.20}$$

Abb. 2.14 zeigt, daß Spiegelung eines Gebildes mit Dipolmoment $\vec{\mu_e}$ an einer Ebene, auf der $\vec{\mu_e}$ senkrecht steht, ein Gebilde mit Dipolmoment $-\vec{\mu_e}$ ergibt. Daher kann, wie angekündigt, kein Gebilde in einem spiegelsymmetrischen Zustand ein auf der Symmetrieebene senkrecht stehendes Dipolmoment besitzen.

In der Terminologie von Kapitel 1, §2 ist $\vec{\mu_e}$ ein polarer Vektor, kehrt also bei der Punktspiegelung P sein Vorzeichen um. Folglich überführt P in einen Zustand mit von Null verschiedenem $\vec{\mu_e}$ in einen *anderen* Zustand: Kein System kann in einem Zustand, den P nicht ändert, ein Dipolmoment besitzen.

In der Quantenmechanik wird das Verhalten von $\vec{\mu_e}$, nun ein Operator, bei der Punktspiegelung P durch die Operator-Gleichung

$$P\vec{\mu_e}P^+ = -\vec{\mu_e} \tag{2.21}$$

beschrieben. Für die Eigenzustände $|+\rangle$, $|-\rangle$ von P zu einem seiner Eigenwerte 1 oder -1 [(Gl. 2.14) für P statt P_z] gilt wegen $PP^+ = P^+P = E$

$$\langle +|\vec{\mu_e}|+\rangle = \langle +|P^+P\vec{\mu_e}P^+P|+\rangle = -\langle +|\vec{\mu_e}|+\rangle \tag{2.22}$$

und

$$\begin{aligned}\langle -|\vec{\mu_e}|-\rangle =& \langle -|P^+P\vec{\mu_e}P^+P|-\rangle \\ =& -(-1)^2\langle -|\vec{\mu_e}|-\rangle = -\langle -|\vec{\mu_e}|-\rangle,\end{aligned} \tag{2.23}$$

so daß die Erwartungswerte von $\vec{\mu_e}$ in den Zuständen $|+\rangle$ und $|-\rangle$ verschwinden: Befindet sich ein System in einem Zustand, den P nicht ändert, kann es kein Dipolmoment besitzen.

Wohl aber in den Zuständen $|R\rangle$ und $|L\rangle$, die P vertauscht (Gl. 2.16 für P statt P_z). Aus deren Transformationsverhalten und dem von $\vec{\mu_e}$ folgt, daß die Dipolmomente in den beiden Zuständen entgegengesetzt-gleich sind,

$$\langle R|\vec{\mu_e}|R\rangle = \langle R|P^+P\vec{\mu_e}P^+P|R\rangle = -\langle L|\vec{\mu_e}|L\rangle. \tag{2.24}$$

Über die Größe von $\vec{\mu_e}$ in den Zuständen $|R\rangle$, $|L\rangle$ macht die Spiegelsymmetrie der Naturgesetze keine Aussage.

Als Vektor wird das Dipolmoment durch Drehungen geändert. In Zuständen, die bei beliebigen Drehungen ungeändert bleiben, verschwindet sein Erwartungswert daher. Aus der Drehsymmetrie der Naturgesetze folgt, daß die Energien von Zuständen, die durch Drehungen auseinander hervorgehen, übereinstimmen. In nicht entarteten Eigenzuständen von H kann also kein System ein elektrisches Dipolmoment besitzen.

Implikationen eines elektrischen Dipolmomentes von Elementarteilchen

Uns geht es um das Dipolmoment eines Teilchens im leeren und feldfreien Raum, also nicht um ein induziertes, sondern um ein von äußeren elektrischen Feldern unabhängiges, permanentes elektrisches Dipolmoment. Die Energie eines Teilchens mit Dipolmoment $\vec{\mu}_e$ im äußeren elektrischen Feld $\vec{E}$ ist zu $\vec{\mu}_e \cdot \vec{E}$ proportional; steigt bei permanentem Dipolmoment also proportional zum angelegten Feld. Ohne permanentes $\vec{\mu}_e$ gibt es keinen zu $\vec{E}$ proportionalen Beitrag zur Energie. Induziert $\vec{E}$ ein Dipolmoment, so sind die bei kleinem $\vec{E}$ größten Beiträge zur Energie zu $\vec{E}^2$ proportional. Experimente (Smith 1990 und dort angegebene Literatur; eine Einführung ist Golub 1972) zur Frage, ob Elementarteilchen ein elektrisches Dipolmoment besitzen, suchen daher nach einem linearen Stark-Effekt: einem zu $2\vec{\mu}_e \cdot \vec{E}$ proportionalen Unterschied der Dipolenergie bei zu $\vec{\mu}_e$ parallelem und antiparallelem $\vec{E}$.

Wir wollen zeigen, daß kein Elementarteilchen mit von Null verschiedener Masse bei Spiegel- oder Zeitumkehrsymmetrie der Naturgesetze ein elektrischer Dipol sein kann. Wenn also nachgewiesen würde, daß das Neutron ein Dipolmoment besitzt, wäre der Schluß unabweisbar, daß die Naturgesetze weder spiegel- noch zeitumkehrsymmetrisch sind. Spiegelsymmetrisch sind sie – das wissen wir von anderen Experimenten – tatsächlich nicht. Dafür, daß sie auch die Zeitumkehrsymmetrie verletzen, sprechen gute Gründe, aber einen Beweis gibt es bisher nicht.

Nun spricht auch bei Spiegel- und Zeitumkehrsymmetrie der für sie geltenden Gesetze nichts dagegen, daß Moleküle oder, einfacher noch, klassische Ladungshanteln wie die der Abb. 2.14 ein elektrisches Dipolmoment besitzen. Wenn also, was wir über Elementarteilchen gesagt haben, stimmt, kann weder ein Molekül mit Dipolmoment, noch die klassische Ladungshantel als Elementarteilchenmodell dienen.

So ist es in der Tat. Was genau ein Elementarteilchen ist, erörtern wir in Kapitel 4, §1. Ob es in der Natur Teilchen gibt, die im Wortsinn "Elementarteilchen" sind, wissen wir nicht. Das wären unteilbare, letzte Bausteine, die keine innere Struktur besäßen; die "Atome" Demokrits. Das Elektron kann nach heutiger Kenntnis ein solches Teilchen sein. Wir wissen hingegen, daß das Neutron ein aus drei Quarks zusammengesetztes "Elementarteilchen" ist.

Das Neutron ist das leichteste Teilchen, das seine drei Quarks bilden können. Der Energieabstand zum ersten Anregungszustand, dem Δ^0, ist etwa 1/3 der Energie des Neutrons. Wir sprechen hier von Teilchen in Ruhe; Teilchen in Bewegung entstehen aus diesen durch Transformationen der Speziellen Relativitätstheorie. Besitzt ein Teilchen der Masse M den Impuls $\vec{p}$, so ist seine Energie $E(\vec{p}) = c(c^2M^2 + \vec{p}^{\,2})^{1/2}$, wobei c die Lichtgeschwindigkeit ist: Die Masse M eines Teilchens (mit $M \neq 0$, das setzen wir voraus) ist bis auf den Umrechnungsfaktor c^2 dasselbe wie seine Energie im Ruhsystem (d.h. $\vec{p} = 0$).

Wir wollen nach der Minimalausstattung von Eigenschaften fragen, die ein "Elementarteilchen" unabhängig von seiner inneren Struktur besitzen muß. Elementarteilchen sind Träger von "inneren Quantenzahlen" wie der elektrischen Ladung, dem Isospin, der Seltsamkeit, der Baryonenzahl und den Leptonenzahlen (Kapitel 4). Das Neutron zum Beispiel ist elektrisch ungeladen, besitzt den Isospin $I = 1/2$, $I_3 = -1/2$, die Seltsamkeit 0, die Baryonenzahl 1 und die Leptonenzahlen 0. Die Werte der inneren Quantenzahlen eines Elementarteilchens hängen von dem Zustand, in dem es sich befindet, nicht ab; und zwei Elementarteilchen mit verschiedenen inneren Quantenzahlen sind verschiedene Teilchen. Wir wollen uns die inneren Quantenzahlen in die Namen der Teilchen aufgenommen denken und nicht weiter erwähnen.

Diejenigen Zustände, die aus einem Zustand eines Elementarteilchens durch ausführbare Transformationen der Speziellen Relativitätstheorie – Verschiebungen, Drehungen und Änderungen der Geschwindigkeit – entstehen, sind sicher Zustände desselben Teilchens. Da wir Quantenmechanik treiben, auch deren Linearkombinationen. Die Zustände, die ein Elementarteilchen zumindest muß annehmen können, bilden also einen linearen Raum, aus dem die ausführbaren Transformationen der Speziellen Relativitätstheorie nicht herausführen.

Wenn ein Teilchen überhaupt ein elektrisches Dipolmoment besitzt, dann auch in Ruhe. Wir werden daher nur nach den Zuständen fragen, die das Teilchen in Ruhe annehmen kann. Nun ändern von allen ausführbaren Transformationen der Speziellen Relativitätstheorie nur die Drehungen (im Raum) und die Verschiebungen (in Raum und Zeit) den Zustand der Ruhe nicht. Wegen der Dreh- und Verschiebungssymmetrie der Naturgesetze wird auch die Energie durch diese Transformationen nicht geändert. Da wir unsere Konstruktion der Zustände, die ein Elementarteilchen in Ruhe zumindest muß annehmen können, mit einem Eigenzustand der Energie beginnen können, besitzen alle

Zustände, die durch Drehungen, Verschiebungen und Linearkombinationen aus diesem entstehen, dieselbe Energie $E(\vec{0}) = Mc^2$. Das aber sind nach dem gesagten *alle* Zustände des Teilchens in Ruhe.

Die Quantenmechanik des Drehimpulses und der Drehungen besprechen wir in Kapitel 3, §3. Vom Wasserstoffatom ist bekannt, daß bei Drehsymmetrie der Naturgesetze für alle Komponenten des Drehimpulsoperators $\vec{J}$, also auch für $\vec{J}^{\,2}$, ein Erhaltungssatz gilt. Daher vertauschen $\vec{J}$ und, insbesondere, $\vec{J}^{\,2}$ mit H, und wir können die Konstruktion aller Zustände, die aus einem Zustand mit bestimmter Energie durch Drehungen und Verschiebungen entstehen, mit einem Eigenzustand von $\vec{J}^{\,2}$ beginnen. Die Werte, die $\vec{J}^{\,2}$ annehmen kann, sind $\hbar^2 j(j+1)$, wobei die "Drehquantenzahl" j ganz- oder halbzahlig ist. Drehungen ändern das Quadrat eines Vektors – und damit j – selbstverständlich nicht.

Dasselbe gilt für Verschiebungen des ruhenden Teilchens. Mehr noch: Da dieses einen bestimmten Impuls (Null) besitzt, folgt aus der Unschärferelation, daß sein Ort vollkommen unbestimmt ist, Verschiebungen ihn also nicht ändern. Folglich können (Kapitel 4, §1) Verschiebungen zwar die Phase des Zustands, den Zustand selbst aber nicht ändern. Daraus, daß die Energie des ruhenden Teilchens in all seinen Zuständen einen bestimmten Wert ($E(\vec{p} = \vec{0}) = M \cdot c^2$) besitzt, folgt vermöge der Unschärferelation für Energie und Zeit, daß auch Zeitverschiebungen den Teilchenzustand ungeändert lassen.

Wie Drehungen die Zustände eines ruhendes Teilchens ändern, hängt von dessen Drehimpulsquantenzahl j im Ruhsystem ab. Wir haben bereits gesagt, daß das Quadrat $\hbar^2 j(j+1)$ des Gesamtdrehimpulses und damit das j des Teilchens in Ruhe bei Drehungen ungeändert bleibt. Aber der Vektor Gesamtdrehimpuls kann in verschiedene Richtungen zeigen, und diese Richtungen ändern Drehungen. Quantenmechanisch ist der Raum der Zustände eines Teilchens, die aus einem seiner Zustände bei gegebenem j durch Drehungen entstehen, mit dem Raum der Linearkombinationen der $2j+1$ Zustände $|M, j, j_z\rangle$ mit $j_z = -j, j_z = -j+1, \cdots, j_z = j-1, j_z = j$ identisch. Hier ist $\hbar j_z$ der Eigenwert der z-Komponente J_z des Drehimpulsoperators; in Formeln

$$\begin{aligned} \vec{J}^{\,2}|M,j,j_z\rangle &= \hbar^2 j(j+1)|M,j,j_z\rangle, \quad \vec{P}|M,j,j_z\rangle = \vec{0}, \\ J_z|M,j,j_z\rangle &= \hbar j_z|M,j,j_z\rangle \text{ und } H|M,j,jz\rangle = M|M,j,j_z\rangle. \end{aligned} \tag{2.25}$$

Hierbei ist $\vec{P}$ der Impulsoperator. Der "Spin" eines Teilchens ist sein Drehimpuls in Ruhe.

Mit der Symmetrie der Naturgesetze gegenüber den ausführbaren Transformationen der Speziellen Relativitätstheorie ist verträglich, daß der Zustand eines Elementarteilchens in Ruhe durch seine inneren Quantenzahlen – Ladungen – und die M, j, j_z festgelegt wird. Denn diese Transformationen führen aus dem von den Zuständen mit diesen Quantenzahlen aufgespannten Raum nicht heraus. Zusammen mit den inneren Quantenzahlen legen M und j den Teilchentyp fest: Zustände mit einer anderen Energie als M und einem anderen Gesamtdrehimpuls als $\hbar^2 j(j+1)$ kann das Teilchen in Ruhe nicht annehmen. Die Eigenwerte $\hbar j_z$ der dritten Komponente des Drehimpulses sind nicht entartet und charakterisieren den Zustand $|M, j, j_z\rangle$ des Teilchens eindeutig.

Soweit wir heute wissen, besitzt das Elektron keine innere Struktur. Der Raum der Zustände, die es in Ruhe annehmen kann, wird durch die beiden Zustände mit $j_z = \pm 1/2$ aufgespannt, die seinem Drehimpuls im Ruhsystem $\hbar^2 j(j+1)$ mit $j = 1/2$ (dem Spin 1/2 des Elektrons) entsprechen. Das Elektron besitzt also genau die durch die ausführbaren Transformationen der Speziellen Relativitätstheorie geforderte Minimalausstattung an Eigenschaften. Das Neutron hingegen besteht aus drei Quarks, die in ihrem Ruhsystem auch andere Zustände als die annehmen können, die dem (diskreten) Energieeigenwert "Neutronmasse M_N" entsprechen. Wir müssen daher nach der Entartung dieses Eigenwertes fragen.

Das ist vor allem eine experimentelle Frage. Denn wie drei Quarks miteinander wechselwirken, ist nicht genau bekannt. Bei allen Experimenten, bei denen die drei Quarks des Neutrons ihre Ruheenergie M_N behalten, tritt dieses so auf, als sei es ein Elementarteilchen mit Spin 1/2 und genau der dazu gehörenden Minimalausstattung von Eigenschaften auf Grund der ausführbaren Transformationen der Speziellen Relativitätstheorie: Alle Zustände, die es in Ruhe annehmen kann, sind Linearkombinationen von zwei Zuständen mit $j_z = \pm 1/2$.

Hierauf führt vor allem der experimentelle Erfolg des Pauli-Prinzips. Kernmodelle basieren darauf, daß das Neutron – und, gleichberechtigt, das Proton – in Ruhe genau zwei linear unabhängige Zustände annehmen kann. Das wäre beispielsweise anders, wenn das Neutron zusätzlich zu seinen Zuständen mit $j = 1/2$ Zustände mit einem anderen j annehmen könnte; es wäre auch anders, wenn zu jedem der Eigenwerte $j_z = \pm 1/2$ mehrere Zustände gehören würden, die Eigenwerte von J_z also entartet wären.

Wir nehmen an, daß jedes Elementarteilchen genau die Minimalausstattung an Eigenschaften besitzt, die es auf Grund der ausführbaren Transformationen der speziellen Relativitätstheorie besitzen muß. Eine Entartung, die auftreten könnte, jedoch nicht auftritt, betrifft das Verhalten der Zustände von Elementarteilchen bei Spiegelungen. Für das jetzige Thema – elektrische Dipolmomente von Elementarteilchen – wäre solch eine Entartung besonders wichtig.

Wie in Zusammenhang mit Gl. 2.7 bereits festgestellt, gibt es bei Spiegelsymmetrie der Naturgesetze einen hermiteschen Operator P, der die Punktspiegelung darstellt und mit dem Hamilton-Operator vertauscht,

$$[P, H] = 0. \tag{2.26}$$

Da der Drehimpuls ein Axialvektor ist[22], vertauscht P auch mit den Drehimpulsoperatoren $\vec{J}$,

$$[P, \vec{J}] = 0, \tag{2.27}$$

insbesondere also mit $\vec{J}^{\,2}$ und J_z. Folglich können wir die Zustände $|M, j, j_z\rangle$ so wählen, daß sie Eigenzustände von P sind. Wären sie das nicht, wären die Zustände $|M, j, j_z\rangle$ entartet und das Elementarteilchen in Ruhe könnte mehr Zustände annehmen, als ihm tatsächlich zugänglich sind. Dies läßt noch zu, daß der Eigenwert η_P von P im Zustand $|M, j, j_z\rangle$ von j_z abhängt. Hinge η_P tatsächlich von j_z ab, müßten diejenigen Transformationen, die alle Zustände $|M, j, j_z\rangle$ aus einem Zustand $|M, j, j_z'\rangle$ mit bestimmtem j_z' erzeugen, den Eigenwert von P ändern.

Das ist nicht so. Erstens vertauschen Drehungen mit der Punktspiegelung: Weder die Richtung der Drehachse, noch der Betrag des Drehwinkels wird durch die Punktspiegelung geändert. Das folgt aus den Überlegungen in Kapitel 1, §1, und ist nahezu trivial, denn P bewirkt $\vec{r} \to \vec{r'} = -\vec{r}$, wobei $\vec{r}$ der Ortsvektor ist. Im Raum der Komponenten von $\vec{r}$ wird die Punktspiegelung also durch die Matrix $-E$ beschrieben; eine Matrix, die wie die Einheitsmatrix E mit allen Matrizen, auch den Drehmatrizen, vertauscht. Ist nun der Zustand $|M, j, j_z'\rangle$ Eigenzustand von P zum Eigenwert η_P, $P|M, j, j_z'\rangle = \eta_P|M, j, j_z'\rangle$, dann auch der Zustand $U(R)|M, j, j_z'\rangle$, der aus $|M, j, j_z'\rangle$ durch die Drehung R entsteht: Wegen der Vertauschbarkeit von Punktspiegelung und

---

[22] Ist $|z\rangle$ Eigenzustand der Kompomnente J_k des Drehimpulsoperators $\vec{J}$ zum Eigenwert z, so folgt aus Gl. 2.27, daß auch der gespiegelte Zustand $P|z\rangle$ Eigenzustand von J_k zu demselben Eigenwert ist: $J_k \cdot P|z\rangle = ([J_k, P] + P \cdot J_k)|z\rangle = z \cdot P|z\rangle$ – wie es bei einem Axialvektor $\vec{J}$ sein muß.

Drehung gilt $P \cdot U(R) = U(R) \cdot P$ und damit $P \cdot U(R)|M, j, j_z'\rangle = U(R) \cdot P|M, j, j_z'\rangle = \eta_P \cdot U(R)|M, j, j_z'\rangle$. Die Zustände $|M, j, j_z\rangle$ sind Linearkombinationen der $U(R)|M, j, j_z'\rangle$.

Auf den Zusammenhang von Dreh- und Drehimpulsoperatoren gehen wir in Kapitel 3, §2 ein. Dort werden wir sehen, daß diese Operatoren proportional zueinander sind. Daher vertauschen mit den Drehungen auch die Drehimpulsoperatoren J mit P. Darauf beruht unser zweiter Beweis dafür, daß die Eigenwerte von P in allen Zuständen $|M, j, j_z\rangle$ übereinstimmen, also

$$P|M, j, j_z\rangle = \eta_P|M, j, j_z\rangle, \tag{2.28}$$

mit einem vom Zustand des Elementarteilchens in Ruhe unabhängigem $\eta_P = \pm 1$. Der mathematisch versierte Leser weiß, daß wiederholte Anwendung des Operators $J_- = J_1 - iJ_2$ auf den Zustand $|M, j, j_z = j\rangle$ alle Zustände $|M, j, j_z\rangle$ erzeugt. Aus $P(J_1 - iJ_2) = (J_1 - iJ_2)P$ folgt abermals $P|M, j, j_z\rangle = \eta_P|M, j, j_z\rangle$ mit demselben η_P für alle j_z.

Folglich sind alle Zustände des linearen Raums, den die $|M, j, j_z\rangle$ eines Elementarteilchens in Ruhe aufspannen, Eigenzustände von P zu demselben Eigenwert η_P, so daß (Gl. 2.22) bei Spiegelsymmetrie der Naturgesetze kein Elementarteilchen einen Zustand annehmen kann, in dem es ein elektrisches Dipolmoment besäße. Dazu wäre erforderlich, daß ihm außer den Zuständen $|\eta_P\rangle$ mit $P|\eta_P\rangle = \eta_P|\eta_P\rangle$ auch Zustände $|-\eta_P\rangle$ mit $P|-\eta_P\rangle = -\eta_P|-\eta_P\rangle$ zugänglich sind. Nur dann könnte es Zustände $|R\rangle$ und $|L\rangle$ (Gl. 2.9a) besitzen, die Spiegelbilder voneinander wären, und in denen das elektrische Dipolmoment nicht bereits auf Grund der Spiegelsymmetrie der Naturgesetze verschwindet. Tatsächlich aber ist das Spiegelbild eines ruhenden Elementarteilchens in einem beliebigen Zustand dasselbe Elementarteilchen in demselben Zustand.

Wir erinnern an die Voraussetzung, daß das Elementarteilchen keine Eigenschaften besitzt, die über die Minimalausstattung von Eigenschaften, die es besitzen muß, hinausgehen: Ladungen, M und j haben feste Werte, und die Zustände $|M, j, j_z\rangle$ sind nicht entartet. Beim Neutron folgte dies vor allem aus dem experimentellen Erfolg des Pauli-Prinzips mit zwei linear unabhängigen Zuständen des Neutrons in Ruhe.

Anders gesagt, kommt bei Spiegelsymmetrie der Naturgesetze jedem Elementarteilchen mit $M \neq 0$ eine bestimmte, für den Teilchentyp charakteristische Parität $\eta_P = \pm 1$ zu. Damit, daß bei vorgegebenen Ladungen die Zustände $|M, j, j_z\rangle$ nicht Paritäts-entartet sind, ist gleichbedeutend, daß bereits die Ladungen des Teilchens, seine (von Null verschiedene) Masse M und sein Spin j den Wert von P festlegen. Es könnte auch anders sein; Elementarteilchen könnten als Paritäts-Dubletts auftreten. Daß es tatsächlich keine Paritäts-Dubletts gibt, wird in Kapitel 4, §3 die Frage beantworten helfen, wie die "chirale Symmetrie" gebrochen ist.

Warum aber soll es unmöglich sein, daß die drei Quarks des Neutrons einander so gegenübersitzen, daß der Schwerpunkt der positiven Ladung mit dem der negativen Ladungen nicht zusammenfällt? Unmöglich ist das nicht, aber nach unserer Diskussion "leichter" Moleküle nicht zu erwarten, und wegen des Erfolges des Pauli-Prinzips mit genau zwei linear unabhängigen Zuständen des Neutrons experimentell ausgeschlossen. Kein Gebäude aus Bestandteilen, von dem wir uns ein klassisches Bild machen dürfen – das eine bestimmte Gestalt besitzt –, befindet sich quantenmechanisch gesehen in seinem Zustand niedrigster Energie. Denn es besitzt zahlreiche gleichberechtigte Zustände, die aus dem betrachteten durch Symmetrieoperationen der Naturgesetze wie Drehungen (bei der Ladungshantel der Abb. 2.14) oder Spiegelungen (beim NHDT-Molekül) hervorgehen. Erst deren "symmetrische" Linearkombination wie der Zustand $|+\rangle$ in Gl. 2.9b bildet den quantenmechanischen Grundzustand des Systems.

Insbesondere kann kein Elementarteilchen sich in einem Zustand befinden, in dem es einer klassischen Ladungshantel gliche – soll heißen, sich bei Drehungen und/oder Spiegelungen wie solch eine Hantel verhielte. In Eigenzuständen der Energie besitzt eine Hantel (wie ein Elementarteilchen) einen bestimmten Gesamtdrehimpuls j; befindet sie sich im Grundzustand, ist dieser Null. Dann zeichnet sie keine Richtung im Raum vor einer anderen aus. Wenn sie sich klassisch gesehen nicht dreht und durch ihr elektrisches Dipolmoment eine konstante Richtung im Raum auszeichnet, befindet sie sich quantenmechanisch gesehen in einem Zustand, in dem weder ihre Energie noch ihr Drehimpuls einen bestimmten Wert besitzt. Trotz ihrer, in $\hbar$ als Einheit gerechnet, dann großen Drehimpulse dreht sie sich (und zerfließt) wegen ihrer makroskopischen Masse nur unmerklich, ist, klassisch gesehen, ihr Zustand zeitlich konstant. Details stehen auf Seite 717 von Cohen-Tannoudji 1977. In einem Energieeigenzustand mit seinem bestimmten j kann die Hantel nur durch die Richtung ihres *axialen* Drehimpulsvektors eine

Richtung im Raum auszeichnen; nicht aber durch einen *polaren* Vektor wie das elektrische Dipolmoment[23].

Die klassische Ladungshantel ist aus zwei Gründen kein Modell für den Zustand, in dem sich drei Quarks befinden, wenn sie ein Elementarteilchen aufbauen: Sie befindet sich nicht in einem quantenmechanischen Eigenzustand der Energie und – wichtiger noch – ihr sind in Ruhe vermöge der Drehsymmetrie der Naturgesetze mehr Zustände zugänglich als die Linearkombinationen von $2j+1$ Zuständen, die zu einem bestimmten j gehören und die das Pauli-Prinzip erlaubt. Das NHDT-Molekül in einem seiner zwei Zustände $|R\rangle$ oder $|L\rangle$, die Spiegelbilder voneinander sind, befindet sich bei unendlich hoher Potentialbarriere ($V_0 = \infty$) in einem Eigenzustand der Energie – sogar einem niedrigster Energie – und bildet insofern ein Elementarteilchenmodell. Aber daß es zwei Zustände besitzt, die durch Spiegelung vertauscht werden, bedeutet auf das Neutron übertragen, daß dieses im Widerspruch zum Pauli-Prinzip statt seiner zwei linear unabhängigen Zustände deren vier besäße – je zwei für $j_z = -1/2$ und $j_z = 1/2$.

Wie das NHDT-Molekül bei $V_0 = \infty$ besitzt auch ein Elektron im Wasserstoffatom Energieeigenzustände mit Energieunterschied Null, die Spiegelbilder voneinander sind. Denn zur Hauptquantenzahl $n = 2$, also bestimmter Energie, gibt es sowohl einen Zustand mit $j = 0$, als auch Zustände mit $j = 1$; den Spin des Elektrons berücksichtigen wir nicht. Eine Wellenfunktion mit Bahndrehimpuls j besitzt die Parität[24] $\eta_p = (-1)^j$, so daß sich die Zustände mit $j = 0$ und $j = 1$ durch ihre Parität unterscheiden. Auch Linearkombinationen dieser Zustände sind selbstverständlich Eigenzuständer der Energie; auch sie kann das Elektron annehmen. Unter diesen werden die Zustände

---

[23] In Eigenzuständen von $\vec{J}^{\,2}$ kann *kein* System eine andere Richtung als die von $\vec{J}$ auszeichnen. Dem entsprechend besitzt der Lenz-Runge-Vektor des Wasserstoffatoms (Kapitel 3, §3) in Eigenzuständen von $\vec{J}^{\,2}$ keine bestimmte Richtung; wohl aber in gewissen Energieeigenzuständen, die nicht auch Eigenzustände von $\vec{J}^{\,2}$ sind.

[24] Als Funktion der Winkelvariablen θ, ϕ ist die Ortswellenfunktion eines Zustandes mit den Drehimpulsquantenzahlen j, j_z die Kugelflächenfunktion $Y_{j,j_z}(\theta,\phi)$. Die Punktspiegelung P heißt in räumlichen Polarkoordinaten r, θ, $\phi \to r' = r$, $\theta' = \pi - \theta, \phi' = \phi + \pi$, da dann, wie es sein muß, für den Ortsvektor $\vec{x} = (r \cdot \sin\theta\cos\phi,\ r \cdot \sin\theta\sin\phi,\ r \cdot \cos\theta) \to \vec{x}\,' = -\vec{x}$ gilt; das zeigt auch die Anschauung. Wegen (z.B. Cohen-Tannoudji 1977, S.666) $Y_{j,j_z}(\pi - \theta, \phi + \pi) = (-1)^j \cdot Y_{j,j_z}(\theta,\phi)$, ist $(-1)^j$ die Parität des Zustands mit Drehimpulsquantenzahl j.

$(|n = 2, j = 0, j_z = 0\rangle \pm |n = 2, j = 1, j_z = 0\rangle)/\sqrt{2} \equiv |\pm\rangle$ durch den Paritätsoperator P vertauscht, $P|+\rangle = |-\rangle$. Befindet sich das Elektron des Wasserstoffatoms in einem dieser Zustände, kann es ein elektrisches Dipolmoment besitzen. In der Tat ist das Wasserstoffatom ein quantenmechanisches System, das auch bei Spiegelsymmetrie der Naturgesetze stationäre Zustände annehmen kann, in denen es ein elektrischer Dipol ist; dem entsprechend wird bei ihm ein linearer Stark-Effekt beobachtet (z.B. Cohen-Tannoudji 1977, S. 1279).

Anders als ein Elementarteilchen, besitzt das Wasserstoffatom in seinen Zuständen mit $n = 2$ keinen bestimmten Drehimpuls j und – selbstverständlich – bereits wegen der Paritätsentartung mehr Zustände, als ihm allein auf Grund der Drehsymmetrie der Naturgesetze zugänglich sind. Die zugehörige hohe Symmetrie besprechen wir in Kapitel 3, §3.

Ein analoges Modell für das Neutron wäre also wegen der Zahl der dem Neutron dann zugänglichen Zustände mit dem Pauli-Prinzip unvereinbar. Das Wasserstoff-Atom mit $n = 2$ zeigt, daß allein die Quantenmechanik Systeme mit verschiedenen j, aber derselben Energie in Ruhe und denselben Ladungen nicht ausschließt. Unter den bekannten Elementarteilchen mit von Null verschiedener Masse gibt es aber keine, die sich nur durch ihr j unterschieden.

Bei einem vorgegebenen Experiment können wir genau dann vom Neutron als einem Elementarteilchen sprechen, wenn sichergestellt ist, daß dessen Anregungen keine Rolle spielen. Anregungen des Neutrons gibt es durchaus; ein Beispiel ist das bereits erwähnte Teilchen Δ^0. Es gibt auch Anregungen des Neutrons, deren Parität sich von der des Neutrons unterscheidet. Bei den niedrigen Energien der Experimente zum elektrischen Dipolmoment kann das Neutron aber sicher als Elementarteilchen aufgefaßt werden. Nach Auskunft des Pauli-Prinzips ist es ja sogar bei Kernenergien eins. Ein erfolgreicher Test des Pauli Prinzips bei Kernreaktionen ist Miljanič 1990. Siehe auch Okun 1989.

Besäße ein Elementarteilchen ein elektrisches Dipolmoment, so wäre dies *bereits auf Grund der Drehsymmetrie der Naturgesetze* und des Pauli-Prinzips zu dem Spin des Teilchens entweder parallel oder antiparallel. Denn sonst könnte es in Ruhe mehr Zustände annehmen als nur die Linearkombinationen seiner nicht-entarteten $|M, j, j_z\rangle$. Das werden wir sogleich zeigen. Wenn so, ist in jedem Zustand eines Elementarteilchens mit elektrischem Dipolmoment der axiale Vektor des Drehimpulses (oder magnetischen Momentes) zum polaren des elektrischen

Dipolmomentes entweder parallel oder antiparallel. Da die Punktspiegelung P polare Vektoren umkehrt und axiale ungeändert läßt, werden diese Zustände des Elementarteilchens mit elektrischem Dipolmoment durch P vertauscht. Die vier statt zwei linear unabhängigen Zustände, die ein Neutron mit elektrischem Dipolmoment bei Spiegelsymmetrie der Naturgesetze in Ruhe besäße, zerfallen also in zwei Paare von Zuständen mit – erstens – zur Einstellung des Spins parallelem und – zweitens – antiparallelem Dipolmoment. Daß es vom NHDT zwei Typen gibt, die durch Spiegelungen vertauscht werden, können wir genauso auf das verschiedene Verhalten polarer und axialer Vektoren zurückführen: Die Spiegelung an der HDT-Ebene läßt den Drehsinn der Drehung, die vom H übers D zum T führt – einen axialen Vektor senkrecht auf der Ebene – ungeändert, überführt aber den polaren Vektor $\vec{a}$, der von dem Mittelpunkt des Dreiecks zum N zeigt, in $-\vec{a}$.

Nun zum Beweis, daß bereits auf Grund der Drehsymmetrie der Naturgesetze und des Pauli-Prinzips das elektrische Dipolmoment eines Elementarteilchens in Ruhe zu seinem Drehimpuls – seinem Spin – entweder parallel oder antiparallel ist. Wir erwarten, daß der Drehimpuls eines Systems in Ruhe stets in eine gewisse, vom Zustand des Systems abhängige Richtung zeigt. Wenn so, wird der Zustand durch Drehungen um diese Richtung als Achse nicht geändert. Würde das System nun aber, etwa durch sein elektrisches Dipolmoment, außer der des Drehimpulses und seiner Gegenrichtung eine weitere Richtung im Raum auszeichnen, könnte der Zustand des Systems bei den Drehungen um die Drehimpulsrichtung nicht ungeändert bleiben. Denn diese Drehungen ändern alle anderen Richtungen. Folglich ist das elektrische Dipolmoment zum Drehimpuls entweder parallel oder antiparallel.

Tatsächlich gilt die Voraussetzung dieser Argumentation – der Spin besitzt in jedem Zustand des Systems eine gewisse Richtung – für $j = 1/2$ und sonst nicht[25]. Nur hierfür, für das Neutron, werden wir das Resultat verwenden. Für beliebige j sagt das Wigner-Eckart Theorem, daß die Matrixelemente $\langle j, j_z|\vec{V}|j, j_z'\rangle$ eines beliebigen Vektoroperators

[25] Befindet sich ein System mit $j = 1$ im Zustand mit $j_z = 0$, zeigt der Gesamtspin nicht in die z-Richtung. Der Leser kann sich überlegen, daß der Spin dann keine bestimmte Richtung besitzt. Nur bei $j = 1/2$ zeigt der Spin in allen Zuständen mit bestimmtem j_z in eine gewisse Richtung – bei $j_z = 1/2$ in die positive, bei $j_z = -1/2$ in die negative z-Richtung. Durch eine kleine Rechnung folgt nun, daß der Spin in jedem Zustand des Systems mit $j = 1/2$ eine gewisse Richtung besitzt.

$\vec{V}$ bis auf einen Faktor c, der weder von der Vektorkomponente, noch von j_z, j'_z abhängt, mit denen des Drehimpulsoperators $\vec{J}$ übereinstimmen; als Gleichung für $\vec{V} = \vec{\mu_e}$ mit $\vec{\mu_e}$ dem Operator des elektrischen Dipolmomentes

$$\langle j, j_z | \vec{\mu_e} | j, j'_z \rangle = c(j) \langle j, j_z | \vec{J} | j, j'_z \rangle. \tag{2.29}$$

Diese Gleichung bedeutet, daß der Erwartungswert des elektrischen Dipolmomentes, wenn von Null verschieden, zu dem des Drehimpulses entweder parallel ($c > 0$) oder antiparallel ($c < 0$) ist. Übrigens sind in *den* Zuständen, in denen $\vec{J}$ eine bestimmte Richtung besitzt, $\vec{\mu_e}$ und $\vec{J}$ bei beliebigem j entweder parallel oder antiparallel. Insofern kann unser Resultat verallgemeinert werden.

Durch denselben Beweis kann gezeigt werden, daß das *magnetische Moment* eines Teilchens in dieselbe Richtung wie sein Drehimpuls oder in die Gegenrichtung zeigt. Da magnetisches Moment und Drehimpuls beide axiale Vektoren sind, wird ihre relative Einstellung durch die Punktspiegelung P nicht geändert: Nichts spricht bei Spiegelsymmetrie der Naturgesetze dagegen, daß ein Elementarteilchen ein magnetischer Dipol ist.

Ein System mit $j = 0$ besitzt nur Zustände mit $j_z = 0$. Also ändern Drehungen keinen seiner Zustände. Da das Dipolmoment als Vektor durch Drehungen geändert wird, könnte ein Teilchen mit $j = 0$, das ein Dipolmoment besäße, nicht alle Zustände annehmen, die aus einem durch Drehungen entstehen – in offenem Widerspruch zur Drehsymmetrie der Naturgesetze.

Davon, ob die Zustände des Systems entartet sind, hängt dieser Schluß nicht ab. Allein aus der Drehsymmetrie der Naturgesetze folgt also, daß kein Elementarteilchen mit Spin Null ein elektrisches (oder, genauso, magnetisches) Dipolmoment besitzen kann. Wegen $\vec{J}|j = 0, j_z = 0\rangle = 0$ ergibt das Wigner-Eckart-Theorem dasselbe.

Nach dem Gesagten können wir uns Teilchen mit Spin 1/2 als Kugeln vorstellen, die sich drehen: Wie der Drehimpuls einer solchen Kugel, zeigt auch der eines Teilchens mit Spin 1/2 stets in eine gewisse Richtung. Wir sagen nicht, ein Teilchen mit Spin 1/2 *sei* eine sich drehende Kugel; das ist es sicher nicht. Aber bei Symmetrietransformationen *verhält es sich* wie solch eine Kugel. Denn Symmetrie der Naturgesetze gegenüber einer Transformation impliziert, daß sie alle Drehimpulse genau gleich transformiert (genauer: sie mit derselben Matrix

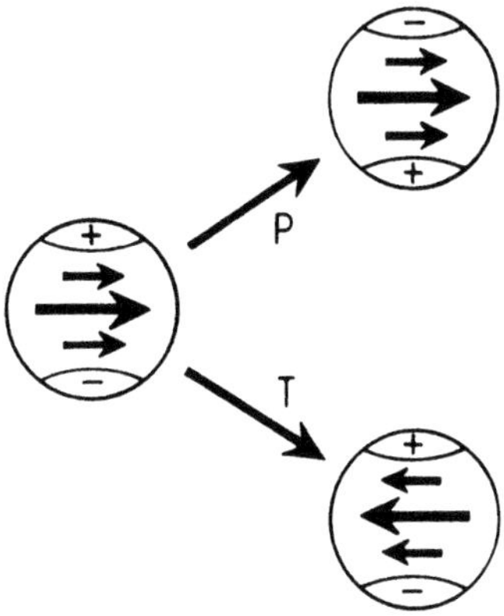

Abb. 2.15 **Wie die Spiegelung an der Äquatorebene, kehrt die Punktspiegelung P am Mittelpunkt der sich drehenden Kugel mit entgegengesetzt-gleich geladenen Polkappen die Richtung des elektrischen Dipolmomentes um und läßt den Drehimpuls ungeändert. Die Zeitumkehr T hingegen läßt das Dipolmoment ungeändert und kehrt den Drehimpuls um. Beide, P und T, ändern also die Richtung des elektrischen Dipolmomentes relativ zu der des Drehimpulses.**

multipliziert). Wäre das anders, könnte die Transformation beispielsweise Summen von Drehimpulsen in Differenzen verwandeln – in offenem Gegensatz zur Symmetrie.

Ein Neutron mit elektrischem Dipolmoment $\vec{\mu}_e$ können wir uns als eine sich drehende Kugel mit entgegengesetzt-gleich geladenen Polkappen vorstellen (Abb. 2.15). Denn $\vec{\mu}_e$ ist zum Drehimpuls $\vec{J}$ entweder parallel oder antiparallel[26]. Die Spiegelung an der Äquatorebene vertauscht die Ladungen und läßt den Drehimpuls der Kugel ungeändert. Das zeigt abermals, daß die Raumspiegelung P ein Neutron mit zum Drehimpuls parallelem Dipolmoment in eins mit antiparallelem überführt. Von Abb. 2.15 werden wir weiter unten das Verhalten von Spin und elektrischem Dipolmoment bei Zeitumkehr ablesen.

Spiegelsymmetrische Naturgesetze erlauben also, daß zu jedem Teilchen in einem Zustand sein Spiegelbild im gespiegelten Zustand existiert. Kommen also Neutronen mit zum Spin parallelem elektrischem

[26] Auch eine sich drehende Kugel mit einer anderen Ladungsverteilung besäße, wenn überhaupt, im zeitlichen Mittel ein zu ihrem Drehimpuls paralleles oder antiparalleles Dipolmoment: Alle anderen Komponenten des sich mit der Kugel drehenden Dipolmomentvektors würden im zeitlichen Mittel verschwinden. Für das elektrische Dipolmoment von Elementarteilchen ist diese Betrachtung aber irrelevant, da Elementarteilchen keine sich drehenden Kugeln sind. Das gilt insbesondere für aus Quarks zusammengesetzte Teilchen, zu deren Spins die Spins der Quarks beitragen. Die Vorstellung, die Rotation von "Hanteln" aus Quarks könne den Spin von Elementarteilchen erklären, ist allgemein abwegig; bei Elementarteilchen mit halbzahligem Spin ist sie selbstverständlich falsch.

Dipolmoment in der Natur vor, erlauben spiegelsymmetrische Naturgesetze die Existenz ihrer Spiegelbilder. Das wären Neutronen mit zum Spin antiparallelem elektrischem Dipolmoment.

Tatsächlich aber besitzen, wenn überhaupt, wegen des Pauli-Prinzips alle Neutronen dasselbe elektrische Dipolmoment in Richtung (oder Gegenrichtung) ihres Spins. Würde also experimentell bewiesen, daß das Neutron ein elektrischer Dipol ist, wären die Naturgesetze nicht spiegelsymmetrisch: Zwar käme der eine Spiegelungstyp des Neutrons mit seinem – sagen wir – zum Spin parallelem elektrischem Dipolmoment in der Natur vor, dessen Spiegelbild aber könnte es auf Grund der Naturgesetze nicht geben. Tatsächlich gibt es *Neutrinos* in der Natur, und kann es deren Spiegelbilder auf Grund der Naturgesetze wahrscheinlich nicht geben. Hiervon alsbald.

Nicht nur die (tatsächlich verletzte) Spiegelsymmetrie der Naturgesetze ist damit unvereinbar, daß Elementarteilchen ein elektrisches Dipolmoment besitzen, sondern auch deren Zeitumkehrsymmetrie (eine Symmetrie, deren Verletzung, obwohl erwartet, bisher nicht direkt bewiesen werden konnte). Die Zeitumkehr T läßt Orte ungeändert und kehrt Geschwindigkeiten um; bei Prozessen vertauscht sie zudem Anfangs- und Endzustand.

Zeitumkehr T kehrt also die Drehrichtung der Kugel in Abb. 2.15 um und läßt die Ladungen an ihre Plätzen. Sind Drehimpuls $\vec{J}$ und elektrisches Dipolmoment $\vec{\mu}_e$ vor der Zeitumkehr parallel, so nach ihr antiparallel. Das ist, aus anderen Gründen, genau wie bei der Raumspiegelung P. Also könnte nicht nur bei Spiegel- sondern auch bei Zeitumkehrsymmetrie ein Neutron mit elektrischem Dipolmoment mehr Zustände annehmen, als ihm tatsächlich zugänglich sind. Wenn daher das Neutron ein elektrisches Dipolmoment besitzt, sind die Naturgesetze auch nicht zeitumkehrsymmetrisch: Dann gibt es zwar das Neutron in der Natur, aber sein Bild unter T kann es auf Grund der Naturgesetze nicht geben.

Wir haben erwähnt, daß die Naturgesetze tatsächlich nicht spiegelsymmetrisch und nahezu sicher nicht zeitumkehrsymmetrisch sind. Die beobachtete Verletzung der Spiegelsymmetrie ist riesengroß verglichen mit den erwarteten Verletzungen der Zeitumkehrsymmetrie – so groß, daß ihr ein elektrisches Dipolmoment des Neutrons entsprechen würde, das die gegenwärtige experimentelle Schranke (Particle Data Group 1990)

$$\mu_e \equiv |\vec{\mu}_e| < 1.2 \cdot 10^{-25} e \cdot \mathrm{cm} \qquad (2.30)$$

um Größenordnungen übersteigt[27]. Erst dadurch, daß ein elektrisches Dipolmoment des Neutrons auch die wesentlich besser erfüllte Zeitumkehrsymmetrie der Naturgesetze verletzen würde, können wir verstehen, daß μ_e nicht größer ist.

Eine vielleicht nicht ganz hypothetische Frage ist, was es für jetzt diskutierte Modelle der Verletzung der Zeitumkehrsymmetrie bedeuten würde, wenn μ_e nur wenig kleiner wäre als $10^{-26} e{\cdot}\mathrm{cm}$ (Altarev 1986). Ein Modell, das "links-rechts-symmetrische" sagt ein μ_e dieser Größenordnung voraus. Das Standard-Modell der elektroschwachen Wechselwirkung (Kapitel 4), könnte nicht allein für die Symmetriebrechung verantwortlich sein, da in ihm μ_e kleiner als $10^{-30} e \cdot \mathrm{cm}$ ist. Sowohl supersymmetrische Modelle, als auch die Quantenchromodynamik (Kapitel 4) erlauben ein μ_e dieser Größenordnung, machen aber keine Voraussage, da sie Parameter für μ_e enthalten. Details stehen in Decker 1989 und Ellis 1989.

Daß wir nahezu nur vom Dipolmoment des Neutrons gesprochen haben, hat theoretische und experimentelle Gründe. Von den elektrischen Dipolmomenten anderer Teilchen ist nur das des Elektrons vergleichbar genau bekannt ($\mu_e = (-2.7 \pm 8.3) \cdot 10^{-27} e \cdot \mathrm{cm}$, Abdullah 1990). Dieser Wert ist ein Resultat von Experimenten an Atomen. Es ist schwer möglich oder unmöglich (z.B. Golub 1972), das elektrische Dipolmoment elektrisch geladener Teilchen zu ermitteln, wenn diese nicht in einem System eingebunden sind. Denn geladene Teilchen werden durch elektrostatische Felder beschleunigt. Da ein elektrisches Dipolmoment eines Teilchen impliziert, daß das Teilchen eine Struktur besitzt, erwartet die Theorie, daß das Dipolmoment des (nach heutiger Kenntnis strukturlosen) Elektrons um Größenordnungen kleiner ist als das des (aus Quarks aufgebauten) Neutrons. Ein Grenzwert des elektrischen Dipolmoments für das Elektron ist daher theoretisch weniger interessant als derselbe Grenzwert für das Neutron.

Spiegelbilder von Teilchen der Masse Null

Da wir Teilchen in Ruhe betrachtet haben, gilt unsere Analyse der Konsequenzen von Spiegel- und Zeitumkehrsymmetrie nur für Teilchen

[27] Säßen die beiden down-Quarks dem up-Quark im Proton wie die Atome eines schweren Moleküls in einem Abstand gegenüber, der mit dem Radius des Neutrons von 10^{-13}cm vergleichbar ist, so wäre $\mu_e \approx 10^{-13} e{\cdot}\mathrm{cm}$ zu erwarten.

mit von Null verschiedener Masse; Teilchen also, die in Ruhe vorkommen können. Teilchen der Masse Null wie das Photon und nach heutiger Kenntnis die Neutrinos bewegen sich in jedem Bezugssystem mit der Lichtgeschwindigkeit c. Auch bei Änderung der Geschwindigkeit, mit der sich der Beobachter bewegt, bleibt die von ihm beobachtete Geschwindigkeit des Lichtes und der Neutrinos ungeändert. Wir wollen hier nun nicht hypothetische Dipolmomente von Teilchen mit Masse Null diskutieren, sondern uns überlegen, daß es von diesen Teilchen zwei Typen geben kann, die bereits auf Grund ihrer raum-zeitlichen Eigenschaften zwar durch Spiegelungen, nicht aber durch die kontinuierlichen Transformationen der Speziellen Relativitätstheorie – Verschiebungen, Drehungen und Änderungen der Geschwindigkeit – ineinander transformiert werden können. Bei dieser Diskussion wird der Drehimpuls seine bereits vertraute Rolle spielen, während der Impuls den Part des elektrischen Dipolmomentes übernehmen wird.

Die abstrakte Diskussion der möglichen Zustände masseloser Teilchen à la Wigner ist recht kompliziert. Die Theorie eröffnet eine Reihe von Möglichkeiten, von denen aber nur wenige realisiert sind. Hier interessieren vor allem die Zustände von Neutrinos. Von den Elektron-Neutrinos wissen wir, daß ihre Masse kleiner ist als $10^{-3}\%$ der Masse des Elektrons. Nichts spricht dagegen, daß die Masse des Elektron-Neutrinos – oder gar die Masse aller Neutrinos – verschwindet. Wenn die Masse der Neutrinos Null ist, ist die Spiegelsymmetrie der Naturgesetze möglicherweise so gebrochen, daß zwar Neutrinos in der Natur vorkommen, deren Spiegelbilder aber weder vorkommen noch vorkommen können.

Wenn Neutrinos eine, wenn auch kleine, Masse besitzen, gilt für sie $j = 1/2$: In Ruhe können sie zwei Zustände (und, selbstverständlich, deren Linearkombinationen) mit $j_z = 1/2$ und $j_z = -1/2$ annehmen; zwei Zustände, die durch Drehungen ineinander überführt werden, deren jeder aber bei der Spiegelung P ungeändert bleibt. Nun kann jeder Zustand eines massiven Teilchens mit Geschwindigkeit $\vec{v}$ durch eine Änderung der Geschwindigkeit (selbstverständlich nach den Vorschriften der Speziellen Relativitätstheorie) um $\vec{v}$ aus einem Zustand des Teilchens in Ruhe gewonnen werden. Dazu ist es nur erforderlich, die Transformation rückgängig zu machen, die den angestrebten Zustand mit Geschwindigkeit $\vec{v}$ in einen Zustand mit $\vec{v} = \vec{0}$ transformiert. Wenn wir insbesondere mit einem der Zustände in Ruhe beginnen, in dem der Drehimpuls der

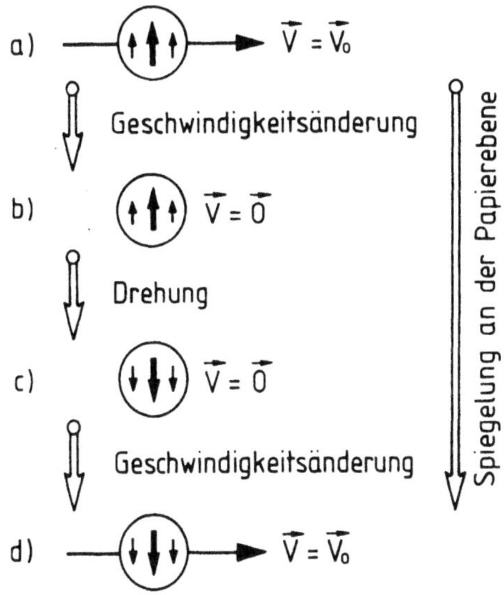

Abb. 2.16 **Die Einstellung des Spins eines Teilchens mit von Null verschiedener Masse relativ zu seiner Bewegungsrichtung kann durch ausführbare Transformationen umgekehrt werden: durch Änderungen der Geschwindigkeit, kombiniert mit einer Drehung. Ausführbare Transformationen, die dasselbe für masselose Teilchen leisten, gibt es nicht.**

Kugel, die das Teilchen darstellt, zu der Richtung der angestrebten Geschwindigkeit $\vec{v}$ parallel oder antiparallel ist, und auf diesen Zustand eine reine Änderung der Geschwindigkeit um $\vec{v}$ ohne Drehung anwenden, so ändert diese Transformation die Richtung des Drehimpulses nicht, so daß wir einen Zustand mit zu $\vec{v}$ parallelem oder antiparallelem Drehimpuls erhalten. Folglich können wir uns die Zustände eines massiven Neutrinos mit Geschwindigkeit $\vec{v}$ als Linearkombinationen der Zustände einer Kugel vorstellen, die sich mit der Geschwindigkeit $\vec{v}$ bewegt und sich zugleich so dreht, daß die Richtung ihres Drehimpulses zur Bewegungsrichtung entweder parallel (Abb. 2.16a) oder antiparallel (Abb. 2.16d) ist.

Bei einer Spiegelung der sich drehenden Kugel an einer Ebene, die den Geschwindigkeitsvektor $\vec{v}$ enthält, bleibt dieser ungeändert; den Drehsinn der Kugel und damit ihren Drehimpuls kehrt die Spiegelung aber um. Daher überführt die Spiegelung das Teilchen der Abb. 2.16a in das der Abb. 2.16d: Geschwindigkeit und Drehimpuls sind nach der Spiegelung antiparallel, da sie zuvor parallel waren.

Wir wollen nach einer tatsächlich durchführbaren, kontinuierlichen Symmetrieoperation fragen, die auf das Teilchen der Abb. 2.16a genauso wirkt wie die Spiegelung. Nun ist es offensichtlich unmöglich, das Teilchen der Abb. 2.16a genauso wirkt wie die Spiegelung. Nun ist es offensichtlich unmöglich, das Teilchen der Abb. 2.16a durch eine Drehung in das der Abb. 2.16d zu überführen. Denn Drehungen wirken auf alle Vektoren gleich: Sind vor einer Drehung Geschwindigkeit und Drehimpuls parallel (Abb. 2.16a), dann auch nach der Drehung (im Gegensatz zu Abb. 2.16d). Eine ausführbare Transformation der Speziellen Relativitätstheorie, die Abb. 2.16a in Abb. 2.16d überführt, können wir bei Teilchen mit von Null verschiedener Masse folgendermaßen aufbauen: Zunächst führen wir eine reine Änderung der Geschwindigkeit so durch, daß das Teilchen, das anfangs die Geschwindigkeit $\vec{v}$ besitzt, ruht (Abb. 2.16b). Dann überführen wir es durch eine Drehung um 180° um eine Achse durch den Mittelpunkt der Kugel, die es darstellt, in denjenigen Zustand, in dem sein Drehimpuls in die entgegengesetzte Richtung zeigt (Abb. 2.16c); seine Geschwindigkeit, da nun Null, wird durch diese Transformation nicht geändert. Schließlich machen wir die Änderung der Geschwindigkeit, mit der wir begonnen haben, rückgängig: Wir führen eine reine Änderung der Geschwindigkeit so durch, daß das Teilchen nach ihr seine ursprüngliche Geschwindigkeit $\vec{v}$ wieder besitzt. Das Ergebnis ist, wie angestrebt, das Teilchen im Zustand der Abb. 2.16b. Die aus Geschwindigkeitsänderung-Drehung-Geschwindigkeitsänderung zusammengesetzte ausführbare Transformation der Speziellen Relativitätstheorie überführt also das Teilchen aus einem Zustand mit der beliebigen Geschwindigkeit $\vec{v}$ in das Spiegelbild des Zustands. Der ursprüngliche Zustand und sein Spiegelbild sind eben deshalb, weil dies eine ausführbare Symmetrietransformation leistet, zwei Zustände desselben Teilchens.

Auf masselose Teilchen läßt sich diese Überlegung nicht anwenden. Diese bewegen sich wie das Licht im leeren Raum stets mit Lichtgeschwindigkeit; der Betrag c der Geschwindigkeit eines Teilchens mit Masse Null wird durch keine Transformation der Speziellen Relativitätstheorie geändert. Es ist daher unmöglich, eine Geschwindigkeitsänderung so durchzuführen, daß ein masseloses Teilchen ruht. Die Folge ausführbarer Bewegungen, die ein Teilchen mit von Null verschiedener Masse in sein Spiegelbild überführte, schloß nun aber eine Transformation ein, die dem Teilchen die Geschwindigkeit Null verlieh. Auf masselose Teilchen kann diese Folge von Transformationen daher nicht verallgemeinert werden mit der Konsequenz, daß keine Folge ausführbarer Transformationen der Speziellen Relativitätstheorie ein masseloses Teilchen mit zu seiner Bewegungsrichtung (anti-)parallelem Drehimpuls in sein Spiegelbild zu überführen vermag. Es kann also sein, daß es ein derartiges Teilchen gibt, sein Spiegelbild aber nicht geben kann. Wenn so, sind die Naturgesetze nicht spiegelsymmetrisch: Durch Spiegelung entsteht dann aus einer Situation im Einklang mit den Naturgesetzen eine, die sie nicht zulassen.

Nach der Theorie des radioaktiven β-Zerfalls ist die Spiegelsymmetrie der Naturgesetze so verletzt, daß (zumindest) ein Teilchen, das Elektron-Antineutrino, kein Spiegelbild besitzt. Zur Erinnerung: Das Neutron n zerfällt nach $n \to p + e^- + \overline{\nu_e}$ mit einer Halbwertszeit von etwa zehn Minuten in ein Proton p, ein Elektron e^- und ein ungeladenes Teilchen, das nach heutiger Meßgenauigkeit beliebig wenig Energie davontragen kann, eben das Elektron-Antineutrino $\overline{\nu_e}$. Wenn das $\overline{\nu_e}$ wirklich beliebig wenig Energie besitzen kann, verschwindet seine Masse m (die ja eine Mindestenergie der Größe $E = mc^2$ implizieren würde). Trotz mehrerer Behauptungen, eine Mindestenergie von Neutrinos bei einem radioaktiven Zerfall sei nachgewiesen worden, ist es tatsächlich nicht ausgeschlossen, daß Neutrinos die Masse Null besitzen.

Wir wissen experimentell – genauer: schließen aus Beobachtungen und der Drehsymmetrie der Naturgesetze –, daß der Drehimpuls eines jeden beim β-Zerfall emittierten $\overline{\nu_e}$ zu dessen Geschwindigkeit parallel ist. Daher sind die Gesetze des radioaktiven Zerfalls nicht spiegelsymmetrisch; ein detaillierteres Argument mit demselben Resultat wird weiter unten vorgestellt. Ob die Naturgesetze die Existenz der sich falsch herum drehenden Elektron-Antineutrinos erlauben oder nicht, ist für diesen Schluß irrelevant; sie werden beim Zerfall nicht emittiert mit dem Resultat, daß das, was wir sehen, wenn wir im Spiegel einen radioaktiven Zerfall beobachten, in der Wirklichkeit nicht vorkommen kann.

Wenn die Elektron-Antineutrinos masselos sind, erlaubt das experimentelle Resultat, daß sie weder bei diesem, noch bei einem anderen Zerfall auftreten, die weitergehende Interpretation, daß *die Naturgesetze ihre Existenz verbieten.* Würde nachgewiesen, daß die Neutrino-Masse nicht Null ist, wäre diese Interpretation ausgeschlossen. Keinesfalls aber nehmen die sich falsch herum drehenden Neutrinos an der "geladenen schwachen" Wechselwirkung (Kapitel 4) teil.

Die Naturgesetze sind nicht spiegelsymmetrisch

Daß die Gesetze des radioaktiven beta-Zerfalls nicht spiegelsymmetrisch seien, wurde im Jahr 1956 (Physiknobelpreis dafür ein Jahr später) von T. D. Lee und C. N. Yang als Erklärung von Eigenschaften der heute als K-Mesonen bekannten Teilchen vorgeschlagen; experimentell nachgewiesen wurde der Effekt durch C. S. Wu und ihre Gruppe. Der Cobalt-Kern ^{60}Co zerfällt in ^{60}Ni, ein Elektron und ein Elektron-Antineutrino,

$$^{60}\mathrm{Co} \rightarrow ^{60}\mathrm{Ni} + e^- + \overline{\nu_e}.$$

Wichtig für das Experiment der Frau Wu ist, daß der ^{60}Co-Kern einen nicht verschwindenden Spin besitzt. Obwohl nur die Quantenmechanik den Spin richtig beschreiben kann, machen wir bei der Analyse des Wu-Experimentes keinen Fehler, wenn wir uns den Kern, wie bereits das Neutron, als eine Kugel vorstellen, die sich dauernd und unabstellbar dreht. Das Experiment von Frau Wu bestimmt die Flugrichtung der bei Zerfällen von ^{60}Co-Kernen entstehenden Elektronen verglichen mit der Richtung, in die gesehen die Drehung des jeweils zerfallenden Kerns eine Drehung im Uhrzeigersinn ist. Wie auf die Beschreibung des Spins, müssen auch auf radioaktive Zerfälle die Gesetze der Quantenmechanik angewendet werden. Diese legen zwar nicht die Ergebnisse einzelner Experimente, wohl aber die Häufigkeiten fest, mit denen bestimmte Ergebnisse – hier: Flugrichtungen – bei zahlreichen Experimenten unter gleichen Anfangsbedingungen auftreten.

Details des Wu-Experiments beschreibt Frauenfelder 1979, S. 242-244. Durch ein angelegtes Magnetfeld gelingt es bei tiefen Temperaturen, die Kerne einer makroskopischen Probe von ^{60}Co so auszurichten, daß die Drehrichtungen aller Kerne der Probe im wesentlichen übereinstimmen. Untersucht man nun den von der Probe ausgehenden Elektronenstrom, macht man zahlreiche Zerfallsexperimente an einzelnen Kernen gleichzeitig. Eine eventuelle Vorzugsrichtung dieses Stromes wird daher auch nach den Regeln der Quantenmechanik durch die Anfangsbedingungen und die Naturgesetze festgelegt. Das die Verletzung der Spiegelsymmetrie durch die Naturgesetze beweisende Ergebnis des Experimentes von Frau Wu war nun einfach dies: Betrachtet man die Probe so, daß sich ihre ^{60}Co-Kerne bevorzugt im Uhrzeigersinn drehen, so kommen einem mehr Elektronen entgegen als bei Betrachtung der Probe aus der Gegenrichtung.

Um das Experiment auf dem Niveau der elementaren Ereignisse zu diskutieren, stellen wir uns vor, das Gesetz des β-Zerfalls erlaube nur die Flugrichtung der Abb. 2.17. Wichtig ist eigentlich nur, daß bei dem Zerfall eine Drehrichtung – die des ^{60}Co-Kerns – eine Flugrichtung – die des Elektrons – festlegt. Betrachtet man die sich drehende Kugel

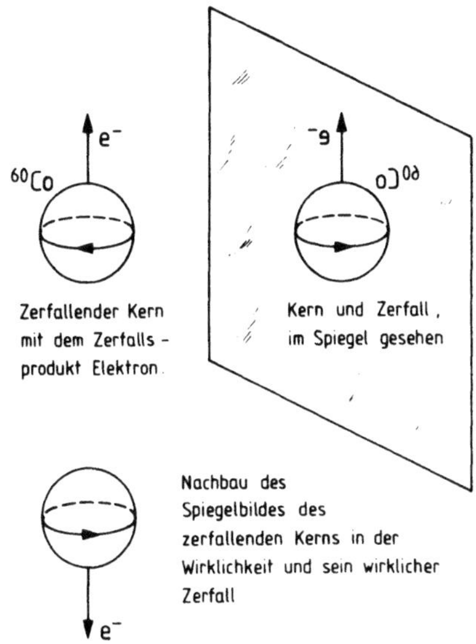

Abb. 2.17 **Die zu Abb. 2.1 analoge Abbildung zeigt den Zerfall eines ^{60}Co-Kerns, den Zerfall im Spiegel gesehen und den Zerfall des Nachbaues des Spiegelbildes des Kerns.**

^{60}Co in dem Spiegel der Abbildung, so dreht sie sich anders herum. Die Flugrichtung der Elektronen aber ist, im Spiegel betrachtet, dieselbe wie in der Wirklichkeit. Der Spiegel zeigt also etwas, das es in der Wirklichkeit nicht gibt und daher nicht durch die wirklich geltenden Naturgesetze beschrieben werden kann: Die Elektronen fliegen in die Richtung, in die gesehen die Kerne sich im Uhrzeigersinn drehen. Folglich sind die Naturgesetze nicht spiegelsymmetrisch.

Der zentrale Punkt des Experimentes von Frau Wu ist, daß der Nachbau des Spiegelbildes des zerfallenden Kerns sich im Laufe der Zeit anders verhält als der Kern selbst, im Spiegel betrachtet. Einfacher noch als der Spiegel der Abb. 2.17 läßt ein in der Äquatorebene der sich drehenden Kugel angebrachter (doppelseitiger) Spiegel sowohl die Kugel als auch ihre Drehrichtung ungeändert. Das Spiegelbild des sich drehenden ^{60}Co-Kerns in diesem Spiegel stimmt mit ihm selbst überein: Der Kern unterscheidet sich in keiner Weise von dem Nachbau seines Spiegelbildes in der Wirklichkeit. Bei Spiegelsymmetrie der Naturgesetze müßte also das, was sich im Laufe der Zeit aus ihm entwickelt, ebenfalls spiegelsymmetrisch sein. Das ist aber nicht so: Die am Äquator der zerfallenden Kugel gespiegelte Flugrichtung des Zerfallsproduktes Elektron ist nach Abb. 2.18 die Gegenrichtung eben dieser

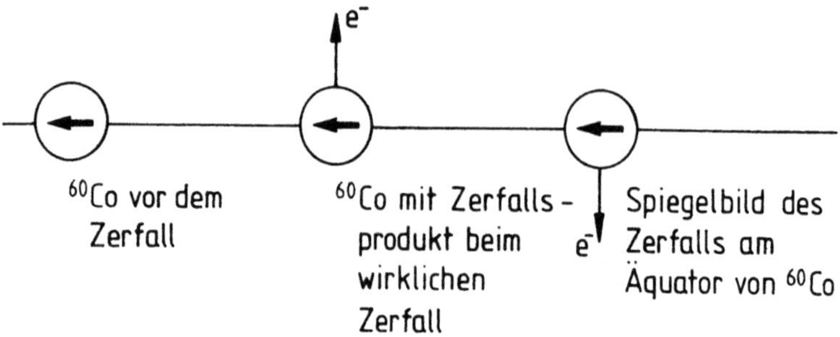

Abb. 2.18 Vergleich des Zerfalls des ^{60}Co-Kerns der Abb. 2.17 mit seinem Spiegelbild an der Äquatorebene des Kerns.

Flugrichtung. Da die Zeitumkehr T – näheres weiter unten – Dreh- *und* Flugrichtung umkehrt, verletzt der Zerfall des ^{60}Co die Zeitumkehr der Naturgesetze nicht.

Der β-Zerfall ist ein Prozeß der schwachen Wechselwirkung. Gäbe es diese Wechselwirkung nicht, wäre das Neutron und mit ihm der ^{60}Co-Kern genauso stabil wie das Proton. Auf die verschiedenen Wechselwirkungen, durch die Elementarteilchen einander beeinflussen, gehen wir in Kapitel 4 ein. Es sind dies die starke, die elektromagnetische und, wie erwähnt, die schwache Wechselwirkung. Die Verletzung der Spiegelsymmetrie im β-Zerfall zeigt, daß die Gesetze der schwachen – genauer: der geladenen schwachen – Wechselwirkung nicht spiegelsymmetrisch sind. Das läßt die Frage nach der Spiegelsymmetrie der Gesetze der neutralen schwachen, der elektromagnetischen und/oder der starken Wechselwirkung offen.

Wir wollen zwei Experimente schildern, durch die diese Fragen untersucht werden. Zunächst das beiden Experimenten gemeinsame Prinzip (Abb. 2.19). Ein Strahl von Teilchen mit Spin 1/2 – Protonen bei dem einen, Elektronen bei dem anderen Experiment – fällt auf ein "Target", eine Ansammlung von Materie. Durch Wechselwirkung mit den Atomen und Kernen des Targets werden einige der Geschoßteilchen abgelenkt und im Detektor der Abbildung nachgewiesen. Die Quelle des Teilchenstrahles kann so eingestellt werden, daß sie entweder nur Geschoßteilchen liefert, deren Spineinstellung zur Strahlrichtung parallel oder antiparallel ist. Im ersten Fall spricht man von positiver, im zweiten von negativer longitudinaler Polarisation. Zunächst soll die Quelle

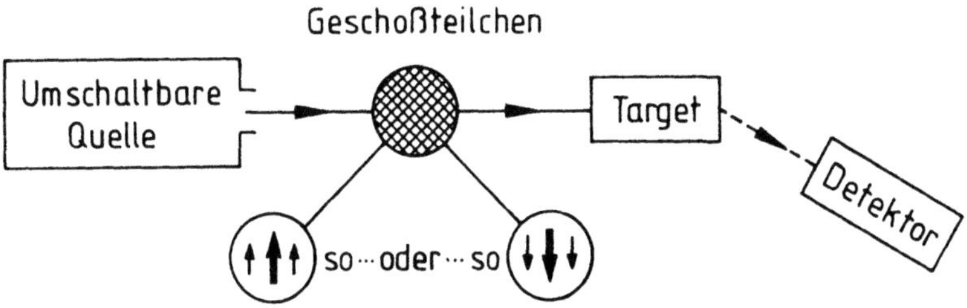

Abb. 2.19 **Bei Spiegelsymmetrie der Naturgesetze wäre die Zahl der Geschoßteilchen, die pro Zeiteinheit im Detektor ankommen, von deren longitudinaler Polarisation unabhängig.**

so eingestellt werden , daß sie einen Strahl longitudinal positiv polarisierter Teilchen liefert. Nach einiger Zeit hat dann der Detektor $N(+)$ in seine Richtung gestreute Teilchen nachgewiesen. Wir wollen diesen Ausgang des Experiments mit dem vergleichen, den der Nachbau des Spiegelbildes der Versuchsanordnung in der Wirklichkeit liefert. Das Target ist als ungeordnete Ansammlung von Atomen in thermischer Bewegung im Mittel spiegelsymmetrisch. Teilchenstrahl, Target und Detektor liegen in einer Ebene. Spiegelt man die Versuchsanordnung also an dieser Ebene, so wird nur die Richtung des Spins der Geschoßteilchen geändert; die Geometrie der Anordnung von Strahl, Target und Detektor bleibt dieselbe. Wie der Spiegel der Abb. 2.17 die Spinrichtung des ^{60}Co-Kerns, kehrt der Spiegel der Abb. 2.19, die Papierebene, die Drehrichtung des Geschoßteilchens um. Es ist also (im Prinzip!) leicht, diesen Versuchsaufbau, den Nachbau des Spiegelbildes des ursprünglichen, zu realisieren. Dazu muß die Quelle nur neu eingestellt werden; so, daß sie statt longitudinal positiv polarisierter Geschoßteilchen negativ polarisierte liefert.

Bei gleicher Intensität des Strahls und nach derselben Zeit wie zuvor hat der Detektor $N(-)$ in seine Richtung gestreute Teilchen nachgewiesen. Bei großen $N(+)$ und $N(-)$ folgt aus Spiegelsymmetrie der für die Streuung verantwortlichen Naturgesetze $N(+) = N(-)$. Ziel des Experimentes ist die Bestimmung der Asymmetrie genannten Größe

$$A = \frac{N(+) - N(-)}{N(+) + N(-)}. \tag{2.31}$$

Ist A von Null verschieden, so sind die für die Streuung verantwortlichen Naturgesetze nicht spiegelsymmetrisch; der Wert von A ist ein Maß für die Abweichung von der Spiegelsymmetrie (Decker 1989).

Die stärkste Wechselwirkung von Protonen mit Protonen ist die starke Wechselwirkung. Mißt man also A für Protonen als Geschoßteilchen und als Target, würde das Ergebnis $A = 0$ der Spiegelsymmetrie der Gesetze der starken Wechselwirkung nicht widersprechen. Beobachtet wird ein kleines, aber definitiv von Null verschiedenes A (Eversheim 1991)

$$A(\mathrm{p}+\mathrm{p}) = (-1.5 \pm 0.5) \cdot 10^{-7}. \tag{2.32}$$

Dieses Resultat bedeutet eine winzige nicht spiegelsymmetrische Korrektur zu einem überwiegend spiegelsymmetrischem Streuprozeß: Der Teilchenüberschuß, der bei negativer longitudinaler Polarisation vom Detektor registriert wird, beträgt im Mittel 1.5 Teilchen aus zehn Millionen.

Daher ist Gl. 2.32 ist mit vollständiger Spiegelsymmetrie der Gesetze der starken Wechselwirkung verträglich. Denn die nicht spiegelsymmetrische schwache Wechselwirkung, die auch Prozesse, die vorrangig durch die starke Wechselwirkung ablaufen, beeinflußt, wird sich gerade durch die Brechung von Symmetrien der starken Wechselwirkung bemerkbar machen. Die Asymmetrie in Gl. 2.32 ist also möglicherweise nichts weiter als eine Konsequenz der Einflüsse der schwachen Wechselwirkung auf den beobachteten Prozeß. Sie besitzt hierfür jedenfalls die richtige Größenordnung. Quantitative Rechnungen sind aber mit vielen Unsicherheiten behaftet. Wir halten fest, daß Spiegelsymmetrie der Gesetze der starken Wechselwirkung experimentell nicht ausgeschlossen ist.

Die stärkste Wechselwirkung von Elektronen mit anderen geladenen Teilchen oder Atomkernen ist die elektromagnetische. Ein berühmtes Experiment (Prescott 1978) für Elektronen als Geschoßteilchen und Deuterium als Target hat

$$A = (-9.5 \pm 1.6) \cdot 10^{-5} \tag{2.33}$$

ergeben. Auch in diesem Fall läßt die winzige Abweichung der Asymmetrie von Null zu, daß die stärkste Wechselwirkung von Geschoßteilchen und Target – jetzt die elektromagnetische – spiegelsymmetrisch ist.

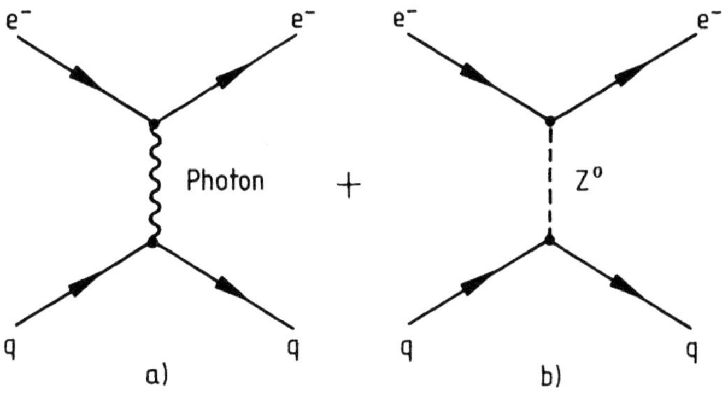

Abb. 2.20 Diese Feynman-Diagramme beschreiben die Streuung eines Quarks an einem Elektron. Der Beitrag von (a) ist spiegelsymmetrisch, der von (b) nicht.

Mehr noch: Die beobachtete Asymmetrie ist ein Signal dafür, daß es neben der seit langem etablierten "geladenen" schwachen Wechselwirkung eine "neutrale" gibt, deren Gesetze genau wie die der geladenen nicht spiegelsymmetrisch sind. Das wurde bereits erwähnt; näheres zu den Formen der schwachen Wechselwirkung und der Vereinigung der elektromagnetischen mit der schwachen steht in Kapitel 4, §4. Die Interpretation des Experimentes zeigt Abb. 2.20: Zur Streuung des Elektrons an den Quarks des Targets trägt zusätzlich zur elektromagnetischen Wechselwirkung – der Austausch von Photonen – auch die neutrale schwache – der Austausch des Z^0 – bei. Die "elektroschwache" Theorie vermag den Prozeß quantitativ zu beschreiben. Dabei legt die gemessene Asymmetrie die Größe des Beitrags des Z^0 verglichen mit dem des Photons fest, und erlaubt so eine Bestimmung des Weinberg-Winkels, des Parameters, der innerhalb der Theorie die relative Größe beider Beiträge zu elektroschwachen Prozessen beschreibt. Hiervon und von anderen Bestimmungen dieses Winkels, die ausnahmslos gut – zu gut! – miteinander übereinstimmen, ebenfalls in Kapitel 4, §4.

Verschiedene Gesetze für Teilchen und Antiteilchen

Auch die Zerfälle der geladenen π-Mesonen zeigen, daß die Naturgesetze nicht spiegelsymmetrisch sind. Die drei π-Mesonen π^-, π^0 und π^+, die Austauschteilchen der Kernwechselwirkung, sind Teilchen mit

Spin $j = 0$. Das elektrisch negativ geladene π^- zerfällt mit einer gewissen Wahrscheinlichkeit in ein Elektron und ein Elektron-Antineutrino, $\pi^- \to e^- + \overline{\nu_e}$. Messung der longitudinalen Polarisation – der Einstellung des Spins relativ zur Richtung der Bewegung; siehe oben – der bei dem Zerfall entstehenden Elektronen zeigt, daß diese sich, bildlich gesprochen, stets so drehen, daß Drehimpuls und Bewegungsrichtung parallel sind. Da das π^- als spinloses Teilchen mit seinem Spiegelbild übereinstimmt, zeigt dieser Befund noch einmal, daß die Gesetze der geladenen schwachen Wechselwirkung, die auch für den Zerfall des π^- verantwortlich sind, nicht spiegelsymmetrisch sein können: Im Spiegel gesehen, sind Drehimpuls und Bewegungsrichtung der Elektronen antiparallel, nicht parallel, so daß auch bei diesem Zerfall der Spiegel etwas zeigt, das in der Natur nicht vorkommt. Denn aus einer spiegelsymmetrischen Situation entwickelt sich eine, die das nicht ist.

Uns geht es nicht darum, abermals zu belegen, daß die Naturgesetze nicht spiegelsymmetrisch sind. Wir wollen vielmehr den Zerfall des π^- mit dem seines Antiteilchens, des π^+, vergleichen.

Zu jedem Teilchen gibt es ein Antiteilchen. Das ist eine Konsequenz des CPT-Theorems der relativistischen Quantenfeldtheorie; ein Theorem, auf das wir noch eingehen werden. Es sagt, daß vermöge erster Prinzipien die durch Hintereinanderschalten von Ladungsumkehr C, Raumspiegelung P und Zeitumkehr T entstehende Transformation CPT eine Symmetrietransformation der Naturgesetze ist.

Die Ladungsumkehr C kehrt die Vorzeichen aller Ladungen Q, darunter die elektrische Ladung, um und ändert sonst nichts. Auf Grund der CPT-Symmetrie gibt es zu jedem Teilchen sein Bild unter CPT. Diese Transformation schließt C ein, ist mit C aber nicht identisch. Da T den Impuls und den Drehimpuls umkehrt, wirkt T auf *einzelne Elementarteilchen* genauso wie eine Drehung um 180°. Angewendet auf Elementarteilchen, unterscheiden sich CPT und C also um die Raumspiegelung P und die Drehung.

Die Teilchen-Antiteilchen-Transformation fassen wir als Übergang von einem Teilchen*typ* zu einem (im allgemeinen) anderen auf. Nun ändert die Drehung den Teilchentyp nicht, so daß CP auf diesen genauso wirkt wie CPT. Da das Spiegelbild eines Teilchens mit von Null verschiedener Masse dasselbe Teilchen in einem (möglicherweise) anderen Zustand ist, wirkt C auf den *Typ* massiver Teilchen genauso wie CP. Nicht aber auf den masseloser Teilchen: Das Spiegelbild eines masselosen Teilchens ist nicht einfach dasselbe Teilchen in einem anderen

Zustand, sondern im allgemeinen ein anderes Teilchen. Und da P verletzt ist kann es sein, daß dieses andere Teilchen in der Natur nicht vorkommen kann. Das wissen wir von den Neutrinos.

Das Antiteilchen eines Teilchens besitzt also dieselbe Masse und denselben Gesamtspin wie das Teilchen selbst; seine Ladung aber ist entgegengesetzt-gleich. Diese Eigenschaften legen fest, welches das Antiteilchen eines beliebigen Teilchens mit ***von Null verschiedener Masse*** ist: Das Antiteilchen eines massiven Teilchens unterscheidet sich vom Teilchen durch das Vorzeichen aller Ladungen und sonst nichts. Das Antiteilchen eines Teilchens mit *Masse Null*, das es auf Grund der CPT-Symmetrie ebenfalls geben muß, unterscheidet sich von dem Teilchen außerdem durch die *Einstellung des Spins relativ zur Bewegungsrichtung*. Das läßt offen, ob es auch das Bild des Teilchens unter der Ladungsumkehr C gibt. Dieses besäße dieselbe Einstellung des Spins wie das Teilchen. Gibt es ein solches Antiteilchen nicht, kann C keine Symmetrie der Naturgesetze sein.

Die Naturgesetze können die C-Symmetrie auch dann verletzen, wenn es zu jedem Teilchen, auch zu jedem masselosen, sein Bild unter C gibt. Denn auf die Zustands*folge* eines *Prozesses* wirkt T *nicht* einfach wie eine Drehung, CPT damit anders als CP und eine Drehung; CP wieder wirkt auf einzelne Zustände auch massiver Teilchen anders als C. Gilt für die Wechselwirkungen eines masselosen Teilchens (des Photons zum Beispiel) C- oder P- Symmetrie, so ist der Unterschied zwischen dem CPT-Antiteilchen und dem C-Antiteilchen jedoch nur eine sprachliche Feinheit: Dann gibt es das Bild des Teilchens im C-Spiegel, und nichts spricht dagegen, dieses Bild als das Bild des Teilchens im CPT-Spiegel in einem geänderten Zustand zu interpretieren.

Daß das Elektron ein Antiteilchen besitzen müsse, hat 1928 P. A. M. Dirac auf Grund seiner nach ihm benannten relativistischen Gleichung für das Elektron vorhergesagt; als Triumph der Theorie wurde die Vorhersage 1932 durch T. C. Andersons Entdeckung des Positrons bestätigt. Diracs Antiteilchenvorstellung, die Löchertheorie, ist eine vergleichsweise anschauliche und immer noch höchst populäre Vorform unseres heutigen Begriffs vom Antiteilchen. Sie wird in Kasten 2.8 beschrieben.

Das Antiteilchen des Antiteilchens $\overline{T}$ eines jeden Teilchens T ist das Teilchen T selbst. Denn $\overline{T}$ entsteht aus T durch Umkehr des Vorzeichens $Q \to -Q$ aller Ladungen von T. Bei masselosen Teilchen kommt die Umkehr der Einstellung des Spins hinzu. Zu dem Antiteilchen von $\overline{T}$

Kasten 2.8: Löchertheorie und Antiteilchen

Besitzt ein freies Teilchen der Masse m den Impuls $\vec{p}$, so gilt in der Speziellen Relativitätstheorie für seine Energie E der Energie-Impuls-Zusammenhang $E^2 = m^2c^4 + c^2\vec{p}^{\,2}$. Von den beiden Lösungen $E(\vec{p}) = \pm c\sqrt{m^2c^2 + \vec{p}^{\,2}}$ dieser Gleichung, kann nur $E(\vec{p}) \geq m \cdot c^2$ als Energie interpretiert werden. Denn Teilchen mit der Energie $E(\vec{p}) \leq -m \cdot c^2$ würden, wenn sie Energie abgeben, Impuls $p = |\vec{p}\,|$ gewinnen. Da p beliebig groß werden kann, könnte dem Teilchen beliebig viel Energie entnommmen werden. Derartige unerschöpfliche Energiequellen gibt es in der Natur nicht; also auch kein Teilchen mit $E(\vec{p}\,) \leq -m \cdot c^2$. – Wie alle relativistische Gleichungen für ein Teilchen mit der Masse m, besitzt auch die Dirac-Gleichung Lösungen mit $E \geq m \cdot c^2$ und $E \leq -m \cdot c^2$ (siehe die Diskussion in Kapitel 2, §3). Als Gleichung für Fermionen – das Elektron zum Beispiel – beschreibt sie Teilchen, für die das Pauli-Prinzip gilt. Daher konnte Dirac in seiner Löchertheorie von 1929 annehmen, genau die Zustände mit $E \leq -m \cdot c^2$ seien besetzt, wenn anscheinend kein Teilchen vorhanden ist (Abb. 2.21). Daß es N Elektronen und sonst kein Teilchen gibt, bedeutet in der Löchertheorie, daß zudem N Zustände mit $E \geq m \cdot c^2$ besetzt sind. – Interessanter sind die Zustände, die aus dem Dirac-See – den allesamt besetzten Zuständen mit $E \leq -m \cdot c^2$ – dadurch entstehen, daß Teilchen unter Energiezufuhr auf Zustände mit $E \geq m \cdot c^2$ angehoben werden. Jedes so angehobene Teilchen ist als Elektron zu interpretieren. Die Lücke, die es im Dirac-See hinterläßt, verhält sich unter dem Einfluß elektromagnetischer Kräfte genauso wie ein Teilchen mit der Masse m des Elektrons und entgegengesetzter elektrischer Ladung – wie das Antiteilchen des Elektrons, das Positron: Positronen sind laut Löchertheorie Löcher im Dirac-See. Der Prozeß, bei dem das Elektron unter Energiezufuhr aus der "Unterwelt" in die "Oberwelt" gehoben wird, heißt Paarerzeugung. Ihn gibt es tatsächlich: Photonen erzeugen ein Elektron-Positron-Paar. Genauso können ein Elektron und ein Positron in einen Zustand übergehen, in dem es außer Photonen keine Teilchen gibt (siehe Text).

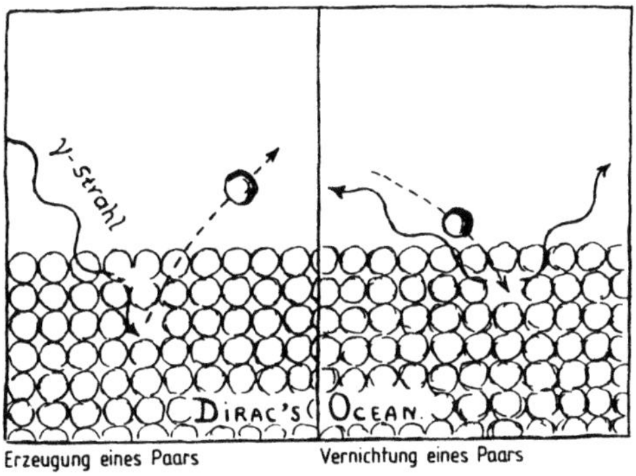

Abb. 2.21 **Die Gamov 1980 entnommene Abbildung zeigt die Erzeugung und Vernichtung eines Teilchen-Antiteilchen-Paares nach der Löchertheorie Diracs (Kasten 2.8).**

kommen wir durch abermalige Umkehr, so daß T und das Antiteilchen seines Antiteilchen identisch sind.

Zu den Ladungen, die bei dem Übergang vom Teilchen zum Antiteilchen umgekehrt werden, gehört die Baryonenladung, die für Proton und Neutron den Zahlenwert 1 besitzt. Daher ist trotz seiner elektrischen Ladung Null das Antiteilchen des Neutrons nicht das Neutron selbst; sein Antiteilchen ist das Antineutron mit der Baryonenladung -1. Hingegen ist das neutrale π-Meson, das π^0, wie jedes vollkommen neutrale Teilchen sein eigenes Antiteilchen; genauso das Photon. Eine Ladung Q des Elektrons e^- und des Elektron-Neutrinos ν_e ist die Elektronen-Zahl: Elektron, Elektron-Neutrino und ihre Antiteilchen, Positron e^+ und Elektron-Antineutrino $\overline{\nu_e}$, treten in Reaktionen stets so auf, daß die Summe der Elektronenzahlen konstant ist. Insofern die Elektronenzahl betroffen ist, kann ein ν_e bei einer Reaktion statt eines e^- auftreten, ein $\overline{\nu_e}$ statt eines e^+; und so weiter.

Da die Ladungen eines Teilchens und die seines Antiteilchens entgegengesetzt-gleich sind, heben sie einander bei einem Komplex aus Teilchen und deren Antiteilchen auf mit der Konsequenz, daß die Ladungen insgesamt verschwinden. Daher können sich Teilchen und Antiteilchen ohne die Ladungserhaltung zu verletzen, gegenseitig vernichten, soll heißen, in einen Zustand übergehen, der nur Photonen enthält. Das wird, wenn wir in Kapitel 5 auf das frühe Universum eingehen, wichtig sein.

Wir kommen zum Zerfall des Antiteilchens des π^-, des π^+, zurück. Durch C entsteht aus dem Zerfall des π^- in ein Elektron e^- und ein

Antineutrino $\overline{\nu_e}$ der Zerfall $\pi^+ \rightarrow e^+ + \nu_e$ des π^+ in ein Positron e^+ und ein (möglicherweise nur bis auf die Einstellung des Spins) Anti-Antineutrino, also ein Neutrino ν_e. Wie Masse und Spin bleiben alle raum-zeitlichen Eigenschaften von Teilchen bei der Operation C ungeändert. Wären die Naturgesetze für den Zerfall des π^- also C-symmetrisch, so müßte das π^+ in ein Positron zerfallen, das sich in seine Bewegungsrichtung gesehen wie das Elektron beim π^--Zerfall rechtsherum dreht. Das aber ist nicht der Fall: Experimente zeigen, daß sich das beim Zerfall des π^+ entstehende Positron linksherum dreht. Die Naturgesetze sind also nicht C-symmetrisch.

Daraus, daß die beim Zerfall eines π^- entstehende Teilchenkonfiguration insgesamt den Drehimpuls Null des π^- besitzen muß, können wir schließen, daß das beim Zerfall des π^- entstehende Elektron-Antineutrino $\overline{\nu_e}$ sich, bildlich gesprochen, wie das Elektron selbst in seine Bewegungsrichtung gesehen rechtsherum dreht. Nur dann können sich nämlich die Drehimpulse der beiden in entgegengesetzte Richtungen davon fliegenden Zerfallsprodukte im Ruhsystem des zerfallenden π gegenseitig aufheben. Das Zerfallsprodukt Elektron-Neutrino ν_e des π^+ dreht sich aus demselben Grund linksherum. Wenn, wie beschrieben, die Masse der Neutrinos verschwindet, können diese Resultate so interpretiert werden, daß die Naturgesetze nur Antineutrinos $\overline{\nu_e}$ mit zu ihrer Bewegungsrichtung parallelem Spin erlauben, während Spin und Bewegungsrichtung bei deren Antiteilchen, den Neutrinos ν_e, stets antiparallel zueinander sind. Das Bild eines Elektron-Neutrino ν_e im C-Spiegel wäre also ein Elektron-Antineutrino in einem Zustand, dessen es auf Grund der Naturgesetze nicht fähig ist – ganz wie das Zerfallsprodukt Antineutrino des π^- im P-Spiegel gesehen dasselbe Antineutrino in einem Zustand ist, den kein Antineutrino annehmen kann.

Auf jeden Fall ist die Symmetrie gegenüber der Vertauschung C von Teilchen und Antiteilchen etwa genauso stark gebrochen wie die gegenüber P, der Raumspiegelung. Nach unserer heutigen Kenntnis bricht nur die schwache Wechselwirkung diese Symmetrien; die starke, die elektromagnetische und die Gravitations-Wechselwirkung sind sowohl P- als auch C-symmetrisch.

CP-Symmetrie ist viel besser erfüllt als C- oder P-Symmetrie allein

Betrachtet man den Zerfall eines π^- in einem P- oder in einem C-Spiegel, so sieht man einen Prozeß, der in der Natur nicht vorkommt.

Wir wollen uns überlegen, daß die kombinierte Operation CP – erst im Raum spiegeln, dann Teilchen und Antiteilchen vertauschen – den wirklichen Zerfall des π^- in Elektron und Elektron-Antineutrino in den ebenfalls wirklichen Zerfall des π^+ in Positron und Elektron-Neutrino transformiert, also eine Symmetrieoperation der für den Zerfall geltenden Naturgesetze ist.

Zunächst einmal ersetzt, wie beschrieben, C alle am Zerfall des π^- beteiligten Teilchen durch diejenigen, die beim Zerfall des π^+ auftreten – das π^+ selbst eingeschlossen. Von dem wirklichen Zerfall des π^+ unterscheidet sich dieses Bild des Zerfalls des π^- unter C allein durch den Drehsinn der Zerfallsprodukte. Diesen kehrt P um, so daß das Bild des Zerfalls des π^- unter CP der beobachtete Zerfall des π^+ ist.

Die schwache Wechselwirkung weiß nichts von Symmetrie gegenüber C oder P. Die Verletzung von P ist in dem Sinn so groß wie möglich, daß zwar Elektronen mit negativer longitudinaler Polarisation, nicht aber deren Spiegelbilder, Elektronen mit positiver Polarisation, schwache Wechselwirkungen besitzen. So treten bei schwachen radioaktiven Zerfällen wie dem Zerfall des π^- nur Elektronen mit negativer Polarisation auf. Ob es die schwachen Wechselwirkungen in der Natur gibt, ist für das Verhalten von Elektronen mit positiver longitudinaler Polarisation irrelevant. Daß die Verletzung von P im Alltagsleben nicht allgegenwärtig ist, liegt nur daran, daß die diese Symmetrie verletzende schwache Wechselwirkung unter Normalumständen nicht in Erscheinung tritt[28]. Bei Prozessen der schwachen Wechselwirkung im Labor und in der Sonne ist die Verletzung von P hingegen total, so groß wie überhaupt möglich.

Für C gilt analoges. Diesen "großen" Verletzungen von C und P steht eine vergleichsweise winzige Verletzung von CP gegenüber. Beim schwachen Zerfall der geladenen π-Mesonen heben sich die Verletzungen von C und P in CP gegenseitig vollständig, bei anderen Prozessen nahezu vollständig auf. Zum Ursprung der CP-Verletzung gibt es viele Theorien. Auf sie gehen wir nicht ein. Verletzung von CP wird bis

[28] Da die Festigkeit der Materie allein auf der spiegelsymmetrischen elektromagnetischen Wechselwirkung beruht, wirkt die ebenfalls spiegelsymmetrische Schwerkraft auf beliebige Objekte genauso wie auf deren Spiegelbilder. Mit dem Herrmannsdenkmal wäre also auch dessen Spiegelbild stabil, und wenn der Leser und sein Freund Häuser bauen wollten, deren Grundrisse Spiegelbilder voneinander wären, so müßte die Statik nur einmal berechnet werden. Denn das Gravitationsfeld, dem Bauten ausgesetzt sind, ist mit großer Genauigkeit symmetrisch bei Spiegelung an senkrecht stehenden Spiegeln.

heute nur bei einem einzigen physikalischen System beobachtet, dem der neutralen K-Mesonen.

Das neutrale K-Meson K^0 unterscheidet sich von seinem Antiteilchen, dem $\overline{K^0}$, nur durch den Eigenwert der Seltsamkeit S – $S = 1$ bei dem K^0, $S = -1$ beim $\overline{K^0}$. Im Labor werden die neutralen K-Mesonen durch Zusammenstöße von Teilchen mit $S = 0$ erzeugt; zum Beispiel durch einen Strahl negativ geladener π-Mesonen, der auf ein Protonen-Target fällt. Die für die Produktion verantwortliche starke Wechselwirkung ändert die Seltsamkeit nicht, so daß Teilchen mit $S \neq 0$ stets paarweise erzeugt werden – ein Teilchen mit $S = 1$ zusammen mit einem Antiteilchen mit $S = -1$. Einmal erzeugt, fliegen die K-Mesonen eine gewisse Strecke und zerfallen dann einzeln in Teilchen mit $S = 0$ – zum Beispiel in zwei oder drei π-Mesonen. Da der Zerfall die Seltsamkeit ändert, vertauscht der für ihn verantwortliche Hamilton-Operator der schwachen Wechselwirkung nicht mit S.

Wir wissen, daß die schwache Wechselwirkung auch C und P verletzt, und wollen die Annahme diskutieren, CP sei eine exakte Symmetrie. Dann vertauscht CP die Zustände $|K^0\rangle$ und $|\overline{K^0}\rangle$ der neutralen K-Mesonen in Ruhe, $CP|K^0\rangle = |\overline{K^0}\rangle$ und $CP|\overline{K^0}\rangle = |K^0\rangle$. Daher sind $|K_1\rangle = (|K^0\rangle + |\overline{K^0}\rangle)/\sqrt{2}$ und $|K_2\rangle = (|K^0\rangle - |\overline{K^0}\rangle)/\sqrt{2}$ Eigenzustände von CP mit den Eigenwerten $+1$ und -1. Ausgedrückt durch $|K_1\rangle$ und $|K_2\rangle$, heißen die Zustände mit bestimmter Seltsamkeit $|K^0\rangle = (|K_1\rangle + |K_2\rangle)/\sqrt{2}$ und $|\overline{K^0}\rangle = (|K_1\rangle - |K_2\rangle)/\sqrt{2}$.

Als Symmetrieoperation kann CP zugleich mit dem Hamilton-Operator diagonalisiert werden. Im zweidimensionalen Zustandsraum sind $|K_1\rangle$ und $|K_2\rangle$ die simultanen Eigenzustände, W_1 und W_2 seien die Eigenwerte. Da die $|K_1\rangle$ und $|K_2\rangle$ zerfallen, sind W_1 und W_2 komplex; die Imaginärteile Γ_1 und Γ_2 von W_1 und W_2 sind zu den Lebensdauern der Teilchen umgekehrt proportional.

Bei CP-Symmetrie zerfallen K_1 und K_2 in Endzustände, die Eigenzustände von CP zu denselben Eigenwerten $+1$ und -1 sind. Zwei π-Mesonen haben $CP = +1$, drei $CP = -1$, so daß das K_1 nicht in drei, das K_2 nicht in zwei π-Mesonen zerfallen kann. Hingegen sind $K_1 \to 2\pi$ und $K_2 \to 3\pi$ erlaubte wichtige Zerfälle der neutralen K-Mesonen.

Für die experimentelle Untersuchung der CP-Verletzung ist wichtig, daß das K_1 schneller zerfällt als das K_2. Die Lebensdauern sind $\tau_1 \approx 10^{-10}$s und $\tau_2 \approx 500\tau_1 \approx 5 \cdot 10^{-8}$ s. Die bereits erwähnte Methode, neutrale K-Mesonen durch π^--Proton-Reaktionen zu erzeugen, liefert bei niedrigen Energien des π^--Strahls nur K^0, keine $\overline{K^0}$. Es ist also möglich,

Untersuchungen zu den Zerfällen der neutralen K-Mesonen mit einem reinen K^0-Strahl zu beginnen. Wegen $|K^0\rangle = (|K_1\rangle + |K_2\rangle)/\sqrt{2}$ entsteht aus einem K^0-Strahl nach einer Flugstrecke, die einigen Lebensdauern τ_1 des K_1 entspricht ein reiner K_2-Strahl. Folglich kann es bei CP-Symmetrie nach einer gewissen Flugstrecke nur noch Zerfälle des K_2 geben. Dem entgegen haben Cronin und Fitch im Jahr 1964 entdeckt, daß sich aus dem K^0-Strahl ein Strahl von Teilchen K_L entwickelt, die im Gegensatz zur CP-Symmetrie sowohl in drei, als auch in zwei π zerfallen. Das K_L besitzt also möglicherweise kein bestimmtes CP, oder sein Zerfall verletzt die CP-Symmetrie, oder beides – auf keinen Fall aber sind die Naturgesetze CP-symmetrisch.

Da von tausend K_L nur drei in 2π zerfallen, ist die CP-Verletzung ein kleiner Effekt. Ihr Ursprung konnte bisher nicht aufgeklärt werden. Berücksichtigt man die Asymmetrie, sind die Eigenzustände des Hamilton-Operators H im allgemeinen nicht mehr zugleich Eigenzustände von CP. Die Eigenzustände von H heißen K_S und K_L; die Eigenwerte W_S und W_L. Hier steht K_S oder K-short für das kurzlebige neutrale K, das hauptsächlich in 2π zerfällt; K_L oder K-long steht für das langlebige, hauptsächlich in 3π zerfallende.

Nicht nur die für die Zerfälle verantwortlichen Imaginärteile von $W_S \approx W_1$ und $W_L \approx W_2$, auch die Realteile – die Massen M_S und M_L von K_S und K_L – sind von Null und voneinander verschieden. Das führt zu von Zerfällen überlagerten $K^0 - \overline{K^0}$-Oszillationen. Sieht man von Zerfällen ab, entsteht im Laufe der Zeit aus einem K^0 ein $\overline{K^0}$, dann wieder ein K^0, und so weiter. Das ist wie bei den Oszillationen zwischen Zuständen, die durch den Paritätsoperator P vertauscht werden in Kapitel 2, §2. Diese Oszillationen und andere Beobachtungen wie die "Regeneration" von K^0-Mesonen beim Durchgang von K_L-Strahlen durch Materie (Bethge 1986, Sudberry 1986), erlauben es, Aussagen der Quantenmechanik im $K^0 - \overline{K^0}$-System direkt und sehr genau zu testen[29].

[29] Das K_L zerfällt auch in ein π^+, ein negativ geladenes Lepton l^- (ein e^- oder μ^-) und ein Antineutrino ($\overline{\nu}$). Das Bild dieses Zerfalls unter CP ist bei CP-Symmetrie der Zerfall des K_L in π^-, l^+ und ν, so daß die Lebensdauern des K_L gegenüber diesen beiden Zerfällen übereinstimmen müssen. Diese Konsequenz der CP-Symmetrie wird durch das Experiment nicht bestätigt (Decker 1989).

Zeitumkehr und das CPT-Theorem

E. P. Wigner hat 1932 gezeigt, daß der Formalismus der Quantenmechanik zeitumkehrsymmetrisch ist. Gegeben sei die Schrödinger-Gleichung mit einer Potentialfunktion, die nur von den Orten der Teilchen abhängt. Zur Vereinfachung wollen wir ein einzelnes Teilchen in einem äußeren Potentialfeld betrachten. Dann lautet die zeitabhängige Schrödinger-Gleichung

$$i\hbar\frac{\partial}{\partial t}\Psi(t,\vec{r}) = \left\{\frac{-\hbar^2}{2m}\Delta + V(\vec{r})\right\}\Psi(t,\vec{r}). \tag{2.34}$$

Nun genügt mit $\Psi(t,\vec{r})$ auch die durch (* bezeichnet komplexe Konjugation)

$$\Psi_T(t,\vec{r}) = [\Psi(-t,\vec{r})]^* \tag{2.35}$$

definierte Wellenfunktion Ψ_T der Gl. 2.34. Auf die recht interessanten formalen Aspekte dieser Transformation gehen wir nicht im Detail ein. Nur zweierlei: Sei erstens $\langle\Omega\rangle(t)$ die zeitliche Entwicklung des Erwartungswertes einer durch den hermiteschen Operator Ω dargestellten Observablen bei der durch $\Psi(t,\vec{r})$ beschriebenen Entwicklung des Systems im Laufe der Zeit, also

$$\langle\Omega\rangle(t) = \int d^3r\,\Psi^*(t,\vec{r})\Omega\Psi(t,\vec{r}), \tag{2.36}$$

und sei $\langle\Omega\rangle_T(t)$ dieselbe Größe bei $\Psi_T(t,r)$. Dann zeigt eine einfache Rechnung

$$\langle\Omega\rangle_T(t) = \pm\langle\Omega\rangle(-t), \tag{2.37}$$

mit dem positiven Vorzeichen für die Orte und dem negativen für Impulse und Drehimpulse als Operatoren Ω – in Übereinstimmung mit der Interpretation von T als Zeitumkehrtransformation. Wenn die Naturgesetze also einen Ablauf erlauben, bei dem die Observablen zur Zeit t die Werte $\langle\Omega\rangle(t)$ besitzen, dann auch einen mit den Werten $\pm\langle\Omega\rangle(-t)$ zur Zeit t. Zweitens läßt, wie es bei Symmetrietransformationen der Quantenmechanik sein muß (Kapitel 3, §3) , die T darstellende Transformation im Hilbert-Raum des Systems Übergangswahrscheinlichkeiten ungeändert.

Durch die Transformation in Gl. 2.35 entsteht aus einer zeitlichen Abfolge von Zustandsvektoren im Einklang mit der Schrödinger-Gleichung eine Folge, die, ebenfalls im Einklang mit der Schrödinger-Gleichung, in umgekehrter zeitlicher Reihenfolge durchlaufen wird. Die Wellenfunktionen, die das System nach der Zeitumkehr T in umgekehrter Reihenfolge durchläuft, sind nun nicht die ursprünglichen Wellenfunktionen, sondern ihre konjugiert-komplexen. Für die Interpretation von T als Zeitumkehr ist dies, insofern die zeitliche Entwicklung der Erwartungswerte von Observablen betroffen ist, wegen Gl. 2.38 irrelevant. Man kann zeigen, daß der Übergang zur konjugiert-komplexen Wellenfunktion die Tatsache, daß die Zeitumkehr Anfangs- und Endzustände von Prozessen vertauscht, korrekt wiedergibt.

Die Rahmentheorie der fundamentalen Naturgesetze, die Quantenmechanik, ist also zeitumkehrsymmetrisch. Sind es auch die Gesetze? Die allgegenwärtige Irreversibilität makroskopischer Abläufe ist kein Argument gegen die Zeitumkehrsymmetrie der Naturgesetze, die für diese Abläufe gelten. Dies erläutern wir nicht und verweisen auf Zeh 1989 und die Zitate dort, siehe auch Genz 1987a, S. 349-351. Zur Zeit ist kein Prozeß bekannt der zeigte, daß die Naturgesetze nicht zeitumkehrsymmetrisch sind. Es gibt aber, wie gesagt, indirekte und sehr starke Hinweise darauf, daß die Naturgesetze diese Symmetrie nicht besitzen.

Tests der Zeitumkehrsymmetrie der *klassischen Mechanik* sind im Prinzip sehr einfach. Will man beispielsweise ausprobieren, ob das Gesetz für deren Bewegung im Schwerefeld der (als unbeweglich angenommenen) Sonne zeitumkehrsymmetrisch ist, braucht man nur die Bewegungen der Planeten zur Zeit $t = 0$ anzuhalten und mit umgekehrten Geschwindigkeiten neu zu starten. Wenn sie unter dieser Anfangsbedingung die alte Folge von Orten $\vec{r}_k(t)$ in umgekehrter Reihenfolge als $\vec{r}_k\ '(t) = \vec{r}_k(-t)$ wieder durchlaufen, ist das Gesetz für ihre Bewegung zeitumkehrsymmetrisch; sonst nicht. Wegen der stets angenommenen Symmetrie der Naturgesetze gegenüber Verschiebungen der Zeit, ist der Zeitpunkt, zu dem die Zeitumkehr – genauer: Umkehr der Geschwindigkeiten – vorgenommen wird, irrelevant. Wichtig ist nur, daß T – erstens – die Geschwindigkeiten umkehrt und – zweitens – Anfangs- und Endzustand vertauscht.

In einem homogenen Magnetfeld $\vec{B}$, das senkrecht auf der Papierebene steht, sind die Kreise A und A' der Abb. 2.22 mögliche Bahnen eines Probekörpers mit der Masse m und der elektrischen Ladung q. Das

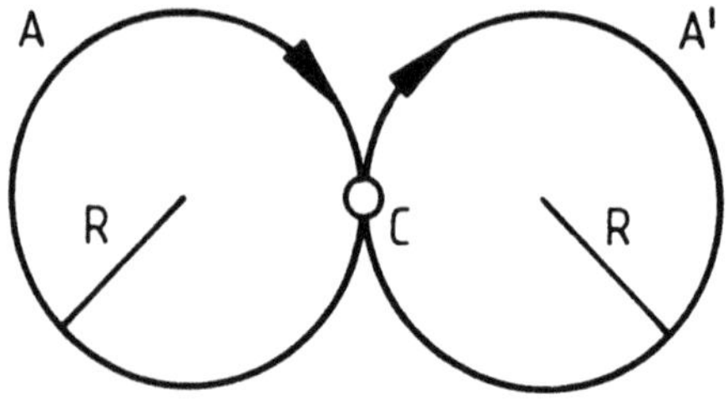

Abb. 2.22 **Zeitumkehrsymmetrie der Gesetze der Elektrodynamik: Eine Probeladung in einem homogenen Magnetfeld $\vec{B}$ durchlaufe den Kreis A in Richtung des Pfeils. Im Punkt C wird die Bewegung angehalten und mit umgekehrter Geschwindigkeit neu gestartet. Danach durchläuft die Probeladung den Kreis A'.**

Vorzeichen von q und die Richtung von $\vec{B}$ – nach oben oder nach unten – wählen wir so, daß der Probekörper die Kreise in die Richtungen der Pfeile durchläuft. Da die Radien R der Kreise übereinstimmen, ist der Betrag $v = |q| \cdot R \cdot |\vec{B}|/m$ der Geschwindigkeit des Probekörpers auf beiden Bahnen gleich.

Durchlaufe nun der Probekörper den Kreis A. Wie zuvor die Bewegung der Planeten, halten wir seine Bewegung zum Test der Zeitumkehrsymmetrie an, und lassen sie mit umgekehrter Geschwindigkeit neu beginnen. Wenn wir das im Punkt C tun, durchläuft der Probekörper fürderhin den Kreis A' – also nicht die alte Folge von Orten $\vec{r}\,(t)$ in umgekehrter Reihenfolge. Folglich sind die Gesetze der Elektrodynamik nicht zeitumkehrsymmetrisch?

Tatsächlich doch. Zum Test der Zeitumkehrsymmetrie müssen wir die Richtungen aller Bewegungen umkehren, die den Ablauf beeinflussen – auch die der Ladungen, die das $\vec{B}$-Feld erzeugen. Dann aber wechselt auch dieses bei der Transformation sein Vorzeichen, $\vec{B} \to \vec{B}\,' = -\vec{B}$, so daß der Probekörper nach der vollständigen Bewegungsumkehr die alte Folge von Orten $\vec{r}\,(t)$ in umgekehrter Reihenfolge durchläuft ($\vec{r}\,'(t) = \vec{r}\,(-t)$, wie es bei Zeitumkehrsymmetrie sein muß). Berücksichtigt man, daß die Sonne nicht fest im Raum steht, muß um Zeitumkehrsymmetrie der Planetenbewegung zu erreichen, auch die Geschwindigkeit der Sonne umgekehrt werden.

Das Vorzeichen polarer Vektoren wird durch Raumspiegelungen P geändert, das axialer nicht (Kapitel 1, §2). Analoges gilt für die Zeitumkehr T: Sie kehrt das Vorzeichen magnetischer Felder $\vec{B}$ um, nicht aber das elektrischer $\vec{E}$. Wie sich andere physikalische Größen unter T verhalten, diskutieren wir nicht. Sind die Gleichungen einer Theorie gegeben, kann man von ihnen ablesen, welches ihre Symmetrietransformationen sind. Zur Überprüfung der Symmetrie müssen die Bedingungen von Experimenten der Transformation entsprechend verändert werden. Um beispielsweise $\vec{B}$ umzukehren, müssen alle Spins umgekehrt werden – unabhängig davon, ob der Spin letztendlich auf einer Drehung beruht.

Die Frage, ob ein *quantenmechanisches* Naturgesetz zeitumkehrsymmetrisch sei, ist experimentell viel schwerer zu beantworten; genau genommen ist sie unbeantwortbar. Nehmen wir das Gesetz für die Streuung eines Elektrons an einem elektrostatischen Feld, zum Beispiel an dem eines (als unbeweglich angenommenen) Protons. Bei einem typischen Streuexperiment fällt ein Strahl von Elektronen, die alle dieselbe Geschwindigkeit besitzen, aus einer bestimmten Richtung auf das Protonentarget. Wir wollen Spin-Effekte vernachlässigen und nur die Streuung eines Elektrons an einem Proton betrachten. Der Anfangszustand, daß dieses Elektron aus (nahezu) einer bestimmten Richtung mit (nahezu) bestimmter Geschwindigkeit auf das Proton zuläuft, ist leicht einzustellen. Insbesondere spielen Quanteneffekte bei der Realisierung dieses Anfangszustandes nur eine untergeordnete Rolle. Das ist ganz anders bei dem Zustand, der sich im Laufe der Zeit aus ihm entwickelt – jenem also, der auch durch Zeitumkehr aus ihm entsteht und zum Test der Symmetrie als Anfangszustand einzustellen wäre. Denn der Anfangszustand legt nach den Gesetzen der Quantenmechanik nicht fest, in welche Richtung das Elektron nach der Streuung davonfliegt – ganz und gar nicht: Durch die Streuung entsteht eine Kugelwelle, die vom Streuzentrum ausgeht und sich in alle Raumrichtungen ausbreitet. Wir können sie uns als Wasserwelle vorstellen, die von einem in das Wasser geworfenen Stein ausgeht. Der zum Test der Zeitumkehrsymmetrie der Streuung einzustellende Anfangszustand wäre also einer, bei dem aus großer Entfernung vom Streuzentrum aus allen Richtungen eine nahezu kugelförmige Welle auf das Streuzentrum zuliefe. Der Leser mag darüber richten, ob es im Prinzip oder nur praktisch unmöglich ist, einen solchen Anfangszustand herzustellen. Unmöglich ist es auf jeden Fall.

Vollständige Überprüfung der Konsequenzen der Zeitumkehrsymmetrie von Gesetzen der Quantenmechanik ist also ausgeschlossen. Ein weniger ambitionierter Test vergleicht Wahrscheinlichkeiten von Reaktionen miteinander. Sei $|A\rangle$ ein realisierbarer und durch die Quantenzahlen A charakterisierter Zustand. Ein Beispiel ist der Zustand eines Elektrons, das sich auf das Streuzentrum zubewegt in dem Augenblick, in dem es die Quelle des Elektronenstrahls verläßt. Wie $|A\rangle$ der Zustand des Elektrons lange vor der Streuung ist, so $S|A\rangle$ sein Zustand lange nach der Streuung: $S|A\rangle$ ist der komplizierte Zustand, der wie oben beschrieben aus $|A\rangle$ nach langer Zeit entsteht. Detektoren für Teilchen können wir als umgekehrte Quellen von Teilchen auffassen: Wenn ein Detektor das Teilchen nachweist, so mit einer (nahezu) bestimmten Bewegungsrichtung und, so können wir annehmen, mit einer (nahezu) bestimmten Geschwindigkeit. Der Zustand des Elektrons, auf den der betrachtete Detektor anspricht, sei $|B\rangle$. Dann ist die Wahrscheinlichkeit, daß der Detektor das Elektron nachweist, bis auf bekannte Faktoren das absolute Quadrat der Wahrscheinlichkeitsamplitude $\langle B|S|A\rangle$.

Durch T entsteht aus $|A\rangle$ der Zustand $|A_T\rangle \equiv T|A\rangle$, aus $|B\rangle$ der Zustand $|B_T\rangle \equiv T|B\rangle$. Im Zustand $|A_T\rangle$ befindet sich das Elektron an (etwa, da wir Quantenmechanik treiben) derselben Stelle wie im Zustand $|A\rangle$ und besitzt die umgekehrte Geschwindigkeit; $|B_T\rangle$ und $|B\rangle$ unterscheiden sich genauso voneinander. Den Spin des Elektrons berücksichtigen wir nicht. Es ist (im Prinzip) leicht möglich, den Detektor für Elektronen im Zustand $|B\rangle$ durch eine Elektronenquelle zu ersetzen, die Elektronen im Zustand $|B_T\rangle$ liefert. Genauso kann die Quelle für Elektronen im Zustand $|A\rangle$ durch einen Detektor für Elektronen im Zustand $|A_T\rangle$ ersetzt werden: Alle Elektronenzustände, von denen wir hier sprechen, können ja näherungsweise hergestellt bzw. nachgewiesen werden.

Mit der so abgeänderten Apparatur können wir die Streuung $B_T \to A_T$ untersuchen. Bis auf die quantenmechanischen Komplikationen ist dies der Prozeß, der aus $A \to B$ durch Zeitumkehr T entsteht. Es ist leicht zu sehen, daß eine Konsequenz der Zeitumkehrsymmetrie die Übereinstimmung

$$|\langle A_T|S|B_T\rangle|^2 = |\langle B|S|A\rangle|^2 \tag{2.38}$$

der absoluten Quadrate der Wahrscheinlichkeitsamplituden der Prozesse $A \to B$ und $B_T \to A_T$ ist. Durch Multiplikation mit bekannten Faktoren folgt hieraus das Verhältnis der Wahrscheinlichkeiten der Prozesse bei Zeitumkehr.

Derartige Reziprozitätsbeziehungen werden in zahlreichen Prozessen der starken Wechselwirkung getestet. Ein Beispiel ist der Vergleich der Kernreaktionen ^{24}Mg +d $\to ^{25}$Mg +p mit der Umkehrreaktion ^{25} Mg +p$\to ^{24}$Mg +d, wobei p für das Proton und d für das Deuteron steht; ein anderes der Vergleich von ^{24}Mg +^{4}He $\to ^{27}$Al +p mit ihrer Umkehrreaktion. Innerhalb der experimentellen Genauigkeit von etwa 0.5% wurden keine Abweichungen von den Konsequenzen der Zeitumkehrsymmetrie gefunden (zitiert nach Lee 1981). Experimente zu elektrischen Dipolmomenten ausgenommen, betreffen die anderen Tests (Particle Data Group 1990) der Zeitumkehrsymmetrie theoretische Parameter, auf die wir nicht eingehen können. Da die Quantenelektrodynamik zeitumkehrsymmetrisch ist, sind deren Präzisionstests zugleich Präzisionstests der Zeitumkehrsymmetrie.

Bei keinem Prozeß konnte bisher Verletzung der Zeitumkehrsymmetrie nachgewiesen werden. Der indirekte Hinweis darauf, daß diese Symmetrie verletzt ist, folgt aus der CP-Verletzung mit Hilfe des CPT-Theorems. Das CPT-Theorem sagt, daß in jeder Theorie, die gewissen Grundvorstellungen genügt, die Transformation CPT, die durch Hintereinanderschalten von C, P und T entsteht, eine Symmetrietransformation der Naturgesetze ist. Wir wissen, daß die Verletzungen von P und C einander in CP nahezu aufheben. Das CPT-Theorem verlangt, daß T in Analogie dazu die beobachtete Verletzung von CP in CPT rückgängig macht. Das ist aber nur möglich, wenn T selbst verletzt ist; sonst wäre CPT genauso gebrochen wie CP. Folglich impliziert die im System der neutralen K-Mesonen beobachtete CP-Verletzung, daß die Naturgesetze nicht zeitumkehrsymmetrisch sind – ein höchst bemerkenswerter Schluß.

CPT-Symmetrie folgt aus wenigen, sehr fundamentalen Annahmen (Wess 1989). Wir wollen sie hier aufzählen; den Beweis des CPT-Theorems können wir nicht führen. Kasten 2.9 faßt die Aussagen des CPT-Theorems und deren experimentelle Tests zusammen. Es gibt kein Anzeichen dafür, daß die CPT-Symmetrie verletzt wäre.

Die erste Voraussetzung des CPT-Theorems ist, daß Symmetrie gegenüber den kontinuierlichen Transformationen der Speziellen Relativitätstheorie mit einer Zeit- und drei Raumdimensionen besteht. Zweitens sollen die Gesetze lokal sein in dem Sinn, daß sich Wirkungen nur kontinuierlich – soll heißen: nicht instantan über endliche Strecken – ausbreiten. Drittens sollen die Gesetze der Quantenmechanik gelten. In der Quantenmechanik bedeutet Lokalität, daß gleichzeitige Messungen an verschiedenen Orten sich nicht gegenseitig stören. Theorien, die diese Forderungen erfüllen, heißen lokale relativistische Quantenfeldtheorien in vier Dimensionen. Es soll viertens einen Zustand niedrigster Energie geben; Energien sollen nicht beliebig negativ werden können. Fünftens soll sich die quantenmechanische Gesamtwahrscheinlichkeit unter keinen Umständen im Laufe der Zeit ändern. Sechstens, schließlich, soll

Kasten 2.9: Konsequenzen und Tests des CPT-Theorems

Als wohl einfachste Konsequenz des CPT-Theorems muß die Masse $m(T)$ *eines jeden Teilchens* T *mit der Masse* $m(\overline{T})$ *seines Antiteilchens* $\overline{T}$ *übereinstimmen; dasselbe gilt für die Lebensdauern* $\tau(T)$ *und* $\tau(\overline{T})$. *Experimentell ist die beste Schranke für* $|m(T) - m(\overline{T})|/m(T)$ *die für die neutralen K-Mesonen,* $6 \cdot 10^{-19}$. *Für das Proton und sein Antiteilchen ist sie* $\approx 10^{-5}$, *genauso für das Neutron, und für das Elektron* $4 \cdot 10^{-8}$. *Die experimentelle Schranke für den Unterschied* $|\tau(T) - \tau(\overline{T})|/\tau(T)$ *der Lebensdauern für geladene K-Mesonen ist* $\approx 10^{-3}$, *und für* μ*-Leptonen* $\approx 10^{-4}$. *Auch die magnetischen Momente von Teilchen und Antiteilchen müssen bei CPT-Symmetrie übereinstimmen. Die hierfür beste Schranke betrifft das Elektron. Da aber die experimentellen magnetischen Momente* μ *von Elektron* e^- *und Positron* e^+ *mit dem aus der CPT-symmetrischen Quantenelektrodynamik folgenden* μ_{QED} *übereinstimmen, bildet die Quantenelektrodynamik als ganzes einen genaueren Test der CPT-Symmetrie als die Schranke* $\approx 10^{-12}$ *für* $|\mu(e^-) - \mu(e^+)|/\mu(e^-)$. *Die hier zitierten und andere Tests der CPT-Symmetrie findet der Leser in Particle Data Group 1990.*

es nur eine endliche Anzahl von Teilchen geben, die nicht aus anderen zusammengesetzt sind.

Der physikalische Hintergrund der meisten dieser Forderungen ist offensichtlich. Sie enthalten keinen Parameter. Das wäre eine Größe, die, um CPT-Symmetrie *etwas* zu brechen, *etwas* geändert werden könnte. Wer eine Theorie formulieren will, in der CPT-Symmetrie nicht gilt, muß den Rahmen der bekannten Theorien verlassen. Da die verschiedenen physikalischen Vorstellungen, auf denen das CPT-Theorem beruht, gleichrangig sind, wären Theorien, die zu dem Zweck konstruiert würden, die CPT-Symmetrie zu brechen, ohne ein neues Prinzip nahezu vollkommen beliebig, ihre Vorhersagen also unglaubwürdig. Übrigens ist unbekannt, ob eine Theorie existiert, die die Gravitation einbezieht und den Voraussetzungen des CPT-Theorems genügt.

Unter denselben Voraussetzungen wie das CPT-Theorem kann ein weiteres, vergleichbar fundamentales Theorem bewiesen werden, das Theorem von Spin und Statistik. Es sagt, daß Teilchen mit ganzzahligem Spin der Bose-Statistik, mit halbzahligem der Fermi-Statistik genügen. Die verschiedenen Statistiken von klassischen Teilchen, Bosonen und Fermionen behandeln Cohen-Tannoudji 1977 und Sudberry 1986. Siehe auch Genz 1987a, S. 234 bis 242. Experimentelle Hinweise, daß das Theorem von Spin und Statistik verletzt sei, gibt es nicht.

Der Spin von Photonen ist eins, der von ^{4}He-Atomen Null. Wie es sich für Bosonen gehört, befinden sich stets möglichst viele Photonen oder ^{4}He-Atome in demselben quantenmechanischen Zustand. Für Photonen zeigt das der experimentelle Erfolg der Planckschen Strahlungsformel und die Theorie des Laserlichts; für ^{4}He die erfolgreiche Theorie der Superfluidität.

Die Konsequenzen des Spin-Statistik-Theorems für Fermionen stimmen mit denen des Pauli-Prinzips überein. Für das Pauli-Prinzip spricht vor allem, daß es den Aufbau der Atome erklärt. Auch das erfolgreiche Schalenmodell der Kerne beruht auf dem Pauli-Prinzip. Es ist schwer, Tests des Pauli-Prinzips – wie bereits Tests des CPT-Theorems – quantitativ zu bewerten, da es keine Theorie für deren Brechung, die einen universellen "kleinen Parameter" enthielte, gibt oder geben kann. Bei dem CPT-Theorem täuscht darüber hinweg, daß bereits Elementarteilchentabellen kontinuierliche[30] Parameter wie Massen von Teilchen und Antiteilchen vorgeben, deren Unterschiede verschwinden, wenn die Naturgesetze CPT-symmetrisch sind. Experimentelle Obergrenzen für einzelne Unterschiede sagen selbstverständlich, daß die jeweils gemessene Größe nicht stärker von ihrem Symmetrie-Wert abweicht, als die Obergrenze zuläßt. Da es aber keine Theorie der CPT-Symmetriebrechung gibt, stehen die einzelnen Obergrenzen beziehungslos nebeneinander. Ob beispielsweise (Kasten 2.9) die Obergrenze $6 \cdot 10^{-19}$ für die (dimensionslos gemachte) Massendifferenz von K^0 und $\overline{K^0}$ mehr über die CPT-Symmetrie der Naturgesetze sagt als die analoge, auf den ersten Blick viel schlechtere Obergrenze 10^{-5} für Proton und Antiproton, ist unbekannt. Zum Beispiel könnte es sein, daß sich hypothetische, CPT-verletzende Massenunterschiede von Quarks und Antiquarks bei den Mesonen gegenseitig aufheben, während sie zu den Massen von Proton und Antiproton mit entgegengesetzten Vorzeichen

[30] Daß die Massen stabiler Elementarteilchen diskrete Eigenwerte des Massenoperators sind, ist in diesem Zusammenhang unwichtig.

beitragen. Wäre das so, könnte die "schlechtere" Obergrenze für Proton und Antiproton mehr über die Brechung von CPT sagen, als die "bessere" für die neutralen K-Mesonen.

Ein Test des Pauli-Prinzip (Novikov 1990) sucht massenspektroskopisch nach Neon-*Kernen* in Proben von Fluor, und findet keine. Wäre das Pauli-Prinzip verletzt, könnte die untere Elektronenschale von Neon mit seiner Kernladung $Z = 10$ drei statt zwei Elektronen enthalten, so daß es (wenige; die Anzahl dient in diesem Experiment als Parameter für die Güte des Theorems von Spin und Statistik) anomale Neon-Atome gäbe, deren äußere Schale sieben statt acht Elektronen enthielte – wie Fluor mit $Z = 9$. Chemisch verhielte sich das anomale Neon also wie Fluor und sollte zusammen mit diesem vorkommen.

Unter 10^{17} Fluor-Atomen hat das Experiment kein Neon-Atom gefunden. Wie dies Resultat als Test des Spin-Statistik-Theorems quantitativ zu interpretieren ist, wissen wir nicht[31]. Sudbery 1990 zitiert dieses und weitere Experimente zum Pauli-Prinzip und erläutert sie.

[31] Bereits die Quantenmechanik verbietet, daß ein Zustand mit total antisymmetrischer Wellenfunktion in einen übergeht, dessen Wellenfunktion das nicht ist (Dirac 1958, Kapitel IX). Daher können auch dann, wenn das Pauli-Prinzip verletzt ist, Elektronen aus der äußeren Schale eines Atoms nicht den hypothetischen dritten Zustand in der untersten Schale besetzen, so daß das in Kasten 2.4 beschriebene Experiment zur Stabilität des Elektrons nicht auch ein Test des Pauli-Prinzips ist. Als Test nicht nur des Pauli-Prinzips, sondern vor allem der Quantenmechanik, ergeben bei Novikov 1990 Zusatzannahmen, daß die Lebensdauer normaler Neon-Atome gegenüber dem "Zerfall" in anomale mehr als $2 \cdot 10^{30}$ Jahre beträgt.

Kapitel 3
Symmetrien spezieller Systeme

§1 Symmetrien und Erhaltungssätze der Mechanik

Daraus, daß eine Bewegungsgleichung der klassischen Mechanik symmetrisch ist gegenüber einer Transformation der in ihr vorkommenden Variablen, folgt ohne weitere Voraussetzungen nur, daß die Transformation mögliche Abläufe in mögliche überführt. Allein aus Symmetrien von Bewegungsgleichungen folgen weder Erhaltungssätze noch Theoreme, die Symmetrien und Schwingungsformen zueinander in Beziehung setzen. Dieses Kapitel ist den Konsequenzen von Symmetrien der Naturgesetze unter weitergehenden Voraussetzungen gewidmet.

Symmetrietransformationen verändern im allgemeinen sowohl die Zustandsvariablen eines Systems wie Orte und Geschwindigkeiten $(\vec{r}, \dot{\vec{r}})$ als auch die Variablen, die das System definieren – wie Massen m und Federkonstante k. Konsequenzen, die darüber hinausgehen, daß ihre Transformationen mögliche Abläufe in mögliche überführen, haben nur Symmetrien, die das *System* ungeändert lassen, also nur Zustandsvariable bei festen Massen, Federkonstanten und so weiter verändern.

Skalensymmetrie und Virialtheorem

Ähnlichkeitstransformationen (siehe auch Kapitel 5, §1) betreffen in der Regel Variable beider Typen. Als erstes Beispiel betrachten wir eine Ähnlichkeitstransformation der Zeit. Diese bewirkt (wobei b eine positive Zahl ist)

$$x(t) \to x'(t) = x(t/b) \tag{3.1}$$

für Abläufe $x(t)$, die durch eine Ortsvariable x als Funktion der Zeit beschrieben werden. Die Transformation ändert also die Geschwindigkeit $\dot{x}(t) \equiv (d/dt)x(t)$ nach der Kettenregel um den Faktor b^{-1},

$$\dot{x}(t) \to \dot{x}'(t) = \frac{1}{b}\dot{x}(t/b).$$

Als besonders einfachen Fall betrachten wir zunächst die eindimensionale Bewegung einer Masse m in einem Potentialfeld $k \cdot U(x)$, wobei k eine Zahl ist, die wir variieren wollen. Hier sind x und $\dot{x}$ Zustandsvariable, m und k (bei festem $U(x)$) hingegen Variable, die das System definieren. Die von Gl. 3.1 abzulesende Transformationsformel für die Zustandsvariablen x, $\dot{x}$ ist

$$x \to x' = x, \qquad \dot{x} \to \dot{x}' = \dot{x}/b.$$

Wenn nun $x(t)$ die Bewegungsgleichung

$$m\ddot{x} + k\frac{dU(x)}{dx} = 0 \tag{3.2}$$

erfüllt, dann erfüllt, abermals nach der Kettenregel, $x'(t)$ die Bewegungsgleichung

$$mb^2\ddot{x}' + k\frac{dU(x')}{dx'} = 0. \tag{3.3}$$

Außer bei $k \cdot dU(x)/dx \equiv 0$ stellt daher $x'(t)$ für $b \neq 1$ keinen möglichen Ablauf an demselben System mit denselben m, k dar. Hingegen ist es leicht möglich, das System so abzuänderen, daß $x'(t)$ die Bewegungsgleichung des transformierten Systems löst, die simultane Transformation von x, $\dot{x}$, m, k also eine Symmetrietransformation ist. Wählt man nämlich m', k' so, daß sie $m'/k' = b^2 \cdot (m/k)$ erfüllen, so gilt

$$m'\ddot{x}' + k'\frac{dU(x')}{dx'} = 0.$$

Insbesondere erhält man durch die Wahl $k \to k' = k$, $m \to m' = b^2 \cdot m$ ein System mit veränderter Masse m', das der Bewegung $x'(t) = x(t/b)$ fähig ist. Um das Resultat anschaulich zu interpretieren, nehmen wir $m' = 4m$, also $b = 2$ an: In demselben Potentialfeld unterscheiden sich die möglichen Bewegungen eines Massenpunktes mit der Masse $4m$ von denen eines Massenpunktes mit der Masse m nur dadurch, daß dieselbe Folge von Punkten $x(t)$ mit halbierter Geschwindigkeit $\dot{x}'(t) = (1/b)\dot{x}(t/b) = \frac{1}{2}\dot{x}(\frac{1}{2}t)$ durchlaufen wird.

Durch die Wahl $k \to k' = k/b^2$, $m \to m' = m$ werden ganz analog bei Vervierfachung der Potentialfunktion ($b^2 = 1/4$) die Geschwindigkeiten verdoppelt. Insgesamt gilt also: Je größer die Masse, desto kleiner bei gleichem Potential und gleicher Bahn die Geschwindigkeit; je stärker (absolut) das Potential, desto größer bei gleicher Masse und Bahn die

Geschwindigkeit. Dementsprechend ist beim harmonischen Oszillator die Frequenz zu $\sqrt{k/m}$ proportional.

Für die Bewegung eines Massenpunktes in drei Raumdimensionen gilt dasselbe. Daher erlaubt ein (ruhendes) Zentralgestirn mit vierfacher Sonnenmasse dieselben Planetenbahnen wie die Sonne selbst; die Bahnen werden aber mit der doppelten Geschwindigkeit durchlaufen. Die einem eingespannten Stab (§2) möglichen Lissajous-Figuren bleiben bei Änderung der Frequenzen seiner beiden Normalschwingungen um denselben Faktor ungeändert; geändert werden nur die Geschwindigkeiten, mit denen die Figuren durchlaufen werden.

Unter geeigneten Voraussetzungen an das Potential U ist es möglich, die Änderung der Geschwindigkeit um den Faktor $1/b$ mit einer Ähnlichkeitstransformation $(a > 0)$

$$x \rightarrow x' = ax$$

der Bahn, insgesamt also

$$x(t) \rightarrow x'(t) = a \cdot x(t/b), \quad \dot{x}(t) \rightarrow \dot{x}'(t) = (a/b) \cdot \dot{x}(t/b)$$

oder

$$x \rightarrow x' = ax, \quad \dot{x} \rightarrow \dot{x}' = (a/b)\dot{x}, \tag{3.4}$$

so zu verbinden, daß aus möglichen Bewegungen eines Systems durch die Transformation mögliche Bewegungen desselben Systems ($m' = m, k' = k$) werden. Die hierfür erforderliche Voraussetzung an $U(x)$, oder, allgemeiner, $U(\vec{r})$ ist

$$U(a \cdot \vec{r}) = a^k U(\vec{r}), \tag{3.5}$$

d.h. U ist eine homogene Funktion vom Grade k. Dann besteht Symmetrie gegenüber der Transformation in Gl. 3.4 bei der Wahl $b^2 = a^{2-k}$. Das zeigt Vergleich von Gl. 3.2 mit Gl. 3.3. Für den harmonischen Oszillator mit $k = 2$ ist daher die Schwingungsdauer von der Amplitude unabhängig. Beim Kepler-Problem mit $k = -1$ gilt $b^2 = a^3$. Das ergibt einen Spezialfall des dritten Keplerschen Gesetzes: Vergrößert man die Bahn um den Faktor a, so wächst die Umlaufsdauer um den Faktor $b = a^{3/2}$. Dies ist nur ein Spezialfall des dritten Keplerschen Gesetzes, da das Gesetz nicht nur über die Umlaufsdauern bei geometrisch ähnlichen Bahnen Aussagen macht: Nach dem dritten Keplerschen Gesetz hängt das Verhältnis der Umlaufsdauern bei verschiedenen Bahnen vom Verhältnis der großen Halbachsen und von nichts weiter ab.

Im Schwerefeld mit $k = 1$ entstehen durch Vergrößern von Wurfparabeln um den Faktor a wieder Wurfparabeln, die mit der Geschwindigkeit $\sqrt{a}$ durchlaufen werden: Verdoppelt man die Anfangsgeschwindigkeit eines Geschosses, fliegt es im luftleeren Raum viermal so weit und braucht dazu die doppelte Zeit.

Dieser Spezialfall des dritten Keplerschen Gesetzes sagt auch, wie sich die Geschwindigkeit eines Satelliten im Schwerefeld der Erde ändert, wenn er durch Energieabgabe, Luftreibung zum Beispiel, so "abgebremst" wird, daß er von einer Kreisbahn um die Erde in eine andere mit niedrigerer Energie übertritt: Er wird schneller. Daß er bei Energieabgabe zu fallen beginnen kann, ist für seine Geschwindigkeit im Schwerefeld also wichtiger als die Energieabgabe. Seine mittlere Geschwindigkeit wird beim "Abbremsen" durch Energieabgabe übrigens unabhängig davon größer, von welcher Bahn er auf welche übertritt. Das folgt für $k = -1$ aus einer weiteren Konsequenz der Gl. 3.5, dem Virialtheorem: Für die zeitlichen Mittelwerte der kinetischen Energie $\langle T \rangle$ und der potentiellen $\langle U \rangle$ gilt bei Bewegungen, die nicht ins Unendliche führen,

$$2\langle T \rangle = k\langle U \rangle .$$

Hieraus folgt auch, daß sich durch die Schwerkraft zusammen gehaltene Systeme wie Sterne und Galaxien bei Energieabgabe erwärmen: Ihre spezifische Wärme ist negativ. Auf die Perspektiven, die dies Resultat für die Entwicklung von Ordnung im Universum eröffnet, gehen wir nicht ein (Fang 1989). Beweise und Anwendungen des Theorems kann der Leser den Lehrbüchern der klassischen Mechanik, insbesondere Honerkamp 1986 und Kittel 1965, entnehmen.

Noether-Theorem

Wichtiger als diese Fälle "mechanischer Ähnlichkeit" sind für die fundamentalen Naturgesetze Symmetrien gegenüber Verschiebungen in Raum und Zeit, Drehungen, Änderungen der Geschwindigkeit und Spiegelungen. Die Spezielle Relativitätstheorie sagt, welche Umschreibungen der Orts- und Zeit-Koordinaten in der wirklichen Welt diesen Transformationen entsprechen. Wir wollen uns jetzt nur mit den Symmetrien der klassischen nichtrelativistischen Mechanik beschäftigen und zwei Fragen in den Vordergrund stellen: Erstens Fragen, die mit dem

Noether-Theorem zusammen hängen und zweitens die Frage, ob und inwiefern angenommene Symmetrien andere Symmetrien implizieren.

Wir beginnen mit der Symmetrie der Naturgesetze gegenüber Verschiebungen der Zeit. Gegeben sei eine von einer zunächst einmal möglicherweise zeitabhängigen Potentialfunktion $U(t,x)$ ableitbare Newtonsche Bewegungsgleichung

$$m\ddot{x} + \frac{\partial U(t,x)}{\partial x} = 0. \tag{3.6}$$

Wir werden zeigen, daß es unter der Voraussetzung, daß $U(t,x)$ in Wahrheit von der Zeit t unabhängig ist, $U(t,x) = U(x)$, eine Funktion der Zustandsvariablen $x, \dot{x}$ gibt, die ihren Zahlenwert im Laufe der Zeit nicht ändert, d.h. eine Erhaltungsgröße ist. Diese Größe ist, wie wir sehen werden, die Energie. Die Voraussetzung, daß U von t nicht explizit abhängt, ist eine Symmetrieannahme: Wenn das so ist, kommt die Zeit in der Bewegungsgleichung, dem Naturgesetz, nicht vor; das Naturgesetz ist zu allen Zeiten dasselbe. Abläufe, die heute ablaufen, hätten, insofern das Naturgesetz betroffen ist, unmittelbar nach dem Urknall genau so ablaufen können. Daß dem Pendeln eines Pendels unmittelbar nach dem Urknall andere Gründe – Schwierigkeiten, geeignete Anfangsbedindungen herzustellen – entgegenstehen, hat mit dem Naturgesetz nichts zu tun.

Nun der einfache Beweis der Existenz einer erhaltenen Größe unter der Voraussetzung $U(t,x) = U(x)$. Dann gilt auf Grund der Kettenregel

$$\frac{dU[x(t)]}{dt} = \left\{\frac{\partial U(x)}{\partial x}\right\}_{x=x(t)} \cdot \dot{x}(t);$$

das tiefgestellte $x = x(t)$ soll bedeuten, daß nach dem Differenzieren für die Variable x, von der $(\partial/\partial x)U(x)$ abhängt, $x(t)$ eingesetzt werden soll. Genauso folgt

$$\frac{d\dot{x}^2}{dt} = 2\dot{x} \cdot \ddot{x},$$

und daher ergibt Differenzieren von

$$E[x(t), \dot{x}(t)] \equiv \frac{m}{2}\dot{x}(t)^2 + U[x(t)]$$

nach der Zeit auf Grund der Bewegungsgleichung Gl. 3.6 unmittelbar, daß die Funktion $E(x, \dot{x})$ ihren Zahlenwert im Laufe der Zeit nicht ändert, wenn $x(t)$ einen der Abläufe beschreibt, die Gl. 3.6 erlaubt. Die Verallgemeinerung dieses Beweises, daß aus Zeitunabhängigkeit der Potentialfunktion Erhaltung der Gesamtenergie folgt, auf Bewegungen mehrerer Massen in mehr als einer Dimension ist leicht möglich.

Für ein einzelnes Teilchen im Potentialfeld bedeutet Impulserhaltung, daß die Kraft verschwindet bzw. die Potentialfunktion konstant ist. Umgekehrt ist die Potentialfunktion eines Teilchens als Funktion der Ortskoordinate dieses Teilchens genau dann verschiebungssymmetrisch, wenn sie konstant ist[1]. Einen nichttrivialen Zusammenhang zwischen Verschiebungssymmetrie der Potentialfunktion und dem Impulssatz können wir also nur für mindesten zwei Teilchen erwarten. Den einfachsten interessanten Fall bildet die Bewegung zweier Teilchen in einer Dimension. Die Koordinate des einen Teilchens sei x_1, die des anderen x_2. Die Wechselwirkung der Teilchen werde durch eine Potentialfunktion $U(x_1, x_2)$ beschrieben. Als Funktion von x_1 und x_2 ist sie verschiebungssymmetrisch, wenn sie nur von der Differenz $x_1 - x_2$ abhängt,

$$U(x_1, x_2) = U(x_1 - x_2). \tag{3.7}$$

Denn die Verschiebung um den Abstand a in die x-Richtung bewirkt

$$x_1 \to x_1' = x_1 + a \quad \text{und} \qquad x_2 \to x_2' = x_2 + a,$$

so daß $x_1 - x_2$ durch die Verschiebung nicht geändert wird. Um die Erhaltung der x-Komponente des Impulses herzuleiten, schreiben wir die Bewegungsgleichungen für die Teilchen mit Massen m_1 und m_2 als

$$m_1\ddot{x}_1 = -\frac{\partial}{\partial x_1}U(x_1 - x_2) = -\frac{d}{dx}U(x)\big|_{x=x_1-x_2}$$
$$m_2\ddot{x}_2 = -\frac{\partial}{\partial x_2}U(x_1 - x_2) = \frac{d}{dx}U(x)\big|_{x=x_1-x_2}.$$

Wir haben die Kettenregel benutzt, um aus den partiellen Ableitungen $(\partial/\partial x_1)$, $(-\partial/\partial x_2)$ von U die Ableitung von $U(x_1 - x_2)$ nach seiner

[1] Dafür, daß der absolute Ort unbeobachtbar ist, ist Verschiebungssymmetrie der Potentialfunktion hinreichend. Wenn, wie in der klassischen Mechanik, nur Kräfte, also die ersten Ableitungen der Potentialfunktion beobachtbar sind, ist der absolute Ort nicht nur bei verschwindender, sondern auch bei ortsunabhängiger Kraft, d.h. bei in den Ortskoordinaten linearer Potentialfunktion, unbeobachtbar.

Kasten 3.1: Galilei-Transformationen

Galilei-Transformationen sind Änderungen der Geschwindigkeit nach der Formel $\vec{r} \rightarrow \vec{r}\,' = \vec{r} + \vec{v} \cdot t$. Die Galilei-Gruppe besteht aus den Galilei-Transformationen, den Zeitverschiebungen und den Transformationen der euklidischen Gruppe $E(3)$. Die Elemente von $E(n)$ sind Drehungen und Verschiebungen des n-dimensionalen euklidischen Raumes. Gelegentlich werden auch Orts- und/oder Zeitspiegelungen zur Galilei-Gruppe hinzugenommen. Von Galilei-Symmetrie spricht man bei Symmetrie gegenüber den Transformationen der Galilei-Gruppe in drei Dimensionen.

einzigen unabhängigen Variablen $x = x_1 - x_2$ zu erzeugen. Addition der beiden Gleichungen liefert

$$\frac{d}{dt}(m_1 \dot{x}_1 + m_2 \dot{x}_2) = 0,$$

den Impulssatz. Bemerkenswert ist, daß Verschiebungssymmetrie Gl. 3.7 der nichtrelativistischen Bewegungsgleichung auch für Symmetrie gegenüber Galilei-Transformationen (Kasten 3.1), d.h. Änderungen von Ort und Geschwindigkeit nach der Formel

$$x_1 \rightarrow x_1' = x_1 + vt, \qquad x_2 \rightarrow x_2' = x_2 + vt \tag{3.8}$$

hinreichend ist. Denn diese Transformationen ändern die Differenz $x_1 - x_2$ der Koordinaten und damit die Potentialfunktion in Gl. 3.7 nicht. Da aus Gl. 3.8 auch

$$\dot{x}_1' = \dot{x}_1 + v, \qquad \dot{x}_2' = \dot{x}_2 + v, \qquad \ddot{x}_1' = \ddot{x}_1, \qquad \ddot{x}_2' = \ddot{x}_2 \tag{3.9}$$

folgt, bleibt auch der Beschleunigungsterm der nichtrelativistischen Bewegungsgleichung bei Geschwindigkeitsänderungen à la Galilei ungeändert, so daß in der Tat aus der Verschiebungssymmetrie einer nichtrelativistischen Bewegungsgleichung ihre Symmetrie gegenüber Galilei-Transformationen folgt. Ein höchst bemerkenswerter Zusammenhang!

Das einfachste Beispiel für das Noether-Theorem zur Drehsymmetrie (Drehsymmetrie impliziert Erhaltung des Drehimpulses) bildet eine einzelne Masse m im äußeren Potential. Die Potentialfunktion bleibt genau dann bei Drehungen um einen Punkt ungeändert, wenn sie nur vom Abstand des Teilchens von diesem Punkt, in den wir den Ursprung des Koordinatensystems legen, abhängt. Dieser Abstand r ist

$$r = \sqrt{x^2 + y^2 + z^2}$$

und auf Grund der angenommenen Drehsymmetrie gilt

$$U(x, y, z) = U(r). \tag{3.10}$$

Die Kraft $\vec{K} = -\vec{\nabla} U$ an der Stelle (x, y, z) ist im Zentralfeld der Gl. 3.10 zum Ortsvektor $\vec{r} = (x, y, z)$ proportional,

$$\vec{K}(\vec{r}) = -\left\{ \frac{d}{dr} U(r) \right\} \frac{\vec{r}}{r}, \tag{3.11}$$

wie man leicht durch explizites Differenzieren mit Hilfe der Kettenregel sieht. Der auf den Koordinatenursprung bezogene Drehimuls $\vec{M}$ ist durch

$$\vec{M} = m\vec{r} \times \dot{\vec{r}}$$

definiert. Da das Kreuzprodukt $\vec{a} \times \vec{b}$ zweier paralleler Vektoren $\vec{a}$ und $\vec{b}$ verschwindet, und da $\ddot{\vec{r}}$ nach Gl. 3.11 und der Newtonschen Bewegungsgleichung $m\ddot{\vec{r}} = \vec{K}$ zu $\vec{r}$ parallel ist, folgt

$$(d/dt)\vec{M} = m\dot{\vec{r}} \times \dot{\vec{r}} + m\vec{r} \times \ddot{\vec{r}} = 0,$$

d.h. die Drehimpulserhaltung, unmittelbar.

Es ist leicht, diese Resultate auf beliebig viele Massenpunkte in drei Dimensionen auszudehnen. Bei N Massenpunkten seien $\vec{r}_1, \cdots, \vec{r}_N$ die Ortskoordinaten und $r_{k,l} = |\vec{r}_k - \vec{r}_l|$ mit k und l zwischen 1 und N die Beträge der Differenzvektoren. Die Potentialfunktion

$$\begin{aligned} U(\vec{r}_1, \cdots, \vec{r}_N) = {} & U_1(r_{1,2}, \cdots, r_{N-1,N}) \\ & + \sum_{k,l,m,n} U_2^{(k,l,m,n)}(r_{1,2}, \cdots, r_{N-1,N}) \\ & \cdot \left\{ (\vec{r}_l - \vec{r}_k) \cdot [(\vec{r}_m - \vec{r}_k) \times (\vec{r}_n - \vec{r}_k)] \right\} \end{aligned} \tag{3.12}$$

(hierbei ist $\vec{a}\cdot\vec{b}$ das Skalarprodukt der Vektoren $\vec{a}$ und $\vec{b}$) ist die allgemeinste Potentialfunktion, die durch Verschiebungen in Raum und Zeit sowie Drehungen nicht geändert wird (Houtappel 1965). Durch direkte Rechnung kann man zeigen, daß sie Erhaltung von Energie, Impuls und Drehimpuls impliziert. Dies ist das Noether-Theorem der klassischen Mechanik. Wenn die Existenz einer geschwindigkeitsunabhängigen Potentialfunktion nicht angenommen wird, gelten im allgemeinen keine Erhaltungssätze. Ein zur Geschwindigkeitsdifferenz $\dot{\vec{r}}_1 - \dot{\vec{r}}_2$ proportionaler Reibungsterm in der Bewegungsgleichung für Teilchen Nr.2 zum Beispiel besitzt alle oben erwähnten Symmetrien, und dazu noch Symmetrie gegenüber Änderungen der Geschwindigkeit durch Galilei-Transformationen, führt aber zur Energiedissipation, d.h. für das mechanische System gilt der Energiesatz nicht. Kräfte ohne Potential, die Newtons Annahme *actio = reactio* verletzen und, zugleich alle genannten Symmetrien besitzen, können leicht angeschrieben werden. Ein Beispiel ist ein zu $(\vec{r}_1-\vec{r}_2)\times(\vec{r}_3-\vec{r}_2)$ proportionaler Term in der Kraft auf Teilchen Nr.2. Ist (beispielsweise durch diesen Term) *actio = reactio* verletzt, gilt im allgemeinen weder der Impuls- noch der Drehimpulssatz.

Symmetrien, die Symmetrien implizieren

Wir wissen, daß verschiebungssymmetrische Potentialfunktionen für die Wechselwirkung von zwei Teilchen auch bei Änderungen der Geschwindigkeit durch Galilei-Transformationen ungeändert bleiben. Das ist bei N Teilchen genauso: Symmetrie der Newtonschen Bewegungsgleichung gegenüber Verschiebungen im Raum impliziert Symmetrie gegenüber Galilei-Transformationen. Vorauszusetzen ist, daß die Kräfte von einem geschwindigkeitsunabhängigen symmetrischen Potential abgeleitet werden können. Auf Grund dieses Theorems ist der Satz von der konstanten Geschwindigkeit des Schwerpunkts, der eigentlich der Symmetrie gegenüber Galilei-Transformationen zugeschrieben werden muß, ein Spezialfall des Impulssatzes, und folgt bereits aus der Verschiebungssymmetrie.

Zeitumkehr – genauer: Umkehr der Geschwindigkeiten zusammen mit Vertauschung von Anfangs- und Endzustand – wird beschrieben durch die Transformation

$$\vec{r}_k \rightarrow \vec{r}_k{}'(t) = \vec{r}_k(-t), \quad \text{d.h.} \quad \vec{r}_k{}' = \vec{r}_k \quad \text{und} \quad \dot{\vec{r}}_k{}' = -\dot{\vec{r}}_k. \qquad (3.13a)$$

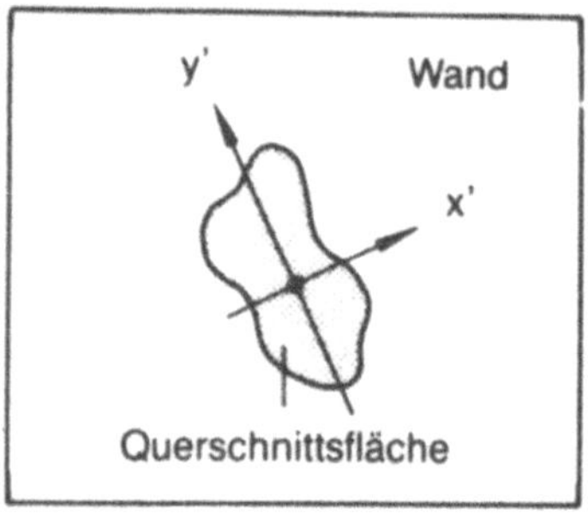

Abb. 3.1 **Ein in eine Wand eingelassener Stab mit der Querschnittsfläche der Abbildung kann in die x'- und y'-Richtung linear schwingen. Koordinatenursprung ist der Schwerpunkt der Querschnittsfläche.**

Da außerdem $\ddot{\vec{r}}_k{}' = \ddot{\vec{r}}_k$, ändert Zeitumkehr den Beschleunigungsterm in der Newtonschen Bewegungsgleichung nicht. Wir lesen von Gl. 3.12 ab, daß U durch diese Transformation nicht geändert wird, also auch Zeitumkehrsymmetrie aus den zur Herleitung von Gl. 3.12 verwendeten Symmetrien folgt. Dies Theorem, das Zeitumkehrsymmetrie auf Symmetrien gegenüber Verschiebungen im Raum und Zeit sowie Drehsymmetrie zurückführt, ist abermals ein Beispiel dafür, daß Symmetrien andere Symmetrien implizieren[2].

Die Potentialfunktion der Gl. 3.12 ist genau dann spiegelsymmetrisch, wenn die U_2 identisch verschwinden. Denn die Punktspiegelung am Ursprung des Koordinatensystems wird durch

$$\vec{r}_k \to \vec{r}_k{}'(t) = -\vec{r}_k(t), \text{ d.h. } \vec{r}_k{}' = -\vec{r}_k \text{ und } \dot{\vec{r}}_k{}' = -\dot{\vec{r}}_k \qquad (3.13b)$$

beschrieben[3]. Unter dieser Transformation bleibt U_1 offenbar ungeändert und kehrt die Summe über k, l, m, n in Gl. 3.12 ihr Vorzeichen um. Die Summe ist also (wenn sie nicht verschwindet) im Gegensatz zu U_1 nicht spiegelsymmetrisch. Wenn die U_2 hingegen verschwinden, hängen die Kräfte, die Teilchen in einer Konfiguration

---

[2] Tatsächlich wird nur Symmetrie gegenüber Zeitverschiebung benötigt. Hier geht es übrigens, anders als bei Abb. 1.2+15, nicht nur darum, daß durch Zusammenschalten von Symmetrieoperationen entstehende Operationen wieder Symmetrieoperationen sein müssen: Die Zeitumkehr läßt sich auf keine Weise durch Zusammenschalten von Drehungen und/oder Verschiebungen darstellen.

[3] Wegen $\ddot{\vec{r}}_k{}' = -\ddot{\vec{r}}_k$ ändert der Beschleunigungsterm in der Newtonschen Bewegungsgleichung bei Raumspiegelung sein Vorzeichen; genauso wegen Gl. 3.13b der Ableitungsoperator $\vec{\nabla}$. Bleibt die Potentialfunktion U also bei der Raumspiegelung ungeändert, ist die Newtonsche Bewegungsgleichung spiegelsymmetrisch.

$\vec{r}_1, \cdots, \vec{r}_N$ aufeinander ausüben, nur von U_1, d.h. nur von ihren gegenseitigen Abständen ab. Da eine Spiegelung die Abstände nicht ändert, ist eine Potentialfunktion mit $U_2 = 0$ spiegelsymmetrisch. Man erhält bei $U_2 = 0$ die Kräfte zwischen den Teilchen in der sich durch Spiegelung ergebenden Konfiguration einfach dadurch, daß man die Kräfte wie die Orte spiegelt. Dem liegt zu Grunde, daß Abstände Teilchenkonfigurationen bis auf die Händigkeit festlegen; der Leser möge nur an die zwei Formen von NHDT denken. Wenn also eine Potentialfunktion bei Verschiebungs- und Drehsymmetrie nicht nur von den Abständen der Teilchen abhängt, so notwendig von der Händigkeit der Konfiguration. Solch eine Abhängigkeit aber ist mit Spiegelsymmetrie unvereinbar. Umgekehrt garantieren alle Annahmen Spiegelsymmetrie, die Abhängigkeit der Potentialfunktion von nichts als den Teilchenabständen implizieren. Eine Annahme, die $U_2 = 0$ und damit Spiegelsymmetrie bewirkt, ist die, daß die Potentialfunktion durch Vertauschung der Teilchen nicht geändert wird.

Eine andere ist Newtons Postulat *actio = reactio*. Es besagt, daß Kräfte auf Massenpunkte Summen von Kräften sind, die von anderen Massenpunkten ausgehen. Unter den Voraussetzungen von Gl. 3.12 folgt daher aus Newtons Postulat, daß U eine Summe $\sum_{i,k} U_{ik}(r_{i,k})$ von Termen $U_{ik}(r_{i,k})$ ist, die von jeweils nur einem Abstand $r_{i,k}$ abhängen. Solch ein U ist ein Spezialfall des U der Gl. 3.12 mit $U_2 = 0$

"One cannot but be impressed how assumptions which have, apparently, little to do with invariance" – (wir sagen stets Symmetrie) – *"principles, nevertheless have the validity of such principles as a consequence"* – so Houtappel 1965. Das berühmteste und wohl auch wichtigste derartige Theorem ist das *PCT*-Theorem der relativistischen Quantenfeldtheorie (Kapitel 2, §2).

§2 Symmetrie und Linearität

Kleine Schwingungen physikalischer Systeme um eine Ruhelage können im allgemeinen durch lineare Bewegungsgleichungen beschrieben werden (Kasten 3.2). Für deren Lösungen gilt das Superpositionsprinzip: Mit $X_1(t)$ und $X_2(t)$ ist auch

$$X(t) = \alpha X_1(t) + \beta X_2(t) \tag{3.14}$$

eine Lösung der Bewegungsgleichung. Hier sind α und β reelle Zahlen. Die Auslenkungen von der Ruhelage können auch mehrkomponentige Größen sein. Gl. 3.14 (wie auch Gl. 3.15 in der Quantenmechanik)

Kasten 3.2: Kleine Schwingungen

Ein Massenpunkt, der sich in dem eindimensionalen Potentialfeld $U(x)$ *bewegt, besitze eine Ruhelage. Das ist ein Punkt, in dem die Kraft* $(-d/dx)U(x)$ *verschwindet. Wir wählen ihn als Ursprung des Koordinatensystems,* $(-d/dx)U(x)\big|_{x=0} = 0$. *Unter der Voraussetzung* $(d^2/dx^2)U(x)\big|_{x=0} = k \neq 0$ *und mit der Wahl* $U(x)\big|_{x=0} = 0$ *ergibt dann die Taylor-Entwicklung von* $U(x)$ *um die Ruhelage die für kleine* x *gültige Näherungsformel* $U(x) = k \cdot x^2/2$. *"Kleine Schwingungen"* $x(t)$ *sind Schwingungen um die Ruhelage, bei denen der Massenpunkt den Bereich kleiner* x, *für die die Näherungsformel gilt, nicht verläßt. Solche Schwingungen kann der Massenpunkt genau im Fall* $k > 0$ *ausführen; genau dann stimmt das Potential für kleine* x *mit dem des harmonischen Oszillators mit demselben* k *annähernd überein. Daher sind kleine Schwingungen des Massenpunktes mit denen eines harmonischen Oszillators nahezu identisch. – Diese Überlegungen können auf mehrkomponentige* x *übertragen werden: Kann ein physikalisches System kleine Schwingungen in* n *Dimensionen um eine Ruhelage ausführen, so stimmen diese mit den Schwingungen eines* n*-dimensionalen harmonischen Oszillators nahezu überein und können durch lineare Bewegungsgleichungen beschrieben werden.*

sagt, daß Ausdrücke, die mögliche zeitliche Entwicklungen beschreiben, zu Ausdrücken linear kombiniert werden können, die dasselbe tun. Ein physikalisch interessantes Beispiel bilden Molekülschwingungen; ein anderes Schwingungen von Kristallen. Wir werden die Schwingungen zweidimensionaler harmonischer Oszillatoren explizit behandeln.

Das Superpositionsprinzip der Quantenmechanik besagt, daß (mit Ausnahme der Einschränkungen, die aus Überauswahlregeln (Kasten 3.3) folgen beliebige Linearkombinationen von Wellenfunktionen, die realisierbare Zustände beschreiben, bis auf einen Normierungsfaktor wieder Wellenfunktionen realisierbarer Zustände sind. Die unnormierten Wellenfunktionen bilden also einen linearen Raum, den Hilbert-Raum der Wellenfunktionen des Systems. Wir wollen die Diracsche bra- und ket-Notierung verwenden. Zur Zeit $t = 0$ befinde sich das System in einem Zustand $|\Psi\rangle$, der normierte Linearkombination zweier normierter

Zustände $|\Psi_1\rangle$ und $|\Psi_2\rangle$ ist,

$$|\Psi\rangle = a|\Psi_1\rangle + b|\Psi_2\rangle.$$

Die komplexen Zahlen a und b sind so gewählt, daß $\langle\Psi|\Psi\rangle = 1$ gilt. Die zeitliche Entwicklung der Zustände des Systems wird durch die Schrödinger-Gleichung beschrieben. Diese ist eine lineare Gleichung, so daß

$$|\Psi(t)\rangle = a|\Psi_1(t)\rangle + b|\Psi_2(t)\rangle \tag{3.15}$$

gilt mit $|\Psi(t)\rangle$, $|\Psi_1(t)\rangle$ und $|\Psi_2(t)\rangle$ denjenigen Zuständen, die sich durch zeitliche Entwicklung zur Zeit t aus den Zuständen $|\Psi(0)\rangle = |\Psi\rangle$, $|\Psi_1(0)\rangle = |\Psi_1\rangle$ und $|\Psi_2(0)\rangle = |\Psi_2\rangle$ als Anfangszuständen zur Zeit $t = 0$ ergeben.

Lineare Schwingungen

Bei Linearität haben, etwas pauschal gesagt, niedrigere Symmetrien dieselben Konsequenzen wie höhere. Die Darstellungstheorie von Gruppen ist die mathematische Theorie dieser bereits bei Molekülschwingungen recht komplizierten Zusammenhänge. Doch der Grundgedanke ist einfach, und wir wollen ihn an einem einfachen System erläutern. Dazu betrachten wir die Schwingungen eines Stabes mit beliebigem Querschnitt, der in eine Wand so eingespannt ist, daß er in der Ruhelage auf ihr senkrecht steht (Abb. 3.1). Zunächst nehmen wir nur an, daß die auf den Schwerpunkt des Querschnitts wirkenden Kräfte von einer Potentialfunktion $U(x, y)$ abgeleitet werden können, die nur von dessen waagerechten und senkrechten Koordinaten x, y abhängt[4]; die Schwerkraft vernachlässigen wir.

Bisher kann das Potential $U(x, y)$ eine beliebige Funktion von x und y sein. Wir wählen $U(0,0) = 0$ und nehmen analog zu Kasten 3.2 an, daß $U(x, y)$ kleine Schwingungen um die Ruhelage $x = y = 0$ des Schwerpunkts erlaubt. Ihnen wenden wir uns jetzt zu, so daß wir näherungsweise $U(x, y) = ax^2 + by^2 + cxy$ schreiben können. Der durch die Koordinaten x, y beschriebene Punkt hat in dem um den Winkel ϕ gedrehten Koordinatensystem die Koordinaten x', y', die sich durch Auflösen des Gleichungssystems

$$x = x' \cos\phi - y' \sin\phi, \qquad y = x' \sin\phi + y' \cos\phi \tag{3.16}$$

---

[4] Damit beschränken wir uns auf Schwingungen des Stabes, bei denen es außer dem am Einspannungspunkt keinen Schwingungsknoten gibt. Wie eingespannte Stäbe sonst noch schwingen können, steht in Bergmann 1954.

ergeben. In diesem Koordinatensystem wird dasselbe physikalische System durch die Potentialfunktion

$$\begin{aligned} U'(x',y') &\equiv U(x(x',y'),y(x',y')) \\ &= x'^2(a\cos^2\phi + b\sin^2\phi + c\cos\phi\sin\phi) \\ &\quad + y'^2(a\sin^2\phi + b\cos^2\phi - c\sin\phi\cos\phi) \\ &\quad + x'y'(c(\cos^2\phi - \sin^2\phi) + 2(b-a)\sin\phi\cos\phi) \end{aligned}$$

beschrieben. Elementare Trigonometrie ergibt , daß ϕ so gewählt werden kann, daß der Koeffizient von $x'y'$ verschwindet. Dann gilt in der quadratischen Näherung für das Potential

$$U'(x',y') = (k_x x'^2 + k_y y'^2)/2 \tag{3.17}$$

mit positiven[5] Konstanten k_x und k_y. Es gibt also bei kleinen Schwingungen stets mindestens ein Koordinatensystem, in dem die Potentialfunktion die einfache Gestalt ohne gemischten Term in Gl. 3.17 besitzt. Die Bewegungsgleichungen für x', y' lauten

$$m\ddot{x}'(t) + k_x x'(t) = 0, \qquad m\ddot{y}'(t) + k_y y'(t) = 0 \tag{3.18}$$

mit einem Massenparameter m, dessen Zahlenwert nicht interessiert (der aber im Prinzip aus den Parametern des Stabes berechnet werden kann). Anders als die Bewegungsgleichungen für $x(t)$, $y(t)$ bei $c \neq 0$ (sie entstehen durch Einsetzen der Lösungen von Gl. 3.16 in Gl. 3.18) sind die für $x'(t)$, $y'(t)$ voneinander entkoppelt: Die für x' enthält y' nicht und umgekehrt. Das bedeutet, daß es Schwingungen mit $y'(t) = 0$ gibt, bei denen der Schwerpunkt die x'-Achse nicht verläßt; genauso gibt es Schwingungen mit $x'(t) = 0$, bei denen er die y'-Achse nicht verläßt. Auf Grund der Linearität der Bewegungsgleichungen (oder, äquivalent, dessen, daß die Potentialfunktion eine quadratische Funktion der Koordinaten ist) gibt es also stets zwei aufeinander senkrecht stehende Achsen x', y' (Abb. 3.1), in denen der zweidimensionale Oszillator so schwingen kann, als sei er nichts weiter als ein eindimensionaler, in seiner Bewegung auf die jeweilige Achse beschränkter Oszillator. Wenn k_x

---

[5] Denn sonst besäße $U(x',y')$ im Punkt $x' = y' = 0$ kein Minimum, und damit nicht nur Schwingungslösungen. Das wollen wir ausschließen.

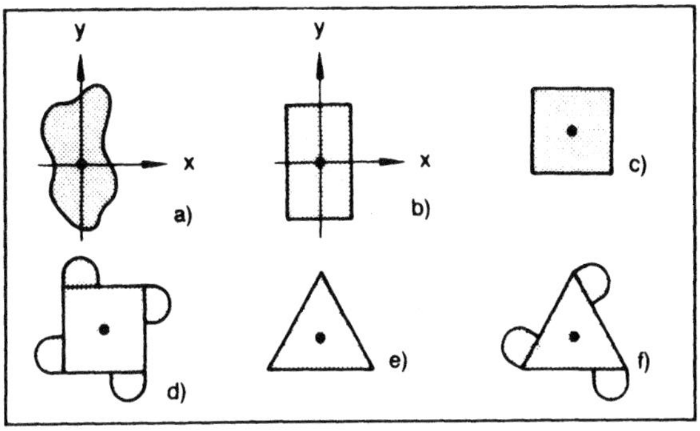

Abb. 3.2 **Querschnittsflächen eingespannter Stäbe.**

und k_y verschieden sind, dann auch die Frequenzen $\omega_x = \sqrt{k_x/m}$ und $\omega_y = \sqrt{k_y/m}$ der beiden linearen Schwingungen des Oszillators.

Wir können annehmen, daß der Stab von vorne herein so eingespannt wurde, daß die Richtungen x', y', in die er linear schwingen kann, die waagerechte und die senkrechte Richtung der Abbildung sind (Abb. 3.2a). Durch geeignete Konventionen können wir weiter erreichen, daß die xy- und die $x'y'$-Koordinatensysteme übereinstimmen. Zur Vereinfachung wollen wir nur noch x und y als Ortskoordinaten verwenden und erhalten

$$U(x,y) = (k_x x^2 + k_y y^2)/2 \tag{3.19}$$

als Potentialfunktion, d.h. $a = k_x$, $b = k_y$ und $c = 0$. Die Bewegungsgleichung für $x(t)$, $y(t)$ ist nun selbstverständlich die oben für $x'(t)$, $y'(t)$ angeschriebene, also

$$m\ddot{x}(t) + k_x x(t) = 0, \qquad m\ddot{y}(t) + k_y y(t) = 0. \tag{3.20}$$

Die allgemeine Lösung lautet

$$x(t) = A_x \cos(\omega_x t + \theta_x), \qquad y(t) = A_y \cos(\omega_y t + \theta_y),$$

wobei A_x, A_y, θ_x, θ_y vier Konstanten sind. Durch Definition der zweikomponentigen Größe

$$X(t) = (x(t), y(t)) \tag{3.21}$$

erreichen wir Übereinstimmung mit der Bezeichnung in Gl. 3.14.

Bisher haben wir nur angenommen, daß die Bewegungsgleichung linear (bzw. die Potentialfunktion quadratisch) ist. Daraus folgte die Existenz von zwei aufeinander senkrecht stehenden Richtungen, in die lineare Schwingungen möglich sind, so daß die Bewegungsgleichung bei Linearität stets die Symmetrien eines Rechtecks besitzt: Wenn $x(t)$, $y(t)$ einen möglichen Ablauf darstellt, so auch $x'(t)$, $y'(t)$ mit (1; Spiegelung an der x-Achse des Koordinatensystems) $x'(t) = x(t)$, $y'(t) = -y(t)$ und auch (2; Spiegelung an der y-Achse) $x'(t) = -x(t)$, $y'(t) = y(t)$. Damit besteht auch Symmetrie gegenüber der aus den Spiegelungen zusammengesetzten Transformation, der Drehung um 180° um den Koordinatenmittelpunkt: $x'(t) = -x(t)$, $y'(t) = -y(t)$. Behauptet wird, daß, wegen der Linearität der Gleichungen, $x'(t)$, $y'(t)$ für $x(t)$, $y(t)$ in die Bewegungsgleichung eingesetzt, diese erfüllt, d.h., daß für $x'(t)$, $y'(t)$ die Gl. 3.18 gilt, wenn $x(t)$, $y(t)$ Gl. 3.20 erfüllt. Wir haben benutzt, daß Gl. 3.18 bereits angeschrieben wurde; das jetzige x', y' ist mit dem oben verwendeten im allgemeinen nicht identisch. Dem, daß die Bewegungsgleichungen ungeändert bleiben, entspricht, daß das Potential U'

$$U'(x',y') \equiv U(x(x',y'),y(x',y')) \tag{3.22a}$$

dieselbe *Funktion* wie das urprüngliche U ist, also

$$U'(x',y') = U(x',y'). \tag{3.22b}$$

Das reicht für die Symmetrie der Bewegungsgleichungen, aus, da (erstens) die kinetische Energie $T(\dot{x},\dot{y}) = \frac{1}{2}m(\dot{x}^2 + \dot{y}^2)$ Kreissymmetrie besitzt und (zweitens) $\dot{x}$, $\dot{y}$ genauso transformiert wird wie x, y. Denn durch Ableitung der Transformationsgleichung nach der Zeit folgt $\dot{x}' = \dot{x}$, $\dot{y}' = -\dot{y}$ bei Spiegelung an der x- und $\dot{x}' = -\dot{x}'$, $\dot{y}' = \dot{y}'$ an der y-Achse.

Eine Potentialfunktion, die höhere Potenzen der Koordinaten als die zweite enthält, muß die Symmetrien des Rechtecks nicht besitzen. Sie kann beispielsweise in dem Koordinatensystem von Gl. 3.19 einen Summanden x^2y als einzigen kubischen Term enthalten. Dieser wird durch Spiegelung an der x-Achse in $-x'^2y'$ geändert und ergibt zu $2xy$ bzw. x^2 proportionale Terme in den Bewegungsgleichungen für x bzw. y. Als Resultat erhalten wir ein System gekoppelter Bewegungsgleichungen, die weder lineare Schwingungen in zwei aufeinander senkrecht stehende Richtungen zulassen, noch Rechtecksymmetrie besitzen.

Da die Bewegungsgleichungen für zweidimensionale lineare Systeme unabhängig von jeder Symmetrieforderung zumindest Rechtecksymmetrie besitzen, stimmen die kleinen Schwingungen eines Stabes mit geeignet gewähltem rechteckigem Querschnitt (Abb. 3.2b) mit denen eines Stabes mit beliebigem Querschnitt (Abb. 3.2a) überein. Von hier ist es nur ein kurzer Weg zu der Aussage der klassischen Mechanik, daß ein geeignet gewähltes Ellipsoid denselben Trägheitstensor besitzt wie eine beliebige Verteilung von Massen im dreidimensionalen Raum. Denn die Symmetrien von Ellipsen und Rechtecken stimmen überein. All dies ist eine Konsequenz der Möglichkeit, symmetrische reelle Matrizen "auf Hauptachsen zu bringen", d.h. zu diagonalisieren.

Gegeben sei ein Stab mit quadratischem Querschnitt. Wird er eingespannt wie in Abb. 3.2c, kann er sicher in die waagerechte x- und die senkrechte y-Richtung linear schwingen. Bei kleinen Schwingungen ist seine Bewegungsgleichung in diesen Koordinaten Gl. 3.20, seine Potentialfunktion das U der Gl. 3.19. Da der quadratische Querschnitt symmetrisch ist gegenüber Drehungen um 90° um den Koordinatenursprung, müssen das seine Bewegungsgleichung und Potentialfunktion auch sein. Durch die Symmetrieoperation der Bewegungsgleichung "Drehung um 90°" entsteht aus einer Schwingung in y-Richtung mit Kreisfrequenz ω_y eine Schwingung in x-Richtung mit derselben Kreisfrequenz. Sie ist, wegen der Symmetrie, eine ebenfalls mögliche Schwingung des Stabes. Schwingungen in x-Richtung haben aber die Kreisfrequenz ω_x, so daß $\omega_x = \omega_y$ oder, äquivalent, $k_x = k_y$ folgt.

Die Gl. 3.16 für $\phi = 90°$ (oder eine einfache anschauliche Überlegung) zeigt, daß die Drehung um 90° durch $x' = y$, $y' = -x$ beschrieben wird. Das Resultat $k_x = k_y$ folgt rechnerisch also durch die der Drehung um 90° entsprechende Substitution $x'(t) = y(t)$, $y'(t) = -x(t)$ in Gl. 3.20 und die Forderung, daß für $x'(t)$, $y'(t)$ dieselbe Gleichung (d.h. die Gl. 3.18) gelten soll wie für $x(t)$, $y(t)$. Symmetrie der Potentialfunktion im Sinne der Gl. 3.22 führt zu demselben Resultat.

Aber sehen wir uns dieses Ergebnis an: Mit $k = k_x = k_y$ heißt die Potentialfunktion in der quadratischen Näherung für kleine Schwingungen

$$U(x, y) = k(x^2 + y^2)/2,$$

und die Bewegungsgleichungen sind

$$m\ddot{x}(t) + kx(t) = 0, \qquad m\ddot{y}(t) + ky(t) = 0.$$

Sowohl die Potentialfunktion als auch die Bewegungsgleichungen besitzen nicht nur die gewünschte Quadratsymmetrie, sondern darüber hinaus Kreissymmetrie! Denn beide bleiben ungeändert, wenn man x, y einer beliebigen Drehung um den Koordinatenursprung (Gl. 3.16 für beliebige Winkel ϕ) unterwirft. Davon kann sich der Leser leicht überzeugen. Da überdies Bewegungsgleichungen und Potentialfunktion symmetrisch sind bei (z. B.) der Spiegelung an der x-Achse des Koordinatensystems, folgt, daß auch Symmetrie gegenüber Spiegelungen an beliebigen Geraden durch den Koordinatenursprung besteht. Folglich impliziert Quadratsymmetrie des Querschnitts für Potentialfunktion und Bewegungsgleichungen dasselbe wie Kreissymmetrie – ein bemerkenswertes Resultat. Unter der Voraussetzung kleiner Schwingungen, d.h. linearer Bewegungsgleichungen (äquivalent: einer quadratischen Potentialfunktion), besitzen also tatsächlich niedrigere Symmetrien dieselben Konsequenzen wie höhere: Ein Stab mit quadratischem Querschnitt ist genau derselben Schwingungen fähig wie einer mit einem kreisförmigen.

Dies Resultat ist kein vereinzeltes Beispiel, sondern typisch für die Symmetrien linearer Bewegungsgleichungen. Zunächst einmal sei bemerkt, daß bereits geringere Symmetrie als Quadratsymmetrie des Querschnitts zum Beweis von Kreissymmetrie der Bewegungsgleichungen (oder der Potentialfunktion) ausreicht. Zur Quadratsymmetrie gehört vierfache Spiegelsymmetrie; diese aber wurde bei der Herleitung von Kreissymmetrie der Bewegungsgleichungen (oder der Potentialfunktion) aus der Quadratsymmetrie des Querschnitts nicht benutzt. Folglich stimmen auch die kleinen Schwingungen, die ein Stab mit dem vierfach drehsymmetrischen, aber nicht spiegelsymmetrischen Querschnitt in Abb. 3.2d ausführen kann, mit denen überein, deren ein Stab mit kreisförmigem Querschnitt fähig ist.

Bei $k_x = k_y$ sind offensichtlich alle Richtungen gleichberechtigt, und der Stab kann in jede beliebige Richtung linear schwingen. Andererseits gibt es stets zwei aufeinander senkrecht stehende Richtungen, in die ein Stab mit beliebigem Querschnitt schwingen kann. Eine kleine Rechnung zeigt, daß $k_x = k_y$ und damit Gleichberechtigung aller Richtungen bereits dann folgt, wenn es zusätzlich zu den beiden sowieso vorhandenen eine dritte Richtung gibt, in die der Stab linear schwingen kann. Somit gelten für die Schwingungen eines Stabes, dessen Querschnitt irgendeine Symmetrie besitzt, die sich von den Symmetrien eines Rechtecks unterscheidet, Bewegungsgleichungen mit voller Kreissymmetrie; die Potentialfunktion besitzt dann dieselbe Symmetrie. Nehmen wir beispielsweise einen Stab mit einem gleichseitigen Dreieck als

Querschnitt (Abb. 3.2e). Wie jeder Stab mit beliebigem Querschnitt, kann auch er in mindestens zwei aufeinander senkrecht stehende Richtungen schwingen. Aus der linearen Schwingung in eine dieser Richtungen entsteht durch die Drehung um 120° (eine Symmetrieoperation!) eine lineare Schwingung in die um 120° gedrehte Richtung. Folglich kann der Stab in mindestens drei Richtungen (0°, 90° und 120° gegenüber der ursprünglichen Schwingungsrichtung gedreht) schwingen; das heißt, wie hergeleitet, in jede beliebige, so daß auch Dreiecksymmetrie des Querschnitts Kreissymmetrie der Bewegungsgleichungen (und der Potentialfunktion) impliziert. Wieder wurde zwar die Drehsymmetrie, nicht aber die Spiegelsymmetrie des Dreiecks verwendet. Auch der Querschnitt der Abb. 3.2f impliziert für die möglichen Schwingungen des Stabes dasselbe wie ein kreisförmiger Querschnitt, Abb. 3.3a.

Tatsächlich folgt also bei Linearität der Bewegungsgleichungen aus niedrigeren Symmetrie dasselbe wie aus höherer. Am Beispiel der Symmetrie $x' = y$, $y' = -x$ gegenüber Drehungen um 90° wollen wir uns überlegen, daß der Schluß die Linearität der Bewegungsgleichung tatsächlich benutzt. Genau wenn die Bewegungsgleichung linear ist, enthält die Potentialfunktion nur quadratische Terme. Gelte nun $k = k_x = k_y$ und sei $\frac{1}{2}x^2y^2$ der einzige nicht quadratische Term der Potentialfunktion. Sie, und mit ihr die nichtlinearen Bewegungsgleichungen $m\ddot{x}(t) + k \cdot x(t) + x(t)y(t)^2 = 0$, $m\ddot{y}(t) + k \cdot y(t) + x(t)^2y(t) = 0$ besitzten dann Drehsymmetrie um 90° und keine Kreissymmetrie.

Asymmetrisch gestörte Systeme

Bei physikalischen Anwendungen von Symmetrie und Symmetriebrechung geht man, anders als bisher wir, von höherer Symmetrie aus und fragt, ob und wie deren Konsequenzen durch Symmetriebrechungen beeinträchtigt werden. Beginnen wir also mit einem kreisförmigen Querschnitt (Abb. 3.3a) und nehmen wir von vornherein kleine Schwingungen an. Dann gilt $k_x = k_y$: Alle Richtungen sind gleichberechtigt, alle Schwingungen besitzen dieselbe entartete Frequenz. Störungen wie die Ausbuchtungen in Abb. 3.3b-g vermindern die Symmetrie des Querschnitts. Genau wie Kreissymmetrie erzwingen die Symmetrien der Querschnitte der Abb. 3.3b und Abb. 3.3c Existenz nur einer entarteten Schwingungsfrequenz, während die Rechtecksymmetrie des Querschnitts in Abb. 3.3d zwei nichtentartete Schwingungsfrequenzen zuläßt. Dasselbe gilt für die einfache Spiegelsymmetrie des Quer-

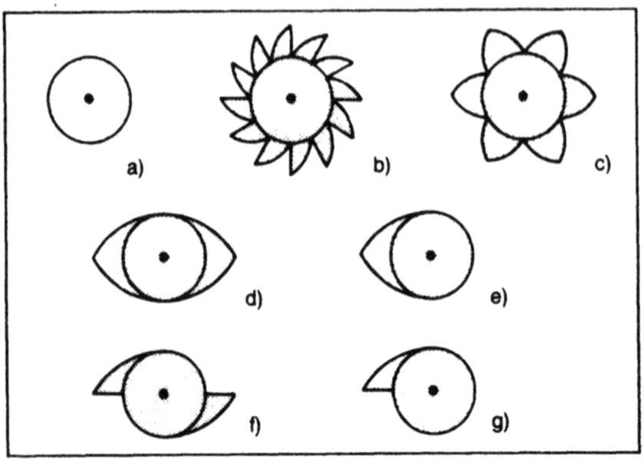

Abb. 3.3 **Wie bereits Abb. 3.2, zeigt die Abbildung Querschnittsflächen eingespannter Stäbe.**

schnitts in Abb. 3.3e und genauso für Querschnitte ohne Symmetrie (Abb. 3.3g) oder nur mit Drehsymmetrie um 180° (Abb. 3.3f).

Während in zwei Dimensionen elementare Diskussionen ohne Darstellungstheorie ausreichen, um die Konsequenzen der Darstellungstheorie herzuleiten, sind deren Methoden spätestens in vier Dimensionen, zum Beispiel bei Schwingungen von Molekülen aus vielen Atomen, unentbehrlich. Im dreidimensionalen Raum hat ein Molekül aus N Atomen $3N$ Freiheitsgrade. Davon entfallen in der Regel 3 auf Verschiebungen und 3 auf Drehungen des ganzen, unverformten Moleküls; es verbleiben $3N-6$ Freiheitsgrade für Schwingungen. Auch hier ist die alles entscheidende Frage, ob die Symmetrien des Moleküls Entartungen seiner Schwingungsfrequenzen erzwingen oder nicht.

§3 Symmetrien in der Quantenmechanik

Gegeben seien ein Beobachter, sein physikalisches System und eine Kopie beider. Unterwirft man die Kopie von Beobachter und System einer Symmetrietransformation der Gesetze für das Verhalten des Systems – verschiebt man sie beispielsweise –, so können die beiden Beobachter, der verschobene und der unverschobene, durch Austausch von Informationen über die Resultate beliebiger Experimente an ihren Systemen nicht herausfinden, durch welche Symmetrietransformation der zweite mit seinem System aus dem ersten entstanden ist. Wir beschränken uns auf Symmetrietransformationen, die von der Zeit unabhängig sind und diskutieren die Verschiebung eines Wellenpaketes im Raum als Beispiel. Abb. 3.4 zeigt zuerst den unverschobenen Ablauf: Das Wellenpaket läuft nach rechts und zerfließt. Darunter ist

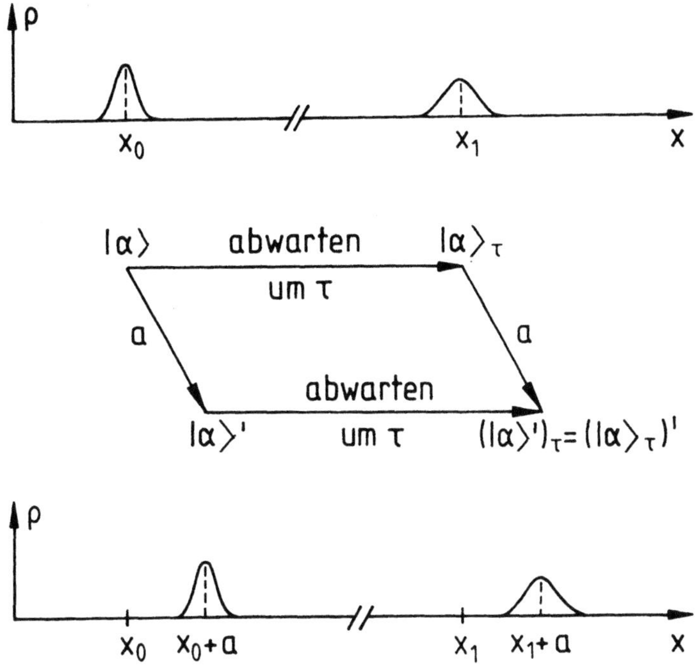

Abb. 3.4 Die Wirkung quantenmechanischer Symmetrieoperationen am Beispiel der Verschiebung eines Wellenpakets.

der Ablauf dargestellt, der sich aus dem verschobenen Anfangszustand ergibt: Nicht nur der Anfangszustand, sondern der ganze Ablauf ist um den Verschiebungsabstand a nach rechts verschoben. Das Diagramm der Abb. 3.4 ist also, wie man etwas hochtrabend sagen kann, kommutativ: Das Resultat der Operationen "Verschieben um a" und "eine Zeit τ warten" hängt von der Reihenfolge, in der sie ausgeführt werden, nicht ab: Angewendet auf das ursprüngliche Wellenpaket $|\alpha\rangle$ der Abb. 3.4 ergibt Hintereinanderanwenden von "Verschieben" und "Abwarten" unabhängig von der Reihenfolge beider Operationen das Wellenpaket $(|\alpha\rangle_\tau)'$.

Symmetrietransformationen klassisch und quantenmechanisch

Da die Beschreibung quantenmechanischer Abläufe durch Wellenfunktionen kausal und deterministisch ist, können wir über die Entwicklung von Wellenpaketen im Laufe der Zeit wie über die von Objekten der klassischen Physik sprechen; jedenfalls, so lange wir nicht fragen, wie die Gestalt des Wellenpaketes experimentell ermittelt werden soll. (Dazu sind zahlreiche Experimente an gleichartig präparierten Systemen erforderlich.) Doch zu dem Formalismus der Quantenmechanik gehört, anders als zu dem der klassischen Mechanik, eine Vorschrift, wie Messungen zu beschreiben sind: Jeder Messung einer beobachtbaren Größe (des Ortes beispielsweise; die mathematische Feinheit nichtnormierbarer Zustände beachten wir nicht), die der Beobachter an seinem System durchführen kann und deren Ergebnis den Zustand des Systems eindeutig festlegt, ist eine Basis $|f_n\rangle$ möglicher Zustände des Systems derart zugeordnet, daß die Beobachtungsgröße einen durch n eindeutig festgelegten Zahlenwert besitzt, wenn sich das System in dem Zustand $|f_n\rangle$ befindet. Als diesen Zahlenwert wollen wir n selbst wählen. (Die Verallgemeinerung auf den Fall, daß erst mehrere Messungen den Zustand des Systems eindeutig festlegen, ist leicht möglich.) Ist n wie im schon angeführten Beispiel der Ort x, so findet man bei einer Ortsmessungen an dem System im Zustand $|x\rangle \equiv |f_x\rangle$ mit Sicherheit das Teilchen am Ort x. Meßinstrumenten sind also in der Quantenmechanik vollständige Orthonormalsysteme von Zuständen des Systems zugeordnet. Damit ist klar, wie die Meßinstrumente des transformierten Beobachters zu beschreiben sind: Ihre Beschreibung ergibt sich einfach durch Anwendung der Symmetrietransformation auf die der ursprünglichen Messung am ursprünglichen System zugeordneten Zustände.

Soweit ist die Beschreibung von Messungen in der Quantenmechanik nicht mehr als ein formaler Trick, der sich in der klassischen Physik genauso anwenden ließe. Doch diese Beschreibung liefert den Rahmen für die Wahrscheinlichkeitsinterpretation der Quantenmechanik. Befindet sich nämlich das System in irgendeinem Zustand $|\alpha\rangle$, nicht notwendig einem der Zustände $|f_n\rangle$, so kann man nach der Wahrscheinlichkeit W_n fragen, bei einer Messung der zu den Zuständen $|f_n\rangle$ gehörenden Meßgröße das Ergebnis n zu finden. Diese Wahrscheinlichkeit ist durch $|\alpha\rangle$ und $|f_n\rangle$ eindeutig festgelegt als

$$W_n = |\langle\alpha|f_n\rangle|^2. \tag{3.23}$$

Neben den möglichen Meßergebnissen wie dem Satz der n sind die W_n die eigentlichen, bei vorgegebenem Zustand aus dem Formalismus berechenbaren Meßgrößen der Quantenmechanik.

Vergleichbares gibt es in der klassischen Mechanik nicht. Bereits die enge Verknüpfung von möglichen Zuständen des Systems mit Messungen in der Quantenmechanik bewirkt, daß nicht beliebige Transformationen von Zuständen quantenmechanische Symmetrietransformationen sein können. Klassisch kommt es dafür, daß eine Transformation der Zustandsvariablen eines physikalischen Systems eine Symmetrietransformation der für das System geltenden Gesetze ist, nur darauf an, daß die zeitliche Abfolge von Zuständen (betrifft die Transformation auch die Zeit, muß auch dies berücksichtigt werden) wie in Kapitel 2 beschrieben "richtig" herauskommt; allein aus der Wirkung auf die Variablen des Systems zu einer festen Zeit läßt sich kein Kriterium dafür herleiten, ob eine vorgelegte Transformation eine Symmetrietransformation ist oder nicht.

Unabhängig von jeder zeitlichen Entwicklung können die beiden Beobachter aus Abb. 3.4, der verschobene und der unverschobene, an den ihnen vorliegenden Systemen in deren Anfangszuständen $|\alpha\rangle$ und $|\alpha'\rangle$ mit ihren jeweiligen Apparaten Messungen durchführen und so herauszufinden versuchen, welche Verschiebung den einen mit seinem System in den anderen überführt. Wir nehmen an, daß der erste Beobachter mit seiner dem Orthonormalsystem $|f_n\rangle$ zugeordneten Meßapparatur die Wahrscheinlichkeiten W_n ermittelt, mit denen im Zustand $|\alpha\rangle$ die Meßwerte n auftreten. Das Ergebnis steht in Gl. 3.23.

Dem zweiten (verschobenen) Beobachter liegt das verschobene System im Zustand $|\alpha'\rangle$ vor; seine ebenfalls verschobene Meßapparatur wird durch die Folge von Zuständen $|f_n'\rangle$ beschrieben. Die möglichen Ergebnisse individueller Messungen beider Beobachter stimmen bei Symmetrie selbstverständlich überein, da sie sich sonst sehr einfach darüber verständigen könnten, daß sie nicht dieselben Beobachter sind. Der verschobene Beobachter mißt die Wahrscheinlichkeiten $W_n' = |\langle\alpha'|f_n'\rangle|^2$, und bei Symmetrie muß gelten

$$W_n' = W_n.$$

Denn sonst könnten sich die beiden Beobachter dadurch, daß sie die von ihnen gemessenen Wahrscheinlichkeiten vergleichen, darüber verständigen, ob sie identisch sind. Symmetrie gegenüber der Transformation $|\alpha\rangle \to |\alpha'\rangle$ impliziert folglich die Relation $|\langle f'|g'\rangle|^2 = |\langle f|g\rangle|^2$ für die beliebigen Zustände $|f\rangle$ und $|g\rangle$. Als einfachste Lösung nehmen wir an, daß nicht nur die Beträge der Skalarprodukte der Zustandsvektoren übereinstimmen, sondern sogar die Skalarprodukte selbst,

$$\langle f'|g'\rangle = \langle f|g\rangle. \tag{3.24}$$

Dann gibt es laut "Wigners Theorem" (Sudbery 1986) einen linearen Operator U, so daß bis auf Phasenfaktoren

$$|\alpha'\rangle = U|\alpha\rangle, \tag{3.25}$$

$$\text{wobei } U^{-1} = U^+, \text{ oder } U^+U = UU^+ = E \text{ ist.} \tag{3.26}$$

Hier ist U^+ der zu U hermitesch konjungierte Operator und E der Eins-Operator. Tranformationen $|\alpha\rangle \rightarrow |\alpha'\rangle$, die so beschrieben werden können, heißen unitäre Transformation, die Operatoren U unitäre Operatoren. Daß Gl. 3.26 Gültigkeit von Gl. 3.24 garantiert, ist leicht zu sehen. Der zu dem beliebigen Operator A hermitesch konjugierte Operator A^+ ist durch $\langle fA|g\rangle = \langle f|A^+g\rangle$ für beliebige Vektoren $|f\rangle$ und $|g\rangle$ definiert. Gilt nun $|f'\rangle = U|f\rangle$, $|g'\rangle = U|g\rangle$, so folgt

$$\langle f'|g'\rangle = \langle Uf|Ug\rangle = \langle f|U^+Ug\rangle = \langle f|g\rangle,$$

also Gl. 3.24.

In der Quantenmechanik ist daher jeder Symmetrietransformation (die Gl. 3.24 befriedigt; die Zeitumkehr ist die einzige physikalisch interessante Ausnahme) ein unitärer Operator zugeordnet. Die Bedeutung dieser Tatsache kann gar nicht überschätzt werden. Sie beruht auf der Wahrscheinlichkeitsinterpretation der Quantenmechanik und der Linearität des Zustandsraums und bewirkt, daß Symmetrien in der Quantenmechanik eine weit wichtigere Rolle spielen als in der klassischen Mechanik.

Symmetrietransformationen und Observable

Die Einschränkungen, die aus Überauswahlregeln (Kasten 3.3) folgen, ausgenommen, ist in der Quantenmechanik jeder Observablen ein hermitescher Operator zugeordnet und entspricht umgekehrt jedem hermiteschen Operator eine Observable. Ein Operator A heißt hermitesch, wenn er mit seinem hermitesch-konjugierten übereinstimmt, also $A^+ = A$.

Symmetrietransformationen können wir über die ihnen entsprechenden unitären Operatoren U hermitesche zuordnen. Dazu benutzen wir, daß die in diesem Buch auftretenden Symmetrietransformationen der Quantenmechanik einem von zwei Typen angehören: dem der Spiegelungen oder dem der kontinuierlichen Transformationen. Genauer sollten wir sagen, daß alle auftretenden Symmetrietransformationen als Produkte derartiger Symmetrietransformationen geschrieben werden können. Für eine Spiegelung U gilt $U^2 = E$, so daß U nicht nur unitär, $U \cdot U^+ = E$, sondern auch hermitesch ist, $U = U^+$ (denn $U = U \cdot E = U \cdot (U \cdot U^+) = U^2 \cdot U^+ = E \cdot U^+ = U^+$; das haben wir uns bereits am Beispiel der Raumspiegelung P überlegt). Stellt U also eine Spiegelung dar, ist U selbst der hermitesche, der Symmetrietransformation zugeordnete Operator A,

$$A = U. \tag{3.27a}$$

Die kontinuierlichen Symmetrietransformationen können durch einen Parameter α gekennzeichnet werden, der innerhalb eines Intervalls um $\alpha = 0$ beliebige reelle Werte annimmt: Zu *jedem* Parameterwert innerhalb des Intervalls gehört eine Symmetrietransformation. Ein Beispiel ist der Winkel einer Drehung um eine gewisse Achse; ein anderes eine Strecke oder eine Zeit, um die verschoben wird; wieder ein anderes der Parameter einer Geschwindigkeitsänderung.

Um kontinuierlichen Symmetrietransformationen hermitesche Operatoren A zuzuordnen, ordnen wir zunächst einmal jedem hermiteschen A durch

$$U = e^{iA} \tag{3.27b}$$

einen unitären Operator U zu. Hier ist $i = -i^+$ die imaginäre Einheit und es gilt $e^{iA} \cdot (e^{iA})^+ = e^{iA} \cdot e^{-iA^+} = e^{iA} \cdot e^{-iA} = e^{i(A-A)} = e^0 = E$. Jedem unitären U ordnet umgekehrt Gl. 3.27b hermitesche A zu[6]. Eindeutig umkehrbar ist die Gleichung aber nicht (denn $e^{2\pi i} = 1$). Für Symmetrietransformation $U(\alpha)$, die ***kontinuierlich*** von einem Parameter α

[6] Die eine Spiegelung darstellende Matrix U ist in einer geeigneten Basis eine Diagonalmatrix mit Diagonalelementen ± 1. Sie kann in dieser Basis als Gl. 3.27b geschrieben werden, wobei A eine Diagonalmatrix A mit Elementen 0 (an den Plätzen der 1 in U) und $i \cdot \pi$ ist.

Kasten 3.3: Überauswahlregeln

Ob eine Drehung um 360° durchgeführt wurde, ist unbeobachtbar. Daher kann die Drehung keine beobachtbare Eigenschaft eines physikalischen Systems ändern. Wohl aber die Beschreibung *der Zustände des Systems durch Zustandsvektoren* $|f_n\rangle$*: Nicht ausgeschlossen ist, daß die Drehung die Zustandsvektoren physikalischer Systeme mit Phasenfaktoren multipliziert,* $|f_n\rangle \rightarrow e^{i\alpha_n}|f_n\rangle$*, wobei* α_n *eine reelle Zahl ist. Wenn so, kann kein physikalisches System in einen Zustand versetzt werden, der eine Linearkombination von Zuständen* $|f_n\rangle$ *und* $|f_m\rangle$ *mit* verschiedenen α_n *und* α_m *ist. Denn zwischen dem System im Zustand* $a|f_n\rangle + b|f_m\rangle$ *und im Zustand* $a|f_n\rangle + be^{i\alpha}|f_m\rangle$ *mit* $a \neq 0$, $b \neq 0$, $|a|^2 + |b|^2 = 1$ *und* $\alpha = \alpha_m - \alpha_n \neq 0$ *besteht ein beobachtbarer Unterschied. – Diese Überlegung ist nicht rein akademisch, da Drehungen um 360° die Zustände von Systemen mit ganzzahligem Gesamtdrehimpuls ungeändert lassen, die mit halbzahligem aber mit* -1 *multiplizieren. Es ist also unmöglich, ein System in einen Zustand zu versetzen, der eine Linearkombination von Zuständen mit ganzzahligem und halbzahligem Drehimpuls ist. Kein System kann sich, anders gesagt, in einem Zustand befinden, in dem eine Messung des Drehimpulses mit einer Wahrscheinligkeit* $|a|^2 \neq 0$ *einen ganzzahligen und mit der Wahrscheinlichkeit* $1 - |a|^2 \neq 0$ *einen halbzahligen Wert ergibt. Man sagt, daß eine Überauswahlregel die Realisierung dieser Zustände verbietet. Sie bewirkt, daß der Symmetrieoperation "Drehung um 360°" als unbeobachtbare Größe die relative Phase zwischen Zuständen mit ganzzahligem und halbzahligem Gesamtdrehimpuls zugeordnet ist. – Allgemein gehören zu Transformationen, die mit* allen *Observablen vertauschen, Überauswahlregeln. Da der Energieoperator* H *eine Observable ist, vertauschen sie mit* H*, sind also Symmetrietransformationen. – Ein zweites Beispiel für eine Überauswahlregel ist die elektrische Ladung. Sie verbietet die Realisierung von Linearkombinationen von Zuständen mit verschiedenen Ladungen; die unbeobachtbare Größe ist die relative Phase von diesen Zuständen. Denn der Ladungsoperator* Q *gehört als hermitescher Operator zu den unitären Transformationen* $e^{i\alpha Q}$*, die Zustände mit der Ladung* q *mit den Phasenfaktoren* $e^{i\alpha q}$ *multiplizieren (wobei* α *eine reelle Zahl ist).*

Lange wurde vermutet, daß auch für die Baryonenzahl eine Überauswahlregel gelte. Sollte sich herausstellen, daß die Baryonenzahl nicht erhalten ist, wäre dies sicher falsch. – Den Feststellungen eines Beobachters über das Verhalten seines Systems kann bei Drehsymmetrie der Naturgesetze nicht entnommen werden, ob er zusammen mit seinem System *um 180° gedreht wurde; in dem Sinn ist die Drehung um 180° unbeobachtbar. Die Unbeobachtbarkeit, ob eine Drehung um 360° durchgeführt wurde, bedeutet viel mehr: Kein Beobachter kann sagen, ob ihm das System oder das um 360° gedrehte System vorliegt. Selbst wenn beide Systeme nebeneinander liegen, sind sie ununterscheidbar. – Für die anderen Symmetrietransformationen, zu denen Überauswahlregeln gehören, gilt dasselbe: Ist Q zum Beispiel der Operator der elektrischen Ladung, kann keine Beobachtung entscheiden, ob sich ein System in einem Zustand* $|f\rangle$, *oder im Zustand* $e^{i\alpha Q}|f\rangle$ *befindet. Obwohl andere Zustände – Linearkombinationen von Zuständen mit verschiedenen Ladungen – leicht angeschrieben werden können, sind nur Eigenzustände von Q realisierbar. – Auf Buchstaben statt Zustandsvektoren übertragen, würde die Forderung, daß zu der Drehung um 180° eine Überauswahlregel gehöre, alle Großbuchstaben außer den drehsymmetrischen wie* H *oder* S *als nicht realisierbar ausschließen.*

---

abhängen, können wir auf Grund eines fundamentalen Theorems über Liesche Gruppen schreiben (um mathematische Feinheiten kümmern wir uns abermals nicht)

$$U(\alpha) = e^{i\alpha A}, \tag{3.27c}$$

und diese Gleichung ermöglicht es uns, aus den $U(\alpha)$ das hermitesche A zu gewinnen,

$$-i\{d/d\alpha \cdot U(\alpha)\}_{\alpha=0} = A. \tag{3.27d}$$

Wir können also allen in diesem Buch auftretenden quantenmechanischen Symmetrietransformationen *entweder* (den Spiegelungen U mit $U^2 = E$) durch Gl. 3.27a *oder* (den kontinuierlichen Transformationen $U(\alpha)$) durch Gl. 3.27c+d hermitesche Operatoren A zuordnen. Observable können also in der Quantenmechanik durch Symmetrietransformationen definiert werden. Wenn es – darauf können wir aus Platzgründen nicht eingehen – möglich ist, das betrachtete System in Subsysteme zu zerlegen, stellt insbesondere Gl. 3.27c den Zusammenhang zwischen den einander entsprechenden Observablen des Gesamtsystems und der Subsysteme her. Ein Beispiel ist die Zerlegung des Gesamtimpulses bei einem Streuprozeß in die Impulse der freien Teilchen vor und nach der Streuung; ein anderes die Zerlegung des Drehimpulses.

Zustände können in der Quantenmechanik durch die Eigenwerte hermitescher Operatoren charakterisiert werden. Hier sind das die möglichen Ergebnisse von Messungen der durch A dargestellten Observablen. Genau wenn eine Messung an einem System mit Sicherheit den (reellen!) Zahlenwert[7] n ergibt, befindet sich das System in einem Eigenzustand $|f_n\rangle$ von A mit dem reellen Eigenwert n; als Gleichung $A|f_n\rangle = n|f_n\rangle$.

Am Anfang dieses Paragraphen haben wir jeder Messung, die man an einem System durchführen kann, eine Basis zugeordnet. Wird die Messung durch A beschrieben, bilden die $|f_n\rangle$ diese Basis. Wir können in der Quantenmechanik also Zustände durch ihr Verhalten bei Symmetrietransformationen charakterisieren: Ist die Symmetrietransformation gegeben, haben wir U und damit A. Als Observable besitzt A Messungen zugängliche reelle Eigenwerte n und definiert eine Basis – die der $|f_n\rangle$ – von Zuständen, die bei der Symmetrietransformation $U = e^{iA}$ mit den komplexen Zahlen e^{in} multipliziert werden,

$$U|f_n\rangle = e^{in}|f_n\rangle. \tag{3.28}$$

Die $|f_n\rangle$ und damit die e^{in} hängen von U selbstverständlich ab; sie sind der Transformation zugeordnet. Wir überlassen es dem Leser, die Gl. 3.28 den Gl. 3.27a und Gl. 3.27c entsprechend zu interpretieren. Es ist in der Quantenmechanik also möglich, physikalische Systeme und ihre Zustände durch deren Verhalten unter Symmetrieoperationen zu charakterisieren.

Die bisher formulierten Eigenschaften von Symmetrietransformationen garantieren, daß zwei Zustände eines Systems, deren einer durch eine Symmetrietransformation aus dem anderen entsteht, durch Experimente der Beobachter an ihren Systemen in diesen Zuständen nicht unterschieden werden können. Das schließt aber nicht aus, daß sich Unterschiede *entwickeln*. Wenn so, könnten die Zustände durch ihr Verhalten im Laufe der Zeit unterschieden werden, und die unitäre Transformation U beschriebe keine Symmetrietransformation.

---

[7] Wenn A für einen *Satz* von kommutierenden Operatoren steht, dann n für einen Satz reeller Zahlen.

Die zeitliche Entwicklung des Zustands eines quantenmechanischen Systems wird durch die Schrödinger-Gleichung

$$i\hbar \frac{d}{dt}|\alpha(t)\rangle = H|\alpha(t)\rangle \tag{3.29}$$

beschrieben. Hier ist $|\alpha(t)\rangle$ der Zustand des Systems zur Zeit t und H der als zeitlich konstant angenommene Hamilton-Operator des Systems. Die Gleichung legt den Zustand $|\alpha(t)\rangle$ fest, den ein System zur Zeit t besitzt, wenn es sich zur (beliebig wählbaren) Anfangszeit $t = 0$ in dem (ebenfalls beliebig wählbaren) Zustand $|\alpha(0)\rangle$ befindet. Durch eine Symmetrietransformation[8] entsteht aus dem beliebigen Zustand $|\alpha\rangle$ der Zustand $|\alpha'\rangle = U|\alpha\rangle$ unabhängig davon, *wann* sich das System im Zustand $|\alpha\rangle$ befindet. Das heißt, die Symmetrietransformation erzeugt aus dem Zustand $|\alpha(t)\rangle$ des Systems zur Zeit t der Zustand $U|\alpha(t)\rangle$. Eben dieser Zustand soll nach der Symmetrieannahme auch durch die zeitliche Entwicklung erreicht werden, die zur Zeit $t = 0$ mit dem Zustand $U|\alpha(0)\rangle$ beginnt. Auch diese zeitliche Entwicklung genügt der Schrödinger-Gleichung; sie ergibt mit der Definition $|\alpha'(0)\rangle = U|\alpha(0)\rangle$ die Folge von Zuständen $|\alpha'(t)\rangle$, d.h.

$$i\hbar \frac{d}{dt}|\alpha'(t)\rangle = H|\alpha'(t)\rangle. \tag{3.30}$$

Die Zustände $|\alpha'(t)\rangle$ sind dadurch definiert, daß im Sinne der Abb. 3.4 zuerst die Symmetrietransformation durchgeführt, dann abgewartet wird. Wartet man zuerst ab und transformiert dann, erhält man die schon angeschriebene Zustandsfolge $U|\alpha(t)\rangle$. Die aus der Symmetrieannahme folgende Vertauschbarkeit der Operationen bedeutet $|\alpha'(t)\rangle = U|\alpha(t)\rangle$.

Eine kleine, von den Gl. 3.29 und Gl. 3.30 ausgehende Rechnung zeigt nun, daß bei Symmetrie $HU|\alpha(t)\rangle = UH|\alpha(t)\rangle$ und damit, da als $|\alpha\rangle$ jeder beliebige Zustand vorkommen kann,

$$[U, H] = 0, \tag{3.31a}$$

wobei $[U, H] \equiv U \cdot H - H \cdot U$ der Kommutator von U und H ist. Im allgemeinen folgt hieraus *nicht*, daß auch der Kommutator eines

[8] Zur Vereinfachung betrachten wir nur zeitunabhängige Transformationen.

der durch die Gl. 3.27b dem unitären U zugeordneten hermiteschen Operatoren A mit H verschwindet. Wohl aber gilt

$$[A, H] = 0 \tag{3.31b}$$

für alle Operatoren A, die (Gl.3.27a und Gl. 3.27c+d) in diesem Buch Symmetrietransformationen zugeordnet sind. Aus $[U(\alpha), H] = 0$ folgt dies durch eine kleine Rechnung: $-i\{d/d\alpha \cdot [U(\alpha), H]\}_{\alpha=0} = [A, H] = 0$. Insgesamt (Zeitumkehr und zeitabhängige Transformationen bilden Sonderfälle) gehört zu jeder Symmetrie eines physikalischen Systems in der Quantenmechanik ein hermitescher Operator A, der mit dem Hamilton-Operator des Systems vertauscht.

Das Noether-Theorem der Quantenmechanik

Aus Gründen, die in Kürze offensichtlich sein werden, soll Gl. 3.31a noch einmal, nun aber aus der formalen Lösung der Schrödinger-Gleichung statt aus ihr selbst, hergeleitet werden. Die durch diese Gleichung und den Anfangszustand $|\alpha(0)\rangle$ definierte Zustandsfolge kann bei zeitunabhängigem H als

$$|\alpha(t)\rangle = e^{-iHt/\hbar}|\alpha(0)\rangle \tag{3.32}$$

geschrieben werden. Vertauschbarkeit von zeitlicher Entwicklung und Symmetrietransformation bedeutet nun einfach

$$Ue^{-iHt/\hbar}|\alpha(0)\rangle = e^{-iHt/\hbar}U|\alpha(0)\rangle,$$

d.h. wieder Gl. 3.31a.

Gl. 3.31b ist das Noether-Theorem der Quantenmechanik. Ist nämlich – erstens – der Zustand $|\alpha(0)\rangle$ eines Systems zur Zeit $t = 0$ Eigenzustand von A zum Eigenwert n, $A|\alpha(0)\rangle = n|\alpha(0)\rangle$, dann auf Grund von Gl. 3.31b auch der Zustand $|\alpha(t)\rangle$ des Systems zur Zeit t, $A|\alpha(t)\rangle = n|\alpha(t)\rangle$. Zweitens impliziert Gl. 3.31b, daß der Erwartungswert $\langle\alpha(t)|A|\alpha(t)\rangle$ des Operators A zeitunabhängig ist. Hierbei ist $|\alpha(0)\rangle$ beliebig, also nicht notwendig Eigenzustand von A. Ist $|\beta(0)\rangle$ wie $|\alpha(0)\rangle$ ein beliebiger Zustand, ist auch das Übergangsmatrixelement $\langle\beta(t)|A|\alpha(t)\rangle$ zeitunabhängig.

Einfacher noch als im Schrödinger-Bild, ist die Interpretation von Gl. 3.31b im Heisenberg-Bild. Im Schrödinger-Bild wird die zeitliche Entwicklung eines physikalischen Systems dadurch beschrieben, daß seine Zustände sich im Laufe der Zeit ändern – so, wie es die Schrödinger-Gleichung angibt; die den Observablen zugeordneten hermiteschen Operatoren hängen von der Zeit nicht ab. Um zu berechnen, welche Ergebnisse Messungen an einem physikalischen System haben werden, die zu verschiedenen Zeiten durchgeführt werden, müssen beide, Zustand und Operator, zu der Zeit bekannt sein. Daher ist es möglich, dieselbe Physik durch einen Formalismus zu beschreiben, in dem die Zustände zeitunabhängig, die den Observablen zugeordneten hermiteschen Operatoren hingegen zeitabhängig sind. Dieser Formalismus heißt Heisenberg-Bild; für Details verweisen wir auf die Lehrbücher der Quantenmechanik. Jeder Observablen ist im Heisenberg-Bild also eine (im allgemeinen) von der Zeit t abhängende Folge $A(t)$ von hermiteschen Operatoren zugeordnet. Diese genügen der Heisenbergschen Bewegungsgleichung[9]

$$i\hbar \frac{d}{dt} A(t) = [A(t), H]. \tag{3.33}$$

Ist vorgegeben, daß eine gewisse Observable zur Zeit $t = 0$ durch einen Operator A beschrieben wird, so wird sie zur Zeit t durch das durch Gl. 3.33 festgelegte $A(t)$ mit der Definition $A(0) = A$ beschrieben; insbesondere ist der der Observablen zugeordnete Operator zeitlich konstant, wenn der Kommutator von $A(0)$ und H verschwindet. Denn laut Gl. 3.33 sind die Gleichungen $\dot{A}(t) = 0$ und $[A(t), H] = [A(0), H] = [A, H] = 0$ äquivalent. Operatoren, die ihnen genügen, bilden "Konstante der Bewegung": Messungen der A zugeordneten Observablen liefern zu allen Zeiten dasselbe Ergebnis. Folglich ist in der Quantenmechanik jeder Symmetrie eines physikalischen Systems (mit der Zeitumkehr als Ausnahme) eine Observable zugeordnet, für die ein Erhaltungssatz gilt; insbesondere auch jeder diskreten Transformation wie der Raumspiegelung (selbstverständlich nur, wenn sie eine Symmetrie der für das betrachtete System geltenden Naturgesetze ist).

Raum und Zeit in der nichtrelativistischen Quantenmechanik

Die Symmetrietransformation der Abb. 3.4 "Verschiebung im Raum um eine Strecke a in x-Richtung" nennen wir $T_x(a)$, ihren Darsteller im Zustandsraum $U_x(a)$. Wird zuerst um eine Strecke a_1, dann

[9] Da wir nur Transformationen betrachten, die nicht explizit von t abhängen, können wir $(\partial/\partial t)A(t) = 0$ annehmen. Außerdem haben wir angenommen, daß H nicht von t abhängt.

um eine Strecke a_2 in x-Richtung verschoben, dann insgesamt um die Strecke $a_2 + a_1$. Da durch Hintereinanderanwenden der zwei Transformationen auf einen beliebigen Zustand derselbe Zustand entstehen muß wie durch die zusammengesetzte Transformation, folgt

$$U_x(a_2 + a_1) = U_x(a_2)U_x(a_1). \tag{3.34}$$

Dafür ist notwendig und hinreichend, daß $U_x(a)$ als

$$U_x(a) = e^{-iaP_x/\hbar} \tag{3.35}$$

geschrieben werden kann mit einem von dem Transformationsparameter a unabhängigen hermiteschen Operator P_x. Für diesen der Verschiebung in x-Richtung zugeordneten Operator gilt bei Verschiebungssymmetrie $[P_x, H] = 0$, ein Erhaltungssatz.

Wir verwenden die Verschiebungssymmetrie, um eine Basis $|p_x, \sigma\rangle$ von Zuständen zu konstruieren, die sich unter Verschiebungen in x-Richtung besonders einfach transformieren (Gl. 3.28). Die Eigenwerte p_x von P_x werden im allgemeinen entartet sein, der Parameter σ hebt die Entartung auf. Für die Basis $|p_x, \sigma\rangle$ gilt Gl. 3.28 in der Form

$$U_x(a)|p_x, \sigma\rangle = e^{-i(ap_x/\hbar)}|p_x, \sigma\rangle. \tag{3.36}$$

Daß es eine erhaltene Observable P_x gibt, folgt aus der Symmetrie der Naturgesetze gegenüber Verschiebungen in x-Richtung. In der klassischen Mechanik entsprach dieser Symmetrie die Erhaltung der x-Komponente des Impulses. Wir vermuten also, daß P_x der dieser Impulskomponente entsprechende hermitesche Operator ist. Das ist in der Tat so; es läßt sich erhärten, wenn man die Transformationen der Zustände des Systems betrachtet, die anderen Symmetrieoperationen, beispielsweise Änderungen der Geschwindigkeit und Drehungen, zugeordnet sind. So werden wir sehen, daß P_x zusammen mit den analog definierten P_y und P_z durch Drehungen als Vektor transformiert wird; daraus, und aus dem Verhalten der Operatoren $\vec{P}$ unter Änderungen der Geschwindigkeit läßt sich zeigen, daß als p_x (und p_y, p_z) beliebige reelle Zahlen auftreten können. Und so weiter: Es ist möglich, Impuls, Energie und Drehimpuls allein auf Grund der Symmetrien der Naturgesetze zu definieren. Definiert man Ortsvariable (x, y, z) dann so, daß sie sich unter Verschiebungen im Raum richtig verhalten, kann man Wellenfunktionen einführen und findet, daß der über die Verschiebungssymmetrie der Naturgesetze definierte Impulsoperator mit dem wohlbekannten Impulsoperator der elementaren Quantenmechanik übereinstimmt – wie es sein muß. Für die Zeit t, den ihr zugeordneten Verschiebungsoperator und den Hamilton-Operator in der Schrödinger-Gleichung gilt analoges.

Symmetrien sagen insgesamt also, welche Observable es geben muß und wie sie miteinander zusammenhängen. Das wird in diesem Paragraphen für die Symmetrien der nichtrelativistischen Physik dargestellt. Wigners Analyse der Symmetrien der speziellen Relativitätstheorie (Kapitel 4, §1) zeigt dasselbe für Observable der Elementarteilchenphysik.

Das Ergebnis einer Verschiebung um a in x-Richtung und einer Verschiebung um b in y-Richtung hängt von der Reihenfolge der Verschiebungen nicht ab. Daher gilt $U_x(a)U_y(b) = U_y(b)U_x(a)$, so daß P_x mit dem analog definierten P_y vertauscht, als Formel

$$[P_x, P_y] = 0. \tag{3.37}$$

Folglich sind P_x und P_y simultan diagonalisierbar, und es gibt ein vollständiges System von Zuständen, die sowohl Eigenzustände von P_x als auch Eigenzustände von P_y sind. Das analog definierte P_z vertauscht sowohl mit P_x als auch mit P_y, so daß es ein vollständiges System simultaner Eigenzustände der drei Komponenten von $\vec{P} = (P_x,\ P_y,\ P_z)$ gibt. Die Verschiebung um den Vektor $\vec{a}$ wird demnach durch den Operator

$$U(\vec{a}) = U_x(a_x)U_y(a_y)U_z(a_z) = e^{-i(a_xP_x+a_yP_y+a_zP_z)/\hbar} \tag{3.38}$$

beschrieben.

Aus der geometrischen Zusammensetzungsregel von Verschiebungen und Drehungen, übersetzt in Eigenschaften der sie darstellenden unitären Operatoren, folgt, daß $\vec{P}$ durch Drehungen als Vektor transformiert wird. Sei nämlich R eine Drehung im Raum, stelle $U(R)$ sie im Hilbert-Raum des Systems dar, sei T eine Verschiebung und stelle $U(T)$ diese Verschiebung dar. Dann gilt zunächst einmal aus geometrischen Gründen (die Operation $\circ$ bedeute Zusammensetzen der Transformationen, R^{-1} ist die zu R inverse Drehung)

$$R \circ T \circ R^{-1} = T' \tag{3.39}$$

mit T' einer aus R und T zu berechnenden Verschiebung: Ist $\widehat{R}$ die der Drehung R entsprechende 3×3 Drehmatrix (Kasten 3.4) und T

Kasten 3.4: Drehmatrizen

Die Drehungen um den Winkel ϕ um die x-, y-, oder z- Achse werden durch die Matrizen

$$\widehat{R}_x(\phi) = \begin{pmatrix} 1 & 0 & 0 \\ 0 & \cos\phi & -\sin\phi \\ 0 & \sin\phi & \cos\phi \end{pmatrix} = e^{-i\phi J_x},$$

$$\widehat{R}_y(\phi) = \begin{pmatrix} \cos\phi & 0 & \sin\phi \\ 0 & 1 & 0 \\ -\sin\phi & 0 & \cos\phi \end{pmatrix} = e^{-i\phi J_y},$$

und

$$\widehat{R}_z(\phi) = \begin{pmatrix} \cos\phi & -\sin\phi & 0 \\ \sin\phi & \cos\phi & 0 \\ 0 & 0 & 1 \end{pmatrix} = e^{-i\phi J_z}$$

beschrieben. Die infinitesimalen Operatoren $\vec{J} = (J_x, J_y, J_z)$ der "Selbstdarstellung" sind

$$J_x = i\frac{\partial}{\partial\phi}\widehat{R}_x \,|_{\phi=0} = \begin{pmatrix} 0 & 0 & 0 \\ 0 & 0 & -i \\ 0 & i & 0 \end{pmatrix}$$

$$J_y = i\frac{\partial}{\partial\phi}\widehat{R}_y \,|_{\phi=0} = \begin{pmatrix} 0 & 0 & i \\ 0 & 0 & 0 \\ -i & 0 & 0 \end{pmatrix}$$

und

$$J_z = i\frac{\partial}{\partial\phi}\widehat{R}_z \,|_{\phi=0} = \begin{pmatrix} 0 & -i & 0 \\ i & 0 & 0 \\ 0 & 0 & 0 \end{pmatrix}$$

Als Kommutatoren der $\vec{J}$ finden wir $[J_x, J_y] = iJ_z$ und zyklisch.

die Verschiebung um den Spaltenvektor $\vec{a} = (a_x, a_y, a_z)^T$, dann ist T' die Verschiebung um $\widehat{R} \cdot \vec{a}$. Hier bedeutet ^{T} die Transposition und $\cdot$ die Matrizenmultiplikation. Damit die Zustände des Systems durch die R, T und T' entsprechenden unitären Transformationen im Hilbert-Raum $U(R), U(T)$ und $U(T')$ so transformiert werden, wie es der geometrischen Bedeutung der Transformationen in Gl. 3.39 entspricht, muß gelten $U(R)U(T)U(R^{-1}) = U(T')$. Daraus folgt

$$U(R^{-1})\vec{P}\, U(R) = \widehat{R} \cdot \vec{P}. \tag{3.40a}$$

Für das Triplet $\vec{p}$ von Eigenwerten von $\vec{P}$,

$$\vec{P}\, |\vec{p}, \sigma\rangle = \vec{p}\, |\vec{p}, \sigma\rangle,$$

gilt daher

$$\begin{aligned} \vec{P}U(R)|\vec{p}, \sigma\rangle &= U(R)U(R^{-1})\vec{P}U(R)|\vec{p}, \sigma\rangle = U(R)\widehat{R} \cdot \vec{P}|\vec{p}, \sigma\rangle \\ &= \widehat{R} \cdot \vec{p}\, U(R)|\vec{p}, \sigma\rangle. \end{aligned}$$

Wenn also $|\vec{p}, \sigma\rangle$ zu den Eigenwerten $\vec{p}$ der Komponenten von $\vec{P}$ gehört, dann $U(R)|\vec{p}, \sigma\rangle$ zu den Eigenwerten $\widehat{R} \cdot \vec{p}$, die sich aus dem Vektor $\vec{p}$ durch die Drehung R ergeben. Das kann auch als

$$U(R)|\vec{p}, \sigma\rangle = \sum_{\sigma'} |\widehat{R} \cdot \vec{p}, \sigma'\rangle C_{\sigma,\sigma'}(R, \vec{p}) \tag{3.40b}$$

geschrieben werden mit Matrizen C, die im Raum der σ wirken und von R und $\vec{p}$ abhängen können. Für Zustände in Ruhe gilt mit $\vec{p} = 0$ auch $\widehat{R} \cdot \vec{p} = 0$, so daß

$$U(R)|\vec{0}, \sigma\rangle = \sum_{\sigma'} |\vec{0}, \sigma'\rangle C_{\sigma,\sigma'}(R, \vec{0}).$$

Zustände in Ruhe werden also durch Drehungen in sich transformiert – wie es sein muß.

Als Konsequenz von Gl. 3.40a werden die Eigenwerte von $\vec{P}$ durch Drehungen wie Vektoren transformiert. Die Transformation von Operatoren *definieren* wir durch diese Gleichung, so daß auch die Komponenten von $\vec{P}$ zusammen einen Vektor bilden. Tripel von Operatoren, die Gl. 3.40a erfüllen, heißen Vektoroperatoren oder einfach Vektoren.

Die Parameter σ verwenden wir mit wechselnder Bedeutung zur Aufhebung von Entartungen. Wann in den Transformationsformeln R und wann R^{-1} auftritt, folgt aus der Bedeutung des jeweils tranformierten Ausdrucks und interessiert hier nicht.

Durch Symmetrieanalyse wissen wir also, daß es ein Triplet erhaltener Operatoren $\vec{P}$ gibt, das durch Drehungen als Vektor transformiert wird, insofern also als "Vektor der Impulsoperatoren" interpretiert werden kann. Wir wissen auch, wie die Eigenzustände der $\vec{P}$ durch Verschiebungen transformiert werden (Gl. 3.36) und daher können wir ein vollständiges Orthonormalsystem von Zuständen $|\vec{r},\sigma\rangle$ konstruieren, die sich bei Verschiebungen und Drehungen wie die Orte transformieren. Vorerst betrachten wir nur Verschiebungen in x-Richtung. Für die Ortseigenzustände $|x,\sigma\rangle$ gilt dann

$$U_x(a)|x,\sigma\rangle = |x+a,\sigma\rangle, \tag{3.41}$$

wobei die $|x,\sigma\rangle$ vollständig und orthonormiert sind,

$$\langle\sigma',x'|x,\sigma\rangle = \delta(x'-x)\delta_{\sigma\sigma'}.$$

Gl. 3.41 kann auch als Definition des Zustands $|a,\sigma\rangle$ für beliebige a aus demselben Zustand für $a=0$ gelesen werden; mit x als Variable also

$$|x,\sigma\rangle = U_x(x)|0,\sigma\rangle.$$

So definierte Zustände $|x,\sigma\rangle$ erfüllen Gl. 3.41 vermöge der Gruppenrelation Gl. 3.34.

Es ist daher nur noch nötig, den Zustand $|0,\sigma\rangle$ so zu definieren, daß die Zustände $|x,\sigma\rangle$ ein vollständiges Orthonormalsystem bilden. Aus der Unschärferelation für Ort und Impuls folgt, daß in den Zuständen $|x,\sigma\rangle$ mit bestimmtem Ort x der Impuls vollständig unbestimmt ist. Das legt für $|0,\sigma\rangle$ den Ansatz

$$|0,\sigma\rangle = \frac{1}{\sqrt{2\pi}}\int_{-\infty}^{+\infty} dp_x |p_x,\sigma\rangle \tag{3.42}$$

nahe. Damit gilt

$$\begin{aligned}|x,\sigma\rangle = U_x(x)|0,\sigma\rangle &= \frac{1}{\sqrt{2\pi}}\int_{-\infty}^{+\infty} dp_x U(x)|p_x,\sigma\rangle\\ &= \frac{1}{\sqrt{2\pi}}\int_{-\infty}^{+\infty} dp_x e^{-iP_x x/\hbar}|p_x,\sigma\rangle\\ &= \frac{1}{\sqrt{2\pi}}\int_{-\infty}^{+\infty} dp_x e^{-ip_x x/\hbar}|p_x,\sigma\rangle.\end{aligned}$$

Zwei einfache Rechnungen zeigen nun, daß die $|x, \sigma\rangle$ ein vollständiges Orthonormalsystem bilden[10].

Die Ortsraum-Wellenfunktion eines Zustand $|\alpha\rangle$ ist durch

$$\Psi_\alpha(x, \sigma) = \langle x, \sigma|\alpha\rangle$$

definiert. Sei $|\alpha'\rangle$ der "verschobene" Zustand $|\alpha'\rangle = U_x(a)|\alpha\rangle$ mit seiner Wellenfunktion

$$\Psi_{\alpha'}(x, \sigma) = \langle x, \sigma|\alpha'\rangle.$$

Wegen der Unitarität von $U_x(a)$ und da die zur Verschiebung um a in die x-Richtung inverse Verschiebung die um $-a$ in dieselbe Richtung ist, gilt $U_x(a)^+ = U_x(a)^{-1} = U_x(-a)$ und damit

$$\Psi_{\alpha'}(x, \sigma) = \Psi_\alpha(x - a, \sigma),$$

wie es sein muß. Durch Taylor-Entwicklung (Entwicklung der Exponentialfunktion ergibt genau die Taylor-Reihe) von $\Psi_\alpha(x - a, \sigma)$ nach $-a$ um die Stelle x erhält man

$$\Psi_{\alpha'}(x, \sigma) = e^{-a(\partial/\partial x)}\Psi_\alpha(x, \sigma)$$

mit $(\partial/\partial x)$ dem Operator der partiellen Ableitung nach x. Geschrieben in der Form

$$\begin{aligned}\Psi_{\alpha'}(x, \sigma) =&\langle x, \sigma|U_x(a)|\alpha\rangle = \langle x, \sigma|e^{-iaP_x/\hbar}|\alpha\rangle \\ =&e^{-ia[-i\hbar(\partial/\partial x)]/\hbar}\langle x, \sigma|\alpha\rangle\end{aligned}$$

zeigt diese Gleichung, daß der Verschiebungsoperator P_x mit der x-Komponente des quantenmechanischen Impulsoperators $-i\hbar(\partial/\partial x)$ übereinstimmt, also

$$P_x = -i\hbar(\partial/\partial x)$$

im Raum der Wellenfunktionen $\Psi_\alpha(x)$.

Es ist einfach, diese Resultate auf drei Raumdimensionen auszudehnen: Die Operatoren $\vec{P}$, die es aus Symmetriegründen geben muß,

---

[10] Die Rechnungen benutzen die Darstellung $\delta(\xi) = \frac{1}{\sqrt{2\pi}} \int_{-\infty}^{\infty} e^{i\xi\eta} d\eta$ der Diracschen δ-Funktion.

sind mit den Impulsoperatoren identisch, so daß sie im Raum der Wellenfunktionen $\Psi(\vec{r})$ als

$$\vec{P} = -i\hbar(\partial/\partial x, \partial/\partial y, \partial/\partial z) \tag{3.43}$$

geschrieben werden können. Auf das Verhalten von $\vec{P}$ und den Ortseigenzuständen $|\vec{r}, \sigma\rangle$ bei Drehungen gehen wir weiter unten ein.

Von Gl. 3.32 lesen wir ab, daß, genau wie die Komponenten $\vec{P}$ des Impulsoperators Verschiebungen im Raum, der Hamiltonoperator H Verschiebungen in der Zeit darstellt. Die zugehörige Transformation

$$U(t) = e^{-iHt/\hbar} \tag{3.44}$$

ist wegen der Hermitezität von H offenbar unitär, so daß die hier gemachten Voraussetzungen (dazu gehört, daß H nicht explizit von der Zeit abhängt) Symmetrie gegenüber Zeitverschiebung garantieren. Der zugehörige Erhaltungssatz

$$[H, H] = 0$$

ist trivialerweise erfüllt, da jeder Operator mit sich selbst vertauscht. Wenn wir Symmetrie gegenüber Zeitverschiebungen in die Symmetrieanalyse einbeziehen, folgt die Existenz eines hermiteschen Zeitentwicklungsoperators H – des Hamilton-Operators – genauso aus Symmetriegründen wie die des Impulsoperators $\vec{P}$. Diese Betrachtungsweise kehrt das Verhältnis, in dem die Gl. 3.29 und Gl. 3.44 zueinander stehen, um: Weil die Verschiebung der Zeit um t eine Symmetrietransformation ist, gibt es einen unitären Operator $U(t)$, der sie darstellt. Da t zudem additiv ist – d.h. $U(t_1)U(t_2) = U(t_1 + t_2)$ – folgt Gl. 3.44 mit einem hermiteschen H analog zu Gl. 3.35. Wegen der Bedeutung von $U(t)$ beschreibt Gl. 3.32 die Entwicklung von Zuständen im Laufe der Zeit. Durch Differentation nach t folgt dann, daß für die durch Gl. 3.32 definierten $|\alpha(t)\rangle$ die Schrödinger-Gleichung Gl. 3.29 gilt. Angewendet auf Zustände der Folge $|\alpha(t)\rangle$, besitzt der Hamilton-Operator H als infinitesimaler Zeitentwicklungsoperator damit die Darstellung

$$H = i\hbar \frac{\partial}{\partial t}. \tag{3.45}$$

Bereits hierdurch, durch Gl. 3.43 und Methoden, die dem Einzelfall angepaßt sind, kann die Gleichung für die Wellenfunktion eines Systems aus dessen Energie-Impuls-Zusammenhang hergeleitet werden.

Ist E die Energie, $\vec{p}$ der Impuls eines freien nichtrelativistischen Teilchens mit der Masse m so gilt $E = \vec{p}^{\,2}/(2m)$. Sie führt auf den Hamilton-Operator $H = (-i\hbar\vec{\nabla})^2/(2m)$, so daß die freie Schrödinger-Gleichung

$$i\hbar\frac{\partial}{\partial t}\Psi(t,\vec{x}) = \frac{-\hbar^2\vec{\nabla}^2}{2m}\Psi(t,\vec{x}) \tag{3.46}$$

durch Einsetzen von $-i\hbar\vec{\nabla}$ für $\vec{p}$ und $i\hbar\partial/\partial t$ für E in den Energie-Impuls-Zusammenhang $[E - (\vec{p}^{\,2}/2m)]\Psi(t,\vec{x}) = 0$ des Teilchens, angewendet auf Funktionen $\Psi(t,\vec{x})$, gewonnen werden kann. Eine Funktion $\Psi(t,\vec{x})$ erfüllt genau dann die Schrödinger-Gleichung, wenn der Hamilton-Operator H gemäß Gl. 3.44 der infinitesimale Verschiebungsoperator ihres Zeit-Argumentes t ist. Die Wahl von $-i\hbar\vec{\nabla}$ als Impulsoperator $\vec{p}$ garantiert, daß $-\vec{p}$ genauso der infinitesimale Verschiebungsoperator ihres Orts-Arguments $\vec{x}$ ist.

Befindet sich das Teilchen in einem Potential $V(\vec{x})$, folgt seine Schrödinger-Gleichung genauso aus $E - \vec{p}^{\,2}/(2m) + V(\vec{x})$. Ersetzt man in Gl. 3.46 die Ableitungen durch die kovarianten Ableitungen, so ergibt sich die Schrödinger-Gleichung für die Wechselwirkung des Teilchens mit den elektromagnetischen Potentialen; das wissen wir aus Kapitel 2, §1. Der relativistische Energie-Impuls-Zusammenhang $E = c \cdot \sqrt{m^2c^2 + \vec{p}^{\,2}}$ (mit der positiven Wurzel!) kann *nicht* direkt zur Herleitung einer Schrödinger-Gleichung verwendet werden, da es im allgemeinen unmöglich ist, die positive Wurzel eines *Operators* zu definieren. Das Quadrat $E^2 = m^2c^4 + c^2\vec{p}^{\,2}$ der relativistischen Gleichung für E führt auf die Klein-Gordon-Gleichung

$$\left\{\hbar^2\frac{\partial^2}{(\partial t)^2} - (\hbar\cdot c)^2\vec{\nabla}^{\,2} + m^2c^4\right\}\phi(t,\vec{x}) = 0 \tag{3.47}$$

als Ausdruck des relativistischen Energie-Impuls-Zusammenhangs. Wie die Gleichung $E^2 = m^2c^4 + c^2\vec{p}^{\,2}$ selbst, besitzt auch ihre Formulierung in Gl. 3.47 das Problem, daß sie außer Lösungen mit einem positiven E, das als Energie interpretiert werden kann, Lösungen mit negativen E besitzt. Deren Interpretation gelingt erst in der Quantenfeldtheorie. In ihr ist die Lösung $\phi(t,\vec{x})$ von Gl. 3.47 nicht einfach eine Wellenfunktion, sondern ein Operator.

In der relativistischen, nicht-quantenmechanischen Physik bereiten die Lösungen von $E^2 = m^2c^4 + c^2\vec{p}^{\,2}$ mit $E < 0$ keine Schwierigkeiten. Imaginäre E erlaubt der Formalismus nicht, so daß für positive E sogar $E \geq m \cdot c^2$, für negative $E \leq -m \cdot c^2$ gilt. Da in der nicht-quantenmechanischen Physik das E eines jeden Teilchens eine stetige Funktion der Zeit ist, kann E die Lücke zwischen den beiden Zweigen der Wurzel nicht überwinden: Sind die E bei einem Prozeß anfangs positiv, dann immer; Vorzeichenwechsel kann es nicht geben. Negative E kann man klassisch also bereits dadurch ausschließen, daß man im Anfangszustand nur Teilchen mit $E > 0$ zuläßt.

In der Quantenmechanik überwinden Teilchen Gebiete, in die sie klassisch nicht eindringen können. Im allgemeinen werden sich also negative E aus positiven entwickeln. Daher schließt nicht bereits die *Anfangsbedingung*, daß die E aller Teilchen positiv sein sollen, in der Quantenmechanik negative E für immer aus: Auch wenn *vor* einem Prozeß das E aller Teilchen positiv ist, kann es *nach ihm* Teilchen mit $E < 0$ geben.

Tatsächlich ist es unmöglich, in der relativistischen Quantenmechanik Lösungen mit $E < 0$ auszuschließen. Richtig und neu interpretiert, beschreiben sie Antiteilchen mit $E > 0$. Einer der größten Erfolge der relativistischen Quantenfeldtheorie – die Vorhersage, daß jedes Teilchen ein Antiteilchen besitzt – ist also aus einer *Schwierigkeit der relativistischen Quantenmechanik* hervorgegangen.

Diese Schwierigkeit ist historisch in verschiedenen Gewändern aufgetreten. Durch einschränkende Voraussetzungen an die Wechselwirkung[11] konnte vermieden werden, daß Lösungen der Klein-Gordon-Gleichung mit $E < 0$ auftraten. Größere Schwierigkeiten bereitete, daß, war ϕ eine Wellenfunktion, die Wahrscheinlichkeit negative Werte annahm; eine Wahrscheinlichkeitsinterpretation der Klein-Gordon-Gleichung analog zur Schrödinger-Gleichung war unmöglich.

Dirac wollte mit seiner Gleichung von 1927 vor allem die zweite Schwierigkeit aufheben. Die zuvor kaum beachtete Schwierigkeit mit den zwei Vorzeichen von E trat in seiner Gleichung dafür so deutlich hervor, daß sie ganz offensichtlich keine "relativistische Schrödinger-Gleichung" war. Mit einem – zu recht häufig so bezeichneten – Geniestreich hat er in der Löchertheorie (Kasten 2.8) die Lösungen seiner

[11] Wechselwirkungen werden in Gl. 3.47 durch Ersetzen der Ableitungen durch die kovarianten Ableitungen (Kapitel 3, §1) eingeführt.

Gleichung neu interpretiert, und damit die "korrekte" Interpretation der relativistischen Wellenfunktionen als Feldoperatoren für Fermionen – nur für diese kann die Löchertheorie formuliert werden – vorweggenommen. Auf die historische Enwicklung gehen wir nicht weiter ein. Bemerkenswert ist, daß die Löchertheorie über *keine* positive Größe verfügt, die als Wahrscheinlichkeit interpretiert werden könnte. Die Größe, deren Positivität Dirac mit seiner Gleichung garantieren wollte, kann in der Löchertheorie beide Vorzeichen annehmen: Sie ist als Ladung, nicht als Wahrscheinlichkeit zu interpretieren. Die Löchertheorie sagt also die Existenz entgegengesetzt-gleich geladener Teilchen voraus – die von Teilchen und Antiteilchen.

Analog zu Gl. 3.37 folgt $[H, \vec{P}] = 0$, d.h. Impulserhaltung, daraus, daß das Ergebnis einer Verschiebung des Raumes und einer der Zeit von der Reihenfolge der Verschiebungen unabhängig ist. Erhaltungssätze werden so auf die Geometrie von Raum und Zeit – ihre Symmetrieoperationen – zurückgeführt; ein bemerkenswerter Zusammenhang.

Es ist im Prinzip leicht, rechentechnisch aber aufwendig, die für Verschiebungen in Raum und Zeit angestellten Betrachtungen auf Drehungen zu übertragen. Aufwendig ist es, da Drehungen im Raum nicht kommutieren, soll heißen, das Ergebnis zweier Drehungen hängt im allgemeinen davon ab, in welcher Reihenfolge sie vorgenommen werden. Das zeigt Abb. 3.5 für Drehungen um Achsen, die senkrecht aufeinander stehen. Eine beliebige Drehung um einen Punkt kann man dadurch erzeugen, daß man drei geeignet gewählte Drehungen um drei aufeinander senkrecht stehende Gerade durch den Punkt hintereinander ausführt. Wir wählen den Punkt als Ursprung $\vec{r} = \vec{0}$ eines kartesischen Koordinatensystems, und dessen Achsen als Drehachsen. Die Drehung um die x-Achse um den Winkel ϕ_x wird durch den dieser Drehung R zugeordneten Operator $U_x(\phi) \equiv U(R)$ beschrieben. Wegen $U_x(\phi)U_x(\phi') = U_x(\phi + \phi')$ können wir dem unitären $U_x(\phi)$ durch

$$U_x(\phi) = e^{-i\phi J_x} \tag{3.48}$$

einen hermiteschen Operator J_x zuordnen. Den unitären Operatoren $U_y(\phi)$ und $U_z(\phi)$, die Drehungen um die y- und z-Achse darstellen, sind genauso hermitesche Operatoren J_y und J_z zugeordnet. Ist R nun eine beliebige Drehung um den Punkt $\vec{r} = \vec{0}$, können wir stets Winkel (ϕ_x, ϕ_y, ϕ_z) finden, so daß

$$U(R) = U_x(\phi_x)U_y(\phi_y)U_z(\phi_z) = e^{-i\phi_x J_x} e^{-i\phi_y J_y} e^{-i\phi_z J_z}. \tag{3.49}$$

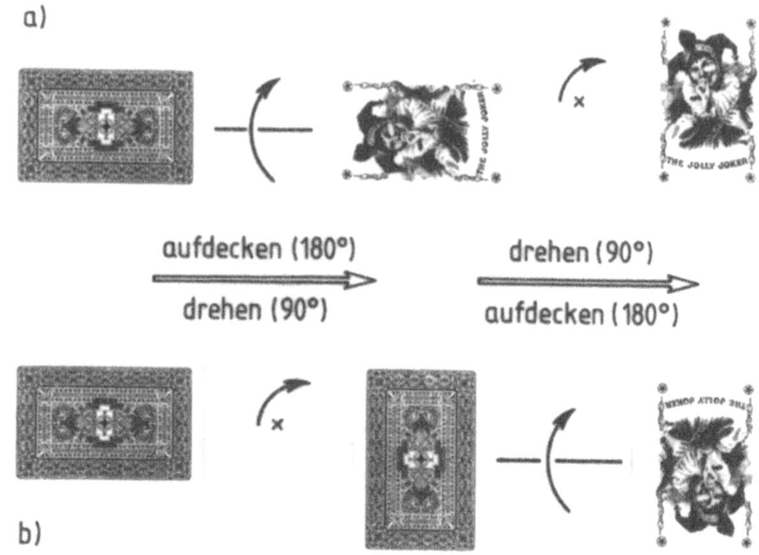

Abb. 3.5 Drehungen vertauschen im allgemeinen nicht miteinander. So hängt das Ergebnis einer Drehung der Spielkarte um 180° um eine Achse in der Papierebene (Aufdecken) und einer Drehung um 90° um den Mittelpunkt der Karte (Drehen) von der Reihenfolge der Operationen ab.

Das Ergebnis einer Drehung um die x-Achse und einer um die y-Achse hängt im allgemeinen von der Reihenfolge der Drehungen ab (Abb. 3.5). Wir können also nicht erwarten, daß die aus vier Drehungen zusammengesetze Transformation $e^{-i\phi J_x}e^{-i\phi J_y}e^{i\phi J_x}e^{i\phi J_y}$ die Identität ist; sie ist aber notwendig eine Drehung[12]. Mit Hilfe der Matrizen von Kasten 3.4 kann leicht nachgerechnet werden, daß die zusammengesetze Transformation für kleine $|\phi|$ bis auf Glieder der Ordnung ϕ^3 die Drehung um den Winkel ϕ^2 um die z-Achse ist[13]. Bis zur Ordnung ϕ^2 gilt also

$$e^{-i\phi J_x}e^{-i\phi J_y}e^{i\phi J_x}e^{i\phi J_y} = e^{-i\phi^2 J_z}.$$

---

[12] Wir unterscheiden hier nicht zwischen Drehungen und den Operatoren, die sie darstellen: Obwohl wir für beide dasselbe Symbol verwenden, unterscheiden sich die Operatoren $\vec{J}$ im Hilbertraum von den Matrizen $\vec{J}$ in Kasten 3.4.

[13] Rechnet man nur bis zur ersten Ordnung in den Parametern ϕ_x, ϕ_y, ϕ_z, kommutieren alle Drehungen

Durch Entwicklung der e-Funktionen bis zu dieser Ordnung finden wir

$$[J_x, J_y] = iJ_z \tag{3.50a}$$

und ganz analog

$$[J_y, J_z] = iJ_x \qquad \text{und} \qquad [J_z, J_x] = iJ_y. \tag{3.50b}$$

Wenn wir die Parametrisierung von Drehungen R durch drei Parameter $\phi' = (\phi'_x, \phi'_y, \phi'_z)$ geeignet – anders als in Gl. 3.49 – wählen, können wir für die unitären Darsteller U von Drehungen im Hilbertraum des Systems stets

$$U(R) \equiv U(\vec{\phi}') = e^{-i\vec{\phi}'\vec{J}} \tag{3.51}$$

schreiben.

Mit Hilfe der Matrizen in Kasten 3.4 und der Gl. 3.40a folgt durch Entwicklung der e-Funktion für kleine ϕ aus Gl. 3.48

$$[J_x, P_y] = iP_z \tag{3.52}$$

und durch analoge Rechnungen dieselbe Gleichung mit x, y, z zyklisch vertauscht, also $[J_z, P_x] = iP_y$ und $[J_y, P_z] = iP_x$; außerdem $[J_x, P_x] = [J_y, P_y] = [J_z, P_z] = 0$. Diese Gleichungen sind zu Gl. 3.40a äquivalent und besagen wie diese, daß die $\vec{P}$ Vektoroperatoren sind. Drehsymmetrie impliziert weiterhin

$$[H, \vec{J}\,] = 0, \tag{3.53}$$

so daß die Komponenten von $\vec{J} = (J_x, J_y, J_z)$ wie die von $\vec{P}$ zeitlich konstante Observable darstellen. Von Gl. 3.50 lesen wir ab, daß die $\vec{J}$ durch Drehungen genauso wie die $\vec{P}$ transformiert werden (Gl. 3.52), also ebenfalls Vektoroperatoren sind. Die Konsequenzen für die Eigenwerte von $\vec{J}$ sind allerdings komplizierter als für die von $\vec{P}$, da, wie die Gleichung ebenfalls sagt, die Komponenten von $\vec{J}$ nicht miteinander kommutieren.

Zusammen mit ihren Verallgemeinerungen, bilden die Gl. 3.37, Gl. 3.50, Gl. 3.52 und Gl. 3.53 ein unerhört wichtiges Resultat. Denn sie sagen, daß bereits die Gruppeneigenschaften von Transformationen die Kommutatoren der Observablen, die sie definieren, festlegen. Kommutatoren von Observablen aber spielen eine zentrale Rolle in der Quantenmechanik: Sie bestimmen nicht nur darüber, welche Observable in demselben Zustand bestimmte Werte annehmen können, sondern sie schränken zudem in vielen Fällen den Wertebereich der Eigenwerte von Observablen ein – der Leser möge nur an den Drehimpuls denken. Die Eigenwerte sagen dann vermöge Gl. 3.28, wie sich die Zustände bei Symmetrietransformationen verhalten. Der Kommutator einer Observablen mit dem Zeitentwicklungsoperator H legt deren Entwicklung im Laufe der Zeit fest. Da der Kommutator von H mit Observablen, die zeitunabhängigen Symmetrieoperationen zugeordnet sind, verschwindet, gilt für diese, wie bereits gesagt, ein Erhaltungsssatz.

Weitere Konsequenzen dieser Kommutatoren werden weiter unten besprochen. Um aber zunächst die Bemerkungen des letzten Absatzes mit Leben zu erfüllen, wollen wir die dort angedeuteten Konsequenzen der Kommutatoren Gl. 3.37, Gl. 3.50, Gl. 3.52 und Gl. 3.53 im Detail darlegen. Man wird vermuten, daß der aus der Drehsymmetrie folgende Erhaltungssatz der Drehimpulssatz ist, der Vektor $\vec{J}$ also bis auf einen Faktor als Drehimpuls interpretiert werden kann. Das ist in der Tat so. Um es zu erhärten und zugleich den Faktor festzulegen, bemerken wir, daß die durch $\hbar$ geteilten Drehimpulsoperatoren $\vec{L}/\hbar$ der elementaren Quantenmechanik miteinander und mit den Impulsoperatoren $\vec{P}$ genau die Kommutatoren in Gl. 3.50 und Gl. 3.52 besitzen. Umgekehrt folgt, wie wir zeigen werden, aus der Wirkung von Drehungen auf die Orte $\vec{r} = (x, y, z)$, daß $\vec{J}$ auf die Argumente $\vec{r}$ der Ortsraumwellenfunktionen genauso wirkt wie der Operator $\vec{L}/\hbar = \vec{r} \times \vec{P}/\hbar$ der elementaren Quantenmechanik, also als

$$\vec{J} = \vec{r} \times \vec{P}/\hbar, \tag{3.54}$$

wobei für $\vec{P}$ die Darstellung in Gl. 3.43 verwendet wurde. Bis auf den Faktor $\hbar$ ist $\vec{J}$ daher bei Wellenfunktionen, die nur vom Ort abhängen (d.h. nicht von σ), als Drehimpuls zu interpretieren. Gibt es Parameter wie den Spin, von denen die Wellenfunktion außerdem abhängt und die durch $\vec{J}$ transformiert werden, so ist das $\vec{J}$ der Gl. 3.54, das nur auf Ortsvariable wirkt, keine Erhaltungsgröße: Aus Symmetriegründen zeitlich konstant ist im allgemeinen nur das gesamte $\vec{J}$, das zusätzlich zu den Orten die Parameter σ transformiert. Bei mehreren Teilchen wirkt $\vec{J}$ auf alle Orte und Spins. Es ist aber möglich, die einzelnen Drehimpulse zu dem Gesamtdrehimpuls zu koppeln. Genauso wirkt der Verschiebungs- und Impulsoperator auf die Orte aller Teilchen; der erhaltene Gesamtimpuls kann durch die Schwerpunktskoordinaten definiert werden.

Den Zustand $|\vec{r}=\vec{0},\sigma\rangle$ können wir in Analogie zu Gl. 3.42 durch ein dreifaches Integral definieren. Da der Ort $\vec{r}=\vec{0}$ durch Drehungen R nicht geändert wird, wirken diese als

$$U(R)|\vec{r}=\vec{0},\sigma\rangle = \sum_{\sigma'} |\vec{r}=\vec{0},\sigma'\rangle C_{\sigma,\sigma'}(R)$$

mit Matrizen $C(R)$, die von der Drehung R abhängen. Dasselbe kann aus der Definition des Zustands hergeleitet werden. Die Beziehung der $C(R)$ zu den $C(R,\vec{p})$ in Gl. 3.40b leiten wir nicht her. Das Transformationsverhalten der Zustände $|\vec{r},\sigma\rangle$, die durch $|\vec{r},\sigma\rangle = U(\vec{r})|\vec{0},\sigma\rangle$ definiert werden können, folgt mit Hilfe der Gl. 40a und der Drehsymmetrie $\vec{r}\cdot(\widehat{R}\vec{P}) = (\widehat{R}^{-1}\vec{r}\,)\cdot\vec{P}$ des Skalarproduktes $\vec{r}\cdot\vec{P} = xP_x + yP_y + zP_z$ aus der Definition von $U(\vec{r})$ in Gl. 3.38; man findet

$$U(R)|\vec{r},\sigma\rangle = \sum_{\sigma'} |\widehat{R}\cdot\vec{r},\sigma'\rangle C_{\sigma,\sigma'}(R). \qquad (3.55)$$

Wir beschränken uns zunächst auf die Drehung um den kleinen Winkel $-\phi$ um die z-Achse; dann gilt (Kasten 3.4) $\widehat{R}\cdot\vec{r} = (x+y\phi, -x\phi+y, z)^T$, so daß wir schreiben können

$$\begin{aligned} e^{i\phi J_z}|\vec{r},\sigma\rangle =&(1+i\phi J_z)|\vec{r},\sigma\rangle \\ =&\sum_{\sigma'} |\widehat{R}\cdot\vec{r},\sigma'\rangle C_{\sigma,\sigma'}(R) \\ =&\sum_{\sigma'} |(x+y\phi,-x\phi+y,z)^T,\sigma'\rangle C_{\sigma,\sigma'}(R). \end{aligned}$$

Für die Ortsraumwellenfunktionen zweier Zustände $|\alpha\rangle$ und $|\alpha'\rangle$,die durch die Drehung auseinander hervorgehen, $|\alpha'\rangle = e^{i\phi J_z}|\alpha\rangle$, folgt also durch Taylor-Entwicklung

$$\begin{aligned} \Psi_{\alpha'}(\vec{r},\sigma) \equiv&\langle\vec{r},\sigma|\alpha'\rangle = \langle\vec{r},\sigma|e^{i\phi J_z}|\alpha\rangle \\ =&\sum_{\sigma'} \Psi_\alpha(x-y\phi,x\phi+y,z)^T,\sigma')C_{\sigma,\sigma'}(R)^* \\ =&[1-\phi(y(\partial/\partial x)-x(\partial/\partial y))]\sum_{\sigma'}\Psi_\alpha(\vec{r},\sigma')C_{\sigma,\sigma'}(R)^*, \end{aligned}$$

so daß iJ_z auf den beliebigen Zustand $|\alpha\rangle$ so wirkt wie $[x(\partial/\partial y) - y(\partial/\partial x)]$ auf die Ortsraumwellenfunktionen von $|\alpha\rangle$ oder

$$J_z = [x(-i\partial/\partial y) - y(-i\partial/\partial x)]$$

und zyklisch, also Gl. 3.54. Offenbar ist diese Herleitung der Interpretation von $\hbar\vec{J}$ als Drehimpulsoperator im Raum der Wellenfunktionen $\Psi(\vec{r})$, wenn diese nur von $\vec{r}$ abhängen, zu der von $\vec{P}$ als Impulsoperator vollkommen analog. Benutzt wurde, daß $e^{i\phi J_z}$ unitär und J_z hermitesch ist.

Wir interpretieren künftig die Operatoren $\hbar J$ als Operatoren des Gesamtdrehimpulses. Der Leser kann leicht nachrechnen, daß der Operator $\vec{J}^{\,2} \equiv J_x^2 + J_y^2 + J_z^2$ mit den drei Komponenten von $\vec{J}$ vertauscht, also

$$[\vec{J}^{\,2}, J_x] = [\vec{J}^{\,2}, J_y] = [\vec{J}^{\,2}, J_z] = 0.$$

Ist $|\alpha\rangle$ ein Eigenvektor von $\vec{J}^{\,2}$ zu dem Eigenwert a, so sind wegen dieser Gleichung alle Vektoren, die sich durch Anwendung einer Komponente von $\vec{J}$ auf $|\alpha\rangle$ ergeben, Eigenvektoren von $\vec{J}^{\,2}$ zu demselben Eigenwert; zum Beispiel für J_x

$$\begin{aligned} \vec{J}^{\,2} J_x|\alpha\rangle &= (\vec{J}^{\,2} J_x - J_x \vec{J}^{\,2} + J_x \vec{J}^{\,2})|\alpha\rangle \\ &= ([\vec{J}^{\,2}, J_x] + aJ_x)|\alpha\rangle = aJ_x|\alpha\rangle. \end{aligned}$$

Wir interessieren uns für "Darstellungsräume" der Drehgruppe oder, äquivalent, der $\vec{J}$. Das sind Räume, aus denen Anwendungen der Komponenten von $\vec{J}$ nicht herausführen. Nach dem gesagten können wir annehmen, daß alle Vektoren des Raumes Eigenvektoren von $\vec{J}^{\,2}$ zu demselben Eigenwert a sind. Da J_z mit $\vec{J}^{\,2}$ vertauscht, gibt es eine Basis, in der beide Operatoren diagonal sind.

Um die möglichen Eigenwerte von $\vec{J}^{\,2}$ und J_z zu bestimmen, betrachten wir die Operatoren

$$J_+ = J_x + iJ_y \quad \text{und} \quad J_- = J_x - iJ_y$$

und ihre Kommutatoren

$$[J_z, J_+] = J_+ \quad \text{und} \quad [J_z, J_-] = -J_-$$

mit J_z. Es folgt, daß J_+ den Eigenwert von J_z um 1 erhöht: Ist $|\alpha\rangle$ Eigenvektor von J_z zum Eigenwert j_z, $J_z|\alpha\rangle = j_z|\alpha\rangle$, dann gilt

$$J_z J_+|\alpha\rangle = ([J_z, J_+] + J_+ J_z)|\alpha\rangle = (1 + j_z)J_+|\alpha\rangle.$$

Genauso erniedrigt J_- den Eigenwert von J_z um 1, $J_z J_-|\alpha\rangle = (j_z - 1)J_-|\alpha\rangle$. Wiederholte Anwendung von J_+ und J_- auf den Vektor $|\alpha\rangle$ generiert daher eine Folge von Eigenwerten von J_z, die sich um 1 unterscheiden. Vorausgesetzt wurde, daß $J_+|\alpha\rangle$ und/oder $J_-|\alpha\rangle$ nicht verschwindet. Um den Wert von $\vec{J}^{\,2}$ zu berechnen, kann man die leicht zu beweisende Formel

$$\vec{J}^{\,2} = \frac{1}{2}(J_+ J_- + J_- J_+) + J_z^2 \tag{3.56}$$

verwenden. Durch Manipulationen, die wir hier nicht beschreiben wollen[14], folgt, daß (erstens) die Eigenwerte a von $\vec{J}^{\,2}$ als $j(j+1)$ mit j entweder Null oder positiv-ganzzahliges Vielfaches von 1/2 geschrieben werden können, und daß (zweitens) j_z bei gegebenem j die $2j+1$ Werte $-j, -j+1, \cdots, j-1, j$ annimmt. Die Serie $(J_+)^n|\sigma\rangle$ mit n ganzzahlig, bricht also ab, wenn n einen gewissen Wert überschreitet. Dasselbe gilt für $(J_-)^n|\sigma\rangle$. Entartungsparameter σ kann es, muß es aber nicht geben. Sie können stets so gewählt werden, daß ihre Werte durch die Operatoren $\vec{J}$ und damit durch Drehungen nicht geändert werden.

Unter den Entartungsparametern σ für gegebenes j können sich (siehe Wasserstoffatom) die Energieeigenwerte eines Systems befinden, für das drehsymmetrische Naturgesetze gelten. Sei nun – umgekehrt – E Energieeigenwert eines solchen Systems. Dann können j und j_z stets als Entartungsparameter der Energie gewählt werden. Darüber, wieviele verschiedene j zu demselben E gehören, kann die Drehsymmetrie nichts sagen; auch nicht darüber, ob ein bestimmtes j tatsächlich vorkommt und, wenn ja, wie oft. Mit jedem j gibt es wegen der Drehsymmetrie des Hamilton-Operators selbstverständlich stets die $(2j+1)$-fache j_z-Entartung. Mit σ' den Entartungen, die weiterhin möglich sind, kann jeder Zustand eines Systems, für das drehsymmetrische Naturgesetze gelten, als $|E, j, j_z, \sigma'\rangle$ geschrieben werden; hinzu muß eine Liste derjenigen j kommen, die es bei den gegebenen E tatsächlich gibt.

---

[14] Zum Beispiel Cohen-Tannoudji 1977, S. 647- 660.

Es ist lehrreich, die beim Wasserstoffatom, beim Rotator und beim dreidimensionalen isotropen harmonischen Oszillator auftretenden Entartungen der einzelnen Energiewerte zu vergleichen. Ist der Energieeigenwert $E_n = -R/n^2$ (mit R der Rydberg-Konstante und n der Hauptquantenzahl) des Wasserstoffatoms gegeben, so kann j die Werte $0, 1, ..., n-1$ annehmen. Der niedrigste Energieeigenwert des dreidimensionalen isotropen Oszillators besitzt $j = 0$; der nächste $j = 1$; dann kommt $j = 0, 2$; dann $j = 1, 3$, dann $j = 0, 2, 4$. Und so weiter: Die allgemeine Formel kann der interessierte Leser Cohen-Tannoudji 1977 entnehmen. Hingegen gehört zu jedem Energieeigenwert des Rotators ein bestimmtes j: Ist j bekannt, dann auch die Energie $E_j = B\hbar j(j+1)$ mit B einer Konstante.

Die j- und die j_z-Entartung von E unterscheiden sich wesentlich dadurch, daß jedes j für sich allein stehen kann, während aus dem Vorkommen gewisser j_z (z.B. -1) das von anderen (in dem Fall 0, 1) folgt. Das ist so, weil die Drehgruppe zwar Operatoren $J_\pm$ enthält, die j_z ändern, aber selbstverständlich und nach Konstruktion keine, die von einem j zu einem anderen führen. Wir werden noch sehen, daß das H des Wasserstoffatoms eine Symmetriegruppe besitzt, die größer ist als die Drehgruppe. Diese Symmetriegruppe enthält Operatoren, die j ändern. Daher die j-Entartung der Wasserstoffenergien. Für den dreidimensionalen isotropen harmonischen Oszillator gilt dasselbe.

Zulässige und andere Symmetrietransformationen

Freie Teilchen im leeren Raum besitzen keine potentielle, nur kinetische Energie. Ihr Hamilton-Operator H_0 ist daher bekannt: Er ist einfach die Summe der Hamilton-Operatoren – das ist jeweils die kinetische Energie als Funktion der kanonischen Variablen – einzelner freier Teilchen.

Den Hamilton-Operator H eines beliebigen Systems von Teilchen mit beliebigen Wechselwirkungen können wir durch die Definition

$$H = H_0 + (H - H_0) = H_0 + H_I$$

von H_I stets in den freien Anteil H_0 und einen für die Wechselwirkung verantwortlichen H_I zerlegen. Wir wollen nach den Symmetrietransformationen von H fragen, die auch H_0 ungeändert lassen. Sie sollen "kinematisch zulässige" Symmetrietransformationen heißen.

Verschiebungen in Raum und Zeit, Drehungen und Änderungen der Geschwindigkeit sind ausnahmslos kinematisch zulässige Symmetrietransformationen. Die Raumspiegelung P läßt hingegen zwar den "freien" Hamilton-Operator H_0, nicht aber das H_I der schwachen Wechselwirkung ungeändert: Sie ist zwar eine kinematisch zulässige Transformationen, aber keine Symmetrietransformationen. Genauso läßt die Verschiebung aller Elektronen um $\vec{a}$ und die aller Protonen um $\vec{b}$ für verschiedene $\vec{a}$ und $\vec{b}$ zwar das H_0 der Teilchen, nicht aber das H_I ihrer elektromagnetischen Wechselwirkung ungeändert. Anders als von P und T ist von diesen Transformationen von vornherein nicht zu erwarten, daß sie Symmetrietransformation eines H mit Wechselwirkung sein werden.

Es gibt auch physikalisch interessante Transformationen, die zwar das H_0 von Teilchen ändern, nicht aber das H_I von Wechselwirkungen, denen sie unterliegen. Das H_0 der Quarks ist zum Beispiel nicht symmetrisch bei Vertauschung von seltsamen Quarks s mit bottom-Quarks b. Denn die "Massen" dieser Quarks unterscheiden sich um den Faktor 10. Hingegen besitzen beide, s und b, dieselbe starke Wechselwirkung; das H_I der Quantenchromodynamik, der Theorie der starken Wechselwirkungen der Quarks ist, wie man sagt, flavor-blind, insbesondere also symmetrisch gegenüber der Vertauschung von s- und b-Quarks – im Gegensatz zu H_0. Physikalisch interessant ist diese Symmetrie von H_I gegenüber der Vertauschung von Quarks allerdings nur im Fall der leichten Quarks up (u), down (d) und strange (s). Näheres hierzu in Kapitel 4, §3.

Kinematisch zulässige Symmetrietransformationen ändern weder H_0 noch H_I. Unter den physikalisch interessanten gebrochenen Symmetrien gibt es sowohl kinematisch zulässige von H_0 (aber nicht H_I) und andere – von H_I, aber nicht H_0. Zudem gibt es Symmetrietransformationen von H, die weder Symmetrietransformationen von H_0 noch von H_I sind. Einem Beispiel wenden wir uns jetzt zu: den Symmetrietransformationen, die der Erhaltung des Runge-Lenz-Vektors (Gl. 3.57) beim Keplerproblem mit seinem zu $-1/r$ proportionalem Potential zugeordnet sind.

Zur Erinnerung: Die Bahnen der Planeten bilden nach dem ersten Keplerschen Gesetz Ellipsen, in deren einem Brennpunkt die Sonne steht. Mit Ausnahme des Spezialfalles "Kreisbahn" zeichnet also jede Planetenbahn zwei feste Raumrichtungen aus: Erstens (axial) die Richtung des Drehimpulses und zweitens (polar) die Richtung von der Sonne

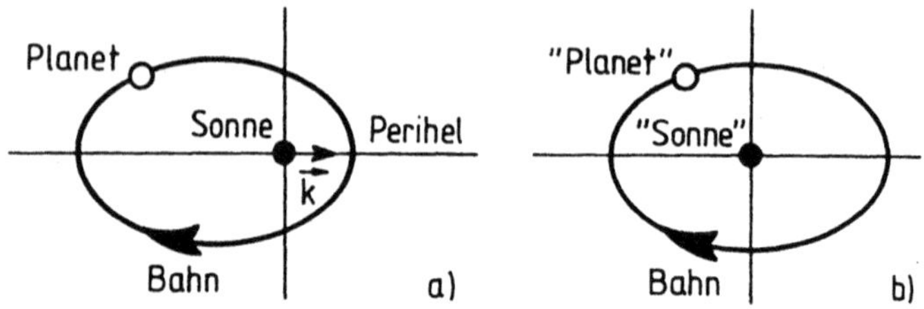

Abb. 3.6 Die Abbildungen zeigen Bahnen von Massenpunkten in Potentialen $-1/r$ (a) und r^2 (b).

zu demjenigen Punkt, in dem die Entfernung Planet-Sonne minimal ist (Perihel; Abb. 3.6a). Auch die Bewegungen im zu r^2 proportionalen Potential des dreidimensionalen isotropen harmonischen Oszillators bilden einen interessanten Sonderfall (Abb. 3.16b) unter den Bewegungen in Potentialen mit Kreissymmetrie. Denn für sie gilt ein modifiziertes Keplersches Gesetz: Die Bahnen sind Ellipsen um das Zentrum der Drehsymmetrie, den Punkt $\vec{r} = 0$, als Mittelpunkt (nicht, wie bei der Kepler-Bewegung, als Brennpunkt).

Die Bewegungen im $-1/r$- und im r^2-Potential spielen unter allen Bewegungen in zentralsymmetrischen r^n-Potentialen in dem Sinn eine Sonderrolle, daß die "gebundenen Zuständen" entsprechenden Bewegungen genau bei diesen Potentialen auf Bahnen verlaufen, die es gestatten, eine von der Achse des Drehimpulses unabhängige Gerade zu definieren, die sich im Laufe der Bewegung nicht ändert: Die Gerade der großen Halbachse der Ellipse, die die Bahn bildet[15]. Den Sonderfall kreisförmiger Bahnen berücksichtigen wir nicht. Die Bewegung im $-1/r$-Potential zeichnet sogar eine bestimmte Richtung auf dieser Geraden aus – eben die Richtung des Runge-Lenz-Vektors.

Geraden werden durch Gleichungen mit Parametern beschrieben, die verschiedene Geraden zu unterscheiden gestatten. Bei Geraden in der Ebene können Anstieg und Achsenabschnitt als Parameter gewählt werden. Nun legen Ort und Geschwindigkeit eines sich in einem Potentialfeld bewegenden Teilchens in einem Augenblick die ganze Bahn und damit deren Parameterwerte fest. Daher gibt es bei jedem der Potentiale $-1/r$ und r^2 mathematische Ausdrücke für die Geradenparameter als Funktionen von Teilchen-Ort und Geschwindigkeit. Hier ist nur

[15] Die kleine Halbachse steht auf der Drehimpulsachse und der großen Halbachse senkrecht, definiert also keine weitere unabhängige Gerade.

wichtig, daß die mathematischen Ausdrücke für die Geradenparameter Werte ergeben müssen, die sich im Laufe der Zeit nicht ändern: Die zeitliche Konstanz der Geraden impliziert Erhaltungssätze.

Diese Erhaltungssätze folgen nicht bereits aus der Drehsymmetrie von H. Drehsymmetrie impliziert nur, daß der Drehimpulsvektor erhalten ist, die Bahn also in einer Ebene liegt und der Flächensatz gilt. Die Existenz zusätzlicher erhaltener Größen folgt zumindest in der Quantenmechanik aus zusätzlichen Symmetrien von H – beim Wasserstoffatom und beim Oszillator aus Symmetrien, die zwar das gesamte H, nicht aber H_0 (oder, dieselbe Sache, H_I) besitzt.

Je höher die Symmetrie eines Hamilton-Operators H in der Quantenmechanik, desto größer im allgemeinen die Entartung seiner Eigenwerte E. Die aus der Drehsymmetrie folgenden j, j_z-Entartungen von E haben wir beschrieben. Die Energien von Wasserstoffatom und Oszillator sind aber stärker entartet. Das folgt tatsächlich aus den zusätzlichen Symmetrien der Hamilton-Operatoren dieser Systeme.

Wir wollen uns nur noch mit dem $-1/r$-Potential beschäftigen. Der Runge-Lenz-Vektor

$$\vec{K} = \vec{p} \times \frac{\vec{J}}{m} - e^2 \frac{\vec{r}}{r} \tag{3.57}$$

ist, wie der Leser leicht nachrechnen kann, bei Bewegungen einer Masse m im Potential $V(r) = -e^2/r$ zeitlich konstant und zeigt vom Zentrum der Drehsymmetrie zum Perihel (Abb. 3.6a). Seine Erhaltung ist der mathematische Ausdruck dafür, daß es beim $-1/r$-Potential Erhaltungsgrößen geben muß, die der festen Stellung des Perihels entsprechen. In der Quantenmechanik vertauschen die drei hermiteschen Operatoren

$$\vec{K} = \frac{\vec{p} \times \vec{J} - \vec{J} \times \vec{p}}{2m} - e^2 \frac{\vec{r}}{r} \tag{3.58}$$

mit dem Hamilton-Operator H desselben Problems. Die $\vec{K}$ definieren daher Erhaltungsgrößen. Im klassischen Grenzfall, in dem die quantenmechanischen Operatoren $\vec{p}$ und $\vec{J}$ vertauschen, entstehen aus den quantenmechanischen Erhaltungsgrößen $\vec{K}$ der Gl. 3.58 die klassischen in Gl. 3.57. Dem, daß es bei der klassischen Kepler-Bewegung keine Drehung des Perihel gibt, entspricht in der Quantenmechanik also die Erhaltung der Richtung des Operators $\vec{K}$ der Gl. 3.58. Von den Definitionen Gl. 3.57 und Gl. 3.58 kann der Leser ablesen, daß sowohl das $\vec{K}$

der klassischen Physik als auch das der Quantenmechanik ein Vektor ist.

Die Komponenten von $\vec{K}$ vertauschen zwar mit dem vollständigen H, aber weder mit H_0 noch mit H_I. Um herausfinden, wie die zu $\vec{K}$ nach

$$U(\epsilon) = e^{i\vec{\epsilon}\cdot\vec{K}} \tag{3.59}$$

mit Parametern $\vec{\epsilon}$ gehörenden unitären Symmetrietransformationen U auf Orte und Impulse wirken, wird der Leser zunächst die Kommutatoren von $\vec{K}$ mit den Orts- und Impulsoperatoren $\vec{r}$ und $\vec{p}$ berechnen. Bereits diese Übung zeigt, daß die $U(\vec{\epsilon})$ Orte und Impulse ineinander transformieren. Obwohl also die Erhaltung des Vektoroperators $\vec{K}$ im Ortsraum eine einfache Bedeutung besitzt, sind seine $U(\vec{\epsilon})$ nicht einfach Transformationen dieses Raumes.

Sieht man nur das ganze H des Wasserstoffatoms, stehen die Komponenten von $\vec{K}$ als Operatoren zur Klassifikation der Eigenzustände der Energie von vornherein gleichberechtigt neben denen von $\vec{J}$. Anders als $\vec{J}$, ändert $\vec{K}$ bei Punktspiegelungen sein Vorzeichen, ist also ein polarer Vektor. Das zeigt die Definition von $\vec{K}$ in Gl. 3.58 (oder Gl. 3.57). Eigenzustände einer Komponente von $\vec{K}$ zu einem anderen Eigenwert als Null können also nicht zugleich Eigenzustände von P, der Parität, sein. Es ist eine amüsante, wenn auch etwas mühsame Übung, die simultane Klassifikation von Eigenzuständen der Energie durch $\vec{J}$ und $\vec{K}$ beim Wasserstoffatom nachzuvollziehen (Fonda 1970) mit dem Ergebnis, daß die n^2-fache Entartung des Energieeigenwertes E_n genau die zur Symmetriegruppe der $\vec{K}$ und $\vec{J}$ gehörende Entartung ist.

Die aus den $U(\vec{\phi}\,')$ und $U(\vec{\epsilon}\,)$ der Gl. 3.51 und Gl. 3.59 gebildeten Symmetrietransformationen von H vertauschen nicht miteinander. Das folgt bereits daraus, daß die $\vec{K}$ Vektoroperatoren sind, also mit $\vec{J}$ dieselben Kommutatoren wie die $\vec{P}$ in Gl. 3.52 besitzen. Es im übrigen leicht, die Kommutatoren der $\vec{J}$ und $\vec{K}$ aus ihren expliziten Definitionen in den Gl. 3.54 und Gl. 3.58 zu berechnen. Es stellt sich heraus, daß die $U(\vec{\phi}\,')$ und $U(\vec{\epsilon}\,)$ zusammen eine Gruppe bilden, die zur Drehgruppe $SO(4)$ in vier Dimensionen isomorph ist. Für den dreidimensionalen isotropen harmonischen Oszillator gilt analoges. Seine kontinuierliche Symmetriegruppe ist zur $SU(3)$, der Gruppe der unitären Matrizen mit Determinante eins in drei Dimensionen, isomorph.

Vom Nutzen quantenmechanischer Symmetrien

Manche Eigenschaften physikalischer Systeme folgen bereits aus den Symmetrien der für sie geltenden Naturgesetze. Ein wohlbekanntes Beispiel bilden die Erhaltungssätze. Um sie herzuleiten, ist nur nötig, die Symmetrien der Gesetze zu kennen; Kenntnis der Gesetze selbst ist nicht erforderlich.

Sind die Gesetze für das Verhalten eines Systems bekannt, kann das Verhalten unter beliebigen Anfangsbedingungen berechnet werden. Das Ergebnis der Rechnung stimmt mit den Konsequenzen der Symmetrien selbstverständlich auch dann überein, wenn die Symmetrien bei der Rechnung nicht benutzt wurden: Ob ihre Ursache bemerkt wurde oder nicht, gelten die Konsequenzen der Symmetrien für das Verhalten des Systems im Laufe der Zeit.

Einsicht in die Symmetrien, die Erhaltungssätze implizieren, bedeutet ein tieferes Verständnis dieser Erhaltungssätze als die schiere Beobachtung, daß sie aus den Gesetzen, wie sie nun einmal sind, folgen. Allgemein ermöglichen Symmetrien der Naturgesetze tieferes Verständnis derjenigen Eigenschaften physikalischer Systeme, die sie implizieren.

Vom Standpunkt der Symmetrien von Naturgesetzen aus gesehen, gehören die Gesetze für ein bestimmtes physikalisches System zu den speziellen Eigenschaften des Systems: Das Gesetz für ein System bildet eine Realisierung seiner Symmetrien unter anderen, genauso möglichen. Kennt man Symmetrien eines (unbekannten) Naturgesetzes, weiß man bereits viel von seiner Gestalt. Als Beispiel benutzen wir das Naturgesetz für die skalare Größe Temperaturverteilung $T(x,y,z,t)$ in einem dreh- und verschiebungssymmetrischen Medium als Funktion von Ort und Zeit. Dies Gesetz ist notwendig dreh- und verschiebungssymmetrisch. Daher kann es den Ortsvektor (x,y,z) nicht enthalten, und Ableitungen nach den Orten können nur in der Zusammenstellung

$$\Delta \equiv \frac{\partial^2}{(\partial x)^2} + \frac{\partial^2}{(\partial y)^2} + \frac{\partial^2}{(\partial z)^2}$$

vorkommen. Aus der Symmetrie gegenüber Verschiebungen der Zeit folgt, daß das Gesetz die Zeit t nicht enthält. Das für $T(x,y,z,t)$ tatsächlich geltende Naturgesetz, die Wärmeleitungsgleichung

$$\Delta T(x,y,z,t) = \mu \frac{\partial}{\partial t} T(x,y,z,t),$$

wobei μ eine Konstante ist, genügt diesen Erwartungen.

Symmetrien ermöglichen es aber nicht nur, physikalische Naturgesetze besser zu verstehen und – zumindest teilweise – herzuleiten, sondern sie können zudem eine eminent praktische Rolle bei der Ermittlung der Systemeneigenschaften spielen, die sie über die Naturgesetze implizieren. Erhaltungssätze bilden nur ein Beispiel hierfür. Erinnert sei auch an die hervorragende Rolle von Symmetrien bei der Bestimmung von Kraftfeldern (Kapitel 1, §2). Hier wollen wir zwei praktische Konsequenzen von Symmetrien herausstellen: Erstens können die Eigenzustände des Hamilton-Operators durch ihr Verhalten bei Symmetrieoperationen klassifiziert werden, und zweitens folgen aus Symmetrien Auswahlregeln für quantenmechanische Übergänge.

Sei H_0 ein drehsymmetrischer, ansonsten beliebiger, Hamilton-Operator und E_0 einer seiner diskreten Eigenwerte. Da die $\vec{J}$ wegen der Drehsymmetrie mit H_0 vertauschen, führt Anwendung von $\vec{J}$ nicht aus dem linearen Raum der Eigenzustände von H_0 zu dem Eigenwert E_0 heraus. In diesem Raum können wir die Zustände also durch $\vec{J}^{\,2}$ und J_z klassifizieren – mit dem bekannten Ergebnis (nach Gl. 3.55).

Sei nun der Eigenwert E_0 entartet. Zur Vereinfachung wollen wir annehmen, daß die Entartung durch j, j_z aufgehoben wird und daß zudem nur ein Wert von j vorkommt – beispielsweise $j = 1$ wie im ersten angeregten Zustand eines quantenmechanischen Rotators. Ein Modellsystem mit $j = 1/2$ bilden die Zustände, die ein Elektron allein auf Grund seines Spins annehmen kann.

Der Hamilton-Operator, für dessen Energieeigenwerte wir uns interessieren, sei $H = H_0 + H_I$ mit dem bereits eingeführten H_0 und einem H_I, das als Störung von H_0 aufgefaßt werden kann. Um Näherungswerte für diejenigen Energien von H zu gewinnen, die durch die Störung H_I aus dem Eigenwert E_0 entstehen, ist es nach Auskunft der Störungstheorie zunächst einmal nötig, H_I im Eigenraum von E_0 zu diagonalisieren. Wir wollen annehmen, daß Anwendung von H_I nicht aus diesem Eigenraum herausführt. Bilden nun die Vektoren $|m\rangle$ eine Basis dieses Eigenraumes mit $\langle m'|H_I|m\rangle = 0$ für $m \neq m'$, so sind Eigenwerte von H näherungsweise $E_m = E_0 + \langle m|H_I|m\rangle$.

Wir wollen zwei Fälle erörtern. Sei erstens H_I wie schon H_0 drehsymmetrisch, dann auch das gesamte H. Als Zustände $|m\rangle$ können wir dann die (unter unseren Annahmen eindeutig bestimmten) Eigenzustände $|j_z\rangle$ von J_z nehmen. Denn wegen der Drehsymmetrie von H_I gilt $[H_I, J_z] = 0$, so daß in der Tat $\langle j'_z|H_I|j_z\rangle = 0$ für $j'_z \neq j_z$. Die

Drehsymmetrie von H_I bewirkt auch, daß die E_m von $m = j_z$ nicht abhängen: Die durch Drehsymmetrie von H_0 bewirkte Entartung von E_0 wird durch eine drehsymmetrische Störung nicht aufgehoben.

Zweitens besitze das System ein zu $\vec{J}$ proportionales magnetisches Moment und befinde sich in einem äußeren magnetischen Feld $\vec{B} = (0, 0, B)$ in z-Richtung. Dessen Beitrag zur Energie des ansonsten drehsymmetrischen Systems ist zu $\vec{B} \cdot \vec{J}$ proportional, so daß H_I bis auf einen uninteressanten numerischen Faktor a mit J_z übereinstimmt. Die obige Wahl für die $|m\rangle$ ist auch jetzt möglich und wir erhalten $E_m = E_0 + a\langle j_z|J_z|j_z\rangle = E_0 + aj_z$ wobei $m = j_z$ ist: Die Entartung von E_0 wird durch die Störung so aufgehoben, daß eine äquidistante Folge von $2j+1$ Energieeigenwerten $E_0 - a \cdot j$, $E_0 - a \cdot (j-1), \cdots$, $E_0 + a \cdot (j-1)$, $E_0 + a \cdot j$ entsteht. Mit Hilfe des Wigner-Eckart-Theorems läßt sich zeigen, daß dies Resultat nahezu immer dann folgt, wenn H_I zur z-Komponente eines beliebigen Vektoroperators, nicht notwendig also des Drehimpulses, proportional ist. Das ist nur dann nicht so, wenn die Matrixelemente $\langle j_z|H_I|j_z\rangle$ verschwinden. Wir können also sagen, daß die Symmetrieeigenschaft von H_I, sich unter Drehungen als Skalar oder als Komponente eines Vektors zu transformieren, es erlaubt, die Eigenzustände von H durch j_z zu klassifizieren und über ihre Entartungen Aussagen zu machen.

So weit die Klassifikation von Energieeigenwerten auf Grund von Symmetrien. Sei nun der Zustand eines Systems zur Zeit t_0 Eigenzustand eines hermiteschen Operators Ω zu einem Eigenwert ω, $\Omega|\omega\rangle = \omega|\omega\rangle$. Die zugehörigen unitären Tranformationen $U = e^{i\epsilon\Omega}$ mit reellen ϵ seien Symmetrietranformation von H, so daß $[H, \Omega] = 0$. Dann ist auch der Zustand $|\Psi\rangle_t = e^{-iH(t-t_0)/\hbar}|\Psi\rangle$ des Systems zur Zeit t Eigenzustand von Ω zu demselben Eigenwert ω, $\Omega|\Psi\rangle_t = \omega|\Psi\rangle_t$. Bei einer Messung von Ω zur Zeit t findet man mit der Wahrscheinlichkeit $|\langle\omega'|\Psi\rangle_t|^2$ den (als nicht-entarteten und diskret) angenommenen Eigenwert ω'. Bei $\omega' \neq \omega$ verschwindet diese Wahrscheinlichkeit, da dann $\langle\omega'|\Psi\rangle_t$ das Skalarprodukt von zwei Eigenzuständen von Ω zu verschiedenen Eigenwerten ist.

Derartige Auswahlregeln sind bei Zerfällen besonders wichtig. Befindet sich zum Beispiel ein instabiles Teilchen bei Spiegelsymmetrie der für seinen Zerfall geltenden Naturgesetze *vor* dem Zerfall in einem Eigenzustand des Paritätsoperators mit Eigenwert -1, dann auch das System seiner Zerfallsprodukte *nach* dem Zerfall. Einen Übergang in einen Zustand mit positiver Parität kann es nicht geben.

Kapitel 4

Elementarteilchensymmetrien

§1 Raum, Zeit und Elementarteilchen

Welche Zustände ein ruhendes Elementarteilchen annehmen kann, wissen wir aus Kapitel 2, §2; masselose Teilchen wurden gesondert behandelt. Alle dem Elementarteilchen zugänglichen Zustände entstehen aus einem Zustand in Ruhe durch die ausführbaren Transformationen der Speziellen Relativitätstheorie – Verschiebungen, Drehungen und Änderungen der Geschwindigkeit.

Die Transformationen der Speziellen Relativitätstheorie werden auch Poincaré-Transformationen genannt; die Gruppe dieser Transformationen heißt Poincaré-Gruppe. Die Untergruppe der Poincaré-Gruppe, die nur Drehungen, Änderungen der Geschwindigkeit, Spiegelungen und die aus diesen zusammengesetzten Transformationen enthält (also keine Verschiebungen), heißt Lorentz-Gruppe; ihre Elemente sind die Lorentz-Transformationen. Die für Elementarteilchen zuständige Symmetriegruppe ist die Poincaré- und nicht die Lorentzgruppe. Die "ausführbaren" oder "tatsächlich durchführbaren" Transformationen der Poincaré-Gruppe sind die Verschiebungen, Drehungen, Änderungen der Geschwindigkeit und die aus diesen zusammengesetzten Transformationen; die Punktspiegelung P und die Zeitspiegelung T gehören nicht dazu.

Teilchen in Ruhe und in Bewegung

Da jeder Zustand $|\alpha\rangle$ eines Elementarteilchens in Ruhe in jeden anderen durch Drehungen und Linearkombinationen überführt werden kann, können wir die Konstruktion des Zustandsraumes mit einem beliebigen Eigenzustand von H, $\vec{J}\,^2$ und J_z des Teilchens in Ruhe beginnen, die ausführbaren Poincaré-Transformationen auf ihn anwenden und Linearkombinationen der so erreichten Zustände bilden: Das Ergebnis *ist* der Zustandsraum eines Elementarteilchens. Auf Grund seiner Konstruktion ist er gegenüber den ausführbaren Transformationen der Speziellen Relativitätstheorie – den ausführbaren Poincaré-

Transformationen – abgeschlossen oder invariant. Einen Teilraum mit dieser Eigenschaft enthält er nicht. Er ist, wie man sagt, irreduzibel.

Jedem Elementarteilchen ordnet dies von Wigner 1939 stammende Konstruktionsverfahren eine "irreduzible unitäre Darstellung" der Poincaré-Gruppe zu. Ist ein Zustand des Teilchens – ruhend oder in Bewegung – gegeben, so kann aus ihm durch Anwendung ausführbarer Poincaré-Transformationen stets der Zustandsraum des Teilchens in Ruhe rekonstruiert werden. Daher charakterisieren tatsächlich die Eigenwerte von H und $\vec{J}^{\,2}$ für das ruhende Teilchen den Teilchen*typ*.

Der Leser wird fragen, ob der allein durch ausführbare Poincaré-Transformationen konstruierte Zustandsraum eines Elementarteilchens auch die Bilder seiner Zustände unter Raumspiegelungen und Zeitumkehr enthält. Das ist für Teilchen mit von Null verschiedener Masse – und nur diese können den Zustand der Ruhe annehmen – in der Tat der Fall. Wir wissen aus Kapitel 2, §2, daß – erstens – alle Zustände eines Teilchens in Ruhe Eigenzustände der Punktspiegelung P zu demselben Eigenwert 1 oder -1 sind und – zweitens – die Zeitumkehr T aus dem Raum dieser Zustände nicht herausführt. Entsteht nun der beliebige Zustand $|\alpha'\rangle$ des Teilchens durch die ausführbare Poincaré-Transformation U aus dem Zustand $|\alpha\rangle$ des Teilchens in Ruhe, $|\alpha'\rangle = U|\alpha\rangle$, dann entstehen die Zustände $P|\alpha'\rangle = PUP^{-1}P|\alpha\rangle$ und $T|\alpha'\rangle = TUT^{-1}T|\alpha\rangle$ durch die Transformationen PUP^{-1} und TUT^{-1} aus Zuständen $P|\alpha\rangle$ bzw. $T|\alpha\rangle$, die das Teilchen ebenfalls annehmen kann. Mit U sind aber auch PUP^{-1} und TUT^{-1} ausführbare Poincaré-Transformationen. Daher liegen, wie angekündigt, $P|\alpha'\rangle$ und $T|\alpha'\rangle$ im Raum der Zustände, die durch ausführbare Poincaré-Transformationen aus Zuständen des ruhenden Teilchens entstehen.

Jeder diskrete Eigenzustand $|\alpha\rangle$ von H, $\vec{J}^{\,2}$ und J_z eines beliebigen physikalischen Systems in Ruhe kann Ausgangspunkt der Konstruktion des Zustandsraums eines "Elementarteilchens" sein[1]. Auch Systeme mit innerer Struktur können also Zustände besitzen, die zusammen genommen den Zustandsraum eines Elementarteilchens bilden. Der Leser wird zunächst an die aus Quarks zusammengesetzen Baryonen und Mesonen denken. Aber auch ein Bleikern im Grundzustand

[1] Bei Entartung, zum Beispiel der von Teilchen und Antiteilchen, können wir Operatoren Q hinzunehmen, die mit H, $\vec{J}^{\,2}$ und J_z vertauschen (daher zeitlich konstant sind) und deren Eigenwerte als "innere" Quantenzahlen die Zustände der Elementarteilchen eindeutig machen.

erlaubt es, durch Anwendung der Transformationen der Speziellen Relativitätstheorie den Zustandsraum des "Elementarteilchen Bleikern im Grundzustand" zu definieren. Analoges gilt von dem Bleikern in einem angeregten stationären Zustand, der zugleich Eigenzustand von $\vec{J}^2$ ist. Hingegen befindet sich weder der Leser noch das Alanin-Molekül (Kapitel 2, §2) jemals in einem (stationären) Eigenzustand von H und $\vec{J}^2$. Daher ist es unmöglich, einen Zustand $|\alpha\rangle$ zu realisieren, mit dem die Konstruktion eines Elementarteilchens "Leser" oder "Alanin-Molekül" begonnen werden könnte.

Im folgenden schildern wir einige Details der Klassifikation von Elementarteilchen und ihren Zuständen vermöge der Symmetrien der Speziellen Relativitätstheorie. Diese Klassifikation unterscheidet sich im Prinzip nur wenig, im Schwierigkeitsgrad aber sehr, von der Klassifikation von Systemen und ihren Zuständen auf Grund der Verschiebungs- und Drehsymmetrie der Naturgesetze (Kapitel 3, §3). Wie die Zusammensetzungsregel von Drehungen und Verschiebungen von den Wirkungen dieser Transformationen auf die Orte abgelesen werden konnte, folgt die von Poincaré-Transformationen daraus, wie sie auf Raum und Zeit wirken.

In Kapitel 3, §3 haben wir Verschiebungen und Drehungen unitäre Operatoren U zugeordnet; diesen dann die hermiteschen P, H und $\vec{J}$. Das dort Gesagte können wir ungeändert übernehmen. Genauso werden Änderungen der k-ten Komponente der Geschwindigkeit "um" α_k durch unitäre Operatoren (über k wird nicht summiert)

$$U(\alpha_k) = e^{i\alpha_k K_k}$$

mit hermiteschen K_k beschrieben. Symmetrie gegenüber Änderungen der drei Geschwindigkeitskomponenten in x-, y- und z-Richtung impliziert also die Existenz von drei hermiteschen Operatoren K_x, K_y und K_z, die sie beschreiben. Ausgedrückt durch die Parameter α_k sind Änderungen der Geschwindigkeit additiv; für α_x gilt zum Beispiel

$$U(\alpha_x)U(\alpha'_x) = U(\alpha_x + \alpha'_x).$$

Angewendet auf den Zustand eines Teilchens in Ruhe erzeugt $U(\alpha_k)$ den Zustand des Teilchens, in dem es eine gewisse Geschwindigkeit v_k in die k-Richtung besitzt. Wegen der Additivität der Gruppenparameter α_k können zwar bei Änderungen der Geschwindigkeit nach

Galilei, nicht aber nach Einstein die Geschwindigkeiten v_k als α_k verwendet werden. Denn *Geschwindigkeiten* sind in der Relativitätstheorie nicht additiv; sonst würde durch Hintereinanderausführen derselben Geschwindigkeitsänderung schließlich einmal die Grenzgeschwindigkeit c überschritten. Für kleine Geschwindigkeiten stimmen die α_k der Relativitätstheorie und die v_k nahezu überein[2]. Wie laut Kapitel 3, §3 die Drehungen um die Richtung eines Vektors $\vec{\phi}'$ als Achse durch die unitären Operatoren $e^{-i\vec{\phi}'\vec{J}}$ beschrieben werden, so "Boosts" in die Richtung des Vektors $\vec{\alpha}$ durch die unitären $e^{-i\vec{\alpha}\vec{K}}$. Boost stammt aus dem englischen und bedeutet Änderung der Geschwindigkeit.

Auf die Galilei-Transformationen gehen wir nicht weiter ein (Fonda 1970). Aus den Zusammensetzungsregeln für Verschiebungen in Raum und Zeit, Drehungen und Änderungen der Geschwindigkeit folgen die der U, die sie darstellen, und daraus die Kommutatoren der hermiteschen P, H, $\vec{J}$ und $\vec{K}$.

Quantenmechanik der Speziellen Relativitätstheorie

Wir beginnen unsere Schilderung von Wigners Analyse mit einigen Definitionen. Den Operator H, der Verschiebungen der Zeit darstellt, nennen wir auch P^0 und fassen ihn mit den Darstellern $\vec{P}$ der Verschiebungen zu einem "Vierervektor" $P^\mu = (P^0, \vec{P}\ )$ zusammen. Diese Bezeichnung ist ein Tribut daran, daß Zeit und Raum $x^\mu = (t, \vec{x})$ in der Relativitätstheorie nicht streng getrennt werden können. Griechische Indices wie μ laufen von 0 bis 3; lateinische wie k von 1 bis 3. Wir unterscheiden nicht zwischen hochgestellten und tiefgestellten Indices. Damit bedeutet $P^k = P_k$ dasselbe wie $\vec{P} = (P_x, P_y, P_z) = (P_1, P_2, P_3) = (P^1, P^2, P^3)$; analoges gilt für $J^k = \vec{J}$ und[3] $K^k = \vec{K}$. Wir wollen uns in diesem Paragraphen zudem einem Brauch der Elementarteilchenphysiker anschließen und "$\hbar$ gleich c gleich eins" setzen[4].

---

[2] Die der Galilei-Transformation $t' = t$, $z' = z + v \cdot t$ entsprechende Transformation der Relativitätstheorie ist $t' = t \cdot \cosh\alpha + (z/c) \cdot \sinh\alpha$, $z' = c \cdot t \cdot \sinh\alpha + z \cdot \cosh\alpha$ mit $\sinh\alpha = (v/c)/(1 - (v/c)^2)^{1/2}$. Der Leser kann leicht nachrechnen, daß – erstens – Hintereinanderausführen von zwei Boosts mit Parametern α und α' dasselbe bewirkt wie der Boost mit dem Parameter $\alpha + \alpha'$, und – zweitens – für kleine v/c näherungsweise $\alpha \doteq v/c$ gilt.

[3] Wir werden weiter unten sehen, daß das Operatorentripel $\vec{K} \equiv (K_x, K_y, K_z)$ einen Vektor bei Drehungen bildet.

[4] Das bedeutet genauer, daß die Maßeinheiten so gewählt werden, daß $\hbar$ und c den Zahlenwert 1 bekommen.

Kasten 4.1: Kommutatoren der Poincaré-Gruppe

Die Kommutatoren der P^μ und $\vec{J}$ kennen wir aus Kapitel 3, §3 und Kasten 3.4. Die Herleitungen können wir auf die Kommutatoren der $\vec{K}$ miteinander und mit den P^μ und $\vec{J}$ übertragen. Laut Fußnote 3 entspricht dem Boost in z-Richtung die 4×4-Matrix

$$e^{i\alpha K_z} = \begin{pmatrix} \cosh\alpha & 0 & 0 & \sinh\alpha \\ 0 & 1 & 0 & 0 \\ 0 & 0 & 1 & 0 \\ \sinh\alpha & 0 & 0 & \cosh\alpha \end{pmatrix}$$

im Raum $(t, \vec{x})^T$, so daß

$$K_z = \begin{pmatrix} 0 & 0 & 0 & -i \\ 0 & 0 & 0 & 0 \\ 0 & 0 & 0 & 0 \\ -i & 0 & 0 & 0 \end{pmatrix} \quad \textit{und genauso} \quad K_y = \begin{pmatrix} 0 & 0 & -i & 0 \\ 0 & 0 & 0 & 0 \\ -i & 0 & 0 & 0 \\ 0 & 0 & 0 & 0 \end{pmatrix}.$$

Dem Opertor J_x entspricht in Raum und Zeit die Matrix

$$J_x = \begin{pmatrix} 0 & 0 & 0 & 0 \\ 0 & 0 & 0 & 0 \\ 0 & 0 & 0 & -i \\ 0 & 0 & i & 0 \end{pmatrix}$$

und genauso für J_y und J_z. Es folgt $[K_z, J_x] = iK_y$ (und zyklisch) und genauso $[K_y, K_z] = -iJ_x$ (und zyklisch) sowie $[K_m, J_m] = [K_m, K_m] = 0$. Analog zur Herleitung von Gl. 3.49 können wir die Kommutatoren der $\vec{K}$ mit den P^μ bestimmen und finden $[K_m, P_n] = -\delta_{m,n}H$ und $[H, K_m] = iP_m$.

Wie zuvor für die Klassifikation von Systemen und Zuständen auf Grund der Drehsymmetrie, sind auch für die Klassifikation auf Grund der Poincaré-Symmetrie die Kommutatoren der Operatoren, die Symmetrietransformationen erzeugen, besonders wichtig (Kasten 4.1). Wir heben zweierlei hervor. Erstens können die Kommutatoren der $\vec{J}$ mit den $\vec{K}$ als $[J_x, K_x] = [J_y, K_y] = [J_z, K_z] = 0$, $[J_x, K_y] = iK_z$ und zyklisch geschrieben werden. Daher bilden die $\vec{K}$ einen Vektoroperator. Zweitens vertauscht der Hamilton-Operator H trotz der Symmetrie gegenüber Änderungen der Geschwindigkeit nicht mit den K; statt dessen gilt $[H, K_k] = iP_k$.

Wie $\vec{J}^{\,2}$ mit den Erzeugenden $\vec{J}$ der Drehgruppe, vertauscht der Operator

$$M^2 = P^{02} - \vec{P}^{\,2} \tag{4.1}$$

mit den Erzeugenden P^μ, $\vec{J}$ und $\vec{K}$ der Poincaré-Gruppe; das kann der Leser leicht nachrechnen. Daher gilt

$$M^2|\alpha\rangle = m^2|\alpha\rangle$$

mit demselben m^2 für alle Zustände $|\alpha\rangle$, die das Teilchen annehmen kann. Folglich kennzeichnet der Eigenwert m^2 von M^2 den Teilchentyp, das Elementarteilchen, und nicht nur den Zustand, in dem es sich befindet[5]. Über das Vorzeichen von m^2 macht Gl. 4.1 keine Aussage. Die Schreibweise deutet aber bereits an, daß für Elementarteilchen $m^2 \geq 0$ gilt; die positive Wurzel $m = +\sqrt{m^2}$ von m^2 ist dann die Masse des Teilchens.

Aus Kapitel 3, §3 übernehmen wir die Interpretation von P^0 als Energie- und von $\vec{P}$ als Impulsoperator. Da die Komponenten von $\vec{P}$ kommutieren, können wir eine Basis so wählen, daß sie diagonal sind, also

$$\vec{P}|\vec{p},\sigma\rangle = \vec{p}\,|\vec{p},\sigma\rangle$$

mit reellen Zahlen $\vec{p}$ und Entartungsparametern σ. Mit $\vec{P}$ besitzt auch $\vec{P}^{\,2}$ einen scharfen Wert im Zustand $|\vec{p},\sigma\rangle$, nämlich $\vec{p}^{\,2}$, so daß

$$H^2|\vec{p},\sigma\rangle = (m^2 + \vec{p}^{\,2})|\vec{p},\sigma\rangle \equiv E^2|\vec{p},\sigma\rangle.$$

Als Eigenwert des nicht-negativen Operators $H^2 = H^+H$ ist E^2 nicht negativ; dasselbe gilt für $\vec{p}^{\,2}$ als Eigenwert des nicht-negativen $\vec{P}^{\,2}$.

---

[5] Wenn das Teilchen Zustände $|\alpha\rangle$ annehmen kann, in denen es ruht, $\vec{P}|\alpha\rangle = 0$, ist m^2 laut Gl. 4.1 positiv, und die positive Wurzel $|m|$ von m^2 ist dasselbe wie die "Energie des Teilchens im Ruhsystem".

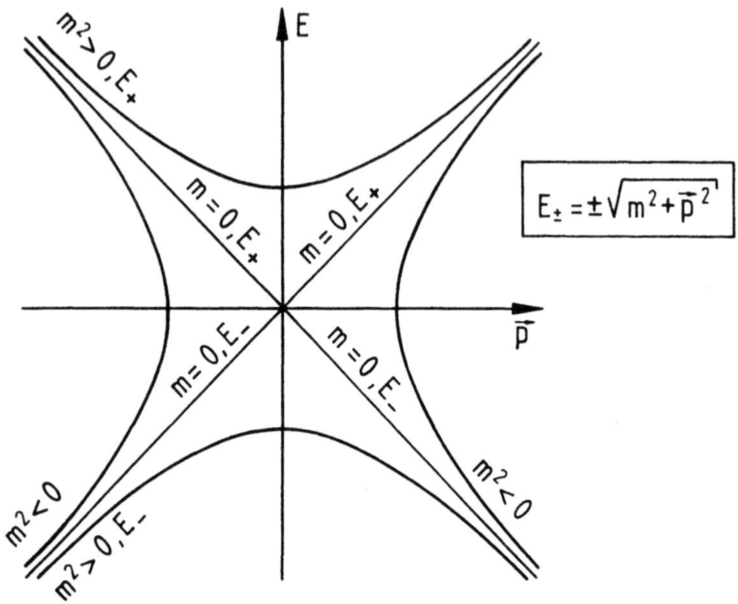

Abb. 4.1 Die Abbildung erläutert den E-p-Zusammenhang für verschiedene m^2 und, bei $m^2 \geq 0$, beide Vorzeichen von E.

Hingegen kann die Differenz $m^2 = E^2 - \vec{p}^{\,2}$ sowohl positiv als auch negativ sein. Auf jeden Fall gilt

$$E^2 = m^2 + \vec{p}^{\,2} \tag{4.2}$$

für den Zusammenhang von E und $\vec{p}$ bei festem m^2 in der Relativitätstheorie. Als Eigenwerte der hermiteschen P^μ sind E und die Komponenten von $\vec{p}$ reell. Abb. 4.1 zeigt die Möglichkeiten, die es gibt. Das Vorzeichen von E gehört zu den Entartungsparametern σ. Wir kennzeichnen die Eigenzustände von P^μ künftig durch E (mit Vorzeichen), $\vec{p}$, σ (die neuen σ enthalten das Vorzeichen von E also nicht mehr) und schreiben sie als $|E, \vec{p}, \sigma\rangle$.

Wigners Konstruktion des Zustandsraumes

Aus den E, $\vec{p}$ eines Zustands $|E, \vec{p}, \sigma\rangle$ mit

$$P^\mu |E, \vec{p}, \sigma\rangle = p^\mu |E, \vec{p}, \sigma\rangle \tag{4.3a}$$

können wir die $E', \vec{p}\,'$ des Zustands berechnen, der aus dem gegebenen durch eine Poincaré-Transformation entsteht. Aus Kapitel 2, §2 wissen wir zunächst einmal, daß sich der in der Zeit um t und im Raum um $\vec{x}$ "verschobene Zustand" $U(t,x)|E,\vec{p},\sigma\rangle$ nur um einen von E und $\vec{p}$ abhängigen Phasenfaktor vom ursprünglichen $|E,\vec{p},\sigma\rangle$ unterscheidet.

Drehungen ändern die Energie E eines Zustands nicht. Das folgt aus der Gleichung $[H, \vec{J}\,] = 0$ und ist wegen der Interpretation von E als Energie bei physikalischen Teilchen selbstverständlich. Aus Kapitel 3, §3 wissen wir, wie die Vektoren $\vec{p}$ durch Drehungen transformiert werden. Es bleibt zu zeigen, daß die als "Änderungen der Geschwindigkeit" eingeführten Transformationen $U(\alpha_k)$ die Impulse physikalischer Teilchen tatsächlich wie es die Relativitätstheorie verlangt ändern. Das ist einfach zu sehen. Wir berechnen nämlich

$$\begin{aligned} P^\mu U(\alpha_k)|E,\vec{p},\sigma\rangle &= U(\alpha_k)U(\alpha_k)^{-1}P^\mu U(\alpha_k)|E,\vec{p},\sigma\rangle \\ &= U(\alpha_k)P'^\mu|E,\vec{p},\sigma\rangle \end{aligned} \tag{4.3b}$$

mit $P'^\mu = U(\alpha_k)^{-1}P^\mu U(\alpha_k)$. Die Kommutatoren der P^μ mit den $\vec{K}$ in Kasten 4.1 garantieren, daß Verschiebungen in Raum und Zeit durch Änderungen der Geschwindigkeit "richtig" geändert werden. Daraus folgt analog zu Gl. 3.40a, daß P'^μ aus P^μ genauso berechnet werden kann wie x'^μ aus x^μ: Unter Lorentz-Transformationen transformieren sich die Operatoren $P^\mu = (H, \vec{p}\,)$ genauso wie die $x^\mu = (t, \vec{x})$. Als Beispiel übersetzen wir das Verhalten von x^μ bei einem Boost in z-Richtung (Fußnote 2) in das von P^μ,

$$P'^0 = P^0 \cosh\alpha + P_z \sinh\alpha, \qquad P'_z = P^0 \sinh\alpha + P_z \cosh\alpha \tag{4.3c}$$

zusammen mit $P'_x = P_x$, $P'_y = P_y$. Für die Eigenwerte $p'^\mu = (E', \vec{p}\,')$ der P'^μ,

$$P'^\mu|E',\vec{p}\,',\sigma\rangle = p'^\mu|E',\vec{p}\,',\sigma\rangle \tag{4.3d}$$

ausgedrückt durch die Eigenwerte $p^\mu = (E, \vec{p}\,)$ der P^μ in Gl. 4.3a, gilt damit dasselbe: Auch sie transformieren sich unter Lorentz-Transformationen wie die x^μ (Gl. 4.3c für E statt P^0 und $\vec{p}$ statt $\vec{P}$ bei einem Boost in z-Richtung).

Aus Gl. 4.3b und Gl. 4.3d folgt die wichtige Gleichung

$$P^\mu U(\alpha_k)|E,\vec{p},\sigma\rangle = p'^\mu U(\alpha_k)|E,\vec{p},\sigma\rangle. \tag{4.3e}$$

Da also der Zustand $U(\alpha_k)|E,\vec{p},\sigma\rangle$ Eigenzustand der P^μ zu den Eigenwerten p'^μ ist, gilt

$$U(\alpha_k)|E,\vec{p},\sigma\rangle = \sum_{\sigma'} |E',\vec{p}\,',\sigma'\rangle C_{\sigma'\sigma}(\alpha_k, E, \vec{p}\,)$$

mit Matrizen $C(\alpha_k, E, \vec{p}\,)$ im Raum der Entartungsparameter.

Das Verhalten der Zustände $|E',\vec{p}\,',\sigma'\rangle$ unter Drehungen R kann analog zu Gl. 3.40 durch Matrizen $C(R, E, \vec{p}\,)$ beschrieben werden. Ist allgemeiner L eine Lorentz-Transformation und $U(L)$ ihr Darsteller, so können wir schreiben

$$U(L)|E,\vec{p},\sigma\rangle = \sum_{\sigma'} |E',\vec{p}\,',\sigma'\rangle C_{\sigma'\sigma}(L, E, \vec{p}\,). \tag{4.4}$$

Die $E', \vec{p}\,'$ ergeben sich durch die Transformation L aus den E, $\vec{p}$.

Energie, Impuls und Masse von Elementarteilchen

Unsere Diskussion der möglichen E, $\vec{p}$ physikalischer Teilchen beginnen wir mit dem Vierervektor $p^\mu = 0$, also $E = 0$, $\vec{p} = 0$. Dieser Punkt im Energie-Impulsdiagramm der Abb. 4.1 wird durch keine Poincaré-Transformation geändert. Zustände mit $p^\mu = 0$ sind daher Kandidaten für den Zustand niedrigster Energie, das Vakuum, das nichts enthält, das durch eine Poincaré-Transformation geändert werden könnte: Der Vakuum-Zustand sollte Poincaré-symmetrisch sein.

Die Eigenwerte von P^μ können wir nach den Vorzeichen von m^2 und E einteilen. Bei $m^2 > 0$ kann nach Gl. 4.1 das Quadrat E^2 der Energie keinen kleineren Wert als m^2 annehmen; dasselbe kann von Abb. 4.1 abgelesen werden. In dem Fall gibt es also keine Lorentz-Transformation, die von einem p^μ mit positivem $p^0 = E \geq m = +\sqrt{m^2}$ zu einem mit negativem $p^0 = E \leq -m$ führte: Durch keine Lorentz-Transformation kann man von dem Ast der Hyperbel mit $m^2 > 0$ zu dem anderen gelangen. Wir wählen $p^\mu = (E = m, \vec{p} = \vec{0})$ und $p^\mu = (E = -m, \vec{p} = \vec{0})$ als "Standard"-Vierervektoren in den beiden Fällen. Mit Hilfe der Gl. 4.3c kann sich der Leser leicht davon überzeugen, daß ausgehend von $(m, \vec{0})$ durch eine Lorentz-Transformation jeder Viererimpuls auf dem oberen Hyperboloid von Abb. 4.1 erreicht werden kann. Durch einen Boost in z- Richtung entsteht nämlich aus $p^\mu = (m, \vec{0})$ zunächst einmal der Vierervektor $(\sqrt{m^2 + p^2},\ 0,\ 0,\ p)$ mit beliebigem $p \geq 0$, aus diesem dann durch eine Drehung $(\sqrt{m^2 + \vec{p}^{\,2}}, \vec{p})$, wobei $\vec{p}$ nach Konstruktion ein beliebiger Vektor mit $|\vec{p}\,| = p$ ist. In der Sprache von Kapitel 1, §2 bildet die Viererimpulse $(\sqrt{m^2 + \vec{p}^{\,2}}, \vec{p})$ auf dem oberen Hyperboloid die Bahn von $(m, \vec{0})$ unter der Lorentz-Gruppe. Analoges gilt von den Viererimpulsen $(-\sqrt{m^2 + \vec{p}^{\,2}}, \vec{p})$ mit negativem E und bestimmtem positivem m^2: Genau sie können wir von $(-m, 0)$ aus durch Lorentz-Transformationen erreichen.

Gilt im Fall $m^2 = 0$ zudem $E = 0$, dann wegen Gl. 4.2 auch $\vec{p}^{\,2} = 0$ und damit $\vec{p} = 0$; zusammengefaßt $p^\mu = 0$. Diese Möglichkeit wurde bereits erörtert. Ist E bei $m^2 = 0$ größer als Null, kann das zugehörige p^μ durch keine ausführbare Lorentz-Transformation in ein p^μ mit $E < 0$ überführt werden. Denn ausführbare Transformationen sind kontinuierliche Transformationen; gäbe es eine, die ein $E > 0$ in ein $E < 0$ überführte, so notwendig zudem eine, die aus dem $E > 0$ den Zwischenwert $E = 0$ erzeugte. Doch nach dem gesagten ist p^μ=0 der einzige Viererimpuls mit $m^2 = 0, E = 0$; dies p^μ steht allein in dem Sinn, daß es durch keine Lorentz-Transformation geändert wird. Da Lorentz-Transformationen umkehrbar sind, kann also $p^\mu = 0$ durch keine Lorentz-Transformation von einem anderen Vierervektor aus erreicht werden. Daher kann keine ausführbare Lorentz-Transformation einen Vierervektor auf dem "positiven Lichtkegel" mit $m^2 = 0,\ E > 0$ in einen auf dem "negativen Lichtkegel" mit $m^2 = 0,\ E < 0$ überführen und, selbstverständlich, umgekehrt. Jeder Vierervektor auf dem positiven Lichtkegel entsteht übrigens aus jedem anderen derartigen durch eine geeignet gewählte Lorentz-Transformation; dasselbe gilt für die Vierervektoren auf dem negativen Lichtkegel. Als Standardvierervektor auf dem positiven Lichtkegel wählen wir (1,0,0,1).

Für die Viererimpulse von Elementarteilchen gilt notwendig $E > 0$ und $m^2 \geq 0$. Denn mit Ausnahme von $p^\mu = 0$ müßte das Elementarteilchen bei allen anderen Viererimpulsen Zustände besitzen, in denen seine Energie beliebig negativ wäre. So zeigt Abb. 4.1, daß im Fall $m^2 < 0$ Lorentz-Transformationen das Vorzeichen von E ändern können. Nur bei $E \geq 0,\ m^2 \geq 0$ ist die durch Lorentz-Transformationen erreichbare Energie nach unten beschränkt. Einem Teilchen mit nach unten nicht beschränkter Energie könnten wir auch bei Energieerhaltung beliebig viel Energie dadurch entnehmen, daß wir es in einen Zustand mit entsprechend verminderter Energie versetzen. Trotz Inkaufnahme abenteuerlicher Schwierigkeiten ist es bisher nicht gelungen, eine konsistente

Theorie derartiger "Teilchen" namens "Tachyonen" zu formulieren. Da es zudem keinen wie auch immer gearteten experimentellen Hinweis auf deren Existenz gibt, wollen wir weiterhin außer dem Impuls $p^\mu = 0$ des Vakuumzustands nur noch Viererimpulse mit $E > 0$, $m^2 \geq 0$ erörtern: Die Energie eines Elementarteilchens ist in allen seinen Zuständen positiv; sein m^2 nicht negativ.

Der Impuls $\vec{p}$ eines Elementarteilchens mit bestimmtem m^2 legt nach dem gesagten dessen Energie E als $E = \sqrt{m^2 + \vec{p}^{\,2}}$ fest. Offenbar kann der Impuls $\vec{p}$ eines Elementarteilchen frei gewählt werden. Alle Viererimpulse, die dem Teilchen überhaupt zugänglich sind, entstehen aus einem durch eine geeignet gewählte Lorentz-Transformation.

Als diesen "einen" Standard-Viererimpuls, aus dem wir alle durch Lorentz-Transformationen erzeugen, haben wir $(|m|, 0, 0, 0)$ für $m^2 > 0$ und (1,0,0,1) für $m = 0$ gewählt. Um die möglichen Zustände eines Elementarteilchens zu klassifizieren, reicht Klassifikation der Zustände aus, die das Teilchen annehmen kann, wenn es den Standardviererimpuls besitzt. Das sind im Fall $m^2 > 0$ die Zustände des Teilchens in Ruhe; sie haben wir bereits klassifiziert und gefunden, daß sie einen Darstellungsraum der Drehgruppe bilden, also durch j und j_z klassifiziert werden können. Auf die Übertragung dieser Klassifikation auf Teilchen mit beliebiger Geschwindigkeit gehen wir jetzt ein. Mit dem Fall $m = 0$ werden wir uns (weniger ausführlich) weiter unten beschäftigen.

Sei $|\vec{0}, j_z\rangle$ der Eigenzustand von J_z zum Eigenwert j_z des Teilchens mit Impuls $\vec{p} = \vec{0}$, d.h. in Ruhe; Masse $m > 0$ und Spin j haben vorgegebene feste Werte. Die kleine Gruppe (Kapitel 1, §2) eines Vierervektors p^μ innerhalb der Lorentz-Gruppe ist die Gruppe der Lorentz-Transformationen, die ihn ungeändert lassen. Die kleine Gruppe des Vierervektors $p^\mu = (m, \vec{0})$ ist offenbar die Drehgruppe. Dies begründet die Möglichkeit, die Zustände des Teilchens in Ruhe durch ihr Verhalten unter Drehungen zu charakterisieren. Ist $\vec{p} \neq \vec{0}$, enthält die kleine Gruppe des Vierervektors $p^\mu = (\sqrt{m^2 + \vec{p}^{\,2}}, \vec{p}\,)$ die Gruppe der Drehungen um die Richtung von $\vec{p}$ als Untergruppe. Denn diese lassen $\vec{p}$ und damit p^μ ungeändert. Die kleine Gruppe selbst ist, wie leicht gezeigt werden kann, bei $\vec{p} \neq 0$ zur Drehgruppe isomorph. Ist nun $L(\vec{p}\,)$ eine Lorentz-Transformation, die den Standardviererimpuls $(m, \vec{0})$ in den Viererimpuls p^μ zum Impulsvektor $\vec{p}$ überführt, so auch die Lorentz-Transformation $L'(\vec{p}\,) = L_{\vec{p}} L(\vec{p}\,) L_{\vec{0}}$ mit $L_{\vec{p}}$ einer beliebigen Lorentz-Transformation aus der kleinen Gruppe von $\vec{p}$ ($L_{\vec{0}}$ also aus der kleinen Gruppe von $\vec{p} = \vec{0}$). Daher bestimmt $\vec{p}$ die Lorentz-Transformation, die sein p^μ aus dem Standardviererimpuls erzeugt, nicht eindeutig. Um also die Zustandsklassifikation durch j_z von den $|\vec{0}, j_z\rangle$ auf die Teilchenzustände mit $\vec{p} \neq \vec{0}$ zu übertragen, müssen wir aus den Lorentz-Transformationen, die auf den Standardviererimpuls angewendet dasselbe leisten wie $L(\vec{p}\,)$, eine bestimmte auswählen.

Es gibt zwei konventionelle Wege, dies zu tun; der eine führt auf die "Helizitäts"- der andere auf die "Spin"-Basis. Wir beschreiben nur die Konstruktion der Spin-Basis. Die Basis $|\vec{0}, j_z\rangle$ im Zustandsraum des ruhenden Teilchens sei vorgegeben. Ist nun $\vec{p}$ ein von Null verschiedener Impulsvektor, so gibt es genau eine reine Lorentz-Transformation ohne Drehung, die den Standardviererimpuls in den zu $\vec{p}$ gehörenden Viererimpuls p^μ überführt: ein Boost in die Richtung von $\vec{p}$. Dieser heiße $L(\vec{p}\,)$. Wir wählen als Entartungsparameter σ der Zustände des ruhenden Teilchens die j_z und definieren

$$|\vec{p}, \sigma\rangle \equiv U(L(\vec{p}\,))|\vec{0}, \sigma = j_z\rangle, \tag{4.5}$$

wobei $U(L)$ der Darsteller der Lorentz-Transformation L im Raum der Zustände des Teilchens ist.

Jeder Zustand des Teilchens mit Impuls $\vec{p}$ kann als Linearkombination der in Gl. 4.5 definierten Zustände geschrieben werden. Insbesondere können die Matrizen C der Gl. 4.4 aus den Matrizen berechnet werden, die im Zustandsraum des ruhenden Teilchens den Drehungen R zugeordnet sind. Die Formeln unterdrücken wir.

Dem Leser ist sicher die herausragende Rolle aufgefallen, die der kleinen Gruppe des Standardviererimpulses bei der Prozedur zukommt. Im wesentlichen dieselbe Analyse, aber mit dem anderen Standardviererimpuls $(1, 0, 0, 1)$ und seiner kleinen Gruppe, kann im Fall $E > 0$, $m = 0$ durchgeführt werden. Der von uns gewählte Standardviererimpuls trägt der Tatsache Rechnung, daß ein Teilchen mit $E > 0$, $m = 0$ den Zustand der Ruhe nicht annehmen kann. Seine kleine Gruppe ist zur Gruppe der Verschiebungen und Drehungen der Ebene isomorph. Die kleine Gruppe des Standardviererimpulses im Fall $m^2 > 0$ ist hingegen die Drehgruppe (wie oben gezeigt). Daher die charakteristischen Unterschiede masseloser und massiver Teilchen.

§2 Isospin: Eine innere Teilchensymmetrie

Sieht man von ihren verschiedenen elektrischen Ladungen ab, sind Proton und Neutron einander sehr ähnlich. Vor allem besitzen sie denselben Spin 1/2 und sind ihre Massen bis auf 0.14% gleich. Auch ihre starken Wechselwirkungen sind nicht sehr verschieden. Abgesehen von Unterschieden, die zumindest näherungsweise durch die für Proton und Neutron verschiedene elektromagnetische Wechselwirkung erklärt werden können, stimmen zum Beispiel die Anregungsspektren von ^{7}Li und ^{7}B überein. Diese Kerne mit Kernladung drei (Lithium) und vier (Beryllium) enthalten gleich viele – sieben – Kernteilchen, werden also bei der Vertauschung von Protonen und Neutronen vertauscht.

Der Isospin von Protonen, Neutronen und Kernen

Heisenberg hat 1932 die Vermutung ausgesprochen, für die starke Wechselwirkung seien Proton und Neutron nicht verschiedene Teilchen, sondern einfach verschiedene Zustände desselben Teilchens, des Nukleons – genau wie ein Elektron mit nach oben gerichtetem Spin kein anderes Teilchen als ein Elektron mit nach unten gerichtetem Spin, sondern dasselbe Teilchen in einem anderen Zustand ist. Diese "Isospinsymmetrie der starken Wechselwirkung" ist eine unerhört erfolgreiche Idee und zugleich Prototyp aller "inneren" Symmetrien von Elementarteilchen.

Drehungen im Raum werden dadurch zu Symmetrien der Quantenmechanik, daß jeder Drehung R ein unitärer Operator $U(R)$ im Hilbertraum zugeordnet wird, der mit dem Hamiltonoperator vertauscht. Im Teilraum eines Elektrons in Ruhe bilden die $U(R)$ die (zweideutige) Darstellung mit $j = 1/2$ der Drehgruppe. Sie, die Gruppe $SU(2)$, besteht aus allen unitären Matrizen in zwei Dimensionen mit Determinante eins, die in dem Raum wirken, den die Zustände $|j = 1/2, j_z = 1/2\rangle$ und $|j = 1/2, j_z = -1/2\rangle$ des Elektrons in Ruhe mit Spineinstellung $j_z = 1/2$ und $j_z = -1/2$ aufspannen (Kasten 4.2). Daher ordnet die Drehsymmetrie den Transformationen der $SU(2)$ in diesem Raum die unitären Transformationen $U(R)$ im ganzen Hilbertraum zu.

Diesen Formalismus hat Heisenberg mit überragendem Erfolg auf die $SU(2)$ übertragen, die in dem Raum wirkt, den die Zustände "Proton" und "Neutron", $|p\rangle$ (entspricht $|j = 1/2, j_z = 1/2\rangle$) und $|n\rangle$ ($|j = 1/2, j_z = -1/2\rangle$), aufspannen. Die raum-zeitlichem Eigenschaften wie Spin, Impuls oder Drehimpuls von Proton und Neutron werden durch Heisenbergs Isospintransformationen nicht geändert. Beschreibt ein Zustand mehrere Teilchen, zum Beispiel ein Proton zusammen mit einem Neutron, so haben diese im allgemeinen verschiedene raum-zeitliche Quantenzahlen; sagen wir das Proton die Spineinstellung σ_1 und den Impuls $\vec{p}_1$, das Neutron $\sigma_2, \vec{p}_2$. Die Isospintransformation, die einer Drehung um 180° entspricht, vertauscht Protonen und Neutronen, überführt also deren gemeinsamen Zustand $|p(\sigma_1, \vec{p}_1)n(\sigma_2, \vec{p}_2)\rangle$ in $|n(\sigma_1, \vec{p}_1)p(\sigma_2, \vec{p}_2)\rangle$ und genauso für die anderen Isospintransformationen. Welche $\sigma, \vec{p}$ die Teilchen besitzen, ist für die Isospintransformation irrelevant – sie werden einfach in andere Teilchen mit denselben $\sigma, \vec{p}$ überführt. Für die Zustände $|p(\sigma_1, \vec{p}_1)n(\sigma_2, \vec{p}_2)\rangle$ und $|n(\sigma_1, \vec{p}_1)p(\sigma_2, \vec{p}_2)\rangle$ schreiben wir künftig $|pn\rangle$ und $|np\rangle$.

Bei Isospin-Symmetrie vertauschen die unitären Isospintransformationen U mit dem Hamilton-Operator, so daß die Massen von Proton und Neutron übereinstimmen. In der wirklichen Welt ist die Isospin-Symmetrie durch die verschiedenen Massen von Proton und Neutron gebrochen. Da der Massenunterschied klein ist, können wir erwarten, daß auch die Symmetriebrechung klein ist. Statt der wirklichen Welt betrachten wir bei der Diskussion der Isospin-Symmetrie eine idealisierte, in der Proton und Neutron dieselbe Masse besitzen. Um die Konsequenzen eines Symmetrie-Limes zu erforschen, müssen wir nicht wissen, was er physikalisch bedeutet. Die Frage nach dem Ursprung einer Symmetrie ist selbstverständlich interessant und wichtig; wir stellen zunächst aber nur die Frage, ob die wirkliche Welt und die idealisierte Welt, in der die Symmetrie ohne Einschränkungen gilt, einander so nah sind, daß die Konsequenzen der Symmetrie in der wirklichen Welt näherungsweise gelten. Das ist bei der Isospin-Symmetrie der Fall und daher ist sie auch ohne Berücksichtigung von Brechungsmechanismen physikalisch interessant. Weiter unten werden wir uns Symmetrien zu wenden, aus deren Konsequenzen erst bei Berücksichtigung der Brechung sinnvolle Aussagen über die wirkliche Welt folgen.

Der Massenunterschied von 0.14% zwischen Proton und Neutron setzt den Maßstab für die Genauigkeit, mit der die Konsequenzen der Isospin-Symmetrie in der wirklichen Welt gelten sollten. Die Größenordnung der auf Grund der Ladung des Protons zu erwartende Brechung der Isospin-Symmetrie durch die elektromagnetische Wechselwirkung wird durch die Feinstrukturkonstante $\alpha = 1/137$ festgelegt. Damit besitzt der beobachtete Massenunterschied von Proton und Neutron genau

Kasten 4.2: Drehungen und $SU(2)$

Die $SU(2)$ ist die Gruppe der unitären 2×2-Matrizen U mit Determinante eins, $U \cdot U^+ = E$, und $det(U) = 1$. Jedes derartige U kann als $U = e^{-iS}$, wobei S hermitesch ($S = S^+$) und spurlos ($Spur(S) = 0$) ist, geschrieben werden. Ist – umgekehrt – S hermitesch und spurlos, gehört $U = e^{-iS}$ zur $SU(2)$. Für S können wir $S = \sum_k c_k \cdot \sigma_k/2$ schreiben, wobei die c_k reelle Parameter und die σ_k die Pauli-Matrizen

$$\sigma_1 = \begin{pmatrix} 0 & 1 \\ 1 & 0 \end{pmatrix}, \quad \sigma_2 = \begin{pmatrix} 0 & -i \\ i & 0 \end{pmatrix} \quad \text{und} \quad \sigma_3 = \begin{pmatrix} 1 & 0 \\ 0 & -1 \end{pmatrix}$$

sind. Die Kommutatoren $[\sigma_1/2, \sigma_2/2] = i \cdot \sigma_3/2$ (und zyklisch) der $\sigma_k/2$ stimmen mit denen der J_k der Drehgruppe $SO(3)$ in drei Dimensionen überein (Gl. 3.47). Unter der Einschränkung $|c_k| \ll \pi$ ist jedem reellen Vektor $\vec{c} = (c_1, c_2, c_3)$ sowohl eine unitäre Matrix $U = e^{-i\sum_k c_k\sigma_k/2}$ mit Determinante eins in zwei Dimensionen, als auch eine Drehung $R = e^{-i\sum_k c_k j_k}$ in drei Dimensionen umkehrbar eindeutig zugeordnet. Für $\vec{c} = \vec{0}$ gilt $U = E$ und $R = E$ (wobei E die Einheitsmatrix in zwei oder drei Dimensionen ist). Da alle U und R "in der Nähe der Identität" so dargestellt werden können, sind die $SU(2)$ und die $SO(3)$ für "kleine" Tranformationen – Transformationen mit Parametern $|c_k| \ll \pi$ – isomorph. Die Gruppenregeln sind gleich, da die Kommutatoren von $\vec{\sigma}/2$ und $\vec{J}$ übereinstimmen. Wenn $\vec{c} = (c, 0, 0)$ die Matrix U ergibt, dann $\vec{c}\,' = (c + 2\pi, 0, 0)$ die Matrix $U' = e^{-i(2\pi)\sigma_1/2} \cdot U = [\cos(\pi\sigma_1) - i\sin(\pi\sigma_1)] \cdot U = [\cos\pi - i\sin\pi] \cdot U = -U$; die zu $\vec{c}$ und $\vec{c}\,'$ gehörende Matrizen R und $R' = e^{i(2\pi)J_1} \cdot R = R$ stimmen überein. Da für die anderen Komponenten von $\vec{c}$ analoges gilt, entspricht U und $-U$ dieselbe Drehung R. Insbesondere ist das Bild von $U = -E$ die Drehung um 2π, d.i. die Identität $R = E$ der Drehgruppe. Physiker sagen, die $SU(2)$ bilde eine zweideutige Darstellung *der Drehgruppe; Mathematiker, die $SU(2)$ bilde deren* universelle Überlagerungsgruppe. *Da auch die unitären Transformationen, die im Zustandsraum der Quantenmechanik den Elementen der $SU(2)$ oder der Drehgruppe zugeordnet sind, sich höchstens um einen unbeobachtbaren Phasenfaktor unterscheiden, kann die $SU(2)$ in der Quantenmechanik als Darsteller der Drehungen des dreidimensionalen Raumes dienen.*

Tatsächlich gehören die Drehungen zugeordneten unitären Operatoren im Hilbertraum der Zustände bei ganzzahligem Spin zu einer eindeutigen, bei halbzahligem zu einer zweideutigen Darstellung der Drehgruppe. Bei einer Drehung um 2π – genauer: beim Hintereinanderausführen von Drehungen, die zusammen die Drehung mit dem Parameter 2π ergeben – bleiben die Zustände der Teilchen mit ganzzahligem Spin ungeändert, und werden die mit halbzahligem mit -1 multipliziert. Hierauf ist die Überauswahlregel des Spins (Kasten 3.3) zurückzuführen.

---

die für eine rein elektromagnetische Brechung der Isospin-Symmetrie erwartete Größenordnung. Wie zahlreiche Autoren bis etwa 1975 könnte der Leser nun denken, daß (außer der zu vernachlässigenden schwachen) allein die elektromagnetische Wechselwirkung die Isospin-Symmetrie bricht. Da das Zusammentragen von Ladungen mit demselben Vorzeichen mehr Energie erfordert als das von einander kompensierenden Ladungen, sollte dann aber die Masse des elektrisch geladenen Protons größer sein als die des neutralen Neutrons – im Gegensatz zur Wirklichkeit. Wir wissen heute, daß auch die Massenunterschiede der Quarks, die Protonen und Neutronen aufbauen, zu dem beobachteten Massenunterschied von Proton und Neutron beitragen.

Um experimentelle Konsequenzen der Isospin-Symmetrie herzuleiten, müssen wir um nichts weiter wissen als um eben diese Symmetrie. Das ist die größte Stärke aller Symmetrieargumente: Ob eine Symmetrie besteht, kann durch ihre experimentellen Konsequenzen auch dann überprüft werden, wenn die detaillierte dynamische Theorie, die diese Symmetrie besitzt, unbekannt ist. Bestätigte Symmetrien schränken die möglichen detaillierten Theorien wesentlich ein, helfen also, sie herzuleiten. Beispielsweise ist das Standardmodell der Elementarteilchen eine Realisation von seit langem bekannten und vermuteten Symmetrien.

Wir haben gesagt, daß Isospin-Transformationen auf die Zustände Neutron $|n\rangle$ und Proton $|p\rangle$ genauso wirken wie Drehungen auf die Zustände $|-1/2\rangle$ und $|1/2\rangle$ eines Elektrons mit Spineinstellungen $-1/2$ und $1/2$. Daher können wir in dem von $|n\rangle$ und $|p\rangle$ aufgespannten Raum Operatoren I_1, I_2, I_3 definieren, die dort genauso wirken wie die J_1, J_2, J_3 im Raum der Zustände mit festen Spineinstellungen $|\sigma = -1/2\rangle$ und $|\sigma = 1/2\rangle$. Die I_1, I_2, I_3, die wir zusammen auch als $\vec{I}$ bezeichnen wollen, haben dieselben Kommutatoren wie die $\vec{J}$, also $[I_1, I_2] = iI_3$ und zyklisch. Die Eigenwerte von $\vec{I}^{\,2}$ und I_3 verwenden wir genau wie die von $\vec{J}^{\,2}$ und J_z zur Teilchenklassifikation. Die Eigenwerte von $\vec{I}^{\,2}$ können also als $T(T+1)$ mit $T = 0, 1/2, 1, \cdots$ geschrieben werden; ist T gegeben, so besitzt I_3 die Eigenwerte $T_3 = -T$, $T_3 = -T+1, \cdots$, $T_3 = T-1$, $T_3 = T$. Bis auf die neue Bedeutung und die ihr entsprechende neue Namensgebung ist all dies genau wie bei den Drehungen.

Der Operator I_3 ist so definiert, daß $|n\rangle$ Eigenzustand von I_3 zum Eigenwert $-1/2$, $|p\rangle$ zum Eigenwert $+1/2$ ist. Im von $|n\rangle$ und $|p\rangle$ aufgespannten Raum hat $\vec{I}^{\,2}$ nach Konstruktion den Eigenwert $1/2{\cdot}(1/2+1)$. Beschreibe nun der Zustand $|N_p, N_n\rangle$ ein System aus N_p Protonen und N_n Neutronen. Dann gilt $I_3|N_p, N_n\rangle = (N_p/2 - N_n/2)|N_p, N_n\rangle$. Da das T eines Zustands nicht kleiner sein kann als sein T_3, enthält $|N_p, N_n\rangle$ keinen kleineren Isospin T als $(N_p - N_n)/2$. Daher können nur Zustände mit $N_p = N_n$ zu $T = 0$ gehören, also ein Isospin-Singulett bilden. Da andererseits Isospin-Transformationen die Gesamtzahl $N_p + N_n$ der Nukleonen nicht ändern, ist das T des Zustands $|N_p, N_n\rangle$ nicht größer als die hälfte der Nukleonenzahl $A = N_p + N_n$, insgesamt also $(N_p - N_n)/2 \leq T \leq (N_p + N_n)/2$.

Proton und Neutron bilden zusammen einen stabilen Kern, das Deuteron d, und es gibt keinen anderen Kern aus zwei Nukleonen – zwei Protonen oder zwei Neutronen. Nach dem gesagten gilt für das Deuteron $T_3 = (N_p - N_n)/2 = 0$ und, da es keine Ladungspartner mit derselben Gesamtzahl $A = N_p + N_n = 2$ von Nukleonen besitzt, auch $T = 0$: Das Deuteron bildet ein Isospin-Singulett.

Wir wollen überlegen, daß die vier Zustände $|pp\rangle$, $|pn\rangle$, $|np\rangle$ und $|nn\rangle$, die aus zwei Nukleonen gebildet werden können, einen vierdimensionalen Raum aufspannen, der in einen eindimensionalen Teilraum mit $T = 0$ und einen dreidimensionalen mit $T = 1$ zerfällt. Da, wie von den Drehungen bekannt, ein Raum mit Gesamtisospin T von $2 \cdot T + 1$ Vektoren aufgespannt wird, operiert die Darstellung mit $T = 1$ in der Tat in einem dreidimensionalen Raum. Zunächst einmal ist $T_3|pp\rangle = 2 \cdot (1/2)|pp\rangle = A/2|pp\rangle$, so daß für das T dieses Zustands $(N_p - N_n)/2 = 1 \leq T \leq (N_p + N_n)/2 = A/2 = 1$, also $T = 1$ gilt. Da der zugehörige Teilraum die Dimension drei besitzt, bleibt Platz für genau einen eindimensionalen Teilraum – eben den mit $T = 0$. Offensichtlich ist das T_3 des Zustands $|nn\rangle$ aus zwei Neutronen -1, so daß auch dieser Zustand zu dem Isotriplett mit $T = 1$ gehört. Es bleibt zu untersuchen, wie bei beiden Zustände mit $T_3 = 0$, $|pn\rangle$ und $|np\rangle$, aus den Zuständen mit $T = 0$ und $T = 1$ aufgebaut sind.

Das ist leicht zu sehen. Denn der Zustand $(|pn\rangle - |np\rangle)/\sqrt{2}$ wird durch alle Transformationen, die $|p\rangle$ durch eine beliebige Linearkombination von $|p\rangle$ und $|n\rangle$ und zugleich $|n\rangle$ durch eine (möglicherweise) andere ersetzen, in einen überführt, der zu ihm selbst proportional (oder Null) ist. Das kann der Leser ohne Schwierigkeiten nachrechnen. Da sich unter diesen Transformationen sicher die befinden, die U bewirkt, wird der Zustand $(|pn\rangle - |np\rangle)/\sqrt{2}$ durch keine Isospin-Transformation in einen anderen überführt; er bildet also das Isosingulett mit $T = 0$.

Ein System aus zwei Teilchen, deren jedes Isospin $T' = T'' = 1/2$ besitzt, kann sich also in Zuständen mit Gesamtisospins $T = 0$ und $T = 1$ befinden. Die Verallgemeinerung auf Systeme, die aus zwei Teilchen mit beliebigen Isospins T' und T'' aufgebaut sind, schildern wir nicht (diskutieren aber den trivialen Fall mit $T' = 0$) und verweisen auf die Literatur, z. B. Frauenfelder 1979.

Isospin-Symmetrie hat nicht nur Konsequenzen für Eigenschaften von Atomkernen, sondern auch für die Streuung von Elementarteilchen und Kernen mit bestimmten T, T_3-Werten an einander. Die Erhaltung von T_3 folgt bereits aus der Ladungserhaltung, hat also keine für die Isospin-Symmetrie typischen Konsequenzen. Isospin-Symmetrie impliziert zudem Erhaltung des Gesamtisospins T – wie Drehsymmetrie Erhaltung von j impliziert. Dabei ist die Erhaltung von T einfacher zu diskutieren als die von j. Denn der Gesamtdrehimpuls setzt sich nicht nur aus den Spins der einzelnen Teilchen zusammen; hinzu kommen Bahndrehimpulse. Ein Analogon zu den Bahndrehimpulsen gibt es beim Isospin nicht, so daß der Gesamtisospin allein aus den Isospins der beteiligten Teilchen zusammenzusetzen ist.

Ein Beispiel für eine durch Isospin-Symmetrie verbotene Reaktion, die tatsächlich nicht beobachtet wird, ist die Reaktion dd$\to$ $\alpha\pi^0$ mit α dem ^{4}He-Kern und π^0 dem neutralen π-Meson. Von den π-Mesonen wird weiter unten zu sprechen sein. Sie bilden ein Isotriplett, das π^0 ist ein Teilchen mit $T = 1$. Wir wissen, daß das Deuteron d den Isospin $T = 0$ besitzt und auch der Isospin des α-Teilchens verschwindet. Ein System aus einem Teilchen mit beliebigem Isospin T' und einem mit Isospin $T'' = 0$ besitzt insgesamt den Isospin $T = T'$, da der Isospin Null zum Gesamtisospin nicht beiträgt. Vor der Reaktion ist der Gesamtisospin T also Null, nach der Reaktion wäre er eins, so daß Isospin-Symmetrie die Reaktion in der Tat verbietet. Abgesehen aber vom Isospin, ist die

Reaktion bei Energien erlaubt, die zusätzlich zum α ein π^0 mit 140 MeV Energie zu bilden gestatten. Insbesondere stimmen die Zahlen von Protonen und Neutronen vor und nach der Reaktion überein und ist die elektrische Gesamtladung sowohl vor als auch nach der Reaktion zwei.

Kleine Abweichungen von den Erhaltungssätzen, die aus der Isospin-Symmetrie folgen, erwarten wir bereits auf Grund der Brechung dieser Symmetrie durch die elektromagnetische Wechselwirkung. Es ist nicht immer leicht, "echte" Brechungen der Isospin-Symmetrie der starken Wechselwirkung von dieser sowieso vorhandenen Brechung zu unterscheiden.

Isospin in der Teilchenphysik

Wir verlassen die Kernphysik und wenden uns der Isospin-Symmetrie und ihrer Brechung in der Physik der Elementarteilchen zu. Zunächst einmal bilden mit Proton und Neutron auch deren Antiteilchen $\overline{p}$ und $\overline{n}$ ein Isospin-Dublett. Denn die Ladungskonjugation C, die Teilchen α und Antiteilchen $\overline{\alpha}$ vertauscht, $C^2 = 1$ und (evt. bis auf einen Phasenfaktor) $|\overline{\alpha}\rangle = C|\alpha\rangle$, ist dadurch definiert, daß sie die Vorzeichen aller erhaltenen Ladungen umkehrt und sonst keine Eigenschaften des Zustands ändert; insbesondere also weder Masse noch Spin. Auch die $\vec{I}$ sind erhaltene Ladungen: Jede der drei I_k kann bei Isospin-Symmetrie gleichberechtigt mit I_3 zur Teilchenklassifikation verwendet werden. Ist also $|\alpha\rangle$ ein Eigenzustand einer Ladung Q zum Eigenwert q, $Q|\alpha\rangle = q|\alpha\rangle$, so $|\overline{\alpha}\rangle$ zu $-q$, $Q|\overline{\alpha}\rangle = -q|\overline{\alpha}\rangle$ und damit $CQC^{-1}C|\overline{\alpha}\rangle = -QC|\overline{\alpha}\rangle$, so daß $CQC^{-1} = -Q$ für alle erhaltenen Ladungen Q, insbesondere auch die $\vec{I}$, $C\vec{I}C^{-1} = -\vec{I}$. Damit gilt aber $C\vec{I}^{\,2}C^{-1} = \vec{I}^{\,2}$, so daß die p und n in der Tat ein Isospindublett mit $T = 1/2$ bilden. Da auch das Vorzeichen von I_3 durch C geändert wird, ist das T_3 des Antiprotons $-1/2$, $I_3|\overline{p}\rangle = -1/2|\overline{p}\rangle$, und das des Antineutrons $1/2$.

Isospin-Symmetrie ist eine Eigenschaft der starken Wechselwirkung. Daher ist es nicht sinnvoll, Teilchen einen Isospin zuzuweisen, die keine starken Wechselwirkungen besitzen – den Leptonen wie Elektron, Müon, Tau und ihren Neutrinos oder dem Photon, dem Z^0 und den $W^{\pm}$. Der Leser sei aber gewarnt: Weiter unten werden wir einen "schwachen Isospin" einführen, der dem Isospin der starken Wechselwirkung in vielem ähnelt – daher der Name –, tatsächlich aber etwas ganz anderes, eine Quantenzahl der elektroschwachen Wechselwirkung, ist.

Schwachen Isospin besitzen alle Teilchen, die an der elektroschwachen Wechselwirkung teilnehmen. Außer den Gluonen sind das alle Teilchen, die wir kennen.

Nur den Hadronen, das sind die Teilchen, die starke Wechselwirkungen besitzen, kann ein Isospin im Sinne Heisenbergs zugeschrieben werden. Das Nukleon $N = (n, p)$ bildet ein Isospindublett ($T = 1/2$), genauso das Antinukleon $\overline{N} = (\overline{n}, \overline{p})$. Teilchen oder Kerne mit Isospin $T = 1$ bilden ein Isotriplett mit $T_3 = -1, 0, 1$. Ein Beispiel aus der Kernphysik ist das Isospintriplett von Zuständen der Atomkerne ^{14}C, ^{14}N, ^{14}O (z.B. Frauenfelder 1979). Ein Triplett von Elementarteilchen mit Isospin $T = 1$ bilden die Austauschteilchen der starken Wechselwirkung, die π-Mesonen π^-, π^0, π^+. Das einfach negativ geladene π^- ist das Antiteilchen des (einfach positiv geladenen) π^+; beide besitzen also dieselbe Masse, 139.57 MeV. Die Masse des elektrisch neutralen π^0 ist mit 134.96 MeV um etwa 3% kleiner. Dieser Massenunterschied besitzt die für Isospinpartner erwartete Größenordnung. Die Spins und die Eigenparitäten der drei π-Mesonen stimmen, wie es für Multiplettpartner sein muß, überein.

Die π-Mesonen sind die leichtesten Hadronen. Dann kommen die K-Mesonen K^0 und K^+, die mit ihren Massen von 497.67 MeV und 493.67 MeV ein Isospindublett bilden; das η dann mit seiner Masse von 548.8 MeV steht allein und bildet ein Isospinsingulett. Näheres zu η- und K-Mesonen folgt weiter unten nach Einführung der Quarks. Spins und Eigenparitäten all dieser "pseudoskalaren" Mesonen sind dieselben.

Welche elektrische Ladung zu einem bestimmten Wert von T_3 gehört, hängt vom Einzelfall ab. Die beobachtete Abhängigkeit folgt aus dem Quarkmodell und wird weiter unten besprochen. Fermi und Yang haben 1949 vorgeschlagen, die π-Mesonen seien gebundene Zustände aus einem Nukleon N und einem Antinukleon $\overline{N}$. Dafür spricht in der Tat einiges. Erstens ist der Isospin T eines gebundenen Zustands aus N und $\overline{N}$ entweder 0 oder 1. Zweitens haben die Kandidaten für die π-Mesonen, die $N\overline{N}$-Zustände mit Isospin 1, die richtigen elektrischen Ladungen, also -1, 0 und 1 für[6] $|\pi^-\rangle \equiv |n\overline{p}\rangle$, $|\pi^0\rangle \equiv (|p\overline{p}\rangle - |n\overline{n}\rangle)/\sqrt{2}$ und $|\pi^+\rangle \equiv |p\overline{n}\rangle$). Der Zustand $(|p\overline{p}\rangle + |n\overline{n}\rangle)/\sqrt{2}$, der auf $|\pi^0\rangle$ senkrecht steht, ist zudem ein Kandidat für das η-Meson, also $|\eta\rangle = (|p\overline{p}\rangle + |n\overline{n}\rangle)/\sqrt{2}$.

Dies Modell, obwohl logisch möglich, ist in der Natur nicht realisiert. Wir erwähnen es, da das Quarkmodell für die π-Mesonen ihm

[6] Das Minuszeichen in dem Ausdruck für das π^0 kann auf den Übergang vom N zum $\overline{N}$ zurückgeführt werden und interessiert hier nicht.

nachgebildet ist – mit Quarks u (up) und d (down) an Stelle der Nukleonen p und n. Das πN-System ist auch insofern ein Modell für fundamentalere Theorien, als Nukleonen mit Nukleonen durch Austausch von π-Mesonen wechselwirken; ganz wie Quarks durch Austausch von Gluonen (und Elektronen durch Austausch von Photonen). Isospinsymmetrie bedeutet für die $\pi N\overline{N}$-Austauschwechselwirkung, daß die vier Kopplungskonstanten für $\pi^0 p\overline{p}$, $\pi^0 n\overline{n}$, $\pi^+ n\overline{p}$ und $\pi^- p\overline{n}$ aus einer einzigen $\pi N\overline{N}$-Kopplungskonstante berechnet werden können – in hervorragender Übereinstimmung mit der Erfahrung.

Daß die Massen von Protonen und Neutronen fast übereinstimmen, ist heute nur ein Test der Isospin-Symmetrie unter vielen; ein Grund dafür, daß Isospin-Symmetrie gelten sollte, ist es nicht. Woher kommt also die experimentell bestens bestätigte Isospin-Symmetrie? Das Quarkmodell gibt eine überraschende und eindeutige Antwort: Die Massen der Quarks u und d sind sehr klein[7] auf der Energieskala der starken Wechselwirkung. Bevor wir hierzu näheres sagen, müssen wir auf das Quarkmodell selbst eingehen.

§3 Von Quarks und anderen Teilchen

Die Eigenschaften der Materie lassen sich im Prinzip auf die von Molekülen und Atomen zurückführen; deren Eigenschaften dann auf die ihrer Bestandteile, Kerne und Elektronen. Kerne bestehen aus Protonen und Neutronen, diese wieder aus Quarks; und so weiter? Bestandteile der Quarks und – ein Seitenzweig – der Elektronen kennen wir bis heute nicht. Aber es fehlt nicht an Versuchen, die auf der Stufe der Elektronen und Quarks beobachteten Phänomene und ihre Gesetze durch die Einführung abermals elementarerer Teilchen zu erklären.

[7] Die Massen, um die es hier geht, sind die Massen der Quarks, die in dem Hamilton-Operator der starken Wechselwirkung vorkommen, die sogenannten "Current-Quark"-Massen. Von ihnen und nicht von den effektiven Massen, die Quarks im Innern der Hadronen besitzen – den "Konstituenten-Quark"-Massen – hängt die starke Wechselwirkung ab. Mehrdeutigkeiten treten bei der Definition der Quark-Massen auf, da Quarks nicht einzeln auftreten. Bei schweren Quarks stimmen beide Massen näherungsweise überein, nicht aber bei leichten: Die Current-Massen der u-, d- und s-Quarks betragen 0.05%, 0.07% und 14% der Proton-Masse; die Konstituenten-Massen dieser Quarks sind 33%, 33% und 54%. Beginnend mit dem charm-Quark (etwa 1,5 Proton-Massen schwer) stimmen beide Massen für schwerere Quarks praktisch überein. Als Faustregel sind die Konstituenten-Massen aller Quarks um etwa 1/3 der Proton-Masse größer als ihre Current-Massen (Cheng 1984).

Bei jedem Schritt von einer Stufe der Abstandsleiter zur nächstniedrigen werden Teilchen gesucht, die Träger der auf der höheren Stufe beobachteten Symmetrien sein können. Das soll in diesem Abschnitt am Beispiel des Schrittes von Teilchen wie Protonen und Neutronen zu den Quarks erläutert werden.

Jede erfolgreiche Einführung von Bestandteilen bedeutet zugleich eine Vereinheitlichung der Naturgesetze für die ursprünglichen Teilchen. Das Standardmodell der Elementarteilchen faßt die Gesetze zusammen, die für Quarks und Leptonen gelten; aus ihm folgen die Gesetze für Protonen, Neutronen und verwandte Teilchen. Die Quark- und Lepton-Symmetrien des Standardmodells bestimmen also die Symmetrien der Gesetze für die zusammengesetzten Hadronen und die Leptonen.

Multipletts und Symmetrien

Ein Beispiel für eine zunächst unverstandene Symmetrie im Bereich der Elementarteilchen bildet die Isospinsymmetrie. Wir wissen, daß die Hadronen in ganzen Isospin-Multipletts auftreten, aus denen die Isospintransformationen nicht herausführen und die zu einem bestimmten Eigenwert $T(T+1)$ von $\vec{I}^{\,2}$ gehören. Mehr noch: Alle Hadronen tragen eine weitere, Seltsamkeit S genannte Quantenzahl, die eine Erhaltungsgröße der starken, nicht aber der schwachen Wechselwirkung ist. Sie definiert eine Symmetrietransformation der starken Wechselwirkungen. Teilchen desselben Isospinmultipletts tragen dasselbe S. Die Bausteine der Alltagsmaterie, Protonen und Neutronen, ihre Austauschteilchen, die π-Mesonen, aber auch die η-Mesonen besitzen die Seltsamkeit Null. Wie andere Hadronen – genauer: alle bis etwa 1974 bekannten Hadronen – in ein I_3- und S-Diagram einzuordnen sind, zeigt Abb. 4.2. Die elektrischen Ladungen Q der einzelnen Mitglieder eines solchen "SU(3)-Multipletts" genügen der Gell-Mann-Nishijima-Formel

$$Q = I_3 + Y/2 \tag{4.6}$$

mit der durch

$$Y = S + B \tag{4.7}$$

definierten Hyperladung Y.

Wie die Mitglieder eines Isospin-Multipletts, sind die eines $SU(3)$-Multipletts entweder ausnahmslos Mesonen (Baryonenzahl $B = 0$), Baryonen ($B = 1$) oder Antibaryonen ($B = -1$); das B der Gl. 4.7

ist also innerhalb eines Multipletts konstant. Auch die Spins aller Mitglieder desselben Isospin- oder $SU(3)$-Multipletts stimmen überein. Die Massen der Teilchen eines Multipletts sind hingegen in beiden Fällen nur nahezu dieselben. Innerhalb der $SU(3)$-Multipletts sind die Massenunterschiede viel größer als in den Isospin-Multipletts: Die $SU(3)$-Symmetrie ist stärker gebrochen als die Isospin-Symmetrie.

Bereits die Einordnung der Hadronen in die regelmäßigen geometrischen Muster der Abb. 4.2 ist ein großer Erfolg. Die Klassifikation verbietet, daß bei Elementarteilchen gewisse Kombinationen von Quantenzahlen auftreten; beispielsweise darf es kein Meson ($B = 0$) mit $|Q| > 1$ geben. Dann muß mit jedem Teilchen sein ganzes Multiplett von Teilchen mit denselben B, j und "nahezu" derselben Masse existieren. Als Gell-Mann und (unabhängig) Ne'eman im Jahr 1961 dieses "achtfacher Weg" genannte Klassifikationsschema der Hadronen vorschlugen, gab es eine spektakuläre Leerstelle in einem ansonsten vollständigen Multiplett: Das Ω^- der Abb. 4.2d fehlte noch. Als Triumpf der Theorie wurde es 1964 nach intensiver Suche entdeckt: Die Wirklichkeit wird folglich durch die Forderung, daß es möglich sein soll, die Hadronen in die Schemata der Abb. 4.2 einzuordnen, korrekt beschrieben.

Anders als eine Liste, die beliebige Posten erlaubt, hat das Klassifikationsschema des achtfachen Weges zahlreiche experimentell überprüfbare Konsequenzen. In seinem Anwendungsbereich ist der Erfolg des Schemas sehr groß. Erst die Entdeckung von Teilchen mit der neuen Quantenzahl Charm C im Jahr 1974 machte eine Erweiterung erforderlich. Berücksichtigt man C, so kommt jedem Hadron ein Platz im dreidimensionalen I_3-Y-C-Raum zu. Teilchen-Multipletts in diesem Raum bestehen aus Lagen von ganzen $SU(3)$-Multipletts in I_3-Y-Ebenen; genau wie diese aus ganzen eindimensionalen Isospin-Multipletts auf I_3-Geraden aufgebaut sind. Ganze dreidimensionale I_3-Y-C-Multipletts bauen selbst wieder vierdimensionale I_3-Y-C-B-Multipletts auf. Hier steht B für den Phantasienamen Bottom einer 1977 entdeckten Quantenzahl.

Daß dies alles so ist, findet im Quarkmodell seine natürliche Erklärung: Mit jeder neuen Quantenzahl kommt ein neuer Quarktyp, mit jedem neuen Quarktyp eine neue Quantenzahl hinzu. Quarks des neuen Typs können in den aus Quarks aufgebauten "alten Hadronen" die Plätze beliebiger "alter Quarks" einnehmen. So entstehen die neuen Hadronen mit ihrer neuen Quantenzahl. Alle bis Oktober 1974 bekannten Teilchen mit starker Wechselwirkung bestehen allein aus u-, d- und s-Quarks und deren Antiquarks.

Experimentell bewiesen ist, daß die fünf Quarktypen d, u, s, c und b existieren. Vier von ihnen können zu zwei Paaren mit den elektrischen Ladungen $(-1/3, 2/3)$ zusammengefaßt werden: (d, u) und (s, c). Das b mit seiner Ladung $-1/3$ steht bisher noch allein. Wenn das Standardmodell der Elementarteilchen korrekt ist, muß auch das b ein Partnerteilchen mit der Ladung $2/3$ besitzen. Dies ist das top-Quark t, dessen Existenz bis heute (Juni 1991) nicht bewiesen werden konnte. Experimente des Jahres 1989 haben gezeigt, daß es keine weiteren Quarktypen gibt.

Im Standardmodell gehören zu den Familien der Quarks (d, u), (s, c) und (b, t) auch die negativ geladenen Leptonen e^-, μ^- und τ^- mit ihren Neutrinos; zu den Multipletts der Antiquarks gehören die positiv geladenen Leptonen und die Antineutrinos. Näheres hierzu folgt weiter unten. Hier sei bemerkt, daß die Materie des Weltalls aus nichts weiter als den d, u und e^- besteht; als Hintergrundstahlung kommen Photonen, Neutrinos und Antineutrinos hinzu. Als 1937 das μ in der Höhenstrahlung entdeckt wurde, hat I. I. Rabbi eine berühmt gewordenen Frage gestellt: Wer hat das bestellt? Noch immer kennen wir keinen Grund dafür, daß nicht nur die Familie der (d, u, e^-, ν_e) und die Familie ihrer Antiteilchen existiert.

Die Beobachtung, daß Hadronen Isospin-Multipletts bilden, konnte so interpretiert werden, daß die starke Wechselwirkung nahezu Isospin-symmetrisch ist. Das Auftreten größerer Multipletts legt genauso die Vermutung nahe, daß die starke Wechselwirkung gebrochene höhere Symmetrien als allein die Isospin-Symmetrie besitzt. Da die Multipletts des achtfachen Weges die Isospin-Multipletts umfassen, müssen zunächst einmal die Isospin-Transformationen zu der Symmetriegruppe des achtfachen Weges gehören. Als ebenfalls erhaltene Quantenzahlen kommen Y, S und die Baryonenzahl B hinzu. Wie den Spin j, brauchen wir B nicht zu betrachten, da B in allen Multipletts konstant ist: B wird durch keine Symmetrietransformation geändert.

Angewendet auf Zustände physikalischer Teilchen, besitzen I_3 und Y scharfe Werte; wir wollen annehmen, daß die beiden Operatoren vertauschen. Sind die Zahlenwerte von I_3 und Y vorgegeben, bleibt eine Entartung übrig: die von π^0 und η bei den Mesonen, die von Σ^0 und Λ bei den Baryonen. Da in beiden Fällen der Gesamtisospin T der I_3- und Y-entarteten Zustände verschieden ist, hebt bereits der Eigenwert $T(T+1)$ von $\vec{I}^{\,2}$ die Entartung auf. Die für das Auftreten der Multipletts verantwortliche Symmetriegruppe muß also – erstens – die

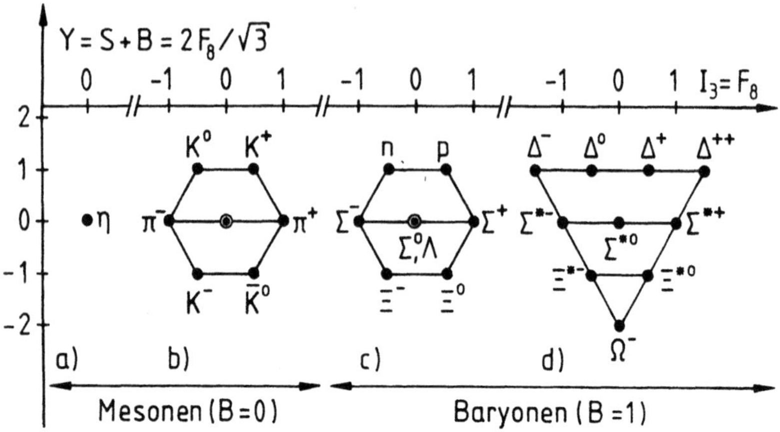

Abb. 4.2 **Die Abbildung ordnet aus *u*-, *d*- und *s*-Quarks und deren Antiquarks aufgebauter Hadronen in Flavor-Multipletts ein. Die Namen der Teilchen haben historische Gründe. Da Y, S und B in jedem Isospinmultiplett feste Werte besitzen, besetzen Teilchen desselben Isospinmultipletts waagerechte Gerade (wie Proton p und Neutron n).**

Isospingruppe als Untergruppe besitzen. Unter ihren Erzeugenden sind dann drei, die mit den Erzeugenden $\vec{I}$ der Isospin-Transformationen identifiziert werden können. Zweitens muß unter den Erzeugenden der Symmetriegruppe ein Operator sein, der die Rolle von Y spielen kann[8]. Dieser Operator muß mit allen drei Operatoren $\vec{I}$ vertauschen (und nicht nur mit I_3; sonst trügen nicht alle Teilchen desselben Isospin-Multipletts dasselbe Y).

Wie die $I_\pm = I_1 \pm iI_2$ die Teilchen eines Isospin-Multipletts mit verschiedenen I_3-Werten in einander überführen, brauchen wir jetzt Operatoren, die analoges für die in den Multipletts des achtfachen Weges vorkommenden Teilchen mit ihren I_3, S leisten. Dies sind die eigentlich neuen, für die Symmetrien der Multipletts charakteristischen Operatoren. Wir fragen also nach einer Gruppe, deren Erzeugende die Teilchenzustände so transformieren, daß ihre Quantenzahlen die Multipletts der Abb. 4.2 bilden. Gell-Mann hat 1961 gezeigt, daß die Gruppe

---

[8] **Wegen $Y = S + B$ unterscheiden sich Y und S in Multipletts mit verschiedener Baryonenzahl um verschiedene additive Konstante. Es stellt sich heraus, daß Y (und damit nicht S) in jedem Multiplett derselbe Operator der Symmetriegruppe entspricht.**

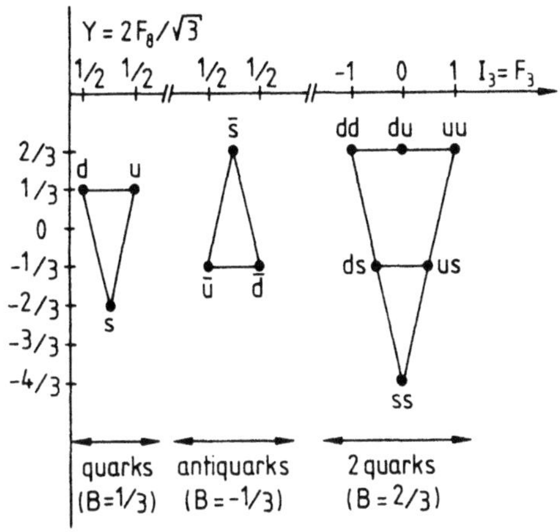

Abb. 4.3 **Wie die Abb. 4.2 beobachtbare Hadronen, ordnen (a+b) die Quarks u, d und s und deren Antiteilchen, die Antiquarks $\bar{u}$, $\bar{d}$ und $\bar{s}$, in Flavor-Multipletts ein. Die Addition von Quark-Quantenzahlen bei dem Zusammensetzen von zwei Quarks veranschaulicht (c). Die Multipletts dieser Abbildung entsprechen einzeln nicht auftretenden Teilchen.**

$SU(3)$ der unitären Matrizen mit Determinante 1 in drei Dimensionen diese Eigenschaft besitzt.

Auf die Mathematik der $SU(3)$ gehen wir nicht im Detail ein. Die Gruppe besitzt acht Erzeugende F_k, $k = 1, \cdots, 8$. Wir stellen uns vor, daß sie von vorne herein fest gewählt wurden. Die Gruppenregeln legen die Kommutatoren der F_k fest. Die Transformationen der $SU(3)$ können als Produkt von acht Faktoren $e^{i\alpha_k F_k}$ geschrieben werden. Die Gruppe besitzt, wie es sein muß, Darstellungen in Räumen mit einer, acht und zehn Dimensionen, die als Zustandsräume der laut Abb. 4.2 klassifizierten Hadronen interpretiert werden können. Die Operatoren F_1, F_2, F_3 besitzen untereinander dieselben Kommutatoren wie die Isospin-Operatoren I_1, I_2, I_3 und können daher als diese interpretiert werden,

$$(I_1, I_2, I_3) = (F_1, F_2, F_3). \tag{4.8a}$$

Wie Y mit I_1, I_2, I_3, vertauscht F_8 mit F_1, F_2, F_3. Es stellt sich heraus, daß die Interpretation von Y als

$$Y = 2F_8/\sqrt{3} \tag{4.8b}$$

die Eigenwerte der Operatoren einander richtig zuordnet. Auf Grund von Eigenschaften der Gruppe $SU(3)$, die wir unterdrücken, ist diese Wahl sogar die einzig mögliche. Daß die hier getroffenen Zuordnungen möglich sein sollten, war ein wichtiges Kriterium bei der Auswahl der Gruppe $SU(3)$ als Kandidatin für die Symmetriegruppe des achtfachen Weges.

Wir wissen also, wie F_1, F_2, F_3 und F_8 zu interpretieren sind. Die anderen Operatoren $F_4, \cdots, F_7$ überführen die Zustände der Teilchen eines Multipletts ineinander. Durch

$$(F_6 + iF_7)|\pi^+\rangle = \sqrt{2}|K^+\rangle$$

illustrieren wir die Wirkungen der F_k auf die Zustände der Teilchen der Abb. 4.2. Analog zu $\vec{I}^{\,2}$ lassen sich aus den F_k der $SU(3)$ Operatoren – die sogenannten Casimir-Operatoren – bilden, deren Eigenwerte ganze Darstellungsräume kennzeichnen.

Weiter unten werden wir der $SU(3)$-Gruppe noch einmal in einem anderen Zusammenhang begegnen. Es hat sich eingebürgert, zur Unterscheidung Symmetrien, die Beziehungen zwischen Teilchen mit verschiedenen Quantenzahlen wie dem Isospin, der Hyperladung oder der elektrischen Ladung betreffen, als Flavor-Symmetrien, zu deutsch Geschmacks-Symmetrien, zu bezeichnen. Die $SU(3)$, von der wir hier sprechen, heißt dementsprechen Flavor-$SU(3)$, kurz $SU(3)_F$. Mit dieser Symmetrie sind zahlreiche weitergehende theoretische Vorstellungen verbunden, die erfolgreich experimentell überprüft werden konnten.

Quarks als Bestandteile und als Träger von Symmetrien

Wegen des überragenden Erfolges der $SU(3)_F$ ist die Frage nach ihrem Ursprung besonders wichtig. Die Symmetrie allein kann keinen Grund dafür liefern, daß von allen Darstellungen der $SU(3)_F$ nur denen der Abb. 4.2 Teilchen-Multipletts entsprechen. Abb. 4.3 zeigt drei weitere Klassifikations-Diagramme und ihre Quantenzahlen, die die $SU(3)_F$ erlaubt, denen aber keine Hadronen zu entsprechen scheinen. Den Grund hierfür und die Antwort auf die weitere Frage, warum die $SU(3)_F$ überhaupt eine Symmetrie-Gruppe der starken Wechselwirkung ist, liefert das Quarkmodell – richtiger: Das Quark-Modell erlaubt es, diese Fragen in einen größeren Zusammenhang zu stellen. Diesem Modell, das den Grundstein für die größten Fortschritte unseres Verständnisses der Elementarteilchen in den letzten zwanzig Jahren geliefert hat, wenden wir uns jetzt zu.

Als Gruppe von 3×3-Matrizen besitzt die $SU(3)_F$ selbstverständlich eine "Selbstdarstellung" in einem dreidimensionalen Zustandsraum. Die vielleicht auffälligste Besonderheit der $SU(3)_F$-Deutung des achtfachen Weges ist, daß der achtfache Weg kein Multiplett von drei einzeln auftretenden physikalischen Teilchen kennt, deren Zustände diesen dreidimensionallen Zustandsraum aufspannen würden. Es gibt sogar zwei wesentlich verschiedene dreidimensionale Darstellungen der $SU(3)$ mit Zuständen, die in die Multipletts der Abb. 4.3a+b einzuordnen sind. Die Mathematik liefert die dort angegebenen Werte von F_3 und F_8.

Die Idee des Quarkmodells ist schlußendlich, Teilchen einzuführen, aus denen die Hadronen der Abb. 4.2 zusammengesetzt gedacht werden können. Die beobachteten Quantenzahlen Q (elektrische Ladung), I_3, Y und B (Baryonenzahl) der Teilchen der Abbildung sollen sich daher durch Addition der Quantenzahlen ihrer Bestandteile ergeben. Um zu erreichen, daß die Gl. 4.6 und Gl. 4.8 für die Teilchen des achtfachen Weges gelten, wollen wir sie bereits für deren (vermutliche) Bestandteile u, d, s und deren Antiteilchen annehmen. Dann bilden die d und u der Abb. 4.3a zusammen ein Isospindublett – genau wie Neutron und Proton oder K^0 und K^+. Das s steht wie das η oder das Λ allein und bildet ein Isospinsingulett. Die Gl. 4.6 und Gl. 4.8 zeigen aber vor allem, daß die Quarks wegen ihrer F_3 und F_8 die in der Abbildung ebenfalls angegebenen drittelzahligen elektrischen Ladungen besitzen. Auch ihre Hyperladungen Y sind drittelzahlig.

Die u, d und s der Abb. 4.3a – die Quarks in Gell-Manns Terminologie; Zweigs Name für sie war Aces, Asse – unterscheiden sich durch die Vorzeichen ihrer F_3, F_8, Q und Y von denen der $\overline{u}$, $\overline{d}$ und $\overline{s}$ in Abb. 4.3b. Es liegt also nahe, die $\overline{u}$, $\overline{d}$ und $\overline{s}$ als Antiteilchen der u, d und s zu interpretieren; das hat die Bezeichnung vorweggenommen. Als Teilchen desselben Multipletts müssen die drei Quarks zudem dieselbe Baryonenzahl B_q besitzen; die Baryonenzahl der Antiquarks ist $-B_q$. Die elektrischen Ladungen $Q(q)$ der Quarks q sind damit $Q(u) = 2/3$, $Q(d) = Q(s) = -1/3$; die Antiquarks tragen die entgegengesetzten Ladungen.

Teilchen, die aus einem Quark und einem Antiquark bestehen, besitzen genau die Quantenzahlen der Mesonen des achtfachen Weges. Das zeigt eine einfache, wenn auch etwas aufwendige Überlegung. Ladung und Strangeness des π^+ stimmen zum Beispiel mit denen von $u\overline{d}$ überein; die des K^+ mit $u\overline{s}$, und so weiter. Die Quantenzahlen von drei Quarks sind zusammen genommen die der $SU(3)_F$-Baryonen. Ein Beispiel bilden elektrische Ladung und Strangeness des Protons, die mit denen von uud übereinstimmen. Damit drei Quarks die Baryonenzahl 1 besitzen, muß einem Quark die Baryonenzahl 1/3 zugeordnet werden. Da der Spin der Baryonen des Oktetts 1/2, der des Dekupletts 3/2 ist, müssen die Quarkspins halbzahlig sein. Ist der Spin der Quarks 1/2, so können drei Quarks nach den Zusammensetzungsregeln für Drehimpulse genau die beobachteten Baryonen-Spins als Gesamtspin besitzen.

Der Spin der Quarks sollte also 1/2 sein. Auf Grund des Pauli-Prinzips ist damit ausgeschlossen, daß sich zwei gleiche Quarks in demselben Zustand, Spineinstellung eingeschlossen, befinden. Das ist, wie wir sogleich sehen werden, ein Problem für das Quark-Modell – ein Problem allerdings, aus dem sich die Quantenchromodynamik und damit einer der größten Triumpfe des Modells entwickelt hat. Das Ω^- besteht aus drei s-Quarks, $|\Omega^-\rangle = |sss\rangle$. Sein Spin ist 3/2; es besitzt also einen Zustand mit $j_z = 3/2$. Befindet es sich in diesem Zustand, so müssen die Spins seiner drei s-Quarks zur z-Achse und damit zu einander parallel sein. Die drei s-Quarks müssen sich also alle in demselben Zustand mit $j_z = 1/2$ befinden. Das aber das verbietet das Pauli-Prinzip.

Farb- oder Colorsymmetrie

Nachdem Gell-Mann das Quark-Modell vorgeschlagen hatte, wurden verschiedene Auswege erörtert. Der radikale Vorschlag Gell-Manns hat sich schließlich als richtig erwiesen. Danach sollen die Quarks Träger einer verborgenen Quantenzahl Color – zu deutsch Farbe – sein. Quarks besitzen nun also Flavor und Color – Geschmack und Farbe – als "innere" Quantenzahlen. Diese Eigenschaften haben mit den anschaulichen Bedeutungen ihrer Benennungen selbstverständlich nichts zu tun. Daß Quarks Farbe besitzen, bedeutet, daß es von jedem Quark u, d und s drei Ausprägungen gibt, die sich durch den Wert der Farbquantenzahl unterscheiden. Statt Zahlen verwendet man zur Bezeichnung ihrer Werte zumeist Farben wie blau (B), gelb (G) und rot (R). Die drei farbigen u-Quarks heißen dann u_B, u_G und u_R; und so weiter. Auf die "Antifarben" der Antiquarks gehen wir weiter unten ein.

Quarks mit verschiedenen Farben können sich in demselben Zustand befinden. Wenn also die drei s-Quarks des Ω^- mit $j_z = 3/2$ verschiedene Farben besitzen, ist das Pauli-Prinzip erfüllt. Die Farbhypothese löst diese und andere Probleme des ursprünglichen Quark-Modells mit dem Pauli-Prinzip. Darüber hinaus liefert sie einen Ansatz zur Lösung der zunächst einmal größten Schwierigkeit des Modells: Drittelzahlige Ladungen sind niemals beobachtet worden.

Auf Grund seiner drei Farben R, B und G kann jedes Quark mit bestimmtem Geschmack – ein u-Quark zum Beispiel – drei Zustände $|R\rangle$, $|B\rangle$ und $|G\rangle$ annehmen. Diese spannen einen dreidimensionalen

Raum auf, den Farb- oder Colorraum des Quarks. Genau wie im von den Zuständen $|u\rangle$, $|d\rangle$ und $|s\rangle$ der Quarks mit bestimmter Farbe aufgespannten Flavor-Raum, können wir im dreidimensionalen Farb-Raum eine Gruppe $SU(3)$ definieren. Sie soll Farb- oder Color-$SU(3)$, kurz $SU(3)_C$, heißen. Die Farb-Hypothese verlangt nun zweierlei. Erstens sollen die starken Wechselwirkungen der Quarks $SU(3)_C$-symmetrisch sein und zweitens so, daß der Raum der realisierbaren Zustände – der "physikalischen" Zustände – nur Singuletts der $SU(3)_C$ enthält.

Das sind zwei Forderungen mit sehr verschiedenen Qualitäten. Die Forderung nach einer bestimmten Symmetrie eines Naturgesetzes bedeutet eine Anleitung zu seiner Herleitung. Im Fall der Farbsymmetrie ist das Ergebnis die Quantenchromodynamik (QCD). Die Forderung, daß nur Farbsinguletts als physikalische Zustände auftreten, ist dann eigentlich eine Frage an die QCD; eine, auf die eine endgültige Antwort bisher nicht gegeben werden konnte.

Wenn nur Farbsinguletts als physikalische Zustände auftreten, sind alle Ladungen wie angekündigt ganzzahlig. Denn die Mathematik der $SU(3)$ zeigt, daß – außer Null Quarks – nur die Kombinationen $q_1\overline{q_2}$, $q_1q_2q_3$, $\overline{q_1q_2q_3}$ und deren Produkte wie $(q_1\overline{q_2})(q_3\overline{q_4})$ oder $(\overline{q_1q_2q_3})(q_4\overline{q_5})$ Farbsinguletts sein können. Der Leser kann sich leicht überlegen, daß genau diese Kombinationen von Quarks ganzzahlige Ladungen tragen. Insbesondere und selbstverständlich bilden einzelne Quarks keine Farbsinguletts, wohl aber die Mesonen und (Anti-) Baryonen des achtfachen Wegs.

Welche der zusätzlich zu den $q_1\overline{q_2}$-Mesonen, $q_1q_2q_3$-Baryonen und $\overline{q_1q_2q_3}$-Antibaryonen des achtfachen Weges möglichen Teilchen tatsächlich auftreten, ist eine Frage an die Dynamik der QCD, über die bisher nichts endgültiges gesagt werden kann. Experimentell gibt es *mehrere Kandidaten* für "exotische" Teilchen; darunter auch Teilchen, die aus Gluonen bestehen oder zusätzlich zu Quarks Gluonen enthalten. Auf die Gluonen gehen wir weiter unten ein. Auch sie tragen Farbe und können "daher" nicht einzeln vorkommen. Die "offizielle" Tabelle der Elementarteilchen Particle Data Group 1990 enthält bei insgesamt 130 Eintragungen[9] kein Teilchen, dessen Existenz gesichert wäre und das als exotisch interpretiert werden müßte.

Wir kehren zur $SU(3)_C$-Symmetrie zurück. Die Transformationen der Symmetriegruppe können wir als Produkte von Transformationen

[9] Ganze Isospinmultipletts wurden als ein Teilchen gezählt.

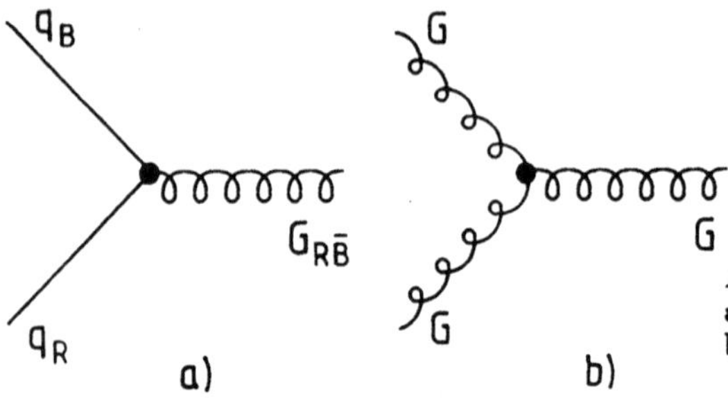

Abb. 4.4 **Gluonen koppeln an Quarks und Gluonen, da beide Farbe tragen.**

$e^{i\alpha_k Q_{Ck}}$ mit $k = 1, \cdots, 8$ und reellen α_k schreiben. Mit Q_{Ck} bezeichnen wir die acht Erzeugenden der $SU(3)_C$, die es genau wie die acht Erzeugenden F_k der $SU(3)_F$ geben muß. Symmetrie gegenüber den Transformationen der $SU(3)_C$ bedeutet, daß der Hamilton-Operator H_C der starken Wechselwirkungen der Quarks mit den acht "Farbladungen" Q_{Ck} vertauscht.

Farbsymmetrie impliziert zunächst einmal, daß Quarks mit demselben Flavor, aber verschiedener Farbe dieselbe Masse besitzen. Trifft das zu, erlaubt die Farbsymmetrie zahlreiche verschiedene Theorien; darunter die vollkommen unphysikalische, daß es überhaupt keine Wechselwirkungen gibt. Im wesentlichen eindeutig wird die Theorie durch die in Kapitel 2, §1 erörterte Forderung nach lokaler, nicht nur globaler Symmetrie festgelegt. Hier bedeutet die Forderung, daß Symmetrie nicht nur gegenüber den globalen Transformationen $e^{i\alpha_k Q_{Ck}}$ mit konstanten Parametern α_k bestehen soll, sondern sogar gegenüber den lokalen Transformationen $e^{i\alpha_k(t,\vec{x})Q_{Ck}}$, deren Parameter $\alpha_k(t,\vec{x})$ Funktionen der Zeit t und des Ortes $\vec{x}$ sind; Parameter also, die zu verschiedenen Zeiten und an verschiedenen Orten verschieden gewählt werden können. Die mathematische Maschinerie läuft dann automatisch ab: Zu jeder der acht unabhängigen Symmetrietransformationen gibt es ein masseloses Austauschteilchen mit Spin 1; die Kopplungen dieser acht "Gluonen" an die Quarks und aneinander wird bis auf einen gemeinsamen Faktor durch die Forderung nach lokaler $SU(3)_C$-Symmetrie eindeutig festgelegt (Abb. 4.4).

Genau wie die Eigenschaft, ein u-, d- oder s-Quark zu sein, durch die Eigenwerte von F_3 und F_8 in Abb. 4.2 beschrieben werden kann, steht "Farbe" im Multiplett der Quarks für Eigenwerte der Farbladungen Q_{C3} und Q_{C8}. Die Vorzeichen dieser Eigenwerte sind bei Quarks und Antiquarks verschieden, so daß den Antiquarks andere "Farben"

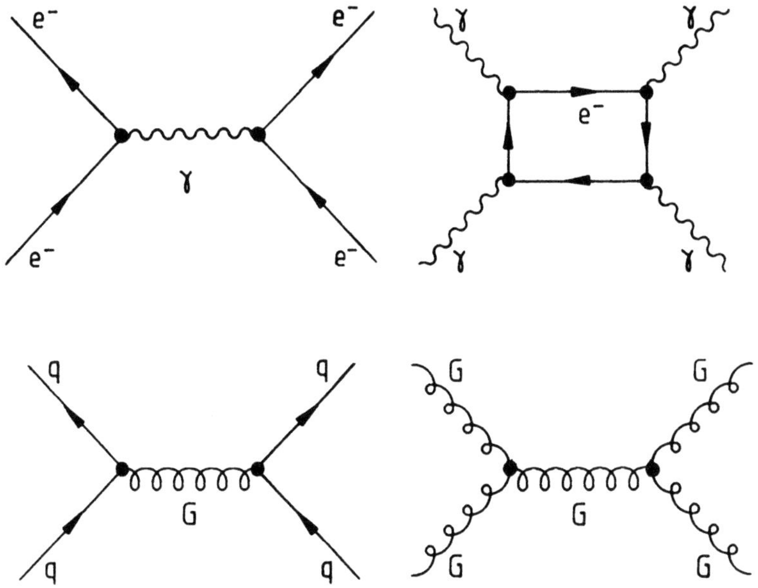

Abb. 4.5 Einige typische Feynman-Graphen der Quantenelektrodynamik und der Quantenchromodynamik.

als den Quarks zugeschrieben werden müssen. Wir wollen die "Antifarben" von R, B und G als $\overline{R}$, $\overline{B}$, und $\overline{G}$ bezeichnen. Abb. 4.4.a zeigt dann, daß auch die Gluonen Farben besitzen. Die Farben der Gluonen können wir durch Kombination einer Quark-Farbe (z.B. B) mit einer Antiquark-Farbe (z.B. $\overline{G}$) kennzeichnen (als $B\overline{G}$). Da insgesamt $3 \cdot 3 = 9$ Kombinationen von Quark- und Antiquark-Farben möglich sind, wird der Leser erwarten, daß es neun und nicht nur acht Gluonen gibt. Doch wie die $q\overline{q}'$-Zustände unter der $SU(3)_F$ in ein Oktett und ein Singulett zerfallen, so auch unter der $SU(3)_C$. Das Singulett kann, ohne die Symmetrie zu verletzen, abgetrennt werden. Daß in der QCD nur acht Gluonen – die des $SU(3)_C$-Oktetts – als Austauschteilchen auftreten, widerspricht der geforderten $SU(3)_C$-Symmetrie also nicht.

Da Gluonen als Teilchen eines Oktetts der $SU(3)_C$ Farben tragen, können sie ohne Vermittlung von Quarks miteinander wechselwirken (Abb. 4.4). Dies begründet einen wichtigen Unterschied der QCD zur Quantenelektrodynamik (QED). Da die Austauschteilchen der QED, die Photonen, keine (elektrische) Ladung tragen, ist die Wechselwirkung von zwei Photonen ein QED-Prozeß höherer Ordnung als die Wechselwirkung von zwei Elektronen (Abb. 4.5). Zwei Gluonen können hingegen über ihre Farbladungen genauso direkt miteinander wechselwirken wie zwei Elektronen über ihre elektrische Ladungen oder zwei Quarks über ihre Farbladungen. Auf zwei Konsequenzen dieses wichtigen Unterschiedes von QED und QCD für die QCD – "asymptotische Freiheit" und "infrarote Sklaverei" – gehen wir ein.

Laufende Kopplungen

Die Kopplung eines Austauschteilchens (Photons oder Gluons) an ein Fermion (Elektron oder Quark) wird durch das $g(Q)$ der Abb. 4.6a beschrieben. Die Energievariable[10] Q steht für $\sqrt{\vec{p}^{\,2} - E^2}$ mit $\vec{p}$ dem Impuls und E der Energie des Photons oder Gluons. Um die Elektron-Photon-Kopplung $g(Q)$ zu messen, können wir die Streuung eines Elektrons an einem Kern mit Kernladung Z untersuchen. Das Feynman-Diagramm der Abb. 4.7 zeigt, wie der Streuprozeß abläuft: Das von dem Elektron emittierte Photon wird von dem Kern absorbiert. Elektron und Kern sind sowohl vor als auch nach dem Prozeß reelle physikalische Teilchen mit ihren wirklichen Massen. Das Photon hingegen tritt nicht in Erscheinung; es ist bei dem Prozeß ein "virtuelles" Teilchen. Für reelle Photonen mit ihrer Masse Null gilt die relativistische Beziehung $E^2 - \vec{p}^{\,2} = 0$ zwischen Impuls und Energie. Nicht aber für virtuelle; deren $Q^2 = -(E^2 - \vec{p}^{\,2})$ kann bei den betrachteten Prozessen beliebige positive Werte annehmen.

Durch den Austausch virtueller Teilchen üben die reellen äußeren Teilchen Kräfte aufeinander aus – wie Spieler, die sich Bälle zuwerfen. Bei sehr niedrigen Energien ($Q \to 0$) muß der Wirkungsquerschnitt der Streuung der Abb. 4.7 in den "klassischen Rutherford-Querschnitt" der Elektrodynamik für die Streuung eines Elektrons mit Ladung $-e$ an dem Kern mit Ladung Ze übergehen. Daraus folgt $|g(0)| = e$. In den Wirkungsquerschnitt der Elektron-Kern-Streuung geht $g(Q)$ genauso ein wie die Ladung des Elektrons in den klassischen Wirkungsquerschnitt. Folglich können wir $g(Q)$ als von Q abhängige "effektive" Ladung des Elektrons auffassen. Das der Emission eines Gluons zugeordnete $g(Q)$ beschreibt genauso die Abhängigkeit der "effektiven" Farbladung von Q.

---

[10] Bitte nicht mit der elektrischen Ladung verwechseln!

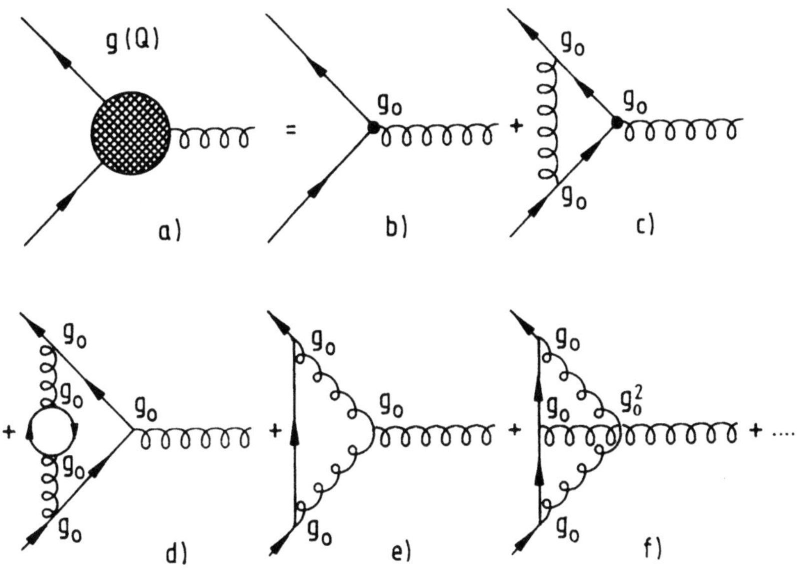

Abb. 4.6 Einige Feynman-Diagramme, die zu dem Vertex in a) beitragen.

Wie das $g(Q)$ der QED ist auch das der QCD meßbar; zumindest im Prinzip. Die $g(Q)$ der Theorien können laut Abb. 4.6 nach Potenzen ihres "nackten" Kopplungsparamters g_0 in Abb. 4.6b entwickelt werden. Ob die sich so ergebenden unendlichen Reihen konvergieren, ist unbekannt. Schlimmer noch: Für jede feste Zahl g_0 kommt bereits für den Beitrag des Summanden der Abb. 4.6c in beiden Theorien unendlich heraus. Zusammen mit unendlich vielen anderen, können diese Divergenzen der QED und QCD durch Renormierung beseitigt werden.

Auf das Verfahren der Renormierung und seine merkwürdigen Konsequenzen gehen wir unten ein. Jetzt wollen wir das $g(Q)$ der QED mit dem der QCD vergleichen. Der Beitrag des Graphen der Abb. 4.6b ist in beiden Theorien bis auf bekannte Faktoren derselbe. In höheren Ordnungen treten hingegen charakteristische Unterschiede auf: Zu den Termen des Typs der Abb. 4.6c+d, die es in der QED und QCD gibt, kommen in der QCD die Terme der Abb. 4.6e+f hinzu. Die Beiträge der ersten zu $g(Q)$ wachsen insgesamt mit Q. In der QED wird die Kopplungsstärke $g(Q)$ also mit wachsendem Q größer. Das Verhalten des $g(Q)$ der QCD hängt davon ab, wie viele Quark-Farben und Quark-

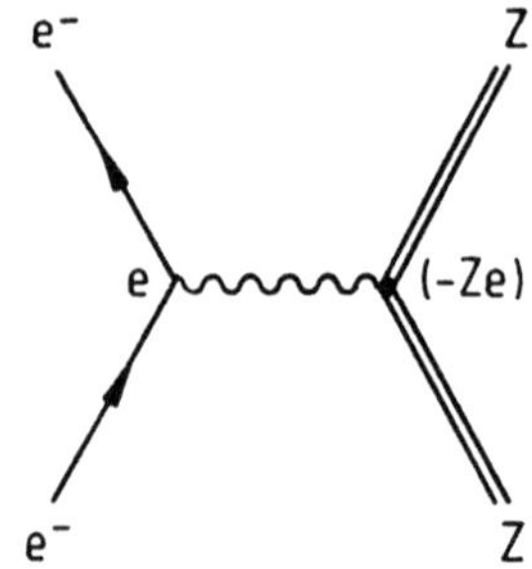

Abb. 4.7 **Feynman-Diagramm für die Streuung eines Elektrons an einem Kern mit der Ladung $-Z \cdot e$.**

Flavors es gibt. Das Ergebnis faßt die theoretische Formel

$$\alpha(Q) = \frac{\alpha(\mu)}{[1 + (b/4\pi)\alpha(\mu)\ln(Q^2/\mu^2)]}, \tag{4.9}$$

für $\alpha(Q) \equiv g^2(Q)/4\pi$ zusammen. Hier ist μ ein Parameter mit der Dimension Energie; auf ihn gehen wir weiter unten ein. Das b der Formel legt die Theorie fest; davon sogleich.

Gl. 4.9 wird für so große Q bewiesen, daß $\alpha(Q)$ klein gegenüber 1 ist. Für welche Q das so ist, sagt die Herleitung nicht. Diese Frage muß experimentell entschieden werden (durch Bestimmung von Λ_{QCD}, wie unten beschrieben).

Für die QED mit Elektronen und Positronen als einzigen geladenen Teilchen ist $b = -2/3$, so daß auch nach Auskunft von Gl. 4.9 das $g(Q)$ der QED mit Q wächst. Das b einer QCD mit N Quark-Farben und n_f Quark-Flavors ist $b = (11 \cdot N - 2 \cdot n_f)/3$. Für $N = 3$ nimmt $g(Q)$ also bei 16 oder weniger Quark-Flavors mit Q ab. Folglich wird in der wirklichen Welt mit $n_f = 6$ die starke Wechselwirkung mit zunehmender Energie schwächer.

Wir halten fest, daß die (effektive) elektrische Ladung mit der Energie wächst, die (effektive) Farbladung hingegen abnimmt. Nach der Unschärferelation wird die elektrische Ladung eines Elektrons also bei Annäherung größer; die Farbladung eines Quarks aber kleiner. Umgekehrt wächst die Farbladung mit dem Abstand; die elektrische Ladung nimmt ab. Durch Gl. 4.9 kann all dies selbstverständlich nur so lange begründet werden, wie $\alpha(Q)$ klein verglichen mit 1 bleibt; das elektromagnetische $\alpha(Q)$ ist für alle betrachteten Q sowieso klein. Allgemein wird angenommen, daß die Trends durch Gl. 4.9 für beliebige Q korrekt beschrieben werden.

In einer anschaulichen Sprache ist die Ursache dieser Effekte die Polarisation des Vakuums. Für Details verweisen wir auf die Literatur. Hier nur soviel: Jede Ladung, elektrische Ladung oder Farbladung, ist von einer Wolke geladener virtueller Teilchen umgeben, deren Ladungen sich insgesamt, aber nicht lokal, kompensieren. Die Ladungswolke, die eine elektrische Ladung umgibt, besteht aus virtuellen Elektron-Positron-Paaren; die Wolke um eine Farbladung aus virtuellen Quark-Antiquark-Paaren und virtuellen Gluonen. Elektronen und Positronen sowie Quarks und Antiquarks schirmen die Ladung ab, so daß sie in großer Entfernung geringer zu sein scheint als in kleiner. Dies ist wie bei einer Ladung, die in ein Dielektrikum eingebracht wurde, das sie polarisiert: Die virtuellen Elektron-Positron-Paare und Quark-Antiquark-Paare machen das Vakuum zu einem polarisierbaren "gewöhnlichem" Dielektrikum. Anders die virtuellen Gluonen: Sie verstärken die Wirkung der eingebrachten Farbladung. Zur Vereinfachung von Rechnungen werden manchmal Theorien betrachtet, die zwar geladene Gluonen (also $N \geq 2$), aber keine Quarks enthalten. Ihr $\alpha(Q)$ nimmt nach dem hier gesagten mit der Entfernung zu, da dann mehr virtuelle Gluonen zwischen der Ladungsquelle und dem Beobachter die Ladung verstärken. Fermionen-Paare, die dem Trend entgegenwirken würden, gibt es in der angenommenen Theorie nicht. Gl. 4.9 sagt dasselbe: Mit abnehmendem Q wird in einer Theorie ohne Fermionen $\alpha(Q)$ größer. Bei Annäherung an die Ladung – wachsendem Q – gilt abermals und selbstverständlich das Umgekehrte.

Welcher Effekt in der QCD mit ihren acht Gluonen überwiegt, hängt von der Zahl der verschiedenen Quarks ab. Das wurde für die Beiträge der Diagramme in Abb. 4.6 zu $\alpha(Q)$ bereits festgestellt. Die QCD der wirklichen Welt ist "asymptotisch frei": Die Kräfte zwischen Quarks und Gluonen werden mit wachsender Energie, das ist abnehmender Abstand, geringer. Mit abnehmender Energie – wachsendem Abstand – nehmen die Kräfte hingegen zu. Deshalb können nach Ansicht der Experten Quarks nicht vereinzelt werden; sie befinden sich in "infraroter Sklaverei". Dasselbe gilt von den Gluonen innerhalb der Hadronen. Obwohl Beweise noch fehlen, versichern die Experten, daß Confinement – Einschließung – von Farbladungen ein allgemein gültiges Phänomen sei. Confinement bedeutet, daß nur Farbsinguletts als physikalische Zustände auftreten. In ihnen sättigen sich die mit dem Abstand wachsenden Farbladungen so ab, daß zwischen Hadronen nur ein schwacher Abglanz der "eigentlichen" Farbkräfte wirkt. Die Details des

Mechanismus, durch den aus Farbkräften zwischen Quarks und Gluonen die beobachteten starken Wechselwirkungen zwischen Hadronen werden, sind unbekannt.

Die Feinstrukturkonstante $\alpha = (e^2/4\pi)$ ist das $\alpha(Q)$ der elektromagnetischen Wechselwirkung aus Gl. 4.9 bei $Q = 0$, also $\alpha = \alpha(0)$. Mit $\alpha_s(Q)$ wollen wir die laufende Kopplung der QCD bezeichnen, verstehen unter $\alpha_s(Q)$ also das $\alpha(Q)$ der Gl. 4.9 für $N = 3$ und n_f zwischen drei (nur u-, d- und s-Quarks) und sechs (u, d, s, c, b und t). Welches n_f zu verwenden ist, hängt davon ab, welche Quark-Antiquark-Paare bei den jeweiligen Energien vorkommen können.

Gl. 4.9 impliziert vor allem, daß $\alpha_s(Q)$ für "große" Werte von Q klein verglichen mit 1 ist. Dann verhalten sich die Quarks und Gluonen innerhalb der Hadronen nahezu wie freie Teilchen. Wir wollen ein Experiment beschreiben, das genau dies zeigt: Schießt man Elektronen auf Protonen, so werden die Elektronen unter geeigneten Bedingungen nahezu so abgelenkt, als streuten sie an freien Teilchen – Stoßzentren – innerhalb der Protonen. Insofern ist das Experiment eine Wiederholung des historischen Experiments von Geiger und Marsden im Jahr 1909, auf dem als Grundlage Rutherford im Jahr 1911 die Existenz von Atomkernen – Stoßzentren in einer Goldfolie – bewiesen hat. Freilich – Gl. 4.9 sagt, daß $\alpha_s(Q)$ mit wachsendem Q nur logarithmisch, also sehr langsam abnimmt. Genau wie freie Teilchen werden sich die Quarks und Gluonen also erst für sehr, sehr große Q verhalten. Auch das wird beobachtet. Hiervon weiter unten.

Bei dem Experiment werden Elektronen mit Energien von mehreren GeV auf Protonen geschossen. Am Ende nachgewiesen wird das gestreute Elektron; sonst nichts (Abb. 4.8a). Die stärkste Wechselwirkung von Elektronen bei den Energien des Experiments ist die elektromagnetische durch Emission eines Photons (Abb. 4.8b). Abb. 4.8c zeigt, wie die Streuung abläuft: Das Photon wird von einem Quark innerhalb des Protons absorbiert. Die Bedingungen des Experimentes sollen so sein, daß das Quark einen "harten" Stoß erfährt, also viel von der Energie des Elektrons aufnimmt. Das ist garantiert, wenn das Elektron um einen "großen" Winkel abgelenkt wird und/oder bei dem Prozeß "viel" Energie verliert.

Unter diesen Bedingungen sollte der Prozeß so verlaufen, als seien die Quarks im Proton freie Teilchen. Der Wirkungsquerschnitt der Elektron-Quark-Streuung kann dann auf die Kopplungen der Quarks mit ihren Ladungen $-1/3$ oder $2/3$ an ein Photon zurückgeführt und

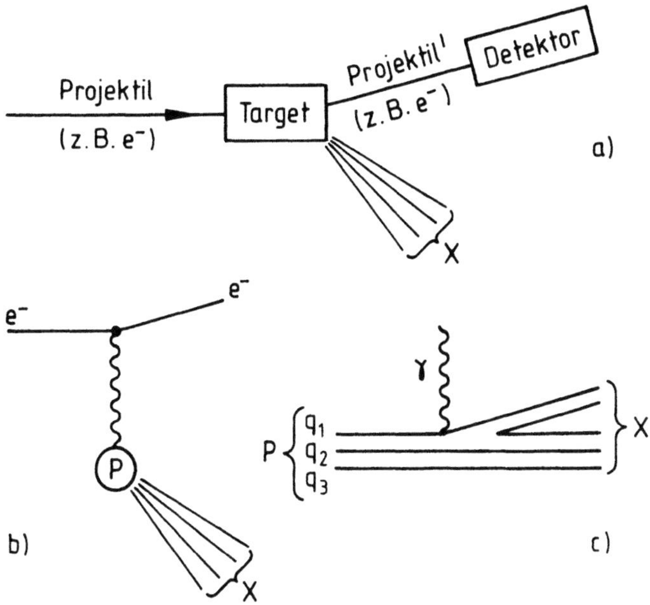

Abb. 4.8 Die Abbildung zeigt in a) das Schema der experimentellen Anordnung zur "inklusiven" Streuung von Projektilteilchen (Elektronen zum Beispiel) an Hadronen (Protonen) und in b) und c) die zugehörigen Diagramme. Bei inklusiven Streuprozessen werden nicht alle Teilchen im Endzustand beobachtet; hier nur das gestreute Elektron.

damit berechnet werden. Nach dem Stoß bewegt sich das gestoßene Quark im Labor, in dem das ursprüngliche Proton ruht, sehr schnell verglichen mit den anderen Quarks des Protons. Da es nicht entkommen kann – sonst würden drittelzahlige Ladungen freigesetzt –, muß nun der Confinement-Mechanismus beginnen: Das Quark wird langsamer, seine Wechselwirkungen werden stärker, ein Schlauch virtueller Gluonen und Quarks bildet sich aus. Welche Hadronen schließlich produziert werden, können wir nicht wissen. Da aber nur die Ablenkung – Energieverlust und Ablenkungswinkel – des Elektrons beobachtet wird, summiert das Experiment über alle möglichen Endzustände des Protons. Das können wir in unseren Formeln auch tun. Daher kann der Wirkungsquerschnitt für die "tiefinelastische" Streuung eines Elektrons an Protonen unter der Voraussetzung aus den bekannten Wirkungsquerschnitten der Quarks berechnet werden, daß der Aufbau des Protons bekannt ist. Umgekehrt erlauben die Ergebnisse der tiefinelastischen Streuexperimente Rückschlüsse auf den Aufbau des Protons.

Hier geht es nicht nur um die schematische Aussage, daß ein Proton aus zwei u- und einem d-Quark besteht, sondern auch um den Bruchteil des Impulses des Protons, den seine einzelnen Konstituenten tragen. So gibt es im Proton zusätzlich zu den Quarks Gluonen und deren Impulsanteil – etwa 50% – wurde durch Experimente wie dieses bestimmt. Insgesamt haben sich die hier beschriebenen Vorstellungen bestens bewährt. Uns interessiert vor allem, daß die tiefinelastischen Streuexperimente Aufschluß über die Rolle der Skalensymmetrie (Kapitel 5, §1) in der Physik der Elementarteilchen geben.

Skalensymmetrische Streuprozesse

Wenn, verglichen mit ihren Massen, alle an einem Elementarteilchenprozeß beteiligten Teilchen große kinetische Energien besitzen[11], sollten experimentelle Resultate von den Massen der Teilchen unabhängig sein. Wir können dann annehmen, daß die Massen verschwinden. Sind für den betrachteten Prozess auch keine anderen Größen mit der Dimension einer Masse wichtig, können dimensionslose Observable von den einzelnen (großen) Energien nur über deren Verhältnisse abhängen. Dies ist die Hypothese der Skalensymmetrie in der Physik der Elementarteilchen.

Bei der tiefinelastischen Elektron-Proton-Streuung werden, wie gesagt, Elektronen mit großer Geschwindigkeit auf ruhende Protonen geschossen. Der physikalisch allein interessierende Teilprozeß in Abb. 4.8c wird durch zwei dimensionslose Funktionen $F_1(Q^2, \nu)$ und $F_2(Q^2, \nu)$ beschrieben. Analog zu Abb. 4.7a steht $-Q^2$ hier für die Masse des virtuellen Photons, also $Q^2 = \vec{p}^{\,2} - E^2$ mit $\vec{p}$ dem Impuls und E der Energie des Photons. Anders aber als in Abb. 4.7a ist hier auch die Masse m_X des Endzustands variabel und unbekannt. Es ist üblich, als unabhängige Variable der tiefinelastischen Streuung nicht Q^2 und m_X^2, sondern Q^2 und $\nu \equiv (M_X^2 + Q^2 - m_p^2)/2$, wobei m_p die Protonmasse ist, zu verwenden. Für große M_X^2 und Q^2 kann ν näherungsweise

---

[11] Wir können Massen m mit Energien E und Impulsen p vergleichen, da die Umrechnungsfaktoren als Potenzen der Lichtgeschwindigkeit c feste Zahlen sind (in den hier verwendeten Maßeinheiten gilt sogar $c = 1$). Zusammenfassend sagt man, daß Massen, Energien und Impulse die Dimension einer Masse besitzen. Die Verhältnisse m/E, m/p (und $(m/E)/(m/p) = p/E$) heißen, obwohl sie Potenzen von c sind, dimensionslos: Ihre Zahlenwerte sind von der für Massen gewählten Maßeinheit unabhängig.

als $\nu = (M_X^2 + Q^2)/2$ geschrieben werden[12]. Werden nur Energieverlust und Ablenkungswinkel des Elektrons beobachtet, so können alle Abhängigkeiten außer den in den $F(Q^2, \nu)$ enthaltenen explizit berechnet werden.

Als Größen, von denen die F abhängen, werden nur diejenigen genannt, die im Experiment tatsächlich geändert werden können (die Masse des Protons beispielweise nicht). Wenn wir die Einheiten ändern, bleiben die F als dimensionslose Größen ungeändert, während Q^2 und ν in den neuen Einheiten neue Zahlenwerte besitzen. Damit die (Zahlenwerte der dimensionslosen) F ungeändert bleiben, können sie entweder nur von dem Verhältnis $x = Q^2/2\nu$ abhängen, oder die (unbekannten) Formeln für sie enthalten weitere dimensionsbehaftete Parameter (wie m_p).

Zur Vereinfachung der Diskussion wollen wir annehmen, m_p sei die einzige Konstante mit der Dimension einer Masse, die in die (endgültigen theoretischen, heute noch unbekannten) Formeln für die $F(Q^2, \nu)$ eingeht. Da die F dimensionslos sind, können sie in dem Fall nur von den dimensionslosen Verhältnissen x und m_p^2/Q^2 der drei Größen Q^2, m_p^2 und ν abhängen. Denn alle dimensionslosen Ausdrücke, die sich aus Q^2, m_p und ν bilden lassen, sind Funktionen dieser beiden. Sind Q^2 und ν groß verglichen mit m_p^2, so erwarten wir, daß simultane Variationen von Q^2 und ν bei konstantem x die Funktionen F (nahezu) ungeändert läßt. Denn die andere Variable m_p^2/Q^2, von der F abhängt ist dann, da nahezu Null, von Q^2 nahezu unabhängig.

Diese Betrachtung ist kein Beweis, daß bei dem Grenzübergang $Q^2 \to \infty, \nu \to \infty$ bei festem x aus den $F(Q^2, \nu)$ endliche, von Null verschiedene Funktionen $F(x)$ entstehen; sie formuliert schlußendlich nur die Hypothese der Skalensymmetrie neu. Bei dem Grenzübergang für alle x divergierende oder verschwindende $F(Q^2, \nu)$ wären nicht skalensymmetrisch, da sie zu einer mit m_p^2/Q^2 divergierenden oder verschwindenden Funktion proportional wären, also sicher nicht von m_p nahezu unabhängig.

Die Hypothese, daß in der tiefinelastischen Streuung Skalensymmetrie wie beschrieben gelten solle, wurde 1969 von Bjorken aufgestellt.

[12] Sind Energie E des einlaufenden Elektrons (des Projektils der Abb. 4.8a), Energie E' des auslaufenden Elektrons und der Winkel ϕ zwischen beiden bekannt, so können Q^2 und ν berechnet werden. Es ergibt sich $\nu = (E - E')/m_p$ und $Q^2 = 4E \cdot E' \sin^2(\phi/2)$. Die letzte Gleichung zeigt, daß Q^2 nicht negativ ist.

Seine Argumente für das später nach ihm benannte "Skaling" benutzten ein spezielles Bezugssystem – das "infinite momemtum frame", in dem das Proton, anders als im Labor, eine sehr große Geschwindigkeit besitzt. In diesem Bezugssystem ist, wie Bjorken zeigen konnte, Skalensymmetrie eine plausible Hypothese. Da Q^2 und ν beim Wechsel des Bezugssystems ungeändert bleiben, sollte Skaling dann auch im Laborsystem gelten.

Skalensymmetrie in der tiefinelastischen Streuung bedeutet insgesamt also, daß die dimensionslosen Observablen $F(Q^2, \nu)$ bei "großen" Werten von Q^2 und ν nur von dem Verhältnis x abhängen. Sei ein Experiment mit gewissen großen Q^2 und ν vorgegeben. Sein – in der Sprache von Kapitel 2, §2 – "veränderter Nachbau" ist dasselbe Experiment mit um einen Faktor a geänderten Werten von Q^2 und ν , also aQ^2 und $a\nu$ mit a positiv und so, daß mit Q^2 und ν auch aQ^2 und $a\nu$ "groß" sind. Skaling bedeutet, daß allein durch Messung der F die beiden Systeme nicht unterschieden werden können: Da das x des ursprünglichen Systems mit dem seines veränderten Nachbaus übereinstimmt, ergibt die Messung dasselbe $F(x) = F(Q^2, \nu)$. Wichtig ist, daß Symmetrie gegenüber einer Transformation besteht, die nur Größen verändert, die tatsächlich geändert werden können. Hier sind dies Q^2 und ν , nicht aber die Masse m_p des Protons. Änderungen der Maßeinheiten ändern hingegen den Zahlenwert von m_p und aller anderer Größen mit derselben Dimension. Daß hierbei dimensionslose Größen ungeändert bleiben, ist trivial; Symmetrie hingegen – geänderte Nachbauten können von ihren Urbildern durch Experimente nicht unterschieden werden – ist es nicht.

Experimentell gilt die Skaling-Hypothese für $Q \equiv \sqrt{Q^2}$ zwischen 2 und 20 GeV mit großer Genauigkeit. Die Bestätigung der Voraussage, daß die einzelnen Meßkurven für $F(Q^2, \nu)$ als erstens Funktion von Q^2 für festes ν und zweitens als Funktion von ν für festes Q^2 eine "einzige Kurve" $F(x)$ ergeben, bedeutete ab 1972 einen, damals überraschenden, Triumpf der Theorie Bjorkens. Die QCD, durch die wir das Auftreten von Bjorken-Skaling heute verstehen, hat auch wichtige Korrekturen zur Skalensymmetrie geliefert.

Skalensymmetrie und Renormierung

Die leichtesten nur aus u- und d-Quarks aufgebauten Teilchen sind die drei π-Mesonen, die ρ- und ω-Mesonen sowie die Nukleonen Proton und Neutron mit ihren Massen von (etwa) 0.14 GeV (die π), 0.775 GeV (ρ und ω) und 0.94 GeV (Proton und Neutron). Die π-Mesonen spielen als "Goldstone-Bosonen der gebrochenen chiralen Symmetrie" (davon später) eine Sonderrolle. Sieht man von ihnen ab, beträgt die Massenskala der starken Wechselwirkung ungefähr 1 GeV, eine Proton-Masse. Auf dieser Skala sind die "leichten" Massen der u- und d-Quarks[13] nahezu Null. Daher sind diese Massen der Quarks für die Massenskala ihrer starken Wechselwirkungen (und ihrer Konstituenten-Massen) wahrscheinlich nicht verantwortlich. Es ist hingegen verlockend, die Kleinheit der Quark-Massen als Hinweis darauf zu deuten, daß diese für die starken Wechselwirkungen irrelevant sind und "gleich Null gesetzt" werden können. Das genau tut die QCD, das Standardmodell der starken Wechselwirkungen der Quarks und Gluonen.

Auf den ersten Blick enthält die QCD für Quarks der Masse Null keinen Massenparameter. Denn g_0, die einzige Größe, von der die Lagrange-Funktion der QCD für masselose Quarks abhängt, ist dimensionslos. Wie also kann die QCD die Massenskala der starken Wechselwirkung generieren? Und woher kommt die Masse μ in Gl. 4.9 für α, die es ermöglicht, daß das dimensionslose α_s über Q/μ von Q mit seiner Dimension Masse abhängt?

Die Antworten auf diese Fragen sind tief im Formalismus der Quantenfeldtheorie verborgen. Wir müssen uns mit Bemerkungen und den Analogien der Kästen 4-3 und 4-4 begnügen. Schlußendlich kann ein dimensionsbehafteter Parameter μ nur deshalb auftreten, weil bei der Berechnung von $\alpha_s(Q)$ gemäß Abb. 4.6 für beliebige, aber feste g_0 unendlich herauskommt. Die Divergenz wird, wie erwähnt, durch Renormierung beseitigt.

Der Beitrag der Abb. 4.6c zu $g(Q)$ ist zu einem divergenten Integral über die Energie des "inneren" Gluon-Quark-Umlaufes der Abbildung proportional. Da diese Energie sowohl beliebig groß als auch beliebig klein sein kann, erstreckt sich das Integral über die Energie von Null bis Unendlich. Es divergiert sowohl an der unteren, als auch an der oberen Grenze; wir wollen uns weiterhin nur mit der "ultravioletten" Divergenz an der Obergrenze beschäftigen. Sie beseitigen wir durch Einführung einer Obergrenze L, bis zu der wir integrieren. Das bei endlichem L endliche Integral hängt außer von L auch von Q ab. Wir nennen es $I(Q, L)$.

Die Idee des Renormierungsverfahrens ist, das unbeobachtbare g_0 von L so abhängen zu lassen, daß bei dem Grenzübergang $L \to \infty$ eine

[13] Auch die Masse des s-Quarks ist klein verglichen mit der Masse des Protons.

Kasten 4.3: Renormierungsgruppe und Dimensionsanalyse I

Die einfachsten Renormierungsgruppengleichungen drücken aus, daß die Maßeinheiten beliebig gewählt werden können. Sei $\alpha(x,t,v)$ zum Beispiel eine dimensionslose Funktion von x, t und v mit den Dimensionen cm, s, cm/s, *und enthalte α ansonsten nur dimensionslose Größen wie π oder* $\ln 2$. *Bei der Änderung der Maßeinheit für Abstände um den Faktor a bleiben die Zahlenwerte von α und t ungeändert; die von x und v werden mit a^{-1} multipliziert. In Formeln*

$$\frac{d}{da}\alpha(\frac{x}{a},t,\frac{v}{a}) = \frac{-1}{a^2}\left\{x\frac{\partial}{\partial(x/a)} + v\frac{\partial}{\partial(v/a)}\right\}\alpha(\frac{x}{a},t,\frac{v}{a}) = 0.$$

Genauso folgt daraus, daß α und x bei einer Änderung der Maßeinheit für die Zeit um den Faktor b ungeändert bleiben, während t und v mit den Faktoren b^{-1} und b multipliziert werden,

$$\frac{d}{db}\alpha(x,\frac{t}{b},bv) = \left\{\frac{-t}{b^2}\frac{\partial}{\partial(t/b)} + v\frac{\partial}{\partial(bv)}\right\}\alpha(x,\frac{t}{b},bv) = 0.$$

Durch die Wahl $a = b = 1$ folgen die Renormierungsgruppengleichungen

$$\left\{x\frac{\partial}{\partial x} + v\frac{\partial}{\partial v}\right\}\alpha(x,t,v) = 0 \qquad \textit{und} \qquad \left\{v\frac{\partial}{\partial v} - t\frac{\partial}{\partial t}\right\}\alpha(x,t,v) = 0$$

für das dimensionslose α. Sie implizieren, daß α nur von $v \cdot t/x$ abhängt, $\alpha(x,t,v) = \alpha(v \cdot t/x)$. Die Transformationen "Änderungen von Maßeinheiten um Faktoren" bilden Gruppen im mathematischen Sinn. Sie heißen Renormierungsgruppen. – Die Renormierungsgruppengleichungen, die ausdrücken, daß die Einheiten beliebig gewählt werden können, gelten genau dann, wenn alle dimensionsbehafteten Größen, von denen die betrachtete Funktion abhängt, bekannt sind und in die Analyse einbezogen werden. Sie leisten dasselbe wie die Dimensionsanalyse. Eine dimensionslose Funktion $\alpha(v)$, in der v als einzige dimensionsbehaftete Größe vorkommt, ist wegen $\alpha(v/a) = \alpha(v)$ notwendig konstant. Stellt sich (z.B. experimentell) heraus, daß ein

dimensionsloses $\alpha(v)$ tatsächlich nicht konstant ist, enthält $\alpha(v)$ zusätzlich zu v eine Größe mit derselben Dimension: Die Voraussetzung *der Dimensionsanalyse, daß alle relevante Größen einbezogen wurden, ist dann nicht erfüllt. So kann es sein, daß es eine Naturkonstante c mit derselben Dimension wie v gibt, die α zudem enthält, $\alpha = \alpha(v, c) = \alpha(v/c)$.*
(Anders als bei Fragen der Skalensymmetrie, sind dimensionsbehaftete Naturkonstanten bei der Dimensionsanalyse als Variable anzusehen, da ihre Zahlenwerte von den Einheiten abhängen.) Tatsächlich und als Ergebnis eines Experimentes gelte zum Beispiel $\alpha(v) = \alpha(v, c) = [1 - \sqrt{1 - (v/c)^2}]$. Berücksichtigt man nur v, besitzt α eine "anomale Dimension", die von v abhängt; für kleine v ist sie zwei (wobei die Dimension von v als eins angenommen wurde). Die tatsächliche Dimension von $\alpha(v, c)$ ist für alle v dieselbe, nämlich Null. - Kasten 4.4 erläutert das Verfahren der Renormierung, das es ermöglicht, daß das dimensionslose $\alpha_s(Q)$ des Textes von seiner Variablen Q mit der Dimension einer Energie echt abhängt, durch ein Beispiel der Elektrostatik: des unendlich langen und unendlich dünnen Ladungsfaden (Greenberger 1978). Wir wollen das Problem vorerst als Paradox formulieren: Dimensionsanalyse ergibt, daß das elektrische Feld des Ladungsfaden Null ist. Denn das elektrostatische Potential ϕ besitzt dieselbe Dimension Ladung/Länge *wie* die einzige dimensionsbehaftete Größe des Problems, *die Ladungsstreckendichte λ, so daß ϕ/λ dimensionslos und damit konstant - ortsunabhängig - ist. Folglich verschwindet das elektrische Feld $\vec{E} = -\vec{\nabla}\phi$ - ein offensichtlich falsches Resultat.*

---

endliche Funktion $g(Q)$ herauskommt. Nun kann g_0 als dimensionslose Größe von L nur über eine dimensionslose Zahl abhängen. Wir schreiben $L = a \cdot L_0$ mit L_0 einem festen Massenparameter und führen den Grenzübergang $L \to \infty$ als $a \to \infty$ bei festem L_0 durch. Mit $g_0 = g_0(a)$ schreiben wir den Beitrag der Abb. 4.6c zu $g(Q)$ als[14] $g_0(a)^3 I(aL_0, Q)$.

Bei "renormierbaren" Theorien ist es es nun in der Tat möglich, g_0 und und einige andere unbeobachtbare Parameter so von a abhängen zu lassen, daß die beobachtbaren Größen bei $a \to \infty$ endlich bleiben. Den Massenparameter L_0 konnten wir frei wählen. Die Konsequenzen

[14] Als dimensionslose Größe ist $I(L, Q)$ nur eine Funktion von Q/L.

Kasten 4.4: Renormierungsgruppe und Dimensionsanalyse II

Die Ladungsstreckendichte λ eines unendlich langen Ladungsfaden (Kasten 4.3) bestimmt dessen elektrostatisches Potential ϕ bis auf eine additive Konstante. Die Konstante, und damit das Potential, kann durch die Angabe der Entfernung x_0 vom Faden festgelegt werden, in der das Potential verschwindet. Ob so oder anders festgelegt – auf jeden Fall hängt ϕ von einer Konstante mit der Dimension einer Länge ab. Unsere Festsetzung ergibt $\phi = \phi(x, x_0)$, wobei $\phi(x_0, x_0) = 0$ ist, und durch Dimensionsanalyse folgt $\phi(x, x_0) = \phi(x/x_0)$. Wir wissen, daß die Potentialdifferenz $D(x_0, x_1, x_2) \equiv \phi(x_1, x_0) - \phi(x_2, x_0) = \phi(x_1/x_0) - \phi(x_2/x_0)$ nicht von x_0 abhängt, $[\partial/(\partial x_0)]D(x_0, x_1, x_2) = 0$. Durch die Kettenregel erhalten wir die Renormierungsgruppengleichung für ϕ,

$$\xi \cdot (\partial/\partial\xi)\phi(\xi) = \lambda \cdot c,$$

wobei c eine Konstante ist, die durch Dimensionsanalyse nicht festgelegt werden kann. Zusammen mit der Bedingung $\phi(1) = \phi(x_0, x_0) = 0$ bestimmt die Differentialgleichung ihre Lösung $\phi(x/x_0) = \lambda \cdot c \cdot \ln(x/x_0)$ eindeutig. – Das Potential ϕ des Ladungsfaden divergiert daher sowohl für $x \to 0$, als auch für $x \to \infty$, so daß ϕ weder durch seinen Wert bei $x = 0$, noch bei $x = \infty$ festgelegt werden kann. Da nur diese beiden x bei einer Skalentransformation $x \to x' = a \cdot x$ ungeändert bleiben, gibt es keine skalensymmetrische Wahl des Abstandes x_0, in dem das Potential verschwindet. Das ist bei den Potentialen des Ladungsblattes und der Punktladung anders – ihre Potentiale können so gewählt werden, daß sie im Abstand Null (vom Ladungsblatt) oder unendlich (von der Punktladung) Null sind. So gewählt, zeichnen sie keine *Konstante mit der Dimension einer Länge aus. Dem entsprechend ergibt eine Dimensionsanalyse, die nur die Ladungsverteilung und den Ortsvektor $\vec{r}$ einbezieht, bei dem Ladungsblatt und der Punktladung die richtigen Abhängigkeiten der Potentiale von $\vec{r}$. – Das Potential des Ladungsfadens kann auch durch Renormierung berechnet werden. Gegeben sei ein Ladungsfaden in der y-Achse eines Koordinatensystems. Für das Potential $\phi(x)$ im Abstand x von dem Faden schreiben wir*

$$\frac{\phi(x)}{\lambda} = \int_{-\infty}^{+\infty} \frac{dy}{\sqrt{x^2 + y^2}} + C_0.$$

Da das Integral divergiert, ist C_0 eine "unendliche Konstante". Analog *zur Renormierung, berechnen wir zunächst das Potential eines Ladungsfaden der Länge* $2 \cdot L$, *wählen* $L = a \cdot L_0$, *und führen am Ende den Grenzübergang* $L \to \infty$ *als* $a \to \infty$ *mit einer geeignet gewählten Funktion* $C_0(a)$ *durch:*

$$\begin{aligned}\frac{\phi(x)}{\lambda} &= \lim_{a\to\infty}\left\{\int_{-a\cdot L_0}^{+a\cdot L_0}\frac{dy}{\sqrt{x^2+y^2}} + C_0(a)\right\}\\ &= \lim_{a\to\infty}\left\{2\cdot\ln 2 - 2\cdot\ln(x/L_0) + 2\cdot\ln a + C_0(a)\right\}\\ &= -\,2\cdot\ln(x/L_0) + C,\end{aligned}$$

wobei wir $C_0(a) = -2\cdot[\ln 2 + \ln a] + C$ *gewählt haben. Hier ist* C *eine* endliche *Konstante. Das von* x_0 *gesagte, gilt auch für* L_0. *Insbesondere folgt die Renormierungsgruppengleichung für* ϕ *auch daraus, daß* L_0 *mit der Einschränkung* $0 < L_0 < \infty$ *beliebig gewählt werden kann.*

---

der Theorie für beobachtbare Größen müssen daher von L_0 unabhängig sein. Genauer gesagt, muß es möglich sein, zugleich mit L_0 andere unbeobachtbare Parameter so zu ändern, daß die Observablen der Theorie ungeändert bleiben.

Der wohl wichtigste Punkt dieser Betrachtungen ist, daß zur Berechnung der Observablen einer Theorie, die nur von dimensionslosen Parametern abzuhängen scheint, eine nicht dimensionslose Zwischengröße L eingeführt werden muß. Durch den Grenzübergang $L \to \infty$ wird sie wieder eliminiert; sie hinterläßt aber – sozusagen – ihre Spur in der Theorie. Sie ermöglicht es nämlich, daß die Theorie über das dimensionslose $\alpha_s(Q) \equiv \frac{g(Q)^2}{4\pi}$ eine andere Aussage als die macht, daß $\alpha_s(Q)$ in Wahrheit von Q unabhängig ist. Gäbe es L_0, nach $L \to \infty$ der einzige Massenparameter der Theorie, nicht, könnte der theoretische Ausdruck für $\alpha_s(Q)$ die Variable Q mit ihrer Massendimension nicht enthalten. Da es L_0 aber gibt, kann in der theoretischen Formel für α_s die Variable Q in der Form Q/L_0 vorkommen; anders auf keinen Fall. Wenn so, kommt auch L_0 in der Formel vor. Doch wir wissen, daß die Wahl von L_0 keine Konsequenzen für das beobachtbare $\alpha_s(Q)$ haben kann.

Folglich kann die Theorie über $\alpha_s(Q)$, wenn überhaupt eine, nun doch nur die Aussage machen, daß $\alpha_s(Q)$ von Q unabhängig ist? Nein, denn L_0 ist in dem bemerkenswerten theoretischen Ausdruck[15]

$$\alpha_s(Q) = \frac{c}{[1 + (b/4\pi) \cdot c \cdot \ln(Q^2/L_0^2)]} \tag{4.10}$$

nicht der einzige unbeobachtbare Parameter. Ein zweiter, das dimensionslose c der Formel, tritt auf, da die Lagrange-Funktion den unbeobachtbaren Parameter g_0 enthält. Das b der Formel kennen wir bereits aus Gl. 4.10. In der QCD gilt $b = 11 - \frac{2n_f}{3}$.

Zusammen mit L_0 kann c so geändert werden, daß $\alpha_s(Q)$ ungeändert bleibt[16]. Das wir sofort gezeigt. Nach einem ersten Blick auf Gl. 4.10 erwartet der Leser hingegen vermutlich, daß jede Funktion $\alpha_s(Q)$, die der Formel genügt, ihr Parameterpaar (L_0, c) eindeutig festlegt. So ist es zum Beispiel bei der Funktion $f_1(Q) = c + \frac{Q^2}{L_0^2}$; nicht so ist es bei $f_2(Q) = \frac{Q^2}{(c \cdot L_0)^2}$, da in f_2 nur $c \cdot L_0$ als Parameter eingeht. Auf den ersten Blick sieht man der Gl. 4.10 in der Tat nicht an, daß $\alpha_s(Q)$ wie f_2 nur eine gewisse Funktion von c und L_0 als Parameter enthält. Aber so ist es, und genau das ist das eigentlich besondere an der theoretischen Form von $\alpha_s(Q)$ in Gl. 4.10. Die Gleichung scheint (in einer etwas saloppen Sprache) zu einem "Fit" durch die zwei Parameter c und L_0 aufzufordern, hängt aber in Wahrheit nur von einem Parameter ab.

Das ist leicht zu sehen. Gegeben sei ein $\alpha_s(Q)$, das die Gl. 4.10 für ein gewisses Wertepaar (c, L_0) erfüllt. Dann auch für das Wertepaar (c', L_0') mit L_0' beliebig und

$$c' = \frac{c}{[1 + (b/4\pi) \cdot c \cdot \ln(L_0'/L_0)^2]}. \tag{4.11}$$

Der Leser kann durch Einsetzen leicht nachrechnen, daß das so ist. Daher hängt $\alpha_s(Q)$ nur von einer Funktion $G(c, L_0)$ ab, die bei den Änderungen von c und L_0, die Gl. 4.11 genügen, ungeändert bleibt, $G(c', L_0') = G(c, L_0)$ für c' aus Gl. 4.11, sonst aber nicht. Bei $f_2(Q)$ war $c \cdot L_0$ eine solche Funktion, $G(c, L_0) = c \cdot L_0$. Jetzt können wir (m ist

---

[15] Die Gleichung nimmt an, daß Q und L_0 in denselben Einheiten gemessen werden. Hieraus folgt das Verhalten von α_s bei Einheitenwechsel.

[16] Dies wurde bei der Herleitung von Gl. 4.10 benutzt.

eine beliebige Masse) $G(c, L_0) = c/[1 - (b/4\pi) \cdot c \cdot \ln(L_0/m)]$ wählen, so daß

$$\alpha_s(Q) = \frac{G}{[1 + (b/4\pi) \cdot G \cdot \ln(Q^2/m^2)]}.$$

Von G hängt $\alpha_s(Q)$ offenbar (bei festem m) echt ab; genauso G von c und L_0, wenn diese zusammen anders geändert werden als Gl. 4.11 festlegt. Das über c und L_0 gesagte gilt nun für G und m.

Weder c noch L_0 ist daher einzeln beobachtbar. Die Gl. 4.11 ist eine direkte Folge der Renormierungsgruppengleichungen (Kasten 4.3). Diese sagen, wie einzeln unbeobachtbare Parameter einer Theorie zusammen so geändert werden können, daß alle beobachtbaren Vorhersagen der Theorie ungeändert bleiben. Die Konsequenzen der Renormierungsgruppengleichungen für $\alpha(Q)$ hat die zu Gl. 4.11 äquivalente Gl. 4.9 zusammengefaßt. Wieder scheint, was die Theorie über $\alpha(Q)$ sagt, von einem Massenparameter (nun μ) abzuhängen. Das aber ist ausgeschlossen. Der Leser kann sich in der Tat davon überzeugen, daß Gl. 4.9, wenn für ein gewisses μ, für jedes beliebige gilt. Die Rechnung unterscheidet sich nur unwesentlich von der im Zusammenhang mit Gl. 4.11 durchzuführenden.

Zur Illustration der Gl. 4.9 wollen wir erstens annehmen, das experimentelle $\alpha_s(Q)$ habe für $Q = 1$ GeV den Zahlenwert 1. Dann gilt (in Einheiten GeV für Q) $\alpha_s(Q) = \alpha(Q) = 1/[1 + (b/4\pi) \cdot \ln(Q^2)]$. Hat nun $\alpha_s(Q)$ für dasselbe $Q = 1$ GeV den Zahlenwert 1/10, so gilt $\alpha_s(Q) = 1/[10 + (b/4\pi) \cdot \ln(Q^2)]$ – eine ganz andere Abhängigkeit von Q. Durch geeignete Wahlen von (c, L_0) in Gl. 4.11 können wir selbstverständlich beide Abhängigkeiten darstellen. Insgesamt ergibt die Theorie für $\alpha(Q)$ also die Gl. 4.9 und nichts weiter.

Es hat sich eingebürgert, die Funktion $\alpha_s(Q) = \alpha(Q)$ in Gl. 4.9 nicht durch ihren Zahlenwert bei einem gewissen Q zu charakterisieren, sondern durch dasjenige Q, bei dem sie divergiert. Gl. 4.9 sagt, daß es ein solches Q, üblicherweise Λ_{QCD} genannt, geben muß. Nullsetzen des Nenners in Gl. 4.9 liefert $\Lambda_{QCD} = \mu \cdot e^{-2\pi/b\alpha_s(\mu)}$. Ist die *Funktion* $\alpha_s(Q)$ gegeben, hängt Λ_{QCD} von μ selbstverständlich nicht ab; wohl aber von dem Zahlenwert $\alpha_s(\mu)$ bei beliebig gegebenem μ (und zunächst nicht festgelegter Funktion). Denn dieser Zahlenwert wählt genau eine Funktion unter den nach Gl. 4.9 zugelassenen aus.

Dasselbe gilt für Λ_{QCD}. Ausgedrückt durch diesen Parameter heißt $\alpha_s(Q)$ nämlich

$$\alpha_s(Q) = \frac{4\pi}{b \cdot \ln(Q^2/\Lambda^2_{QCD})}. \tag{4.12}$$

Es ist also möglich, durch Messung eines Parameters mit der Dimension einer Masse unter den Funktionen $\alpha(Q)$, die Gl. 4.9 genügen, genau eine – das physikalische $\alpha_s(Q)$ – auszuwählen. "Dimensionstransmutation" heißt dieses Auftreten eines dimensionsbehafteten Parameters in einer Theorie, deren Lagrange-Funktion keinen solchen Parameter kennt.

Eine Reihe sehr verschiedener Experimente ergibt für Λ_{QCD} einen Wert zwischen 0,12 GeV und 0,35 GeV (für $n_f = 4$). Bei $Q = 1$ GeV gilt damit $\alpha_s \approx 1/2$. Die Massenskala der starken Wechselwirkung von 1 GeV kann also einerseits durch die Masse des Protons charakterisiert werden; andererseits durch dasjenige Q, bei dem $\alpha_s(Q)$ ungefähr eins ist. Bei größeren Energien kann die Störungstheorie verwendet werden. Diese liefert sicher keine Massenskala. Bis etwa 1 GeV kann es in der QCD also Effekte geben, die die Massenskala festlegen.

Daraus, daß $\alpha_s(Q)$ mit wachsendem Q auf Null abnimmt, folgt wie erwähnt Bjorken-Skaling. Da, wie ebenfalls erwähnt, α_s nur sehr langsam kleiner wird, erwarten wir noch für sehr große Q merkliche Abweichungen vom Skaling. Ist Skaling nicht erfüllt, hängen die Strukturfunktionen F außer von x auch von Q ab. Aus der schwachen Abhängigkeit von α_s von Q folgt, daß sich auch die F mit Q nur wenig ändern: Wie α_s, sollten die Abweichungen vom Skaling bei großen Q nur logarithmisch von Q abhängen. Genau das wird beobachtet. Experimentell konnte also nicht nur das Abnehmen von $\alpha_s(Q)$ mit wachsendem Q, sondern zudem die Abhängigkeit in Gl. 4.12 nachgewiesen werden.

Chirale Symmetrie und ihre Brechung

Vieles spricht dafür, daß die "großen" Massen der Quarks u und d innerhalb des Protons – und mit ihnen die Masse des Protons – durch die starke Farb-Wechselwirkung erzeugt werden. Wir haben bereits festgestellt, daß die Massen m_u und m_d der u- und d-Quarks, die in die Lagrange-Funktion der Farb-Wechselwirkung eingehen, auf der Massenskala der QCD von 1 GeV sehr klein sind. Diese Kleinheit deuten wir als Hinweis darauf, daß unsere Welt einer Welt ähnelt, in der m_u und m_d verschwinden. Wenn so, ist die QCD Isospin-symmetrisch unabhängig davon, welches das Verhältnis der beiden kleinen Massen tatsächlich ist: Daß beide Massen nahezu verschwinden, genügt für die Symmetrie. Wenn wir zudem die Masse m_s des s-Quarks gleich Null setzen, kommen wir zur $SU(3)_F$-Symmetrie. Daß m_s mit 14% der Proton-Masse deutlich größer ist als als m_u und m_d, bedeutet, daß die $SU(3)_F$-Symmetrie stärker gebrochen ist als die Isospin-Symmetrie.

Wir wissen aus Kapitel 2, §2, daß ein masseloses Neutrino durch keine kontinuierliche Poincaré-Transformation in sein Spiegelbild überführt werden kann; dasselbe gilt für masselose Quarks. Die beiden Spiegelungstypen masseloser Quarks bezeichnen wir mit q_R und q_L. Da die starke Farb-Wechselwirkung spiegelsymmetrisch ist, enthält die Lagrange-Funktion der QCD die q_R und q_L gleichberechtigt nebeneinander. Überführt eine Transformation der $SU(3)_F$ den Quark-Zustand $|q\rangle$ in $|q'\rangle$, so sowohl $|q_R\rangle$ in $|q'_R\rangle$ als auch $|q_L\rangle$ in $|q'_L\rangle$. Mit $SU(3)_R$ bezeichnen wir eine $SU(3)$-Gruppe von Transformationen, die bei masselosen Quarks zwar $|q_R\rangle$ in $|q'_R\rangle$ transformieren, $|q_L\rangle$ aber ungeändert lassen; die $SU(3)_L$ ist analog definiert. Die Erzeugenden dieser $SU(3)$-Gruppen nennen wir F_{Rk} und F_{Lk} mit $k = 1, \cdots, 8$; die zugehörigen endlichen Transformationen mit Parametern α_k und β_k sind $e^{i\alpha_k F_{Rk}}$ und $e^{i\beta_k F_{Lk}}$. Da $SU(3)_R$ und $SU(3)_L$ in verschiedenen Räumen operieren, vertauschen ihre Transformationen miteinander und bilden zusammen die größere Gruppe $SU(3)_R \times SU(3)_L$ der voneinander unabhängigen Transformationen $e^{i\alpha_k F_{Rk}} e^{i\beta_k F_{Lk}}$ von $|q_R\rangle$ und $|q_L\rangle$.

Die $SU(3)_R \times SU(3)_L$ enthält die uns wohlbekannte $SU(3)_F$. Diese entsteht, wenn wir $|q_R\rangle$ und $|q_L\rangle$ derselben Transformation unterwerfen, also $\beta_k = \alpha_k$ in $e^{i\alpha_k F_{Rk}} \cdot e^{i\beta_k F_{Lk}}$ wählen. Nun ist die QCD mit masselosen Quarks nicht nur symmetrisch gegenüber der $SU(3)_F$, sondern gegenüber der ganzen $SU(3)_R \times SU(3)_L$. Die QCD mit masselosen Quarks stellt uns also vor die Aufgabe, diejenigen Transformationen der $SU(3)_R \times SU(3)_L$ zu interpretieren, die nicht zur $SU(3)_F$ gehören.

Die Transformationen der $SU(3)_F$ sind nach dem oben gesagten

$$e^{i\alpha_k F_{Rk}} e^{i\beta_k F_{Lk}} = e^{i\alpha_k (F_{Rk} + F_{Lk})},$$

so daß wir die Erzeugenden der $SU(3)_F$ als $F_k = F_{Rk} + F_{Lk}$ schreiben können. Die "anderen" Transformationen der $SU(3)_R \times SU(3)_L$ werden durch die $F_{Ak} \equiv F_{Rk} - F_{Lk}$ erzeugt. Das Verhalten der F_k und F_{Ak} unter der Raumspiegelung P ist für alles weitere besonders wichtig.

Wir wissen, daß P die $|q_R\rangle$ und $|q_L\rangle$ vertauscht, also $P|q_R\rangle = |q_L\rangle$ und $P|q_L\rangle = |q_R\rangle$. Daraus folgt

$$PF_{Rk}P^{-1} = F_{Lk} \quad \text{und} \quad PF_{Lk}P^{-1} = F_{Rk},$$

so daß

$$PF_kP^{-1} = F_k \quad \text{und} \quad PF_{Ak}P^{-1} = -F_{Ak}.$$

Im Verein mit dem beobachteten Teilchenspektrum zwingt diese Gleichung dazu, die durch die "chiralen" Generatoren F_{Ak} erzeugten Symmetrietransformationen der QCD mit masselosen Quarks ganz anders zu interpretieren als die Transformationen der $SU(3)_F$. Wenn wir P auf den Zustand $|p\rangle$ eines ruhenden Protons anwenden, erhalten wir denselben Zustand, also $P|p\rangle = |p\rangle$: Das Proton besitzt (durch Konvention) positive Parität. Für die Zustände $F_{Ak}|p\rangle$ gilt nun $PF_{Ak}|p\rangle = PF_{Ak}P^{-1}P|p\rangle = -F_{Ak}|p\rangle$; sie besitzen negative Parität. Wenn wir die durch die F_{Ak} erzeugten Transformationen also so wie die der $SU(3)_F$ interpretieren, muß es Baryonen geben, die nahezu dieselbe Masse wie das Proton besitzen und sich von ihm durch ihr Verhalten bei Spiegelungen unterscheiden: Sie besitzen die entgegengesetzte Parität. Solche Teilchen gibt es nicht. Allgemeiner sagt eine zur Interpretation der $SU(3)_F$ analoge Interpretation der chiralen Transformationen, daß zu jedem Hadron ein mit ihm fast massegleiches Teilchen mit entgegengestzter Parität existieren muß; Hadronen müssen als "Paritätsdubletts" auftreten.

Experimentell gibt es hierfür keinerlei Anzeichen. Um die chirale Symmetrie zu retten, müssen wir die implizit gemachte Annahme aufgeben, daß mit dem Zustand $|X\rangle$ die Zustände $F_{Ak}|X\rangle$ existieren. Hier bedeutet $|X\rangle$ zunächst einmal den Zustand eines beliebigen Teilchens in Ruhe. Die Frage, ob und in welchem mathematischen Sinn die Operatoren F_{Ak} existieren, lassen wir offen. Es kann gezeigt werden, daß sie auch nicht auf den Zustand niedrigster Energie, den Vakuum- oder Grundzustand, angewendet werden können. Was bleibt, ist die Symmetrie *der Lagrange-Funktion* der QCD mit masselosen Quarks unter gewissen Transformationen der $|q_R\rangle$ mit α_k und zugleich der $|q_L\rangle$ mit $-\alpha_k$: Die Naturgesetze sind symmetrisch bei chiralen Transformationen, der "Zustand der Welt", der Raum der physikalischen Zustände, ist es nicht. Denn die chiralen Transformationen führen aus diesem Zustandsraum heraus.

In Kapitel 5, §2 werden wir sehen, daß, wenn eine kontinuierliche Symmetrie ***spontan gebrochen ist*** (das heißt die Naturgesetze sind symmetrisch, nicht aber der Zustand der Welt) Teilchen mit Spin Null existieren müssen. Diese haben Masse Null und heißen "Goldstone-Bosonen der gebrochenen Symmetrie". Der spontan gebrochene axiale Teil der "chiralen" $SU(3)_R \times SU(3)_L$-Symmetrie erzwingt also die Existenz von acht Goldstone-Bosonen mit Quantenzahlen, die denen der acht Operatoren F_{Ak} entsprechen. Das sind genau die Quantenzahlen der Teilchen des $SU(3)_F$-Oktetts der pseudoskalaren Mesonen. Es liegt also nahe, sie mit den Goldstone-Bosonen der spontan gebrochenen chiralen Symmetrie zu identifizieren. Daß ihre Massen nicht verschwinden, spricht nur auf den ersten Blick gegen diese Identifikation. Zunächst einmal sind zumindest die Massen der π-Mesonen von etwa 0.14 GeV sehr klein auf der Massenskala der hadronischen Wechselwirkung von 1 GeV. Sie verschwinden vermutlich nur deshalb nicht, weil die Massen der u- und d-Quarks in Wahrheit nicht Null, sondern nur klein sind. Die chirale Isospin-Symmetrie ist also nicht nur spontan, sondern zudem explizit gebrochen: Ein kleiner, nicht symmetrischer u- und d-Quark Massenterm in der Lagrangefunktion bricht die chirale Isospin-Symmetrie der Farb-Wechselwirkung.

Die Naturgesetze sind also nicht ganz, sondern nur fast chiral symmetrisch; die π-Mesonen, die als Goldstone-Bosonen im Symmetrie-Limes exakt die Masse Null besitzen, sind als nahezu-Goldstone-Bosonen nur nahezu masselos. Für die K- und η-Mesonen gilt analoges; deren Massen sind größer als die der π-Mesonen, da die zugehörige Symmetrie der Lagrange-Funktion vor allem durch die – verglichen mit der von u und d – größere Masse des s-Quarks gebrochen wird. Insgesamt bildet die spontan gebrochene chirale Symmetrie eine der Grundlagen unseres Verständnisses der Physik der Elementarteilchen.

Der aufmerksame Leser erwartet wahrscheinlich, daß wir als nächsten Schritt zumindest die $SU(3)_F$, vielleicht sogar die ganze $SU(3)_R \times SU(3)_L$ eichen werden. Das ist möglich; die Natur macht von dieser Möglichkeit aber keinen Gebrauch. In einer ungemein einflußreichen Arbeit haben C. N. Yang und R. L. Mills im Jahr 1954 vorgeschlagen, die starken Wechselwirkungen durch Eichung der $SU(3)_F$-, insbesondere der Isospin-Symmetrie einzuführen. Dieser Vorschlag hat zu keinem erfolgreichen Modell geführt, aber die von Yang und Mills in ihrer

Arbeit erstmals vorgenommene Eichung nicht-abelscher[17] Symmetrien zur Einführung von Wechselwirkungen hat sich als fruchtbare Methode erwiesen. Alle fundamentalen Theorien, die wir kennen, können so abgeleitet werden. Wenn überhaupt, werden Eichsymmetrien spontan durch den Higgs-Mechanismus (Kapitel 5, §3) gebrochen. Erst durch ihn (Kapitel 5, §3 und die Anwendungen weiter unten) wurde die Methode der Eichung umfassend anwendbar. Allerdings – die starken Wechselwirkungen entstehen durch Eichung der Color-, nicht der Flavor-Symmetrie.

Als nur globale Symmetrien sind die Flavor-Symmetrien keine sehr fundamentalen Symmetrien. Die Entwicklung der heutigen Theorien der starken und elektroschwachen Wechselwirkungen begann mit der Einsicht, so Weinberg 1980, "die richtigen Methoden auf die falschen Theorien" angewendet zu haben.

§4 Standardmodell, GUT und TOE

Das "Standardmodell der Elementarteilchenphysik" umfaßt zusätzlich zur starken die schwache und die elektromagnetische Wechselwirkung. Genauer gesagt, bringt das Standardmodell für die starke Wechselwirkung kaum neues. So gibt es keinen Zusammenhang der $SU(3)_C$-Symmetrie mit irgend einer anderen Symmetrie des Standardmodells. Dann macht das Standardmodell über die Brechung der chiralen Symmetrie – die Massen der Quarks – nur sehr schwache Aussagen. Hingegen besteht im Standardmodell zwischen der elektromagnetischen und der schwachen Wechselwirkung ein, wenn auch komplizierter, Zusammenhang.

Das Standardmodell enthält etwa zwanzig nur experimentell bestimmbare Parameter. Das sind nicht viele Parameter verglichen mit – beispielsweise – der Zahl der verschiedenen chemischen Substanzen, die wir kennen; aber eine Theorie mit zwanzig Parametern kann nicht fundamental sein. Von diesen Parametern haben viele mit den Symmetrien des Standardmodells nichts zu tun. Sie gibt es nur, weil in der Natur mehr unabhängige und äquivalente Träger[18] der Symmetrien des

---

[17] Gruppen, deren Elemente ausnahmslos miteinander vertauschen, $a \circ b = b \circ a$, heißen abelsch. Für die $SU(3)$ gilt das nicht: Sie ist nicht-abelsch.

[18] Diejenigen Teilchen, deren Zustände durch die Symmetrietransformationen geändert werden, bezeichnen wir als Träger der Symmetrie. Äquivalente, "unabhängige" Träger gehören dem Darstellungsraum einer direkten Summe äquivalenter Darstellungen der Symmetriegruppe an.

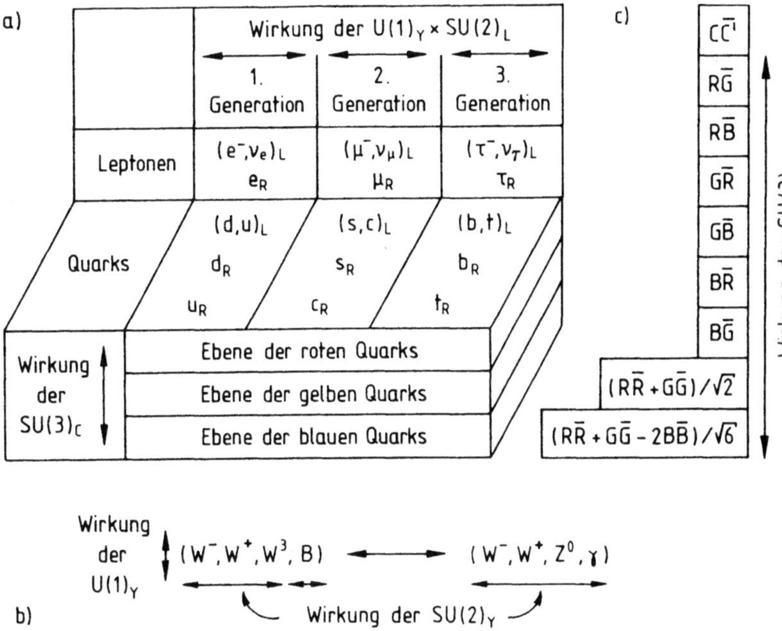

Abb. 4.9 **a) zeigt die Wirkung der Gruppe $U(1)_Y \times SU(2)_L \times SU(3)_C$ auf die Fermionen des Standardmodells. Auf Leptonen wirkt die $SU(3)_C$ nicht. Die Zustände eines einzelnen Teilchens, auf das eine Transformation wirkt, multipliziert sie mit einem Phasenfaktor. Die $SU(3)_C$ läßt die Zustände der Austauschteilchen der elektroschwachen Wechselwirkung in b) ungeändert, nicht aber die $U(1)_Y \times SU(2)_L$. Auf die Austauschteilchen der Quantenchromodynamik in c), den Gluonen mit Farben $C\overline{C'}$, wirkt nur die $SU(3)_C$. Hier stehen C und $\overline{C'}$ für die Farben R, G und B der Quarks. Die Kombination $(R\overline{R}+G\overline{G}+B\overline{B})/\sqrt{3}$ wird auch von der $SU(3)_C$ ungeändert gelassen.**

Modells vorkommen, als die Symmetrie fordert. Erst eine, heute noch unbekannte, höhere Symmetrie wird erklären können, warum es all diese Träger der Symmetrien des Standardmodells gibt.

Die verschiedenen Träger der Symmetrien des Standardmodells sind die verschiedenen Generationen von Quarks und Leptonen in Abb. 4.9. Das τ ist genauso eine Wiederholung des μ, wie dieses eine Wiederholung des e^- ist. Diese drei Leptonen unterscheiden sich durch mehr als ihre Masse, da sie nicht ineinander übergehen können. So wurde niemals ein Zerfall des μ^- in ein e^- und ein Photon beobachtet. Worin dieser Unterschied besteht, wissen wir nicht.

Eichtheorie der elektroschwachen Wechselwirkung

Die Theorie der elektroschwachen Wechselwirkungen ist eine Eichtheorie wie die QCD. Die Eichtransformationen des ganzen Modells mit seinen drei Generationen Trägerteilchen sind genau die des Leptonen-Sektors der ersten Generation, der das e^- und sein Neutrino ν_e enthält. Ginge es nur um die Eichtransformationen des Standardmodells, brauchte es keine weiteren Teilchen zu geben. Den Unterschieden der elektromagnetischen und schwachen Wechselwirkungen trägt das Standardmodell durch die spontane Brechung dieser Symmetrien à la Higgs Rechnung. Da die Brechung nur die Austauschteilchen betrifft, kann auch sie bereits im Sektor des Elektrons und seines Neutrinos formuliert werden; die anderen Teilchen bringen nichts neues. Anders ist es mit Symmetriebrechungen durch *Anomalien.*

Daß eine klassische, nicht-quantenmechanische Theorie gegenüber einer Transformation symmetrisch ist, garantiert zwar in der Regel, nicht aber immer, daß auch die quantisierte Theorie die Symmetrie besitzt. Wenn nicht, ist die Symmetrie durch eine Anomalie gebrochen. Anders als die Brechung von Symmetrien durch den Higgs-Mechanismus, zerstört die durch Anomalien die "guten" Eigenschaften der Theorie, insbesondere ihre Renormierbarkeit, so daß keine Anomalien auftreten dürfen.

Bei den Symmetrietransformationen der elektroschwachen Theorie tritt genau dann keine Anomalie auf, wenn die Summe der elektrischen Ladungen der elementaren Fermionen verschwindet. Gäbe es nur das Elektron und sein Neutrino, wäre die Ladungssumme -1. Ergänzt man das Multiplett aber um die Quarks u und d mit ihren Ladungen $2/3$ und $-1/3$ und ihren (jeweils) 3 Farben zu einer Familie, so verschwindet die Ladungssumme: $-1 + 3 \cdot (2/3 - 1/3) = 0$. Daher müssen Leptonen und Quarks in Familien auftreten, und die Theorie is nur dann frei von Anomalien, wenn es – zusätzlich zu seinen bisher nachgewiesenen Familienmitgliedern τ, ν_τ, b – das top-Quark t gibt.

Während also zur Vermeidung von Anomalien ganze Lepton-Quark Familien erforderlich sind, reicht zur Einführung der Eichsymmetrien des Standardmodells und ihrer spontanen Brechungen der Lepton-Sektor der ersten Familie aus. Um die Beziehung zur "alten" Fermi-Theorie der schwachen Wechselwirkung herzustellen, beginnen wir mit dem Zerfall des μ^- in ein Elektron e^- und zwei Neutrinos, ein μ-Neutrino ν_μ und ein Elektron-Antineutrino $\overline{\nu_e}$ (Abb. 4.10a). Aus der Lebensdauer des μ folgt für die Fermi-Konstante G_F der Zahlenwert

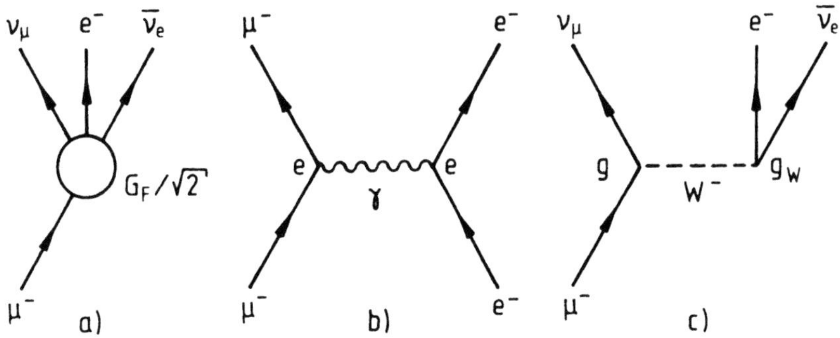

Abb. 4.10 Der schwache Zerfall eines μ^- in a) kann analog zur elektromagnetischen Wechselwirkung in b) eines μ^- mit einem e^- durch den Austausch eines Teilchen - des W-Bosons - beschrieben werden.

$G_F = 1.2 \cdot 10^{-5}$ GeV^{-2}; der Faktor $\frac{1}{\sqrt{2}}$ der Abbildung hat historische Gründe. Den Hauptbeitrag zur elektromagnetischen Streuung eines μ^- an einem e^- liefert der Austausch eines Photons zwischen den geladenen Teilchen in Abb. 4.10b. Seit langem ist bekannt, daß der Vierfermionen-Vertex der Abb. 4.10a von dem Austausch-Graphen der Abb. 4.10c bei Energien nicht unterschieden werden kann, die klein sind verglichen mit der Masse M_W des ausgetauschten Teilchens W^-. Für die Kopplungskonstanten ergibt die Forderung der Gleichheit der Beiträge der Diagramme $G_F/\sqrt{2} = g_W^2/8M_W^2$.

Die in den Abb. 4.10b+c erreichte Verwandtschaft der für die elektromagnetische und die schwache Wechselwirkung verantwortlichen Diagramme ist eine der Grundlagen der berühmten "Vereinigung" beider Wechselwirkungen zur elektroschwachen. Vereinigung bedeutet – besser: würde bedeuten – , daß die Kopplungskonstanten g_W und e bis auf (Clebsch-Gordan-) Faktoren wie $\sqrt{2}$ übereinstimmen, also $g_W \approx e$ und damit $G_F = g_W^2/4\sqrt{2}M_W^2 \approx \pi\alpha/\sqrt{2}M_W^2$, so daß wir für M_W die Abschätzung $M_W \approx (\pi\alpha/\sqrt{2}G_F)^{1/2} = 87$ GeV erhalten. Das W^- und sein Antiteilchen W^+, die "Austauschbosonen der geladenen schwachen Wechselwirkung" wurden 1983 von Rubbia und seiner Gruppe am CERN[19] in Genf entdeckt; ihre Masse beträgt 81 GeV, stimmt also mit der bei Symmetrie zu erwartenden hinreichend genau überein. Jedoch

[19] Centre européen de recherche nucléaire. Trotz seines Namens, wird in dem Europäischen Labor keine Kern- sondern ausschließlich Elementarteilchenphysik betrieben.

müßten bei ungebrochener Eichsymmetrie die Austauschteilchen Photon γ und $W^{\pm}$ der zu vereinigenden Wechselwirkungen dieselbe Masse Null besitzen – eine zunächst einmal vernichtend entmutigende Vorhersage. Die Schwierigkeiten löst der Higgs-Mechanismus der bereits erwähnten Brechung von Eichsymmetrien.

Die große Masse der $W^{\pm}$ berechtigt dazu, in allen "klassischen" Anwendungen der schwachen Wechselwirkungen, vor allem dem β-Zerfall, statt des Vierfermionen-Vertex in Abb. 4.10a den W-Austausch der Abb. 4.10c zu verwenden. Denn die Energien, die bei diesen Anwendungen umgesetzt werden, sind vernachlässigbar gegenüber M_W. Dann, als weitere Konsequenz der Symmetrie-Annahme, muß das W wie das Photon den Spin 1 besitzen – in Übereinstimmung mit dem Experiment.

Wir wenden uns jetzt der Realisierung der Eichsymmetrien der elektroschwachen Wechselwirkung im Leptonensektor (e^-, ν_e) der ersten Generation (Abb. 4.9a) zu; um die Brechung der Symmetrien durch die Massen der Austauschteilchen kümmern wir uns zunächst nicht. Bei ungebrochener Eichsymmetrie sind im Standardmodell der elektroschwachen Wechselwirkung alle Teilchen, auch die Fermionen, masselos. Diese Voraussetzung ist für das Elektron und sein Neutrino sehr gut erfüllt; die tatsächliche Masse des Elektrons wird jedoch der Higgs-Mechanismus der Symmetriebrechung erzeugen. Dasselbe gilt von den "großen" Fermionen-Massen des Modells, zum Beispiel von denen des τ-Leptons (1.78 GeV) oder des b-Quarks (4.8 GeV).

Die Zustände oder Felder masseloser Fermionen – hier stets Teilchen mit Spin $\frac{1}{2}$ – kann man wie oben bereits die masseloser Quarks, in zwei Anteile zerlegen, die durch Spiegelungen vertauscht werden. Das ist in Abb. 4.9a geschehen; das Standardmodell nimmt an, daß die Neutrinos auch in der Realität masselos sind und die Naturgesetze nur die Existenz des "linkshändigen Typs" $\nu \equiv \nu_L$ erlauben. Die schwache Wechselwirkung durch Austausch eines W verletzt die Paritäts-Symmetrie; in Kapitel 2, §2 haben wir festgestellt, daß die Parität in der "geladenen" schwachen Wechselwirkung so verletzt ist, daß von den Teilchen der Abb. 4.9a nur die linkshändigen Fermionen, an ihr teilnehmen. Für deren Antiteilchen gilt das umgekehrte: Nur rechtshändige Anti-Fermionen nehmen an der schwachen Wechselwirkung teil.

Wir wollen erreichen, daß die $W^{\pm}$ und das Photon bei der Eichung der Symmetriegruppe einer geeignet gewählten Lagrange-Funktion ohne Wechselwirkung als Austauschteilchen auftreten. Von der Farb-Symmetrie der QCD wissen wir, daß die Austauschteilchen einer Eichsymmetrie und deren Erzeugende einander entsprechen. Zu den W^+ und W^- gehören also zwei Ladungsoperatoren Q^+ und Q^-. Diese sind nicht hermitesch, sondern werden – wie die W^+ und W^- – durch hermitesche Konjugation vertauscht. Zwei hermitesche Operatoren – Erzeugende der Symmetriegruppe – Q^1 und Q^2 können wie bei der Isospinsymmetrie durch Linearkombination konstruiert werden. Aus dem im letzten Absatz gesagten folgt, daß diese und die zugehörigen endlichen Symmetrietransformationen nur in dem von e_L^- und $\nu_e \equiv \nu_{eL}$ aufgespannten Raum wirken; die Wirkung auf die Antiteilchen erwähnen wir nicht weiter. Mit Q^1 und Q^2 ist auch deren (durch i geteilter) Kommutator $Q^3 \equiv [Q^1, Q^2]/i$ eine Erzeugende, die in demselben Raum wirkt. Leicht nachzurechnen ist, daß diese drei Erzeugenden zusammen die Gruppe $SU(2)_L$ der unitären Matrizen mit Determinante 1 in dem Raum der e_L^- und ν_e aufbauen. Diese "schwache Isospingruppe" hat selbstverständlich nichts mit der Isospingruppe der starken Wechselwirkungen zu tun. Wie die chiralsymmetrische freie Lagrange-Funktion der masselosen q_R und q_L bei unabhängigen unitären Transformationen ungeändert blieb, so jetzt die freie Lagrange-Funktion der masselosen e_L^- und ν_e bei den Transformationen der schwachen Isospingruppe. Ihre endlichen Transformationen sind $e^{i\alpha_a Q_a}$ mit reellen Parametern α_a $(a = 1, 2, 3)$.

Massen und Mischungen der Austauschteilchen

Auch zu Q^3 muß es nach der Eichung der schwachen Isospinsymmetrie ein Austauschteilchen W^3 geben. Es wäre schön, wenn dies mit dem Photon identifiziert werden könnte. Aber das ist unmöglich. Zwar ist das W^3 wie das Photon elektrisch neutral, aber da Q^3 nur auf linkshändige Fermionen wirkt, koppelt W^3 zwar an e_L^-, nicht aber an e_R^-. Mit dem Photon kann aber wegen der Spiegelsymmetrie der elektromagnetischen Wechselwirkung nur ein Austauschteilchen identifiziert werden, das genau gleich an e_L^- und e_R^- koppelt. Abermals anders als W^3, koppelt das Photon hingegen nicht an das elektrisch neutrale ν_e.

Um das Photon durch Eichung einer Symmetrie als Austauschteilchen zu erhalten, muß die freie Lagrange-Funktion mindestens eine weitere kontinuierliche Symmetrie besitzen. Tatsächlich besitzt sie zwei. Die Lagrange-Funktion ändert erstens die Transformation nicht, die alle Zustände des e_L^- und (zugleich) des ν_e mit einer beliebigen komplexen

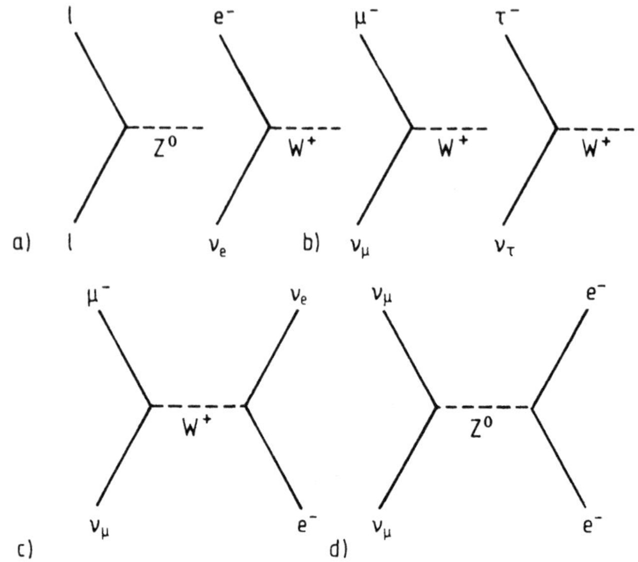

Abb. 4.11 **Das Z^0 in a) kann mit Fermionen l wechselwirken, ohne sie zu ändern. Das geladene W^+ in b) ändert die Ladung der Teilchen. Andere Vertices der geladenen schwachen Wechselwirkung von Leptonen als diese gibt es nicht. Diagramme, die zum β-Zerfall des μ (c) und zur ν_μ e^--Streuung (d) beitragen.**

Zahl $e^{i\phi}$ mit Betrag 1 multipliziert; dasselbe gilt – zweitens – von der Multiplikation der Zustände des e_R^- mit einer beliebigen (anderen) komplexen Zahl $e^{i\phi'}$.

Zusammen bilden die Multiplikationen mit Zahlen vom Betrag eins die Gruppe $U(1)$ der unitären Transformationen in einer Dimension. Die im Raum des e_R^- wirkende $U(1)$ nennen wir $U(1)_R$; die im Raum (e_L^-, ν_e) wirkende $U(1)_L$. Damit haben wir alle Symmetrien der freien Lagrange-Funktion beisammen, denen wir durch Eichung Austauschteilchen zuordnen können. Es sind dies die $SU(2)_L$, die $U(1)_L$ und die $U(1)_R$.

Durch die Forderung, daß Symmetrie nicht nur gegenüber globalen Transformationen mit konstanten Parametern α_a, ϕ und ϕ' bestehen solle, sondern auch gegenüber lokalen Transformationen mit beliebigen Funktionen $\alpha_a(x)$, $\phi(x)$ und $\phi'(x)$ des Raumes $\vec{x}$ und der Zeit $x^0 = t$ als Parameter, könnten wir die fünf unabhängigen Symmetrietransformationen der $SU(2)_L$, $U(1)_L$ und $U(1)_R$ nun eichen und erhielten fünf Austauschteilchen. Darunter sind zunächst einmal die drei W der $SU(2)_L$; von diesen sind die geladenen $W^{\pm}$ höchst willkommen; seit 1972 ist zudem bekannt, daß es ein neutrales Austauschteilchen wie das W^3 geben muß, das an die Neutrinos koppelt. Das ist das Z^0 mit seinen Kopplungen an Quarks, Elektronen, Neutrinos und andere Teilchen (Abb. 4.11a). Näheres später. Eichung der zwei zusätzlichen $U(1)$-Gruppen lieferte die beiden anderen Austauschteilchen. Experimentell können wir aber nur ein zusätzliches, das Photon, brauchen. Daher wäre Eichung aller Symmetrien der freien Lagrange-Funktion des elektroschwachen Standardmodells zwar theoretisch konsequent, würde aber auf schwerwiegende Widersprüche mit dem Experiment führen.

Zur Einführung des Photons wird nur eine $U(1)$-Untergruppe der beiden $U(1)$-Gruppen des Modells geeicht. Als diese $U(1)_Y$ der "schwachen Hyperladung" – sie hat mit der Hyperladung der starken Wechselwirkung nichts zu tun – wählt man eine $U(1)$, die alle linkshändigen Fermionen mit $e^{-i\phi/2}$, alle rechtshändigen zugleich mit $e^{-i\phi}$ (mit demselben reellen ϕ) multipliziert. Eichung dieser Gruppe ergibt (genau) ein neutrales Austauschteilchen B.

Vielleicht konnten wir den Eindruck vermitteln, daß die Konstruktion des Standardmodells der elektroschwachen Wechselwirkung zunächst einmal eine gewisse Zwangsläufigkeit besitzt. Das Modell "sagt voraus", daß es ein neutrales schwaches Austauschteilchen gibt, das, anders als das Photon, an Neutrinos koppelt. Dem aber, daß in der Natur nur das Photon als weiteres neutrales Austauschteilchen der elektroschwachen Wechselwirkung vorkommt, muß das Modell durch willkürlich anmutende Eingriffe – Auswahl der zu eichenden $U(1)$-Gruppe – angepaßt werden.

Stets entsteht durch Eichung aus einer freien Theorie eine mit Wechselwirkungen durch Austausch von masselosen Teilchen mit Spin 1. Die beiden neutralen Austauschteilchen W^3 und B, über die wir verfügen, unterscheiden sich durch ihre Kopplungen an die Fermionen der Theorie. Wir wissen, daß das W^3 wegen seiner Kopplungen nicht mit dem Photon identifiziert werden kann. Dasselbe gilt für das B. Da aber die beiden neutralen Austauschteilchen gleichberechtigt sind, können genau so gut wie sie alle Linearkombinationen ihrer Zustände oder Felder, die senkrecht aufeinander stehen, die beiden physikalischen Austauschteilchen darstellen. Die zunehmend komplizierten Details der

Rechnungen und Überlegungen unterschlagen wir. Es stellt sich heraus, daß die Linearkombination

$$A = B\cos\theta_W + W^3 \sin\theta_W, \tag{4.13a}$$

in der θ_W ein nur experimentell zu bestimmende Parameter ist, mit dem Photon identifiziert werden kann. Die auf A senkrecht stehende Linearkombination

$$Z^0 = -B\sin\theta_W + W^3\cos\theta_W \tag{4.13b}$$

stellt dann das Austauschteilchen der "neutralen schwachen Wechselwirkung" dar. Der Winkel θ_W wurde von Glashow eingeführt. Er heißt "schwacher Winkel (weak angle)", oft auch Weinberg-Winkel.

Soweit bisher beschrieben, hat die Theorie einen entscheidenden Fehler: Alle vorkommenden Teilchen sind masselos. Hier hilft die spontane Brechung der Eichsymmetrie à la Higgs. Durch Einführung skalarer Felder gelingt es, die Teilchen der Theorie massiv zu machen, ohne die attraktiven Eigenschaften der Eichtheorie zu verlieren. Die $W^{\pm}$ und das Z^0 bekommen hierdurch Massen M_W und M_Z, die mit $\sin\theta_W$, e und G_F über

$$M_W^2 = \frac{e^2}{(4\sqrt{2}G_F\sin^2\theta_W)} \qquad \text{und} \qquad M_Z^2 = \frac{M_W^2}{\cos^2\theta_W} \tag{4.14}$$

zusammenhängen. Der Higgs- Mechanismus verleiht auch dem e^- seine (kleine) Masse; das Neutrino muß masselos bleiben, da nur linkshändige Neutrinos in der Theorie vorkommen (was, wie der Quark-Sektor zeigen wird, leicht geändert werden kann). Die endgültige Theorie kommt bereits mit einem skalaren Higgs-Boson aus.

Sehr wichtig ist selbstverständlich, daß das Photon masselos bleibt. Dazu wählen wir die Symmetriebrechung so, daß die dem Austauschteilchen Photon zugeordnete Eichsymmetrie $U_{EM}(1)$ nicht verletzt wird. Bei den durch Funktionen $\phi(x)$ beschriebenen Eichtransformation dieser $U(1)$-Gruppe wird jeder Zustand mit der elektrischen Ladung q mit $e^{i\phi(x)q}$ multipliziert. Wir kennen diese Transformationen aus Kapitel 2, §1. Sie bilden jetzt die der Gl. 4.13a entsprechende Untergruppe der gesamten, aus $SU(2)_L$ und $U(1)_Y$ bestehenden Eichgruppe. Nach Konstruktion sind die Transformationen der $U(1)_{EM}$

auch Symmetrietransformationen der fertigen elektroschwachen Theorie mit ihren gebrochenen Symmetrien. Das Photon ist also auch nach der Symmetriebrechung das Austauschteilchen einer ungebrochen Eichsymmetrie und damit masselos. Die Theorie erlaubt diese Konstruktion, erzwingt sie aber in keiner Weise und ist insofern unbefriedigend.

Schließlich muß die Theorie auf die anderen Fermionen ausgedehnt werden. Das ist leicht möglich. Von den Quarks der ersten Generation spielt das Dublett (d_L, u_L) bei der Konstruktion die Rolle von (e_L^-, ν_e). Wichtig für die Anwendung der $SU(2)_L$ mit ihren Austauschteilchen $W^\pm$ auf das Quark-Dublett ist nur, daß die Differenz -1 der Ladungen $-1/3$ und $2/3$ von d und u mit der von e^- und ν_e übereinstimmt. Es wird angenommen, daß d_R und u_R zwei Singuletts unter der $SU(2)_L$ bilden, ihre Zustände also durch deren Transformationen nicht geändert werden. Im Leptonsektor gab es nur ein Singulett, das e_R^-. Das Transformationsverhalten der Quarks unter $U(1)_Y$ wird so gewählt, daß die Quarks ihren Ladungen Q entsprechend transformiert, ihre Zustände also wie die der Leptonen mit $e^{i\phi(x)Q}$ multipliziert werden. Der aus dem Leptonen-Sektor bereits bekannte Higgs-Mechanismus verleiht dann auch den u- und d-Quarks ihre Massen.

Parameter des Standardmodells

Soweit die Ausdehnung der elektroschwachen Theorie von den Leptonen der ersten Generation auf deren Quarks. Die Übertragung des Schemas auf die anderen Generationen ist trivial, da diese einfach Wiederholungen der ersten sind. Anders gewendet, folgt aus dem Standardmodell der elektroschwachen Wechselwirkung, daß Quarks und Leptonen immer in ganzen Generationen auftreten. Die Theorie braucht auch deshalb das bisher nicht entdeckte top-Quark t. Daß es das charm-Quark c geben müsse, hat 1970 Glashow mit anderen aus Konsistenzbetrachtungen, die schließlich zum Standardmodell geführt haben, gefolgert. Damals waren nur die drei Quarks u, d und s bekannt. Mit diesen stand Glashow vor genau unserer Situation mit u, d, s, c und bottom b als einzigen Quarks. Die Entdeckung des c-Quarks 1974 war der erste große Triumpf der Theorie. Das b wurde 1977 entdeckt. Die Theorie kann nichts darüber sagen, ob es weitere Generationen gibt. Experimente, auf die wir nicht eingehen, haben 1989/90 gezeigt, daß tatsächlich genau drei Generationen existieren. Wird das t also gefunden, so kennen wir alle Quarks, die es überhaupt gibt.

Das Standardmodell der elektroschwachen Wechselwirkung ist auch als Quanten-Flavordynamik, kurz QFD, bekannt. Die QFD macht zahlreiche Vorhersagen in spektakulärer Übereinstimmung mit dem Experiment. Altbekannt sind von Wechselwirkungen der QFD nur die elektromagnetische durch Photon-Austausch und die "geladene schwache" durch Austausch von W^+ und W^-. Die letztere kennt der Leser vom radioaktiven β-Zerfall. Das Modell sagt, daß es darüber hinaus die "neutrale schwache Wechselwirkung" durch Austausch des Z^0 geben muß. Daß die neutrale schwache Wechselwirkung existiert, haben zuerst Experimente mit μ-Neutrinos ν_μ gezeigt. Da die $W^\pm$ nur Leptonen derselben Generation miteinander verbinden (Abb. 4.11b), können Wechselwirkungen eines ν_μ mit einem e^- nur einen $\mu^-\nu_e$-Endzustand erzeugen (Abb. 4.11c). Insbesondere können die ν_μ eines auf ein Target gerichteten ν_μ-Strahls die Elektronen des Targets vermöge der geladenen schwachen Wechselwirkung nicht anstoßen. Dies ermöglicht erst die neutrale schwache Wechselwirkung durch Austausch eines Z^0 (Abb. 4.11d): Stößt ein ν_μ auf ein e^- in einem Atom oder Molekül des Targets, so kann dieses durch die elastische Streuung $\nu_\mu e^- \to \nu_\mu e^-$ der Abb. 4.11d in Bewegung gesetzt werden. Von den an dem Prozeß beteiligten Teilchen hinterläßt nur das e^- eine Spur. Genau das wird beobachtet: Fällt ein ν_μ-Strahl auf ein Target, so treten isolierte Spuren von Elektronen auf, die von den ν_μ angestoßen worden sind. Also *gibt es* die neutrale schwache Wechselwirkung. Zudem konnte durch Vergleich der Streuung von μ-Neutrinos und μ-Antineutrinos an Elektronen $\sin^2\theta_W$ bestimmt werden. Das heute beste Ergebnis dieser Methode ist $\sin^2\theta_W = 0.223 \pm 0.018$.

Aus e, G_F und $\sin^2\theta_W$ können die Massen m_W und m_Z nach Gl. 4.14 berechnet werden; man findet $m_W = 78$ GeV und $m_Z = 89$ GeV. Die ersten Messungen von $\sin^2\theta_W$ stammen aus den siebziger Jahren; seither sind derartige Vorhersagen möglich. Als wohl spektakulärster Erfolg der QFD sind 1983 am CERN die $W^\pm$ und das Z^0 entdeckt worden. Ihre experimentellen Massen sind 81 GeV und 92 GeV. Die Übereinstimmung mit den theoretischen Werten ist von vorne herein sehr gut. Durch Berücksichtigung einiger Korrekturen wird die Übereinstimmung exzellent. Umgekehrt können die experimentellen m_W und m_Z benutzt werden, um $\sin^2\theta_W$ zu bestimmen. Insgesamt ergeben sechs unabhängige Meßmethoden innerhalb der Fehlergrenzen dasselbe $\sin^2\theta_W$. Der heute beste Wert ist $\sin^2\theta_W = 0.230 \pm 0.0048$.

Interessant ist, daß sich dieser Wert von 0.25 unterscheidet. Bei (und nur bei) $\sin^2 \theta_W = 0.25$ verletzt die neutrale schwache Wechselwirkung zwischen zwei Elektronen und auch zwischen einem Elektron und einem Nukleon die Parität nicht. Daher sind die für die Atom- und Molekülphysik geltenden Naturgesetze genau genommen nicht spiegelsymmetrisch: Zwar respektiert die elektromagnetische Wechselwirkung diese Symmetrie, aber die (bei niedrigen Energien) winzigen, vom Z^0-Austausch herkommenden Korrekturen verletzen sie. Obwohl winzig, konnte der Effekt beobachtet werden. Bismut-Atome drehen, wie Lösungen von Molekülen nur eines Spiegelungstyps, die Polarisationsebene von Licht. Diese Paritätsverletzung folgt daraus, daß die Naturgesetze nicht spiegelsymmetrisch sind und ist nicht nur – wie bei den Molekülen – eine Konsequenz der Auswahl nur eines Spiegelungstyp aus zwei gleichermaßen möglichen für den Versuch. Es gibt Spekulationen, daß die Paritätsverletzung in der neutralen schwachen Wechselwirkung letztlich für die Verletzung der Spiegelsymmetrie durch "das Leben" (Kapitel 5, §2) verantwortlich ist.

Das Standardmodell der Elementarteilchenphysik besteht aus QCD und QFD. Es basiert auf der Symmetriegruppe $U(1)_Y \times SU(2)_L \times SU(3)_C$. Zur Einführung von Wechselwirkungen wird diese Symmetrie geeicht. Dann wird die Symmetrie spontan so gebrochen, daß nur die $U(1)_{EM} \times SU(3)_C$-Symmetrie bestehen bleibt. Als Austauschteilchen besitzt die Theorie acht masselose Gluonen, das masselose Photon sowie die $W^{\pm}$- und Z^0-Bosonen mit Massen wie ein Silberatom. Hinzu kommt ein Higgs-Teilchen, über das wir wenig wissen. Von den Neutrinos wird angenommen, daß sie masselos sind. Insgesamt enthält das Modell, Antiteilchen und Farbunterschiede nicht gerechnet, 16 verschiedene Teilchen (Abb. 4.9) und etwa zwanzig nur experimentell bestimmbare Parameter.

Höhere Symmetrien bei höheren Energien?

Offensichtlich kann ein Modell mit so vielen "von Hand" zu wählenden Ingredienzen nicht als fundamental bezeichnet werden. Aber es gibt keine experimentellen Hinweise, wie das Modell modifiziert werden müßte. Im Gegenteil – es stimmt hervorragend mit dem Experiment überein. Eine "wirklich" fundamentale Theorie besäße nicht nur eine kleinere Zahl fundamentaler Teilchen und Parameter, sondern sollte zudem einige der im Standardmodell ohne erkennbaren Grund auftretende Tatsachen erklären. Wir nennen nur wenige: Warum stimmt die

Ladung des Protons (bzw. die von zwei u und einem d) dem Betrage nach phantastisch genau mit der des Elektrons überein? Das Standardmodell übernimmt die Quantisierung der Ladung, ohne sie erklären zu können. Warum gibt es mehrere Generationen? Warum sind die Multipletts der Leptonen und Quarks einander so ähnlich? Warum ist die Symmetriegruppe gerade $U(1)_Y \times SU(2)_L \times SU(3)_C$ und nicht irgendeine andere der unendlich vielen Gruppen, die es gibt? Und schließlich, exotischer als die anderen Fragen: Warum hat die Raum-Zeit gerade vier Dimensionen?

Die Frage nach der Symmetriegruppe hängt eng mit der nach der Zahl der Parameter zusammen. Dem entsprechend, daß die drei Gruppen $U(1)_Y$, $SU(2)_L$ und $SU(3)_C$ im Standardmodell nichts miteinander zu tun haben – das drücken die $\times$ zwischen ihnen in $U(1)_Y \times SU(2)_L \times SU(3)_C$ aus – , können die Kopplungen ihrer (Sätze von) Austauschteilchen an die Fermionen unabhängig und frei als g_1, g_2 und $g_3 \equiv g_C$ gewählt werden. Hier hat g_C als Quark-Gluon-Kopplung ohne weiteres eine physikalische Bedeutung; die anderen beiden bekommen sie dadurch, daß aus ihnen die Kopplungen der $W^{\pm}$, des Z^0 und des Photons an die Fermionen berechnet werden können. In einer umfassenden Gruppe, die – sozusagen – alle physikalisch relevanten Eigenschaften miteinander verbindet, wäre nur ein einziger Parameter für alle drei Wechselwirkung zusammen frei wählbar; sie wären dann wirklich vereinigt.

Durch die Symmetrien des Standardmodells wollen wir erläutern, wie das sein kann. Bei niedrigen Energien ist von diesen Symmetrien wegen der spontanen Symmetriebrechung nur die $U(1)_{EM} \times SU(3)_C$ statt der $U(1)_Y \times SU(2)_L \times SU(3)_C$ sichtbar; Wirkungsquerschnitte und Zerfallsraten weisen die $U(1)_{EM} \times SU(3)_C$-Symmetrie und keine höhere auf. Bei Energien so weit oberhalb der größten Massen der Teilchen des Modells, daß diese vernachlässigt werden können, erscheint die "eigentliche" Symmetrie $U(1)_Y \times SU(2)_L \times SU(3)_C$ wieder. Die Skala hierfür – etwa 100 GeV – wird durch die Massen der Eichbosonen $W^{\pm}$ und Z^0 gesetzt. Bei diesen Energien müssen Wirkungsquerschnitte und Zerfallsraten beginnen, die Symmetrie explizit zu zeigen; sie wird manifest. Wenn wir von hohen Energien kommen, verschwindet die zuvor manifeste $U(1)_Y \times SU(2)_L \times U(3)_C$-Symmetrie bei etwa 100 GeV; symbolisch $U(1)_Y \times SU(2)_L \times SU(3)_C \to U(1)_{EM} \times SU(3)_C$. Wir verlassen das Standardmodell mit der Annahme, es gebe eine Gruppe G_{GUT}, die die $U(1)_Y \times SU(2)_L \times SU(3)_C$ umfaßt und vereinigt; dann kann es sein, daß die G_{GUT}-Symmetrie oberhalb einer gewissen Massenskale M_X in Wirkungsquerschnitten und Zerfallsbreiten sichtbar ist, bei dieser Massenskala aber zur $U(1)_Y \times SU(2)_L \times SU(3)_C$ gebrochen wird; symbolisch $G_{GUT} \to U(1)_Y \times SU(2)_L \times SU(3)_C$. Hier steht GUT für Grand Unified Theory, zu deutsch Große Vereinigte Theorie. Ob eine solche Theorie möglich ist, wissen wir nicht. Auf die experimentellen Einschränkungen, die jede GUT erfüllen muß, kommen wir zurück.

Wir haben gesagt, daß "Vereinigung" der elektromagnetischen mit der schwachen Wechselwirkung bedeuten würde, daß bis auf einen durch die Gruppe festgelegten Clebsch-Gordan-Koeffizienten die elektromagnetische Kopplungskonstante e – die elektrische Elementarladung – mit der schwachen g_W übereinstimmt. Tatsächlich gilt für e und g_W in der QFD

$$e^2 = 4\sqrt{2} g_W^2 \sin^2 \theta_W,$$

numerisch also $|e| \approx |g_W|/\sqrt{2}$. Aber daß e/g_W die Erwartung für eine vereinigte elektroschwache Theorie erfüllt, ist *innerhalb der Theorie einfach ein Zufall*: Der Zahlenwert von $\sin^2 \theta_W$, auf dem die Übereinstimmung beruht, folgt nicht aus der Gruppentheorie, sondern konnte nur experimentell bestimmt werden. Dem entsprechend bewirkt die elektroschwache Theorie keine wirkliche Vereinigung der elektromagnetischen mit der schwachen Wechselwirkung. Auch im Standardmodell gibt es für beide Wechselwirkungen zwei Kopplungskonstanten, die nahezu frei gewählt werden können. Die Gl. 4.13 könnten in einer solchen Theorie nicht zur Festlegung von θ_W benutzt werden, da der Basiswechsel, den sie beschreiben, zu den Symmetrietransformationen des Modells gehören würde. Wir werden allerdings sogleich sehen, daß all dies durch die Energieabhängigkeit der Kopplungen wichtige Modifikationen erfährt: Es gilt erst für Energien oberhalb der Vereinigungsskala.

Fazit dieser Betrachtungen für die GUT ist, daß als eine ihrer Voraussetzungen die Kopplungskonstanten g_1, g_2 und g_3 des Standardmodells bis auf Clebsch-Gordan-Koeffizienten, die allein die Gruppe bestimmt, übereinstimmen müssen. Im Standardmodell gilt $\alpha_1 \equiv g_1^2/4\pi = 0.009$, $\alpha_2 \equiv g_2^2/4\pi = 0.032$ und $\alpha_3 \equiv g_3^2/4\pi = 0.16$; das Verhältnis $|g_C/g_1| \approx 4.2$ ist wohl zu groß, um allein auf das Verhältnis der Clebsch-Gordan-Koeffizienten einer Symmetriegruppe zurückführbar zu sein.

Hier hilft, daß die effektiven Kopplungskonstanten Funktionen der Energie sind. Wir wissen, daß $\alpha_3(Q) = \alpha_s(Q)$ mit wachsendem Q abnimmt (Abb. 4.12). Gl. 4.9 für $\alpha(Q)$ gilt auch für die drei $\alpha_k(Q)$,

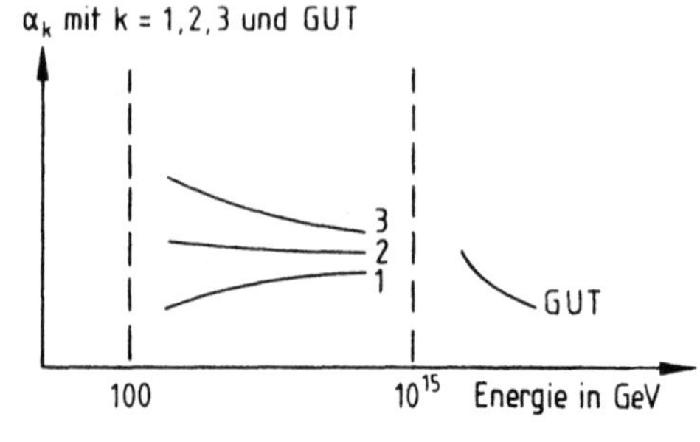

Abb. 4.12 **Kopplungsstärken der Elementarteilchen im Standardmodell der elektroschwachen und starken Wechselwirkung und in den Großen Vereinigten Theorien (GUT) als Funktionen der Energie.**

$k = 1, 2$ oder 3, der QFD. Für b_2, das b von $\alpha_2(Q)$, ergibt Abzählen der Beiträge von Quarks und Leptonen $b_2 = (11 \cdot 2 - 2 \cdot n_f)/3$, mit n_f der Zahl der Quark-Flavors, insgesamt also $n_f = 6$. Das ist ein wenig überraschend, da die Austauschteilchen $W^{\pm}$ und W^3 der $SU(2)_L$-symmetrischen Theorie auch an Leptonen koppeln. Aber die Zahl der Generationen ist im Standardmodell $n_f/2$, so daß n_f auch die Beiträge der Leptonen festlegt. Da also b_2 positiv und kleiner als das b der QCD ist (10/3 gegenüber 7), nimmt α_2 mit wachsendem Q ab, aber nicht so schnell wie α_3 (Abb. 4.12). Für $\alpha_1(Q)$ gilt Gl. 4.9 mit $b_1 = -2n_f/3$. Wieder ist n_f die Zahl der Quark-Flavors. Daher nimmt $\alpha_1(Q)$ unabhängig von n_f und – anders als $\alpha_2(Q)$ und $\alpha_3(Q)$ – mit wachsendem Q zu.

Letzteres war auf Grund unserer Diskussion der Vakuumpolarisation zu erwarten. Denn in einer Eichtheorie mit nur einem Austauschteilchen – hier das B; in der QED das Photon – ist dieses notwendig ungeladen, da sonst auch sein Antiteilchen mit der entgegengesetzten Ladung in der Theorie vorkommen müßte. Es kann also nicht an sich selbst, sondern nur an die Fermionen der Theorie koppeln. Wir wissen aber, daß die Beiträge der Fermionen zur effektiven Kopplung diese mit wachsender Energie ansteigen lassen. Kompensierende Beiträge der geladenen Austauschteilchen, die in der QCD und der $SU(2)_L$-Theorie den Trend umkehren, kann es in einer Theorie mit nur einem Austauschteilchen nicht geben. Allgemeiner führen Theorien mit abelschen Eichgruppen auf effektive Kopplungen, die mit der Energie ansteigen.

Auf jeden Fall (Abb. 4.12) kommen die drei $\alpha_k(Q)$ des Standardmodell einander mit wachsender Energie näher. Es kann also sein, daß sie sich bei einer Energie M_X in einem Punkt treffen[20]. Wir wollen

[20] Nach Amaldi 1991 ist das genau dann so, wenn die Supersymmetrie berück-

annehmen, daß das der Fall ist. Dann kann es eine Symmetriegruppe G_{GUT} geben, die geeicht die drei Wechselwirkungen des Standardmodells vereinigt. Wenn so, stimmen für größere Energien als M_X alle Kopplungskonstanten des Modells überein; entwickeln sich, anders gesagt, als Funktionen der Energie gemeinsam weiter (Abb. 4.12).

Bestimmt wird diese Entwicklung durch die Formel für das $\alpha_S(Q)$ der G_{GUT}. Da G_{GUT} die $U(1)_Y \times SU(2)_L \times SU(3)_C$ umfaßt, enthält sie zunächst einmal deren Eichbosonen. Hinzu kommen weitere, die den zusätzlichen Transformationen der G_{GUT} entsprechen. Darunter muß es Transformationen geben, die – sozusagen – den Leptonensektor des Standardmodells mit seinem Quarksektor vereinigen, also von Leptonen zu Quarks führen. Den Austauschteilchen, die diesen "neuen" Transformationen entsprechen, muß durch den Higgs-Mechanismus eine sehr große Masse gegeben werden, da sie sonst zu Effekten bei niedrigen Energien im Widerspruch zur Erfahrung führen würden. Ein solcher Effekt ist der Zerfall des Protons; davon sogleich.

Das der GUT entsprechende Regime kann erst sichtbar werden, wenn Q die Größenordnung der Massen der neuen Austauschteilchen der GUT überschreitet. Dann erst sind deren Beiträge von ihren Massen unabhängig. Die laufende Kopplung ermöglicht die GUT-Vereinigung für Energien oberhalb von M_X; wann aber die Vereinigung sichtbar wird, bestimmen die Massen der Austauschteilchen. Ausgehend von der Masse Null, werden diese durch Higgs-Brechung erzeugt. Die Massen der Austauschteilchen hängen also in keiner Weise davon ab, bei welchem Q die Kopplungen des Standardmodells übereinzustimmen beginnen. So sind $e(Q)$ und $g_W(Q)$ für beliebige Q bis auf konstante Faktoren wie $\sqrt{2}$ nicht sehr verschieden. Sichtbar werden die Symmetrien des Standardmodells der elektroschwachen Wechselwirkung aber erst bei Energien deutlich oberhalb von m_W, also bei einigen hundert GeV. Dann erst werden die Effekte der elektromagnetischen und der schwachen Wechselwirkung vergleichbar.

Allgemein wird angenommen, daß die Massen m_X der neuen Austauschteilchen X die Größenordnung der Vereinigungsmasse M_X besitzen. Die durch die Higgs-Brechung der G_{GUT} erzeugte Massenskala stimmt also durch Annahme mit der überein, für die die Vereinigung

---

sichtigt wird. Hiernach haben die supersymmetrischen Teilchen Energien im TeV-Bereich. Übrigens brauchte die Energieabhängigkeit der Kopplungen bei der Diskussion der *elektroschwachen* Vereinigung nicht berücksichtigt zu werden, da sie zwischen 0 und einigen 100 GeV nur gering ist.

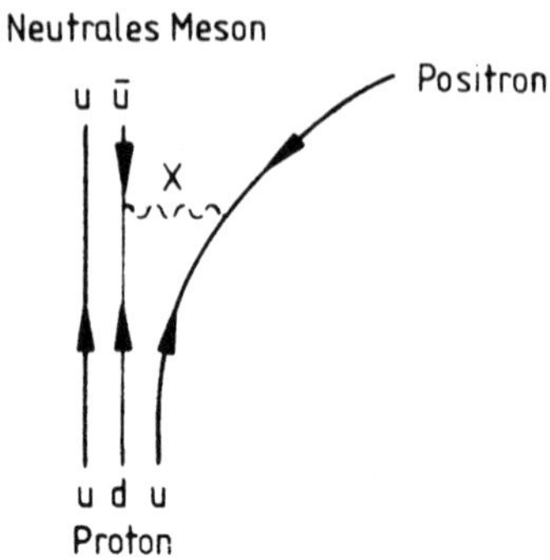

Abb. 4.13 **Zerfall eines Protons in ein neutrales Meson und ein Positron durch Austausch eines *X*-Bosons.**

der $\alpha_1(Q)$, $\alpha_2(Q)$ und $\alpha_3(Q)$ zu einem $\alpha_{GUT}(Q)$ einsetzt. Da G_{GUT} wie beschrieben "größer" ist als $U(1)_Y \times SU(2)_L \times SU(3)_C$, also mehr Erzeugende und damit mehr Austauschteilchen enthält, sollte $\alpha_{GUT}(Q)$ qualitativ wie in Abb. 4.12 abfallen. Das könnte nur dann falsch sein, wenn die Vereinigung zu viele neue Fermionen einführte. Auf jeden Fall wird angenommen, daß die auf G_{GUT} basierende Eichtheorie asymptotisch frei ist, also $\alpha_{GUT}(Q) \to 0$ bei $Q \to \infty$.

Alle vorgeschlagenen G_{GUT} ergeben eine Vereinigungsskala von 10^{15} bis 10^{19} GeV; am oberen Ende verdächtig nah zur Planck-Skala (Kapitel 5, §1). Die GUT stimmen darin überein, daß das Proton instabil ist. Der Grund ist einfach: Wir haben gesagt, daß es Austauschteilchen X geben muß, die den Symmetrie-Transformationen vom Leptonen- zum Quark-Sektor entsprechen. Die X müssen also Kopplungen wie die in Abb. 4.13 besitzen und führen daher zum Zerfall des Protons: Wenn es eine das Standardmodell umfassende GUT gibt, muß das Proton instabil sein. Das ist eine höchst bemerkenswerte Vorhersage. Bis heute konnte der Proton-Zerfall nicht nachgewiesen werden. Kasten 4.5 faßt zusammen, was wir über die Lebensdauer des Protons wissen.

Georgi und Glashow haben 1974 vorgeschlagen, die $SU(5)$ sei die G_{GUT}. Das wäre ohne Zweifel am einfachsten. Zunächst besitzt die $SU(5)$ genau vier infinitesimale Operatoren, die miteinander vertauschen[21]. Sie können mit der dritten Komponente des Farb-Isospins, der Farbhyperladung, der dritten Komponente des schwachen Isospins und der schwachen Hyperladung identifiziert werden. Keine andere Gruppe

[21] Als diese können vier linear unabhängige hermitesche Diagonalmatrizen mit Spur Null in fünf Dimensionen beliebig gewählt werden.

Kasten 4.5: Erhaltung der Baryonenzahl

Könnten Protonen zerfallen, wäre die Materie instabil. Da es die Sonne seit etwa fünf Milliarden Jahren gibt, müssen Protonen im Durchnitt länger leben als - sagen wir - 10^{10} *Jahre. Anders als für die Erhaltung der elektrischen Ladung kennen wir keinen theoretischen Grund für die Erhaltung der Baryonenzahl. Dabei ist die mittlere Lebensdauer des Protons nach neueren Ergebnissen größer als* 10^{31} *bis* $3 \cdot 10^{32}$ *Jahre. Daß es uns gibt, zeigt bereits, daß die Lebensdauer des Protons nicht viel kleiner ist als* 10^{16} *Jahre. Bei* 10^{16} *Jahren erreicht die durch Zufall seiner Protonen hervorgerufene Radioakivität des menschlichen Körpers den gesetzlichen Grenzwert. Dieses anthropische Argument (Kasten 5.1) bezieht, wie alle anthropischen Argumente, die experimentelle Evidenz ein, daß es uns gibt. Würde das Proton zerfallen, entstünden aus Elementen der Kernladung Z im Laufe der Zeit Elemente der Kernladung* $Z-1$. *Aus der geringen Menge des in einer Probe* $^{130}\mathrm{Te}$ *vorkommenden* $^{129}\mathrm{Xe}$ *schließt Evans 1977, daß die mittlere Lebensdauer des Protons größer ist als* $1.6 \cdot 10^{25}$ *Jahre. Neuere Experimente versuchen, bestimmte theoretisch bevorzugte Zerfälle des Protons nachzuweisen. Dazu werden große Materiemengen beobachtet; zum Beispiel* $7 \cdot 10^{3}$ *Tonnen Wasser 600 m tief unter der Erde (Cooper 1988). Kein Experiment hat bisher den Zerfall eines Protons nachgewiesen. Der laut minimaler* $SU(5)$ *wichtigste Zerfall ist der in ein Positron und ein neutrales* π*-Meson. Könnte das Proton nur so zerfallen, betrüge seine mittlere Lebensdauer mindestens* $2.5 \cdot 10^{32}$ *Jahre (Particle Data Group 1990), das 30fache der theoretischen Vorhersage. Die minimale* $SU(5)$ *ist damit ausgeschlossen. Wenn das Proton nur die etwa 40 experimentell untersuchten Zerfallskänale besitzt, ist seine mittlere Lebensdauer größer als (die bereits zitierten)* 10^{31} *bis* $3 \cdot 10^{32}$ *Jahre. Da* 10^{4} *Tonnen Wasser etwa* 10^{32} *Protonen enthalten, müßte man bei dieser Lebensdauer jährlich etwa einen Protonzerfall beobachten. - Erst die große Zahl von Protonen in makroskopischen Stücken Materie ermöglicht es, über Lebensdauern experimentelle Aussagen zu machen, die das Alter des Universums um mehr als 20 Größenordnungen überschreiten.*

mit dieser Eigenschaft ist physikalisch akzeptabel. Der Beweis erfordert mehr Gruppentheorie, als wir voraussetzen. Die $SU(5)$ zeichnet also unter den akzeptablen Gruppen aus, daß sie keine Quantenzahlen neu einführt. Sie kommt zudem mit den Fermionen des Standardmodells aus. Die fünfzehn (bitte nachzählen) linkshändigen Fermionen und Antifermionen einer Generation bringt sie in einer (reduziblen) fünfzehndimensionalen Darstellung unter, die fünfzehn rechtshändigen in der konjugiert-komplexen.

Zusätzlich zu ihrer Eleganz spricht für die $SU(5)$, daß sie die Quantisierung der Ladung erklärt. Denn der Operator Q der elektrischen Ladung ist eine Summe infinitesimaler Operatoren, und die der $SU(5)$ besitzen – wie die infinitesimalen Drehimpulsoperatoren – nur diskrete Eigenwerte[22]. Infinitesimale Unterschiede elektrischer Ladungen kann es also in der $SU(5)$ nicht geben – ganz so, wie es keine infinitesimale Unterschiede der Drehimpulse von Elementarteilchen gibt.

Bei der Vereinigungsmassse m_X muß laut $SU(5)$ für die Kopplungen des Standardmodells $\sqrt{5/3}g_1(m_X) = g_2(m_X) = g_3(m_X) = g_{GUT}(m_X)$ gelten. Die $g(m_X)$ können aus den bei 100 GeV beobachteten g wie in Abb. 4.12 berechnet werden – mit dem Resultat, daß sie für m_X zwischen 10^{14} und 10^{15} GeV tatsächlich in den von der $SU(5)$ gewünschten Relationen zueinander stehen (siehe Amaldi 1991, Fußnote 21). Anders gesagt, können wir die $SU(5)$-Relation $g_2(m_X) = g_3(m_X)$ verwenden, um m_X zu bestimmen; dann folgt $\sqrt{(5/3)}g_1(m_X) = g_2(m_X)$ und daraus das Verhältnis g_1/g_2 bei 100 GeV, also $\sin^2\theta_W$. Der sich so ergebende Wert $\sin^2\theta_W = 0.214$ stimmt erstaunlich gut mit dem experimentellen überein.

Dennoch ist die $SU(5)$ in ihrer einfachsten Version, die die "Mischungen der Generationen" nicht berücksichtigt, experimentell ausgeschlossen (Kasten 4.5). Als Prototyp einer GUT wird die $SU(5)$ aber auch heute noch diskutiert.

Es gibt viele andere Modelle zur Vereinigung der Symmetrien des Standardmodells in einer höheren Symmetrie, darunter Modelle, denen zufolge die Quarks und Leptonen selbst wieder Bindungszustände von Subteilchen sind, die eine neu einzuführende Wechselwirkung zusammenhält. Das kann sein; wenn so, sind nach den Modellen auch die $W^\pm$

[22] Nicht aber die die der $SU(2) \times U(1)$: Der infinitesimale Operator des abelschen Faktors $U(1)$ kann beliebige – infinitesimal verschiedene – Eigenwerte annehmen.

und das Z^0 zusammengesetzt, und bereits bei einigen 100 GeV Energie sollten Abweichungen vom Standardmodell auftreten. Vom Standpunkt der Symmetrie aus gesehen, sind die so genannten rechts-links-symmetrischen Modelle besonders interessant. Sie setzen keine spezielle Gruppe G_{GUT} voraus, sondern nehmen nur an, daß diese, wenn es sie gibt, nicht direkt zur Symmetriegruppe des Standardmodells gebrochen wird, sondern über eine $U(1) \times SU(2)_L \times SU(2)_R \times SU(3)_C$ als Zwischenstufe. Bei 10^4 GeV hört die, verglichen mit dem Standardmodell, zusätzliche $SU(2)_R$ auf, eine Symmetriegruppe zu sein; symbolisch $G_{GUT} \to U(1) \times SU(2)_L \times SU(2)_R \times SU(3)_C \to U(1)_Y \times SU(2)_L \times SU(3)_C$.

Das besonders interessante an diesem Modell ist, daß es die beobachtete Paritätsverletzung durch spontane Brechung erzeugt. Die $U(1) \times SU(2)_L \times SU(2)_R \times SU(3)_C$-symmetrische Theorie des Modells ist noch manifest spiegelsymmetrisch. In ihr besitzt jedes linkshändige Teilchen vermöge der $SU(2)_L \times SU(2)_R$-Symmetrie einen rechtshändigen Partner mit derselben Masse und denselben Wechselwirkungen. Bei 10^4 GeV wird diese Symmetrie und mit ihr die Spiegelsymmetrie durch den Higgs Mechanismus gebrochen. Wie stets bei spontaner Symmetriebrechung, bleiben die Naturgesetze symmetrisch; nur der Zustand der Welt und mit ihm der Grundzustand, das Vakuum, bricht die Symmetrie. Es ist in diesem Modell auch möglich, C und CP spontan und sonst nicht zu brechen.

Konzeptionell weit über die Großen Vereinigten Theorien hinaus geht die Supersymmetrie (Wess 1985, Okun 1985, Davies 1989b, Cooper 1989, Trefil 1990). Supersymmetrische Theorie vereinen Fermionen und Bosonen in einem Multiplett. Als Anzeichen dafür, daß diese theoretische Möglichkeit in der Natur realisiert ist, gibt es zur Zeit nur Amaldi 1991 (Fußnote 21).

Die endgültige Theory Of Everything, TOE, muß selbstverständlich die Gravitation einbeziehen; spätestens bei der Planck-Masse m_{Pl} von 10^{19} Protonenmassen als Energie pro Elementarteilchen (Kapitel 5, §1). Kein Beschleuniger wird jemals Elementarteilchen diese Energie verleihen können. Experimentelle Hinweise auf die dann geltenden Naturgesetze können nur Signale von den ersten Bruchteilen der ersten Sekunde nach dem Urknall liefern. Das Brechungsschema der Symmetrien der TOE, $G_{TOE} \to G_{GUT} \to U(1)_Y \times SU(2)_L \times SU(3)_C \to U(1)_{EM} \times SU(3)_C$, sollte der tatsächlichen Brechung der Symmetrien bei sinkender Temperatur unmittelbar nach dem Urknall entsprechen. Mehr hiervon in Kapitel 5.

Jede TOE muß als Theorie von Elementarteilchen nicht nur die Gravitation umfassen, sondern zugleich eine Quantentheorie sein. Im Rahmen der Quantenfeldtheorie kann es aber nach unserer heutigen Kenntnis keine Theorie der Gravitation geben. Die Saiten- und Supersaiten-Theorien, die den Anspruch erheben, eine TOE zu sein und von denen einige Leser unter der englischen Bezeichnung "String" für Saiten sicher gehört haben, verlassen denn auch den Rahmen der lokalen Quantenfeldtheorien. Elementarteilchen sind für sie keine Punkte, sondern Saiten zwischen Punkten[23]. Saiten- und Supersaiten-Theorien werden zudem in einer Raum-Zeit von mehr als vier Dimensionen formuliert. Sie bilden daher in jeder Beziehung ein Thema für sich. Experimentelle Kriterien dafür, ob diese Theorien richtig sind, gibt es bisher nicht. Rechnungen zur Theorie der (notwendig relativistischen) Saiten würden, wie Rechnungen zur Supersymmetrie, den Rahmen dieses Buches sprengen. Wir können, obwohl Saiten wahrlich ein Symmetrie-Thema sind, nur auf die Literatur (Rollnik 1987, Weinberg 1987a, Baillin 1989, Cooper 1988, Davies 1989a, Peat 1989, Trefil 1990) verweisen.

[23] Eine abermals neuere Theorie faßt Elementarteilchen als Membranen auf.

Kapitel 5
Symmetriebrechung

§1 Skalensymmetrie und ihre Brechung

Durch eine Ähnlichkeits- oder Skalentransformation (Kapitel 3, §1) werden alle Abmessungen um denselben positiven Faktor a verändert – bei $a > 1$ vergrößert und bei $a < 1$ verkleinert. Flächen wachsen (oder schrumpfen; wir werden im allgemeinen "wachsen" sagen) um den Faktor a^2, Volumina um a^3. Skalensymmetrie der für ein physikalisches System geltenden Naturgesetze soll bedeuten, daß es unmöglich ist, das System von seinem um den Faktor a vergrößertem ähnlichen Nachbau auf Grund innerer Eigenschaften zu unterscheiden.

Naturkonstante und Dimensionsanalyse

Baut man also das transformierte System im transformierten Anfangszustand in der Wirklichkeit auf, verhält es sich bei Skalensymmetrie der Naturgesetze im Laufe der Zeit genauso wie das ursprüngliche, unvergrößerte System, betrachtet durch eine um den Faktor a vergrößernde Lupe – eine Lupe, die den Ort x des Massenpunktes fortlaufend der Skalentransformation $x'(t) = a \cdot x(t)$ unterwirft.

Nun ist es unmöglich, reale Objekte exakt und in allen Stücken vergrößert nachzubauen. Denn vergrößerte Nachbauten bestünden aus vergrößerten Atomen, und die gibt es nicht: Die Naturgesetze legen den Radius des Wasserstoffatoms zu etwa $5 \cdot 10^{-9}$cm fest, so daß es keinen "Nachbau" des Wasserstoffatoms mit doppelt so großem Radius geben kann, der wie das Wasserstoffatom selbst funktionierte – zumindest stabil wäre. Da die Naturgesetze vergrößerte Nachbauten der existierenden Atome nicht erlauben, sind die Gesetze sicher nicht skalensymmetrisch. Deshalb bestehen vergrößerte Nachbauten makroskopischer Systeme aus mehr, nicht aus größeren Atomen.

Die fundamentalen Naturgesetze für Objekte im leeren Raum sind nicht skalensymmetrisch, da in ihnen Naturkonstanten vorkommen, die gewisse Längen, Massen und Zeiten vor allen anderen Längen, Massen und Zeiten auszeichnen. Beobachtet werden Hierarchien dimensionsbehafteter Größen, die bisher nicht auf eine gemeinsame Wurzel zurückgeführt werden konnten – eine Aufgabe, die zu bewältigen der endgültigen vereinigten Theorie der Naturkräfte vorbehalten bleibt. Das bis jetzt benutzte Einheitensystem der Teilchenphysiker ($\hbar = c = 1$) ist für dieses Kapitel nicht geeignet. Ab hier benutzen wir das Einheitensystem der Atomphysik.

Wir greifen drei Ebenen heraus: erstens die nichtrelativistische Atomphysik der Schrödingergleichung, für die drei dimensionsbehaftete Konstante wichtig sind, die durch 2π geteilte Plancksche Konstante

$$\hbar \equiv \frac{h}{(2\pi)} = 1.055 \cdot 10^{-27} \mathrm{g} \cdot \mathrm{cm}^2 \mathrm{s}^{-1},$$

die Masse des Elektrons

$$m_e = 9.11 \cdot 10^{-28} \mathrm{g}$$

und die Elementarladung

$$e = 4.81 \cdot 10^{-10} \mathrm{g}^{1/2} \mathrm{cm}^{3/2} \mathrm{s}^{-1}.$$

Verglichen mit der Elektronmasse, sind die Massen der Atomkerne praktisch unendlich groß. Sie spielen für Größenordnungen in der Atomphysik also keine Rolle, so daß die Elektronenmasse der einzige Massenparameter der Atomphysik ist. Aus den drei Naturkonstanten $\hbar$, e und m_e mit ihren drei unabhängigen Dimensionen lassen sich eine Länge, eine Zeit und eine Masse (das ist m_e selbst) konstruieren, die genausogut wie $\hbar$, e und m_e als die für die nichtrelativistische Atomphysik charakteristischen Konstanten angesehen werden können. Die Zeit ist

$$t_B = \hbar^3 \cdot m_e^{-1} \cdot e^{-4} = 2.4 \cdot 10^{-17} \mathrm{s}.$$

Besonders interessant sind

$$a_B = \frac{\hbar^2}{(m_e \cdot e)^2} = 0.53 \cdot 10^{-8} \mathrm{cm},$$

eine Länge, und eine abgeleitete Größe, die Energie

$$2 \cdot E_B = m_e \cdot e^4 \cdot \hbar^{-2} = \hbar \cdot \nu_B = 2 \cdot (2.2 \cdot 10^{-11} \mathrm{erg}),$$

wobei $\nu_B = 1/t_B$ ist. Die in der Atomphysik "tatsächlich auftretenden" Entfernungen und Energien stimmen mit a_B und $2E_B$ bis auf Faktoren wie 2 oder π überein: a_B ist der Bohr-Radius, der Radius des Wasserstoffatoms im Grundzustand, und E_B ist der Betrag der Energie seines Elektrons in diesem Zustand. Schwer zu verstehen (und schwer exakt zu definieren) ist, daß aus den für ein Teilgebiet der Physik "relevanten Naturkonstanten" durch Multiplikationen Größen erzeugt werden können, die bis auf Faktoren nahe bei eins selbst wieder für dies Teilgebiet "relevante Größen" sind.

Die Maxwellschen Gleichungen, die Elektrizität und Magnetismus verbinden, besitzen die Symmetrien der Speziellen Relativitätstheorie. Betrachtet man also – zweitens – zusätzlich zu elektrischen magnetische Effekte, oder hat man es mit Geschwindigkeiten zu tun, die mit der Lichtgeschwindigkeit c vergleichbar sind, so kommt diese mit ihrem Zahlenwert

$$c = 3 \cdot 10^{10} \mathrm{cm} \cdot \mathrm{s}^{-1}$$

als vierte dimensionsbehaftete Konstante hinzu. Aus e, $\hbar$ und c kann man eine dimensionslose Größe, die Feinstrukturkonstante

$$\alpha = \frac{e^2}{\hbar \cdot c} = \frac{1}{137.036}$$

konstruieren; außerdem eine Größe

$$2 \cdot \mu_B = \frac{e \cdot \hbar}{m_e \cdot c} = 2 \cdot (0.93 \cdot 10^{-20} \mathrm{g}^{1/2} \mathrm{cm}^{5/2} \mathrm{s}^{-1}),$$

mit der Dimension eines magnetischen Momentes. Daß $2 \cdot \mu_B$ zu e proportional ist, legt nahe, diese Größe mit dem magnetischen Moment des Elektrons in Zusammenhang zu bringen, und beispielsweise nicht $\hbar^2/(e \cdot m_e) = 2 \cdot \mu_B/\alpha$, eine Größe, die dieselbe Dimension besitzt. In der Tat stimmt μ_B sehr genau mit dem magnetischen Moment des Elektrons überein.

Aus a_B konstruiert man durch Multiplikation mit α die von e unabhängige Länge

$$\lambda_e = \alpha \cdot a_B = \frac{\hbar}{(c \cdot m_e)} = 3.9\ 10^{-11} \mathrm{cm},$$

und aus dieser durch abermalige Multiplikation mit α die zu e^2 proportionale

$$r_e = \alpha e = \frac{e^2}{(m_e \cdot c^2)} = 2.8 \cdot 10^{-13}\mathrm{cm}.$$

Beide Längen sind physikalisch interessant: λ_e ist die Compton-Wellenlänge des Elektrons und r_e der klassische Elektronenradius.

In Theorien, die Quantenmechanik und Relativität vereinen, treten $\hbar$ und c als dimensionsbehaftete Größen auf. Aus ihnen kann die elektrische Planck-Ladung

$$e_{Pl} = (\hbar \cdot c)^{1/2} = 5.6\ 10^{-9}\mathrm{g}^{1/2}\mathrm{cm}^{3/2}\mathrm{s}^{-1}$$

konstruiert werden. Sie ist um den Faktor 10 (genauer: $\sqrt{\alpha^{-1}}$) größer ist als die Elementarladung e.

Da sowohl in der Dimension von $\hbar$, als auch in der von c eine Länge vorkommt, kann der vergrößerte Nachbau eines physikalischen Systems, der sich von seinem Urbild durch nichts weiter als die vergrößerten Abmessungen unterscheidet, nur dann wie das Urbild funktionieren, wenn sowohl Quantenmechanik als auch Relativität für das Verhalten des Systems irrelevant sind. Denn sonst würde $\hbar$ oder c das Verhalten des Systems anders beeinflussen als das seines vergrößerten Nachbaus – im Gegensatz zur Voraussetzung.

Die Planck-Skala

Spekulationen ausgenommen, stehen zwei große Theorien unseres Jahrhunderts, die Allgemeine Relativitätstheorie und die Quantenmechanik, beziehungslos nebeneinander. Dabei muß die alles vereinigende Theorie der Zukunft beide umfassen. Der Trennung der Theorien entspricht, daß die Anwendungsgebiete von Allgemeiner Relativitätstheorie und Quantenmechanik bei heutigen Experimenten nicht überlappen: Die Allgemeine Relativitätstheorie betrifft die Welt im Großen, die Physik des Kosmos; die Quantenmechanik betrifft die Welt im Kleinen, die Physik der Atome, Kerne und Elementarteilchen. Für die Physik des Kosmos in seiner heutigen Phase ist offenbar die Quantenmechanik, für die der Elementarteilchen die Allgemeine Relativitätstheorie irrelevant. Denn verglichen mit den anderen Kräften – den elektroschwachen und starken – ist die Schwerkraft bei heutigen Experimenten zur Physik der Elementarteilchen vernachlässigbar klein. Bei sehr großen Dichten, wie sie Sekundenbruchteile nach dem Urknall aufgetreten sind, ist das aber anders. Die dritte der hier zu besprechenden Ebenen in der Hierarchie der Naturkonstanten erlaubt abzuschätzen, bei welchen Dichten sowohl die Quantenmechanik als auch Relativität und Gravitation berücksichtigt werden müssen.

In einer Theorie, die Quantenmechanik mit Relativität und Gravitation vereint, spielen unabhängig davon, wie die Theorie der Schwerkraft im einzelnen aussieht, drei dimensionsbehaftete Naturkonstante eine grundlegende Rolle: $\hbar$, c und die Gravitationskonstante

$$G = 6.6720 \cdot 10^{-8}\mathrm{cm}^3\mathrm{g}^{-1}\mathrm{s}^{-2}.$$

Aus ihnen lassen sich eine Länge l_{Pl}, eine Masse m_{Pl} und eine Zeit t_{Pl} berechnen – die nach Max Planck benannten Grundgrößen Plancksche Länge, Masse und Zeit

$$l_{Pl} = (\hbar \cdot G)^{1/2} \cdot c^{-3/2} = 1.6160\ 10^{-33}\mathrm{cm},$$

$$m_{Pl} = \left(\frac{\hbar}{G}\right)^{1/2} = 2.1768 \cdot 10^{-5}\mathrm{g},$$

und

$$t_{Pl} = (\hbar \cdot G)^{1/2} \cdot c^{-5/2} = 5.3905 \cdot 10^{-44}\mathrm{s}.$$

Die analog definierte Planck-Ladung $e_{Pl} = (\hbar \cdot c)^{1/2}$ kennen wir bereits.

Daß l_{Pl}, m_{Pl} und t_{Pl} in verschiedenen Maßsystemen verschiedene Zahlenwerte besitzen, ist physikalisch uninteressant. Wichtig ist nur, daß diese Größen meßbar – experimentell definierbar – sind. Der Abstand l_{Pl} zweier Punkte ist unabhängig vom verwendeten Maßstab stets derselbe – wie der Radius eines Atoms nicht davon abhängt, in welchen Einheiten er angegeben wird.

Als direkte Konsequenzen der Naturgesetze, in die keine Anfangs- oder Randbedingungen eingehen, gehören diese Länge, Masse, Zeit und Ladung selbst zu den Naturgesetzen, sind also stets und überall und für jedes System dieselben. Wie der Radius eines Atoms durch die fundamentale Länge der Atomphysik ausgedrückt werden kann, so wird es in der relativistischen und quantenmechanischen Theorie der Schwerkraft beobachtbare Abstände geben, die aus der fundamentalen Länge l_{Pl} ausgerechnet werden können. Diese werden es Beobachtern, die nur Informationen austauschen und nicht wissen, welches Maßsystem der

Kasten 5.1: Diracs Hypothese der großen Zahlen und das anthropische Prinzip

Wir denken heute, die fundamentale Skala der Physik sei die Planck-Skala, kennen aber keine Theorie, die das Verhältnis $m_p/m_{\rm Pl} \approx 10^{-19}$ *der Masse des Protons* m_p *zur Planck-Masse* $m_{\rm Pl}$ *erklärte. Die Schwierigkeiten von Theorien, die für sehr verschiedene Massenskalen gelten und deren Unterschiede erklären sollen, fassen wir unter dem Namen Hierachie-Problem zusammmen. – Dirac 1937 hat nach einer Theorie gefragt, die das Verhältnis* $\gamma = e^2/(m_e \cdot m_p \cdot G) \approx 10^{40}$ *der Anziehung eines Elektrons und eines Protons auf Grund ihrer elektrischen Ladungen* $\pm e$ *zu der auf Grund ihrer Massen* m_e *und* m_p *erklärte. Fundamentale Theorien, die den Faktor* 10^{40} *enthielten oder ergäben, konnte er sich nicht vorstellen. Es sollte daher möglich sein,* γ *durch eine andere, vergleichbar große Zahl* δ *auszudrücken. Die Theorie beträfe dann das Verhältnis* γ/δ, *eine Zahl von der Größenordnung 1. – Ein Kandidat für* δ *ist das heutige Alter* T_0 *des Universums von* $1.5 \cdot 10^{10}$ *Jahren, ausgedrückt durch atomare Einheiten – der Zeit* $t_e = r_e/c$ *zum Beispiel, die das Licht für die Strecke* $r_e = e^2/(m_e \cdot c^2) = 2.8 \cdot 10^{-13}\,cm$, *der "klassische Elektronradius" braucht,* $t_e = e^2/(m_e \cdot c^3) \approx 10^{-23}\,s$, *so daß* $\delta = (T_0/t_e) \approx 10^{40}$. *Da die Wahrscheinlichkeit dafür, daß* voneinander unabhängige *große Zahlen übereinstimmen, sehr klein ist, schloß Dirac, daß* γ, δ *und eine andere dimensionslose Beobachtungsgröße um* 10^{40}, *auf die wir nicht eingehen, tatsächlich* nicht *unabhängig sind. Als fundamentale Gleichung schlug Dirac* $e^2/(m_e \cdot m_p \cdot G) = (T/t_e)$ *vor, wobei* T *das (jeweilige) Alter des Universums ist, so daß heute* $(T/t_e) = (T_0/t_e) \approx 10^{40}$ *gilt. – Wenn diese Gleichung tatsächlich ein Naturgesetz ist, sind die Naturgesetze* nicht *symmetrisch gegenüber der Verschiebung der Zeit, da dann das Produkt* $[e^2/(m_e \cdot m_p \cdot G)] \cdot [e^2/(m_e \cdot c^3)] = e^4/(m_e^2 \cdot m_p \cdot G \cdot c^3)$ *von Größen, die in den Naturgesetzen vorkommen, eine Funktion der Zeit ist – das Produkt ist dann die seit dem Urknall vergangene Zeit* T, $T = e^4/(m_e^2 \cdot m_p \cdot G \cdot c^3)$. *Dirac schlug vor,* G *sei tatsächlich nicht konstant, sondern für die Zeitabhängigkeit von* $e^4/(m_e^2 \cdot m_p \cdot G \cdot c^3)$ *verantwortlich, also* $(\dot{G}/G) = -T$, *so daß* G *abnehmen sollte. Variationen von* e, m_e *und/oder* m_p *hätten Auswirkungen auf die Atom- und Kernphysik gehabt, und darauf gab (und gibt!) es keine Hinweise – etwa in den Spektren entfernter Galaxien.*

Wir wissen heute (Kasten 2.5 und die dort zitierte Literatur), daß keine der in $T = e^4/(m_e^2 \cdot m_p \cdot G \cdot c^3)$ vorkommenden Grundgrößen e, m_e, m_p, c und G so von der Zeit abhängt, daß diese Gleichung erfüllt sein kann. Dicke 1957 und 1961 hat gezeigt, daß der Kosmos zu einer Zeit, in der vor allem aus Kohlenstoff und Wasser bestehende Wesen vorhanden sind, die über $\gamma \approx \delta \approx 10^{40}$ nachdenken, weder wesentlich älter, noch wesentlich jünger als 10^{10} Jahre sein kann – vorausgesetzt, die Naturkonstanten haben die Werte, die sie haben. Also ist der jetzige Wert 10^{40} von (T/t_e) auch bei konstantem G kein Zufall. – Dickes Argumente bilden ein Paradebeispiel für das "schwache anthropische Prinzip" (Davies 1982, Breuer 1984, Barrow 1986). Es sagt in den Worten von Barrow 1986 (zitiert in der Übersetzung von Breuer 1990, Seite 237) "Die Werte aller physikalischen und kosmologischen Größen sind nicht gleichwahrscheinlich, sondern eingeschränkt durch die Forderung, daß es Orte gibt, wo sich Leben auf Kohlenstoffbasis entwickeln kann und der Kosmos alt genug ist, solches Leben schon hervorgebracht zu haben". Das Universum ist zu unserer Zeit nicht viel jünger *als* 10^{10} *Jahre, da sich zuvor Kohlenstoff in einer frühen Generation von Sternen bilden, durch deren Explosion als Supernova im Raum verteilen und in Planeten ansammeln mußte. Dann erst konnte die Entwicklung von intelligentem Leben beginnen. Das Universum ist zu unserer Zeit* nicht viel älter *als* 10^{10} *Jahre, da Leben, wie wir es kennen, nur in der Nähe heißer Sterne florieren kann. Die aber wird es nicht immer geben. Für numerische Abschätzungen verweisen wir auf die angegebene Literatur.*

---

jeweils andere verwendet, ermöglichen, sich über absolute Werte von Längen, Zeiten und Massen zu verständigen.

Verglichen mit Abständen, die heutige Beschleuniger erproben, ist die Plancksche Länge l_{Pl} winzig. Physik bei der durch l_{Pl}, m_{Pl} und t_{Pl} definierten "Planckskala" ist also notwendig Elementarteilchenphysik – wahrscheinlich sogar die Physik noch elementarerer Teilchen als die der heute beobachteten Quarks, Gluonen und Leptonen. Außer daß bei der Planckskala die Gravitation wichtig wird, können wir von den über Abstände l_{Pl} wirkenden Kräfte wenig verläßliches sagen. Die endgültige Theorie aller Naturkräfte, die die elektroschwache und die starke Wechselwirkung mit der Gravitation vereinigt, kann experimentell jedenfalls erst durch Experimente mit Elementarteilchen bei der Planckskala überprüft werden. So nah waren Elementarteilchen einander nur in den ersten Bruchteilen von Sekunden nach dem Urknall. Hingegen scheint es ausgeschlossen zu sein, Materie in einem Zustand, der durch die Planckschen Parameter beschrieben werden kann, im Labor zu erzeugen. Insbesondere muß die nahezu makroskopische Masse m_{Pl} von mehr als 10^{-5}g (die Masse eines Staubkorns) als Elementarteilchenmasse interpretiert werden. Um ein vielleicht existierendes Teilchen mit dieser Masse zu erzeugen, müßten Protonen zum Beispiel so aufeinander geschossen werden, daß sie im Schwerpunktssystem eine Energie von $m_{Pl} \cdot c^2 = 10^{19}$ GeV besäßen. Das ist total utopisch; heute geplante Beschleuniger werden höchstens 10^4 GeV Energie erreichen. Die Masse m_{Pl} entspricht übrigens der von etwa 10^{19} Protonen. Vielleicht verdeutlichen die zur Planckskala gehörende Dichte

$$\rho_{Pl} = m_{Pl} \cdot l_{Pl}^{-3} = 5.16\ 10^{93}\mathrm{g} \cdot \mathrm{cm}^{-3}$$

und elektrische Ladungsdichte

$$\rho^e_{Pl} = \frac{m_{Pl}^{1/2} l_{Pl}^{-3/2}}{t_{Pl}} = 1.33\ 10^{90}\mathrm{g}^{1/2}\mathrm{cm}^{3/2}\mathrm{s}^{-1}$$

besser als es m_{Pl} und e_{Pl} können, welche extremen Verhältnisse die Planck-Parameter beschreiben: Die Planck-Dichte haben $3.1 \cdot 10^{117}$ Protonen im Kubikzentimeter, die Plancksche Ladungsdichte $2.77 \cdot 10^{99}$.

Man kann erstaunlich finden, daß die fundamentalen Naturgesetzen dimensionsbehaftete Größen enthalten: Woher kommen absolute Längen, Massen und Zeiten, die nach unserem heutigen Verständnis von keinen anderen Längen, Massen und Zeiten abhängen und die für Systeme beliebiger Größe gleichermaßen gelten? Hierzu gibt es nur spekulative Ideen. Sie nehmen an, daß sich mit dem Zustand des Universums die Naturgesetze ändern, widersprechen also der bisher erfolgreichen Erwartung, daß die Naturgesetze immer und überall dieselben sind – heute dieselben wie unmittelbar nach dem Urknall. Kasten 5.1 stellt einen historisch wichtigen Versuch dar, die beobachteten Zahlenwerte von Natur-Konstanten(?) durch das Alter des Universums auszudrücken: Diracs Hypothese der großen Zahlen. Nach dieser Hypothese ändert sich Newtons "Konstante" G im Laufe der Zeit – sehr langsam zwar, aber doch im Widerspruch zu der Annahme, daß die Naturgesetze zu allen Zeiten dieselben seien. Änderung von G würde übrigens bedeuten (Kapitel 2, §1), daß der Energiesatz verletzt ist[1].

Hier wird unser heutiger Wissensstand beschrieben. Danach sind $\hbar$, c und G konstant, und die Naturgesetze sind zu allen Zeiten (und überall) dieselben, nicht aber skalensymmetrisch. Mit dem Radius des Wasserstoffatoms und l_{Pl} ist absolute Größe auch dann beobachtbar, wenn man à la Kant nur auf "innere Eigenschaften" sieht. Um den vergrößerten Nachbau eines Objektes vom Objekt selbst auf Grund innerer Eigenschaften zu unterscheiden, muß der Leser nur Abstände in Wasserstoffatomradien oder Planckschen Längen ausdrücken. Einfacher noch, kann er die Zahl der Atome seines Objekts mit der eines vergrößerten Nachbaus vergleichen.

Avogadro-Zahl versus Skalensymmetrie

Jede Bestimmung der Avogadro-Zahl beweist die Brechung der Skalensymmetrie durch die Größe der Moleküle, ursächlich der Atome. Wir wollen eine nicht sehr genaue Abschätzung besprechen, die dies deutlich macht. Gegeben sei ein kugelförmiger Tropfen Öl mit $R = 0.1$ cm Radius. Dieser breitet sich auf einer Wasseroberfläche zu einer einen Moleküldurchmesser D dicken Schicht von – sagen wir – $F = 10^4$ cm^2 Fläche aus. Die weiteren Details hängen von der Gestalt der Ölmoleküle ab. Offenbar aber muß das Volumen dieser Schicht mit dem des Öltropfens bis auf Faktoren wie π übereinstimmen. Daher läßt sich aus dem Volumen $V = (4/3) \cdot \pi \cdot R^3$ des Öltropfens zusammen mit der Fläche F der Ölschicht deren Dicke, der Moleküldurchmesser D, näherungsweise berechnen: $D = V/F = 4 \cdot 10^{-7}$cm bei unserem Zahlenbeispiel. Daraus folgt, wiederum näherungsweise, das Volumen pro Molekül, und damit die Zahl der Moleküle pro Liter Öl (etwa 10^{22}).

Uns kommt es darauf an, daß der Aufbau von Öl aus Molekülen mit bestimmtem Durchmesser oder, äquivalent, die vom Volumen unabhängige Zahl der Ölmoleküle pro Kubikzentimeter Öl die Skalensymmetrie auch makroskopisch bricht. Skalensymmetrie bedeutet, daß Multiplikation aller bei einem Ablauf auftretender Längen mit derselben Zahl a einen Ablauf ergibt, der genauso möglich ist; die

[1] In der gekrümmten Raum-Zeit der Allgemeinen Relativitätstheorie gilt der Energiesatz ebenfalls nicht. Aber das ist eine andere Sache; G ist dort konstant.

um a vergrößernde (dreidimensionale) Projektion eines Films von einem realen Ablauf stellt selbst einen in dieser Größe möglichen Ablauf dar. Dann würde bei Skalensymmetrie ein Öltropfen mit Radius $a \cdot R$ eine Ölschicht ergeben, deren Fläche F um den geometrischen Vergrößerungsfaktor a^2 auf $a^2 \cdot F$ gewachsen wäre. Tatsächlich wächst die Fläche der Schicht, da ihre Dicke – der Moleküldurchmesser – ungeändert bleibt, aber wie das Volumen des Tropfens, d.h. wie a^3. Verdopplung von R verachtfacht also die Fläche: Auf die Wasseroberfläche gebracht, breitet sich der doppelt so große Öltropfen in der Wirklichkeit also über eine Fläche aus, die doppelt so groß ist als die, die der ursprüngliche Öltropfen in einer die Abmessungen verdoppelten Projektion vom ursprünglichen Ablauf einnimmt. Es kann beispielsweise sein, daß die nur um den geometrischen Vergrößerungsfaktor vier gewachsene Fläche der Wasserwanne die Ausbildung der achtfachen Ölfläche nicht zuläßt.

Die die Ausbreitung des Öltropfens im Avogadro-Experiment bestimmenden Naturgesetze sind also nicht skalensymmetrisch. Daher gestattet das Experiment die Definition und Beobachtung von absoluter Größe auf Grund innerer Eigenschaften allein. Ein Experimentator kann dem anderen die absolute Größe seiner Anordnung dadurch mitteilen, daß er sie in "Durchmessern der Ölschicht" angibt. Wie bereits gesagt, beruht die Skalensymmetriebrechung schlußendlich darauf, daß in den fundamentalen Naturgesetzen dimensionsbehaftete Konstante vorkommen, die die Durchmesser von Atomen festlegen.

Skalensymmetrie und ihre Brechung im Alltagsleben

Im Alltagsleben ist Skalensymmetrie die Ausnahme, nicht die Regel. Dennoch glauben viele, daß für Systeme wie Bauwerke, Maschinen und Lebewesen deren absolute Größe unwichtig sei, Skalensymmetrie also gelte. Danach käme es für Fragen der Stabilität von Bauwerken oder für das Funktionieren von Maschinen und Lebewesen nur auf die relative Größe ihrer Teile, nicht aber auf die absolute Größe des Ganzen an. Riesen, die doppelt so groß wären wie wir und uns ansonsten glichen, sollten doppelt so hoch springen und das achtfache Gewicht tragen können.

So ist es aber nicht. Zunächst die Sprunghöhe. Wenn ein Lebewesen springt, setzt es chemische Energie in Bewegungsenergie um. Wir wollen annehmen, es springe senkrecht und ohne sich zu drehen nach oben. Im Augenblick des Absprungs befinde sich der Schwerpunkt des

Lebewesens in der Höhe h_0 über dem Boden, im höchsten Punkt seiner Bahn in der Höhe h; wir nennen $h - h_0$ die Sprunghöhe. Während des Sprunges wird Bewegungsenergie in Lageenergie umgewandelt; die Luftreibung vernachlässigen wir vorerst. Dann stimmt die von h_0 aus gerechnete potentielle Energie des Lebewesens im höchsten Punkt h der Bahn mit der in Bewegungsenergie umgesetzten chemischen Energie überein. Denn bei dem Sprung gilt erstens Erhaltung der Energie des Schwerpunkts und ruht dieser zweitens im höchsten Punkt seiner Bahn, so daß es dort keine Bewegungsenergie, nur Lageenergie gibt. Das ist der entscheidende Punkt: Die ursprünglich in Bewegungsenergie umgesetzte chemische Energie stimmt mit derjenigen überein, die es erfordert, das Lebewesen um $h - h_0$ in die Höhe zu heben. Wir stellen uns vor, die chemische Energie sei in einem Bruchteil (demjenigen, den die Sprungmuskeln einnehmen) des Körpervolumens gespeichert, werde also bei Verdoppelungen der Abmessungen verachtfacht; genauso das Gewicht des Körpers. Da aber gerade die achtfache Energie erforderlich ist, um das achtfache Gewicht um dieselbe Strecke zu heben, sollte die Sprunghöhe von der Körpergröße unabhängig sein. Riesen, die exakte Vergrößerungen wirklicher Menschen wären, sollten also genauso hoch wie die Menschen springen können – keinesfalls aber um den Vergrößerungsfaktor a höher. Näherungsweise sollten diese Resultate auch beim Vergleich verschiedener Lebewesen gelten – in recht guter Übereinstimmung mit der Erfahrung: Die maximalen vom Boden aus gerechneten Sprunghöhen h von Antilopen, Leoparden, Hunden, Katzen und Menschen liegen zwischen zwei und zweieinhalb Metern, sind also verglichen mit den Größenunterschieden, die Faktoren zehn oder mehr ausmachen, von der Größe des springenden Lebewesens unabhängig (Mc Mahon 1985). Laut Arnold 1988 springen die Springmaus und das Känguruh annähernd gleichhoch.

Von den Tieren, für die springen zu können lebenswichtig ist, springen lediglich deutlich kleinere Tiere wie die vermeintlichen Paradespringer Floh und Heuschrecke weniger hoch als Springmäuse, Antilopen, Känguruhs und Katzen – nur Zentimeter oder Dezimeter hoch. Uns wundert also, daß Flöhe weniger hoch springen als andere Lebewesen. Gemessen in Körpergröße springen Flöhe hingegen höher als größere Lebewesen – etwa einhundert Körpergrößen hoch. Vermutlich da sie Skalensymmetrie erwarten, wundern sich hierüber viele. Sie sollten sich aber darüber wundern, daß Flöhe die größenunabhängig mögliche absolute Sprunghöhe von zwei Metern nicht erreichen.

Auch das ist unschwer zu verstehen. Erstens haben wir den Luftwiderstand vernachlässigt; er vermindert die Sprunghöhe kleiner Tiere mehr als die großer. Doch der Luftwiderstand reicht nicht aus, den Unterschied der Sprunghöhen von Menschen und Flöhen zu erklären. Wichtiger ist der Unterschied der Strecken, auf denen die Abhebegeschwindigkeit erreicht werden muß. Da die kinetische Energie im Augenblick des Abhebens mit der potentiellen Energie im höchsten Punkt der Bahn übereinstimmt, und da beide Energien zur Masse des Lebewesens proportional sind, ist auch die zum Erreichen einer vorgegebenen Sprunghöhe erforderliche Abhebegeschwindigkeit von der Größe unabhängig. Diese Abhebegeschwindigkeit muß der Floh mit seinen relativ langen, absolut aber kurzen Beinen auf einer Strecke erreichen, die etwa um den Faktor 250 kleiner ist als die Beschleunigungsstrecke beim Menschen. Dementsprechend groß wäre die Beschleunigung, der ein Floh, der zwei Meter hoch springen könnte, beim Absprung ausgesetzt wäre. Vermutet wird, daß die Verankerungen der Organe des Flohs diese Beschleunigung nicht aushalten würden.

Hierzu einige Zahlen. Die kinetische Energie eines Lebewesens der Masse m beim Abheben mit der Geschwindigkeit v ist $mv^2/2$; die von h_0 aus gerechnete potentielle Energie in der Höhe h ist $mg(h - h_0)$, wobei g die Erdbeschleunigung ist, $g = 981$ cm/s^2. Da ohne Berücksichtigung der Luftreibung beide Energien übereinstimmen, folgt $v^2 = 2g(h - h_0)$. Angenommen, dem Lebewesen steht eine Strecke s zum Beschleunigen seines Schwerpunkts auf die Abhebegeschwindigkeit v zur Verfügung, und weiter angenommen, es erreiche diese Geschwindigkeit durch eine konstante Beschleunigung b in einer Zeit t. Dann gilt $v = b \cdot t$ zusammen mit $s = b \cdot t^2/2$, so daß $v^2 = 2s \cdot b$ und damit $b = [(h - h_0)/s]g$. Ein Mensch mit $s = 50$ cm erreicht bei $h_0 = 100$ cm die vom Boden aus gerechnete Sprunghöhe von 250 cm durch eine Beschleunigung b von $3g$ – nicht einmal die Hälfte der Beschleunigung, der er sich in einer Achterbahn aussetzt ($7g$) und auch weniger als Astronauten beim Abheben zugemutet wird ($6g$ bis $10g$). Bei einem Floh mit einer Beschleunigungsstrecke von vielleicht 0.1 cm wäre zum Erreichen der Sprunghöhe von 2 m wenigstens die Beschleunigung eines Tennisballes beim Aufschlag ($2000g$) erforderlich; für die 20 cm Sprunghöhe, die er tatsächlich erreicht, sind es $200g$.

Wir müssen offen lassen, ob die Details dieser von Biologen übernommenen Theorie der Sprunghöhe korrekt sind. Unser Interesse gilt der Skalensymmetrie und ihrer Brechung durch physikalische Mechanismen. Ein möglicher Einwand beruht auf der Bemerkung, daß Flächen mit der zweiten, Massen aber mit der dritten Potenz des Vergrößerungsfaktors a wachsen. Die zur Beschleunigung b aufzuwendende Kraft K wächst nach $K = m \cdot b$ wie m, also wie a^3. Die Fähigkeit von Muskeln, Kräfte auszuüben, dürfte hingegen zu ihrer Querschnittsfläche, also a^2, proportional sein. Analoges gilt sicher für die Fähigkeit des Lebewesens, die bei einer Landung auftretenden Kräfte abzufedern. Dies mit a wachsende Mißverhältnis dürfte dazu beitragen, daß sehr große und damit schwere Lebewesen wie Elefanten und Flußpferde die universelle Sprunghöhe von etwa 2 m nicht erreichen – soweit wir sehen im Einklang mit der Erfahrung.

Auch Galileis Überlegungen zu Stabilität und Tragfähigkeit von Bauten und Lebewesen in Abb. 5.1 beruhen darauf, daß das Verhältnis Volumen/Fläche zum Vergrößerungsfaktor a proportional ist. Sie zeigen, daß hinreichend vergrößerte Nachbauten von Bauwerken zusammenbrechen müssen; höhere Bauten brauchen bei gleichem Material breitere Fundamente und größere Tiere dickere Knochen. Denn vergrößert man die Längenausmaße eines Lebewesens (Bauwerks) um den Faktor $a = 10$, so wächst die von jedem Quadratzentimeter Querschnittsfläche der Knochen (des Fundaments) zu tragende Last[2] um den Faktor $a^3/a^2 = a = 10$ – ein proportional zu a steigendes Mißverhältnis. Daß die Knochen von Landtieren deren Fleisch tragen, bewirkt, daß Landtiere nicht beliebig groß sein können, und dürfte vor allem anderen dafür sorgen, daß, wie Haldane 1981 formuliert, Elefanten keine Purzelbäume schlagen und Flußpferde nicht über Hecken springen. Im Wasser lebende Tiere wie der Wal können größer sein als Landtiere, da bei ihnen, wie Galilei feststellt, das Fleisch die Knochen trägt. Ein Lebewesen, das einer Maus ähnlich wäre und so groß wie ein Elefant, kann es nicht geben, da dessen Beine die Last des Körpers nicht trügen.

Wir fügen ein besonders einfaches Beispiel dafür hinzu, daß über die Stabilität eines Gebildes die höchstmögliche Last pro Querschnitts*fläche* entscheidet. Ein bekannter Hersteller gibt an, sein Klebstoff könne 20 kg/cm² tragen. Gold hat eine Dichte von nahezu 20 g/cm³. Wenn wir also einen Goldwürfel von 1 cm Seitenlänge so an die Decke kleben, daß er frei herunterhängt, entspricht die Belastung 20 g

---

[2] Das Argument ist am plausibelsten, wenn es auf eine *schräg stehende* Querschnittsfläche angewendet wird.

Hieraus erkennen wir nun, wie weder Kunst noch Natur ihre Werke unermesslich vergrössern können, so dass es unmöglich erscheint, immense Schiffe, Paläste oder Tempel zu erbauen, deren Ruder, Raaen, Gebälk, Eisenverkettung und andere Theile bestehen könnten: wie andererseits die Natur keine Bäume von übermässiger Grösse entstehen lassen kann, denn die Zweige würden schliesslich durch das Eigengewicht zerbrechen; auch können die Knochen der Menschen, Pferde und anderer Thiere nicht übergross sein und ihrem Zweck entsprechen, denn solche Thiere könnten nur dann so bedeutend vergrössert werden, wenn die Materie fester wäre und widerstandsfähiger, als gewöhnlich; sonst müssten bedeutende Verdickungen der Knochen gedacht werden, damit keine Deformationen einträten, wie denn ein scharfsinniger Dichter solches erkannte, wenn er einen Riesen folgendermaassen beschrieb:

»Man kann nicht sagen wie lang er war,
»So über alles Maass war Alles dick an ihm.

Zur Erläuterung habe ich Euch einen Knochen gezeichnet, der die gewöhnliche Länge ums Dreifache übertrifft und der in dem Maasse verdickt wurde, dass er dem entsprechend grossen Thiere ebenso nützen könnte, wie der kleinere Knochen dem kleineren Thiere. In Fig. 27 erkennt Ihr, in welches Missverhältniss der grosse Knochen gerathen ist. Wer also bei einem Riesen die gewöhnlichen Verhältnisse beibehalten wollte, müsste entweder festere Materie finden, oder er müsste verzichten auf die Festigkeit, und den Riesen schwächer als Menschen von gewöhnlicher Statur werden lassen; bei übermässiger Grösse müsste er durch das Eigengewicht zerdrückt werden und fallen. Im Gegentheil finden wir, dass bei Verminderung des Körpers die Kräfte nicht in demselben Maasse abnehmen, ja es findet sogar ein relatives Wachsthum der Stärke statt. Daher glaube ich, würde ein kleiner Hund zwei oder drei andere von gleicher Grösse tragen können, während ein Pferd wohl kaum im Stande wäre, auch nur ein einziges Pferd auf seinem Rücken zu tragen.

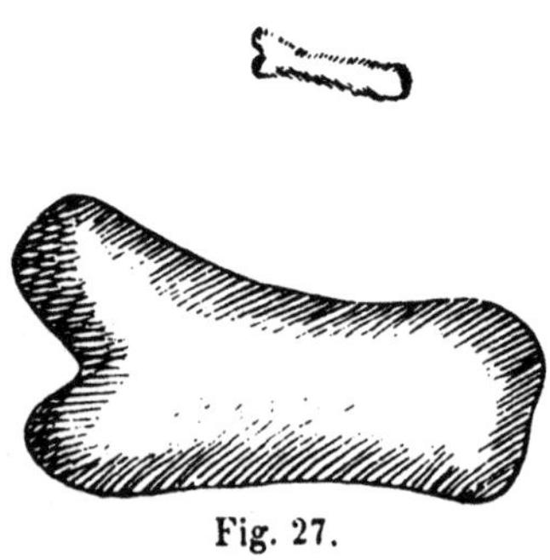

Fig. 27.

Abb. 5.1 **Faksimile-Nachdruck der Seiten 108 und 109 von Galilei 1985.**

pro Quadratzentimeter Klebefläche. Bei einer Vergrößerung der Anordnung um den Faktor 1000 wächst die Belastung pro Quadratzentimeter auf den höchstmöglichen Wert an; ein abermals vergrößerter Nachbau ist unmöglich. Dies kann zu verstehen helfen, daß anders als große Lebewesen Mücken und Fliegen an Wänden und unter Zimmerdecken sitzen können.

Nach dem über Hochspringer und Bauten gesagten ist es nicht gerechtfertigt, für den bei ihnen zu beobachteten Mangel an Skalensymmetrie die fundamentalen Naturgesetze verantwortlich zu machen. Denn sie bilden, da für ihr Verhalten der Einfluß der Erde wichtig ist, keine abgeschlossenen Systeme. Will man überprüfen, ob die für das Verhalten eines Systems verantwortlichen fundamentalen Naturgesetze gegenüber einer Transformation symmetrisch sind, muß man alles, was das Verhalten des Systems beeinflußt, der Transformation entsprechend verändert in der Wirklichkeit neu aufbauen. Erst durch Vergleich des Verhaltens des veränderten Systems mit dem unveränderten läßt sich etwas über die in Frage stehende Symmetrie der Gesetze sagen. Vielleicht – so dieser Einwand – bräuchten wir die vergrößerten Nachbauten wirklicher Hochspringer und wirklicher Gebäude nur auf einen genauso vergrößerten Nachbau der Erde zu stellen, um gleiches Verhalten von Urbild und Nachbau zu erreichen.

Im Prinzip ist dieser Einwand berechtigt. Er führt aber nicht zum gewünschten Ergebnis, im Gegenteil. Denn auf der Oberfläche der vergrößerten Erde wäre, wenn wir sie bei konstant gehaltener Dichte der Skalenstransformation unterwürfen, die Schwerkraft größer, und dadurch würde sowohl die Sprunghöhe als auch die Standfestigkeit vergrößerter Bauten vermindert. Der im Prinzip berechtigte Einwand führt also in die falsche Richtung. Für den Mangel an Skalensymmetrie sind in der Tat die fundamentalen Naturgesetze verantwortlich.

Daß im Alltagsleben Skalensymmetrie die Ausnahme und nicht die Regel ist, zeigen zahlreiche weitere Beispiele (Weisskopf 1975, Haldane 1981, McMahon 1985, Schlichting 1988). Ein skalensymmetrisches Naturgesetz ist das Gesetz des Archimedes vom Auftrieb: Das Gewicht des von einem schwimmenden Körper verdrängten Wassers stimmt mit dem Gewicht des Körpers selbst überein. Daher ist, wenn sonst alles gleich ist, von jedem Eisberg unabhängig von seiner Größe stets derselbe Bruchteil (8/9) unter Wasser verborgen, und hängt die Höhe der Wasserlinie eines Schiffes von seiner Größe nicht ab. Letzteres setzt voraus, daß mit dem Schiff auch die Dicke der Planken vergrößert wird;

sonst stimmt es nicht. Ein Klotz auf einer schiefen Ebene ist, soweit die empirischen Reibungsgesetze gelten, ebenfalls ein skalensymmetrisches System.

Obwohl also die fundamentalen Naturgesetze nicht skalensymmetrisch sind, gibt es eingeschränkte Bereiche der Wirklichkeit, für die skalensymmetrische Gesetze gelten. Verkleinerungsfaktoren, die atomare Abmessungen ins Spiel bringen, sind selbstverständlich mit Skalensymmetrie unvereinbar.

Skalensymmetrie der Planetenbewegung

Bereits Laplace hat bemerkt, daß die Gesetze der Himmelsmechanik, also Newtons Bewegungsgleichung zusammen mit dem Kraftgesetz der Gravitation, ungeändert bleiben, wenn alle Abstände und Abmessungen der Himmelskörper *bei konstant gehaltenen Dichten* mit demselben a multipliziert werden. Das ist leicht zu sehen. Seien $\vec{r}_i$ mit $i = 1, \cdots, N$ die Orte der Mittelpunkte und m_i die Massen der zur Vereinfachung als kugelförmig angenommenen N Himmelskörper. Die auf den Himmelskörper i wirkende Kraft ist die Summe der Kräfte, mit der ihn die anderen $N-1$ Himmelskörper anziehen. Die Bewegungsgleichungen lauten also

$$m_i \ddot{\vec{r}}_i = \frac{G}{2} \sum_{i \neq j} m_i m_j \frac{\vec{r}_j - \vec{r}_i}{|\vec{r}_j - \vec{r}_i|^3} .$$

Bei der Skalentransformationen wachsen die Volumina und, da die Dichten ungeändert bleiben sollen, auch die Massen der Himmelskörper wie a^3; die Ortsvektoren und ihre Zeitableitungen wachsen wie a. Daher werden beide Seiten der Bewegungsgleichungen mit demselben Faktor a^4 multipliziert, so daß für die transformierten Massen $m_i' = a^3 m_i$ im, um den Faktor a, vergrößerten Planetensystem dieselben Newtonschen Gesetze gelten wie in dem ursprünglichen.

In der Sprache von Kapitel 3, §1 ist die Transformation

$$m_i \to m_i' = a^3 m_i, \quad \vec{r}_i \to \vec{r}_i\,' = a\vec{r}_i, \quad \dot{\vec{r}}_i \to \dot{\vec{r}}_i\,' = a\dot{\vec{r}}_i, \quad G \to G' = G$$

eine Symmetrietransformation der Newtonschen Bewegungsgleichungen. Sie hat etwas mit wirklichen Systemen zu tun, da sie G ungeändert läßt: Das ursprüngliche Planetensystem und sein vergrößerter Nachbau befinden sich in demselben Universum mit seinem (bei festen Einheiten) unveränderbarem G. Da die Transformation Geschwindigkeiten ändert, ist sie keine Symmetrietransformation von Gleichungen, in denen die (bei festen Einheiten) unveränderliche Lichtgeschwindigkeit c vorkommt. Die Transformation von Maßeinheiten, die die Zahlenwerte physikalischer Größen genauso ändert wie die Laplacesche Transformation, überführt die c-g-s-Einheiten in a^{-1}c-a^{-3}g-s-Einheiten. Einer Neuwahl der Einheiten – trivialerweise eine Symmetrietransformation von Gleichungen – entspricht genau dann eine Symmetrietransformation der Naturgesetze, wenn die Neuwahl die Zahlenwerte von (bei festen Einheiten) unveränderlichen Naturkonstanten wie $\hbar$, c und G ungeändert läßt. Genau dann nämlich entspricht ihr ein veränderter Nachbau des Systems in demselben Universum mit denselben Naturkonstanten; ein Nachbau, für den dieselben Naturgesetze der wirklichen Welt gelten wie für das ursprüngliche System. Die der Laplace-Transformation des Planetensystems entsprechende Einheiten-Transformation läßt zwar den Zahlenwert von G in $\text{cm}^3\ \text{g}^{-1}\ \text{s}^{-2}$ ungeändert, nicht aber den von c in cm/s.

Allein durch Mitteilungen über Newtons Naturgesetze, die für ihre Planetensysteme gelten – dazu gehören die Keplerschen Gesetze – können zwei Beobachter von je einem Planetensystem sich also nicht über den Vergrößerungsfaktor a verständigen. Die relative Größe der beiden Planetensysteme folgt aber aus Beobachtungen, die c und/oder $\hbar$ ins Spiel bringen. Würde zum Beispiel der Radius der Erde um den Faktor $a = 110$ vergrößert, würden in ihr Kernreaktionen ablaufen, sie wäre eine Sonne. Am einfachsten könnten die Beobachter den Vergrößerungsfaktor a dadurch bestimmen, daß sie die Zeit messen, die das Licht braucht, um einander entsprechende Strecken in ihren Planetensystemen zu durchlaufen.

Da die Laplacesche Transformation von m_i, $\vec{r}_i$, $\dot{\vec{r}}_i$ die Gravitationskonstante G und damit die Newtonschen Bewegungsgleichungen nicht ändert, ordnet $\vec{r}_i(t) \to \vec{r}_i\,'(t) = a \cdot \vec{r}_i(t)$ jedem möglichen Ablauf $\vec{r}_i(t)$ am ursprünglichen Planetensystem den möglichen Ablauf $\vec{r}_i\,'(t)$ am vergrößerten zu. Wenn die Planetensysteme der Beobachter in dieser Relation zu einander stehen, können sie sie auch durch Beschreibung der Bewegungen in ihren Himmeln nicht unterscheiden.

Nehmen wir also an, die Beobachter B und B' hätten sich darüber verständigt, was jeweils Erde ist und was Mond. Im, verglichen mit dem von B, doppelt so großen Planetensystem von B' sind die Geschwindigkeiten der Himmelskörper wie die Entfernungen doppelt so groß; der Mond von B' braucht also zur Umrundung von dessen Erde dieselbe

Zeit wie der Mond von B zur Umrundung seiner. Nun sende jeder Beobachter zu derselben Zeit ein Radarsignal zu seinem Mond und warte darauf, daß es, von einem Spiegel dort reflektiert, zurückkommt. Da die Lichtgeschwindigkeit im vergrößerten Planetensystem dieselbe ist wie im wirklichen, kommt das Lichtsignal von B' in dem Augenblick am Mond an, in dem das reflektierte Signal von B auf dessen Erde aufgefangen wird. Beide Beobachter können sich also darüber verständigen, ob das von dem einen beobachtete Planetensystem so groß wie das des anderen ist. "Dieselbe Zeit" konnten beide dadurch definieren, daß ihr jeweiliger Mond um denselben Winkel vorangekommen ist. Daher vergleicht das Experiment tatsächlich die Geschwindigkeit des Mondes mit der des Lichtes.

Symmetrie eines Naturgesetzes gegenüber einer Transformation bedeutet in dem Sinn Unbeobachtbarkeit (Kapitel 1 und 2), daß kein System, dessen Verhalten bei vorgegebenen Anfangsbedingungen durch das Naturgesetz festgelegt wird, von seinem der Transformation entsprechend verändertem Nachbau allein auf Grund innerer Eigenschaften unterschieden werden kann. Wie zuvor Spiegelungen, sind Skalentransformationen zunächst einmal nur "kinematische" Vorschriften, den dynamisch möglichen – soll heißen: den auf Grund des Naturgesetzes möglichen – Bewegungen eines Systems Zeitpunkt für Zeitpunkt Bewegungen des transformierten Systems ganz unabhängig davon zuzuordnen, ob diese Bewegungen selbst wieder dynamisch möglich sind. Sind sie es, ist die Skalentransformation eine Symmetrietransformation des für das System geltenden Naturgesetzes. Denn dann verhält sich das "transformierte System im transformierten Anfangszustand", in der Wirklichkeit aufgebaut, im Laufe der Zeit so, wie das ursprüngliche erscheint, nachdem seine Bewegung kinematisch Zeitpunkt für Zeitpunkt umgerechnet wurde.

Skalensymmetrie und Unbeobachtbarkeit

Skalensymmetrie würde also, ganz wie Spiegelsymmetrie, Unbeobachtbarkeit bedeuten; Unbeobachtbarkeit nun von Urbild und vergrößertem Nachbau allein auf Grund der Naturgesetze. Wären die fundamentalen Naturgesetze skalensymmetrisch, wäre "absolute Größe" keine Beobachtungsgröße, d.h. nicht definierbar. Da sie es aber nicht sind, kann Skalensymmetrie nur für spezielle Systeme gelten. Umgekehrt folgte bereits daraus, daß die Atome bestimmte Größen besitzen, daß die fundamentalen Naturgesetze nicht skalensymmetrisch sind.

Die Transformation

$$x(t) \to x'(t) = a \cdot x(t/b), \qquad \text{d.h.} \quad x \to x' = a \cdot x \quad \text{und} \quad \dot{x} \to \dot{x}' = (a/b) \cdot \dot{x}, \tag{5.1a}$$

ändert bei $b = a$ die Geschwindigkeit nicht. Genau dann stimmt die Geschwindigkeit $\dot{x}'(t') = (a/b) \cdot \dot{x}(t'/b)$ des transformierten Ablaufs zur Zeit $t' = b \cdot t$, für die $x'(t') = a \cdot x(t)$ gilt, mit der des ursprünglichen Ablaufs zur Zeit t überein. Gegeben sei ein System, dessen Bewegungsgleichung bei der Transformation in Gl. 5.1a mit $b = a$,

$$x(t) \to x'(t) = a \cdot x(t/a), \qquad \text{d.h.} \quad x \to x' = a \cdot x \quad \text{und} \quad \dot{x} \to \dot{x}' = \dot{x}, \tag{5.1b}$$

ungeändert bleibt. So ist es zum Beispiel bei Bewegungsgleichungen, die aus Potentialfunktionen $U(x)$ abgeleitet werden können, für die $U(a \cdot x) = U(x) + C$ gilt. Hier ist C eine Konstante. Denn wegen $\dot{x} \to \dot{x}' = \dot{x}$ ändert die Transformation den anderen Term der Lagrange-Funktion, die kinetische Energie, nicht.

Die Symmetrietransformation der Gl. 5.1b überführt die durch die Bewegungsgleichung eines Systems erlaubten Abläufe in ebensolche desselben Systems. Wir wollen fragen, ob zwei Beobachter, die über je eine Kopie des Systems verfügen und nichts als Informationen über das Verhalten ihrer Systeme – Vergleiche von Geschwindigkeiten mit der Lichtgeschwindigkeit eingeschlossen – austauschen, sich darüber verständigen können, ob sie denselben Längenmaßstab verwenden.

Das ist offenbar möglich, wenn beide Beobachter über gleich gehende Uhren verfügen (und das wissen; sie können auch beide Zugang zur PTB-Zeit haben; Kapitel 2, §1). Denn mit $x(t)$ ist bei gleichen Einheiten zwar $x'(t) = x(t)$, nicht aber $x'(t) = a \cdot x(t)$ mit $a \neq 1$ ein möglicher Ablauf. Sonst wäre auch die Skalentransformation, die Orte *und* Geschwindigkeiten um den Faktor a ändert, eine Symmetrietransformation der für das System geltenden Naturgesetze. (Das ist nur bei freien Teilchen so – ein Fall, den wir ausschließen wollen.) Daher kann der Beobachter B' auf genau eine Weise die richtige Längeneinheit so wählen, daß seine $x'(t)$ mit denen übereinstimmen, die ihm B übermittelt.

Wenn aber B' zudem nicht weiß, welche Zeiteinheit B verwendet, kann er nur schließen, daß sich seine Längeneinheit und seine Zeiteinheit um denselben Faktor a^{-1} von denen seines Kollegen unterscheidet.

Welches dieser Faktor ist, kann er auf keine Weise herausfinden; auch nicht durch Vergleich der an seinem System beobachtbaren Geschwindigkeiten mit der universellen Lichtgeschwindigkeit: Gilt zum Beispiel $\dot{x}(\tau) = c/2$, so $\dot{x}'(\tau/a) = c/2$ für beliebige a.

Die Potentialfunktion $U(x) = g \cdot \ln|x|$ eines eindimensionalen Systems, wobei g eine Zahl ist, wird durch die Transformation in Gl. 5.1b um $g \cdot \ln a$ geändert. Daher läßt die Transformation die Bewegungsgleichung $\ddot{x}(t) + g/x(t) = 0$ des Systems ungeändert; das kann der Leser leicht nachrechnen.

Die Verallgemeinerung der Transformation auf zwei Dimensionen – die x-y-Ebene – ist interessanter. Sie betrifft die Bewegung im ebenen Gravitations- oder Coulomb-Potential $g \cdot \ln\rho$ mit $\rho = \sqrt{x^2 + y^2}$. Ein äquivalentes Problem ist die Bewegung einer Punktladung im Potentialfeld eines unendlich langen und dünnen geladenen Stabes. Zur Transformation Gl. 5.1b von $x(t)$ kommt dieselbe von $y(t)$ hinzu, also $y(t) \to y'(t) = a \cdot y(t/a)$ mit demselben a. Der Abstand ρ wird, wie x und y, mit a multipliziert, so daß die Energie des Systems durch die Transformation abermals um den konstanten Term $g \cdot \ln a$ geändert wird. Wieder bleiben die Bewegungsgleichungen $\ddot{x} + gx/\rho^2 = 0$, $\ddot{y} + gy/\rho^2 = 0$ ungeändert.

Für lineare Gleichungen gilt das Superpositionsprinzip, und das garantiert Symmetrie gegenüber der Transformation in Gl. 5.1a mit $b = 1$ unabhängig davon, ob die Gleichungen aus einer Potentialfunktion $U(x)$ abgeleitet werden kann. Wir wissen aus Kapitel 3, §1, daß Bewegungsgleichungen, die aus einem $U(x)$ vom Grade k folgen, bei den Transformationen in Gl. 5.1a mit $a/b = a^{k/2}$ ungeändert bleiben. Das k linearer Bewegungsgleichungen ist zwei; Symmetrie gibt es *nur* gegenüber den Transformationen mit $b = 1$. Daher zeichnen lineare Bewegungsgleichungen gewisse Zeiten – Schwingungsfrequenzen oder, bei linearer Dämpfung, Abklingzeiten – vor allen anderen Zeiten aus. Dieser Unterschied zu nichtlinearen Gleichungen wird im Abschnitt *Selbstähnlichkeit* wichtig sein.

In Kapitel 3, §1 haben wir auch die Möglichkeiten erörtert, zusammen mit den Zustandsvariablen, die das System definierenden Variablen wie Frequenzen und/oder Massen so zu ändern, daß die Transformation $x(t) \to x'(t) = a \cdot x(t/b)$ Lösungen $x(t)$ der Bewegungsgleichung des ursprünglichen Systems in Lösungen $x'(t)$ der Bewegungsgleichung seines veränderten Nachbaus überführt. Ein Beispiel ist der vergrößerte

Nachbau eines Planetensystems à la Laplace. Ein anderes das Pendel. Genügt nämlich $\phi(t)$ der Bewegungsgleichung

$$\ddot{\phi}(t) + \frac{g}{L} \cdot \sin\phi(t) = 0$$

eines Pendels der länge L im Schwerefeld g, so $\phi'(t) = \phi(t/b)$ der Gleichung

$$\ddot{\phi}'(t) + \frac{g'}{L'} \cdot \sin\phi'(t) = 0,$$

wobei $(g'/L') \cdot b^2 = (g/L)$ ist. Die Pendelgleichung ist also zum Beispiel symmetrisch gegenüber der simultanen Transformation $\phi(t) \to \phi'(t) = \phi(t/b)$, $L \to L' = b^2 \cdot L$. Die Schwingungsdauer T des Pendels unter der Anfangsbedingung $\phi(0) = \phi_0$, $\dot{\phi}(0) = 0$ kann folglich als $T = \sqrt{L/g} \cdot F_T(\phi_0)$ geschrieben werden; genauso $\dot{\phi}(t_0) = \sqrt{g/L} \cdot F(\phi_0)$ für diejenigen t_0, für die $\phi(t_0) = 0$ gilt, $\dot{\phi}(t_0)$ also wegen $\ddot{\phi}(t_0) = 0$ maximal ist. Hier sind F_T und F dimensionslose Funktionen der dimensionslosen[3] Variablen ϕ_0, des Maximalausschlags. Dasselbe folgt durch Dimensionsanalyse. Wegen der Symmetrie der Pendelgleichung gegenüber Zeitverschiebungen sind diese Resultate davon unabhängig, für welches t die Anfangsbedingungen $\phi(t) = \phi_0$, $\dot{\phi}(t) = 0$ gestellt wird. Die Gleichung $\ddot{x}(t) + \omega^2 x(t) = 0$ des harmonischen Oszillators mit Kreisfrequenz ω ist genauso symmetrisch gegenüber der simultanen Transformation $x(t) \to x'(t) = x(t/b)$, $\omega \to \omega' = \omega/b$. Die Resultate für T und $\dot{\phi}(t_0)$ können vom Pendel auf den harmonischen Oszillator übertragen werden; sie lauten $T = \omega^{-1} \cdot F_T$ und $\dot{x}(t_0) = \omega \cdot x_0 \cdot F$ unter der Anfangsbedingung $x(0) = x_0$, $\dot{x}(0) = 0$ und mit $x(t_0) = 0$. Hier sind F_T und F konstante, von x_0 unabhängige Zahlen. Das folgt aus der Symmetrie der linearen Gleichung gegenüber der Transformation $x(t) \to x'(t) = a \cdot x(t)$.

Skalensymmetrie oder nicht – die Einheiten können gewählt werden

Die Abmessungen des vergrößerten Nachbaus eines physikalischen Systems entstehen aus denen des ursprünglichen durch Multiplikation mit der positiven Zahl a. Wenn wir das System vergessen, und uns nur

---

[3] Da in der Entwicklung von $\sin\phi$ verschiedene Potenzen von ϕ addiert werden, ist ϕ notwendig dimensionslos.

für dessen Beschreibung durch seine Abmessungen interessieren, bewirkt Multiplikation der Einheiten, mit denen wir Längen messen, mit $1/a$ dasselbe: Vergrößerung der Maßzahlen der Abmessungen um den Faktor a. Analoges gilt von den Skalentransformationen, die andere Größen wie Geschwindigkeiten und/oder Massen ändern. Ob Skalensymmetrie oder nicht – stets gibt es eine Transformation der Einheiten, die alle Maßzahlen, mit denen wir ein physikalisches System beschreiben, und die wir einer Skalentransformation unterwerfen, genauso ändert wie die Skalentransformation.

Anders aber als die Änderung der Einheiten, läßt die Skalentransformation die Naturkonstanten, die (bei festen Einheiten) nicht geändert werden können, ungeändert. Skalensymmetrie bedeutet, daß für vergrößerte Nachbauten physikalischer Systeme dieselben Naturgesetze gelten wie für die Originale. Das ist genau dann der Fall, wenn auch die Einheitentransformation, die für die Abmessungen des Systems dasselbe leistet wie die Skalentransformation, die Naturkonstanten des Gesetzes für das Verhalten des Systems nicht ändert. Welches diese "Naturkonstanten" sind, hängt vom System und von der betrachteten Skalentransformation ab. Beispiele sind nicht nur c, $\hbar$ und G, sondern auch Größen wie die Erdbeschleunigung g – dann zum Beispiel, wenn wir den vergrößerten Nachbau eines Pendels auf der ungeänderten Erde betrachten.

Fundamentale Naturgesetze sind nicht skalensymmetrisch

Die fundamentalen Naturgesetze mit ihren drei unabhängigen Einheiten für Länge, Masse und Zeit sind nicht skalensymmetrisch, da sie gewisse Längen, Massen und Zeiten vor allen anderen auszeichnen. So ist die Spezielle Relativitätstheorie nur symmetrisch bei Transformationen, die c ungeändert lassen, also Längen und Zeiten mit demselben Faktor a multiplizieren. Die im Ruhsystem der Masse m geltende Gleichung $E = mc^2$ zeigt dann, daß Skalensymmetrietransformationen der fundamentalen Naturgesetze Energien und Massen gleich transformieren müssen – mit einem Faktor a'. Wegen $E^2 = m^2c^4 + p^2c^2$ für die Energie des Teilchens mit Masse m und Impuls p erhalten Impulse bei der Skalensymmetrietransformation denselben Faktor a'. (Genau dasselbe kann der Leser von den Dimensionen der betrachteten Größen ablesen – nicht aber den physikalischen Hintergrund.) Damit die quantenmechanische Relation $E = h\nu$ und/oder der Kommutator $[q, p] = i\hbar$

der Orts- und Impulsoperatoren q und p ungeändert beibt, muß gelten $a' = a^{-1}$: Die Forderung, daß die Lichtgeschwindigkeit c und die Plancksche Konstante h nicht geändert werden, läßt nur diese simultanen Skalentransformationen von Orten, Zeiten, Massen, Energien und Impulsen zu. Sie überführen die c-g-s- in $(a \cdot c)$-$(a^{-1} \cdot g)$-$(a \cdot s)$-Einheiten.

Daraus, daß in der Natur Objekte – Elementarteilchen, Atome – mit bestimmten Massen und Größen beobachtet werden, aber keine mit den um einen Faktor $a \neq 1$ geänderten Massen und Größen, folgt weiter, daß die fundamentalen Naturgesetze nicht skalensymmetrisch sind. Das kann, auf dem tiefsten heute vorstellbarem Niveau, daran liegen, daß auch Newtons Konstante G in den fundamentalen Naturgesetzen vorkommt.

In Kapitel 4, §3 und §4 haben wir gefragt, ob die Gesetze der Elementarteilchenphysik bei großen Energien E skalensymmetrisch seien. Diese Gesetze enthalten c und $\hbar$. Denn – deshalb sind die Gesetze relativistisch – bei Zusammenstößen von Elementarteilchen werden Elementarteilchen erzeugt und vernichtet. Dabei ensteht aus Bewegungsenergie Masse und umgekehrt. Zweitens kommen Elementarteilchen einander bei Zusammmenstößen sehr nahe; der kleinste heute erreichbare Abstand ist etwa 10^{-18}m. Daher gelten die Gesetze der Quantenmechanik. Die Gesetze der Elementarteilchenphysik enthalten also $\hbar$ und c, und können damit höchstens gegenüber den simultanen Skalentransformationen des vorletzten Absatzes mit $a' = a^{-1}$ symmetrisch sein. Die Gravitation ist für die Wechselwirkung von Elementarteilchen bei heutigen Energien sicher unwichtig. Sie kommt ins Spiel, wenn bei dem Abstand $l_{\rm Pl} \approx 10^{-35}$m die Schwerkraft mit den anderen Kräften zwischen Elementarteilchen vergleichbar wird. Bei hohen Energien erwarten wir Skalensymmmetrie unter der Voraussetzung, daß als einzige Parameter mit der Dimension einer Masse (das sind auch die durch $\hbar$ und c in Massen umrechenbaren Größen Energie, Impuls, Abstand und Zeit) die Massen der Elementarteilchen in den Naturgesetzen vorkommen. Denn die Energien E der Teilchen hängen mit deren Impulsen $\vec{p}$ und Massen m über die Formel $E = \sqrt{m^2 + \vec{p}^{\,2}}$ zusammen; ein Zusammenhang, aus dem bei $E \to \infty$ der Energie-Impuls-Zusammenhang $E = |\vec{p}|$ von Teilchen der Masse Null wird. Daher sind alle Teilchen bei $E \to \infty$ effektiv masselos. Wenn es also keinen weiteren Parameter mit der Dimension einer Masse in der Theorie gibt und die Teilchenmassen nur in dem Energie-Impuls-Zusammenhang vorkommen, sollten die

Kasten 5.2: Eine Klasse skalensymmetrischer Modelle

Gegeben sei (Jackiw 1972) die Hamilton-Funktion $H(p,x) = p^n + \gamma/x^n$. *Die Bewegungsgleichungen lauten*

$$\dot{p} = -\frac{\partial}{\partial x}H(p,x) = \frac{n\cdot\gamma}{x^{n+1}} \quad \text{und} \quad \dot{x} = \frac{\partial}{\partial p}H(p,x) = n\cdot p^{n-1}.$$

Wir betrachten die Transformation

$$x(t) \to x'(t) = a\cdot x(t/a^n),\ p(t) \to p'(t) = a^{-1}\cdot p(t/a^n)$$

mit

$$\dot{x}(t) \to \dot{x}'(t) = a^{1-n}\cdot\dot{x}(t/a^n),\ \dot{p}(t) \to \dot{p}'(t) = a^{-1-n}\cdot\dot{p}(t/a^n)$$

und

$$x(t)\cdot p(t) \to (x'(t)\cdot p'(t)) = (x(t/a^n)\cdot p(t/a^n)).$$

Für die transformierten Zustandsvariablen p' *und* x' *gelten die selben Bewegungsgleichungen wie für die untransformierten; die Hamiltonfunktion wird durch die Transformation mit* a^{-n} *multipliziert:* $H'(p,x) \equiv H(p',x') = a^{-n}\cdot H(p,x)$. *Daher sind die betrachteten Transformationen Symmetrietransformationen der Bewegungsgleichungen. Vor anderen skalensymmetrischen Bewegungsgleichungen zeichnet sie aus, daß ein Erhaltungssatz gilt: Der Leser kann leicht nachrechnen, daß* $D = E\cdot t - p\cdot x/n$ *zeitlich konstant ist. Für* $n = 2$ *ist* $H(p,x)$ *die Hamilton-Funktion eines nichtrelativistischen Teilchens mit Masse* $m = 1$ *in dem Potential* $U(x) = \gamma/x^2$, *so daß die Voraussetzungen des Virialtheorems mit* $k = -2$ *gelten. Tatsächlich ist die jetzt betrachtete Transformation mit der in Gl. 3.4 für* $(a/b) = a^{-1}$ *identisch. Die Energie eines freien Teilchens der Relativitätstheorie mit Masse* m *ist* $E = \sqrt{m^2 + p^2}$, *für große* $|p|$ *also* $E = |p|$. *Das zugehörige Potential heißt* $U(x) = \gamma/x$, *so daß die Hamilton-Funktion* $H(p,x) = p + \gamma/x$ *skalensymmetrisch ist. Sie ist die Hamilton-Funktion eines Teilchens der Masse Null im Coulomb-Potential.*

Ihr kinetischer Term entsteht als Grenzfall für, verglichen mit m, große E oder p; das Coulomb-Potential ist der Grenzfall des Yukawa-Potentials $\gamma \cdot e^{-x/R}/x$ für x, die klein sind verglichen mit der Reichweite R des Potentials. Teilchen, die durch diese Potentiale beschrieben werden können, genügen bei großen Geschwindigkeiten und kurzen Abständen also einem skalensymmetrischen Naturgesetz. Übrigens besitzt die invariante Größe $p \cdot x$ in diesem Fall die Dimension einer Wirkung. Diese Überlegungen können auf Felder ausgedehnt werden, die von t und x abhängen (Jackiw 1972). Die Übertragung auf mehrere Raumdimensionen ist leicht möglich.

Gesetze der Elementarteilchenphysik bei großen Energien skalensymmetrisch sein. Die Korrekturen zur Skalensymmetrie, die die Renormierung bringt, haben wir in Kapitel 4, §3 besprochen. In Kasten 5.2 stellen wir einige nicht-quantenmechanische skalensymmetrische Modellle vor; darunter ein relativistisches mit $m = 0$.

Selbstähnlichkeit

Symmetrie eines Naturgesetzes gegenüber einer Skalentransformation der Länge, Zeit und/oder Masse bedeutet, daß aus den in dem Gesetz vorkommenden Naturkonstanten keine Größe mit dieser Dimension konstruiert werden kann. Anders gesagt läßt die der Skalentransformation entsprechende Einheitentransformation die Naturkonstanten ungeändert. Daß die fundamentalen Naturgesetze $\hbar$ und c enthalten, wirkt sich auf die Gesetze für makroskopische Phänomene bei verglichen mit c kleinen Geschwindigkeiten nicht aus: Die Gleichungen für das, was in einer Karmanschen Wirbelstraße geschieht, enthalten weder $\hbar$ noch c. Wir wollen uns in diesem Abschnitt Strukturen widmen, die bei Phänomenen auftreten, die keinen natürlichen Maßstab besitzen.

Ist das so, entstehen durch Skalentransformationen aus Phänomenen – wir sind absichtlich so allgemein – im Einklang mit den Naturgesetzen Phänomene, die das ebenfalls sind. Skalensymmetrie ist, wie sogleich gezeigt wird, eine Eigenschaft nichtlinearer Gleichungen für gewisse Wertebereiche ihrer Parameter und/oder Variablen. Daher sind all die fashionablen Aspekte der Nichtlinearität wie Chaos, Ordnungs- und Strukturbildung fern vom Gleichgewicht, Fraktale und Selbstähnlichkeit eng mit der Skalensymmetrie und ihrer Brechung verknüpft.

Details würden den Rahmen dieses Buches sprengen. Deshalb, und aus zwei weiteren Gründen, bringen wir nur wenige. Erstens gibt es bereits viele sehr gute Darstellungen (Haken 1981, Ekeland 1985, Nicolis 1987, Peitgen 1988, Gerok 1989, Briggs 1990, Haken 1991). Zweitens aber ist über den Zusammenhang der fundamentalen Naturgesetze mit den skalensymmetrischen Phänomenen wenig bekannt. Diese, in Genz 1987a durch Zitate belegte Einschätzung gilt, immer noch: *"Die Forschung ... rätselt ... am, bis auf Ausnahmen, mysteriösen Zusammenhang zwischen aktuellem Naturgesetz und daraus folgendem Skalengesetz"*. So[4] Großmann 1989.

Auf Selbstähnlichkeit und Fraktale gehen wir ein. Gegeben sei eine Differentialgleichung erster Ordnung für eine Variable x in Abhängigkeit von der Zeit t. Ist die Differentialgleichung linear in x mit $g > 0$,

$$\dot{x}(t) = -g \cdot x(t),$$

so zeichnet sie die Zeit $1/g$ vor allen anderen Zeiten aus. Das spiegeln ihre exponentiell abklingenden Lösungen $x(t) = x_0 e^{-gt}$ mit einer Zahl x_0 wieder. In anderen Einheiten – Minuten statt Sekunden – hat g einen anderen Zahlenwert. Durch Vergleich mit $1/g$ kann man also stets sagen (Großmann 1989) "ob viel oder wenig Zeit seit $t = 0$ vergangen ist". Dem entsprechend entsteht aus $x(t)$ durch $x(t) \rightarrow x'(t) = a \cdot x(t/b)$ für kein b außer $b = 1$ eine Lösung $x'(t)$ derselben linearen Gleichung. Wegen der Linearität ist andererseits für $b = 1$ und a beliebig mit $x(t)$ auch $x'(t)$ eine Lösung.

Sei nun die nichtlineare Gleichung

$$\dot{x}(t) = -gx^k(t) \tag{5.3}$$

mit $k \neq 1$ und $g > 0$ gegeben. Die Transformation $x(t) \rightarrow x'(t) = a \cdot x(t/b)$ mit $a = b^{1/(1-k)}$, also

$$x(t) \rightarrow x'(t) = b^{1/(1-k)} x(t/b),$$

überführt Lösungen von Gl. 5.3 in Lösungen. Wenn sie tatsächlich nichtlinear ist ($k \neq 1$), zeichnet die Gleichung für kein k eine Zeitspanne vor anderen aus.

---

[4] Unsere Darstellung verdankt diesem schönen Artikel viel.

Wir wählen $k = 3$ (und vermeiden so komplizierte Ausdrücke in k), also

$$\dot{x}(t) = -gx^3(t) \tag{5.4}$$

mit

$$x(t) \to x'(t) = b^{-1/2}x(t/b). \tag{5.5}$$

Die Lösung $x_\infty(t) = (2 \cdot g \cdot t)^{-1/2}$ von Gl. 5.4 zeichnet sich durch zwei bemerkenswerte Eigenschaften aus. Erstens wird sie durch die Transformation der Gl. 5.5 nicht in eine andere Lösung von Gl. 5.4, sondern in sich selbst überführt, $x_\infty(b \cdot t) = b^{-1/2}x_\infty(t)$; die Lösung ist selbstähnlich. Allgemein heißen Funktionen $x(t)$ mit der Eigenschaft

$$x(b \cdot t) = b^\kappa x(t)$$

selbstähnlich mit dem Skalenexponent κ. Die Wahl $b = c/t$ mit c fest und t, b variabel, zeigt nun $x(t) = [x(c) \cdot c^{-\kappa}] \cdot t^\kappa$: Eine mit dem Skalenexponenten κ selbstähnliche Funktion $x(t)$ ist zu t^κ proportional,

$$x(t) \simeq t^\kappa.$$

Der Leser kann sich leicht davon überzeugen, daß die nichtlineare Gl. 5.3 eine derartige Lösung mit einem durch ihr $k \neq 1$ eindeutig festgelegtem κ besitzt.

Die allgemeine Lösung von Gl. 5.4 ist

$$x(t, x_0) = \frac{x_0}{(1 + 2 \cdot g \cdot x_0^2 \cdot t)^{1/2}}$$

mit $x(0) = x_0$. Als zweite bemerkenswerte Eigenschaft von $x_\infty(t)$ geht jede der Lösungen $x(t, x_0)$ für wachsende t in die Lösung $x_\infty(t)$ über,

$$x(t, x_0) \approx x_\infty(t) = (2 \cdot g \cdot t)^{-1/2} \quad \text{für} \quad t >> \frac{1}{2 \cdot g \cdot x_0^2}.$$

Für hinreichend große t zeichnet also keine Lösung von Gl. 5.4 eine Zeitspanne vor einer anderen aus. Analoges gilt für die Lösungen der Gl. 5.3 für $k \neq 1$: Wartet man lange genug, gilt das zur Skalensymmetrie der Gleichungen gesagte für jede einzelne Lösung.

Für Funktionen $C(T)$ anderer Variabler T als der Zeit t gilt analoges. Beispielsweise kann T die Temperatur, C die spezifische Wärme einer Eisenprobe sein. Bei der Curie-Temperatur T_C des Phasenübergangs vom nicht-magnetischem Zustand oberhalb von T_C zum magnetischen unterhalb zeichnet, wie weiter unten genauer beschrieben wird, die Eisenprobe keine Längenskala aus. Dann gilt für die spezifische Wärme ein für Skalensymmetrie und nichtlineares Verhalten charakteristisches Potenzgesetz: $F(T) \cong [(T - T_C)/T_C]^{-\alpha}$.

Kritische Phänomene mit ihrer auf der Renormierungsgruppe basierenden Theorie sind ein wichtiges Symmetrie-Thema für sich. Auf Details müssen wir verzichten. Besonderes Interesse verdienen die Fraktale; selbstähnliche, und dabei doch strukturierte Objekte.

Fraktale

Ihr vielleicht anschaulichster Prototyp ist die Koch-Kurve. Man nehme eine beliebige Strecke und unterteile sie in drei gleich lange Strecken (Abb. 5.2a). Über der mittleren errichte man ein gleichseitiges Dreieck. Das Ergebnis sind vier gleich lange Strecken. Diese behandele man wie die eine, ursprüngliche Strecke: Jede der vier Strecken wird in drei gleich lange aufgeteilt; auf den vier mittleren der zwölf so erzeugten werden gleichseitige Dreiecke errichtet. Das Ergebnis ist die dritte Kurve der Abb. 5.2.a. Und so weiter: Bei jedem Schritt wächst die Länge der Kurve um den Faktor 4/3. Die Koch-Kurve selbst, der wir uns so nähern, ist unendlich lang.

Sie ist außerdem selbstähnlich. Denn die ganze Kurve entsteht durch Vergrößerung eines der vier Ausschnitte, aus denen sie gemäß der zweiten Abb. 5.2a zusammengesetzt ist, um den Faktor *drei*. Dabei ist sie aus vier Ausschnitten *a-b* zusammengesetzt. Wenn wir uns einen Maßstab vorgeben, mit dem wir die Länge der Kurve bestimmen, können wir sogar sagen, wie lang – erstens – die Koch-Kurve ist, und um wieviel – zweitens – ihre Länge bei Vergrößerungen wächst.

Gegeben sei ein Maßstab der Länge L_0. Er kann nicht allen Ausbuchtungen der Koch-Kurve folgen, so daß mit ihm gemessen die ganze Kurve eine endliche Länge besitzt – sagen wir die Länge $L = 16 \cdot L_0$. Einer der vier Ausschnitte besitzt mit diesem Maßstab gemessen also die Länge $4 \cdot L_0$ – so daß bei Vergrößerungen der Kurve um den Faktor drei ihre Länge auf das Vierfache wächst: Aus dem Ausschnitt der Länge $4 \cdot L_0$ wird die ganze Kurve mit ihrer Länge $L = 16 \cdot L_0$, und aus der ganzen Kurve ihr Vergrößerung, die aus 16 der ursprünglichen Ausschnitte besteht, also die Länge $4 \cdot L = 48 \cdot L_0$ besitzt.

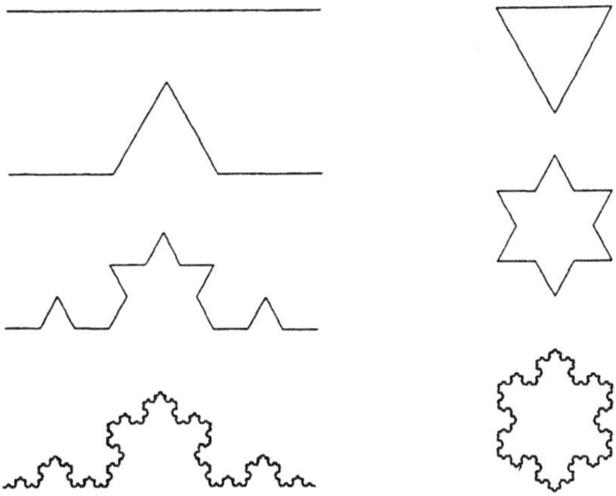

Abb. 5.2 a) Koch-Kurve und b) Koch-Stern.

Das ist für die Koch-Kurve charakteristisch: Bei Verdreifachung der Längenabmessungen der Fläche, in der sie angesiedelt ist, wächst ihre eigene Länge L (bei konstant gehaltenem Maßstab!) auf $4 \cdot L$. Nun ist die Vergrößerung um den Faktor a gleichbedeutend mit einer $[\ln a/\ln 3]$-maligen Verdreifachung der Abmessungen (denn $3^{\ln a/\ln 3} = e^{\ln 3 \cdot \ln a/\ln 3} = e^{\ln a} = a$). Die Länge L der Koch-Kurve wächst also bei Multiplikation aller Abstände mit a um den Faktor $4^{\ln a/\ln 3} = e^{\ln 4 \cdot \ln a/\ln 3} = a^{\ln 4/\ln 3}$. Die Längen von Strecken wachsen hierbei um den Faktor a; Flächeninhalte um a^2. Die a-Potenz $\ln 4/\ln 3 \approx 1.26$, mit der die "Länge" der Koch-Kurve wächst, heißt "fraktale Dimension" der Kurve; sie ist größer als die Dimension 1 von Abständen und kleiner als die Dimension 2 von Flächen. Ermittelt man die Länge der Koch-Kurve mit einem um den Faktor a verkürzten Maßstab, so wächst das Ergebnis um denselben Faktor $a^{\ln 4/\ln 3}$.

Die Koch-Kurve ist nur ein Vertreter einer großen Klasse selbstähnlicher fraktaler Gebilde. Diesen können keine bestimmten Längen, Flächeninhalte oder Volumina zugeschrieben werden. Denn bei Verkleinerung des Maßstabes divergieren diese entweder oder verschwinden. So erhält man bei dem Versuch, die "dicke" Koch-Kurve mit kleiner und kleiner werdenden Flächen zu überdecken, den Flächeninhalt Null. Die fraktale Dimension ist ein Maß für das Wachsen oder Abnehmen der Längen, Flächeninhalte und Volumina selbstähnlicher Gebilde bei Verkleinerung des Maßstabes (oder, dieselbe Sache, Vergrößerung des Fraktals bei konstant gehaltenem Maßstab).

Vergrößert man ein selbstähnliches Fraktal, so tauchen aus dem unmeßbar kleinen Strukturen auf, die zur Länge, zum Flächeninhalt oder Volumen beitragen. Die mit konstantem Maßstab gemessene Länge $L(a)$ der Koch-Kurve wächst bei der Prozedur stärker als der Vergrößerungsfaktor a, die von ihr überdeckte Fläche $F(a)$ um weniger als a^2. Anders als bei "euklidischem" Wachstum ist $L(a)$ also nicht zu $\sqrt{F(a)}$ proportional. Der Umfang U des Kochsterns in Abb. 5.2b ist zu $a^{\ln 4/\ln 3} \approx a^{1.26}$ proportional, seine Fläche F zu a^2. Insgesamt gilt also $U = F^{\theta/2}$ mit $\theta \approx 1.26$ (statt des $\theta = 2$ eines euklidischen Gebildes).

Daß fraktale Gebilde konstruiert werden können, ist in der Mathematik seit langem bekannt. Mandelbrot 1987 verdanken wir die Einsicht, daß Fraktale allgegenwärtig sind. Die Längen von Küsten wachsen mit Verkleinerung des Maßstabes über alle Grenzen; der Umfang U von (ebenen Projektionen von) Wolken ist zu deren Fläche F über fünf Größenordnungen gemäß $U = F^{\theta/2}$ mit $\theta = 1.35 \pm 0.05$ proportional; die Brownsche Molekularbewegung generiert eine Kurve mit fraktaler Dimension; die vom Amazonas und seinen Nebenflüssen bedeckte Fläche (Abb. 5.3) hat die fraktale Dimension 1.85 (Takayasu 1990); und so weiter.

Begrenzte Selbstähnlichkeit und Reynoldszahl

Details kann nur ein Buch bringen, das den Fraktalen und, vielleicht noch, von allen Symmetrien allein der Skalensymmetrie gewidmet ist. Natürlich vorkommende Fraktale unterscheiden sich von mathematischen Konstruktionen wie der Koch-Kurve vor allem in zweierlei Hinsicht. Erstens sind sie nicht exakt selbstähnlich, sondern statistisch, im Mittel: Die Ausschnittsvergrößerung ist vom Original in demselben Sinn ununterscheidbar, wie ein Teller Spaghetti von einem anderen. Anders als bei der Koch-Kurve, reicht der Anblick eines statistisch selbstähnlichen Fraktals nicht aus, um die bei einer Ausschnittvergrößerung hervortretenden Details zu kennen. Ein Beispiel für ein derartiges Fraktal bildet der Amazonas mit seinen Nebenflüssen (Abb. 5.3); ein anderes bilden die Bronchien des Menschen.

Zweitens unterscheiden sich natürlich vorkommende Fraktale von mathematischen dadurch, daß sie zwar für gewisse, nicht aber für beliebige Vergrößerungsfaktoren eine fraktale Dimension besitzen. Spätestens bei Vergrößerungen, die atomare Abmessungen ins Spiel bringen,

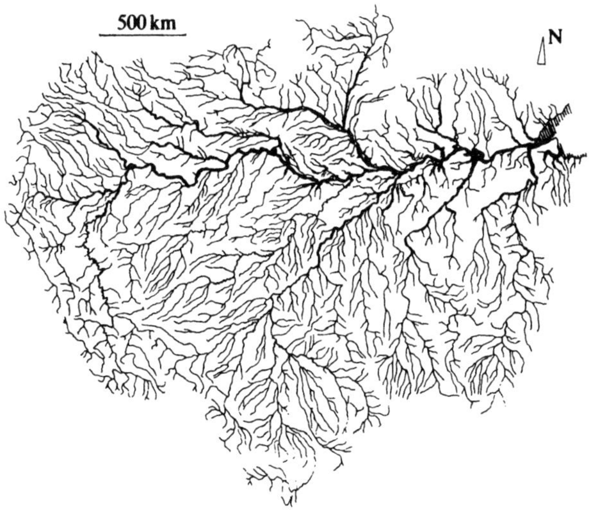

Abb. 5.3 **Der Amazonas bildet zusammen mit seinen Nebenflüssen ein selbstähnliches Fraktal: Jeder Nebenfluß mit seinen Nebenflüssen ähnelt dem ganzen Fluß.**

hört die Selbstähnlichkeit auf. Es kann auch sein, daß bei verschiedenen Vergrößerungsfaktoren über weite Strecken Selbstähnlichkeit mit verschiedenen fraktalen Dimensionen herrscht. Die Gleichung

$$\dot{x}(t) = -g \cdot x(t) - g' \cdot x(t)^3 = -g \cdot x(t)[1 + (g'/g) \cdot x(t)^2] \qquad (5.6)$$

wobei $g > 0$, $g' > 0$ ist, wollen wir mit Großmann 1989 als mathematisches Modell für Systeme benutzen, die nur in gewissen Bereichen selbstähnliches Verhalten zeigen. Zunächst einmal enthält die Gleichung für $g \neq 0$, $g' = 0$ bzw. $g = 0$, $g' \neq 0$ einen bzw. keinen Parameter mit der Dimension einer Zeit. Wir wollen nur Lösungen mit positivem $x_0 \equiv x(0)$ betrachten. Für alle (endlichen) t gilt $\dot{x}/x < 0$, also $d[\ln x(t)]/dt < 0$. Die Lösungen fallen daher mit wachsendem t monoton von x_0 auf 0 ab. Wir definieren die "Reynoldszahl" Re der Lösung $x(t)$ als

$$Re = \frac{g'}{g} \cdot x_0^2.$$

Ist nun $Re << 1$, so ist Gl. 5.6 für alle t praktisch eine lineare Gleichung und Skalenverhalten kann nicht auftreten: Die Lösung klingt von Anfang an wie $x_0 \cdot e^{-t \cdot g}$ ab. Für große t ist $x(t)$ und damit $(g'/g) \cdot x(t)^2$

auf jeden Fall klein, so daß jede Lösung für $t \to \infty$ zu $e^{-t \cdot g}$ proportional ist. Andererseits zeigen die Lösungen der nichtlinearen Gl. 5.4, in die Gl. 5.6 bei $g = 0$, $g' \neq 0$ übergeht, das Skalenverhalten der Gl. 5.4 erst für t, die groß sind verglichen mit $1/(2 \cdot g' \cdot x_0^2)$. Nur Lösungen der Gl. 5.6 mit $Re >> 1$ können also einen Zwischenbereich in t besitzen, in dem Skalenverhalten gilt.

Ist eine Lösung $x(t)$ der Gl. 5.6 gegeben, so definieren wir $x'(t)$ mit Großmann 1989 als $x'(t) = x[t/(g'x_0^2)]/x_0$. Dann gilt

$$\dot{x}'(t) = \frac{-x'(t)}{Re} - x'(t)^3$$

und $x'(0) = 1$. Da Re also $x'(t)$ eindeutig bestimmt, führen Funktionen mit $x(t)$ zu verschiedenen g, g', x_0, aber demselben Re auf dasselbe $x'(t)$: Die ursprünglichen $x(t)$ sind ähnlich. Für die Strömungslehre gilt analoges. Daher ist es möglich, durch Versuche an verkleinerten Modellen die Strömungseigenschaften von Schiffen und Autos zu testen.

§2 Explizite versus spontane Symmetriebrechung

Die erwarteten und bestätigten Symmetrien der Naturgesetze betreffen Kräfte mit allem Anschein nach höchst unterschiedlichen Stärken und Reichweiten. Trotz aller offensichtlichen Unterschiede sollen, so wird behauptet, die durch Symmetrien vereinheitlichten Kräfte nichts anderes als verschiedene Erscheinungsformen derselben fundamentalen Kraft sein. Teilchen mit sehr verschiedenen Massen müssen bei heute behaupteten Symmetrien derselben Teilchenfamilie angehören. Das (unerhört erfolgreiche) Standardmodell der Elementarteilchenphysik (Kapitel 4, §4), durch das wir die Physik bis herunter zu Abständen von 10^{-18}m im Prinzip verstehen, vereinigt die schwachen Kräfte mit eben dieser Reichweite mit den elektromagnetischen, die die Reichweite unendlich besitzen.

Auch die Stärken der im Standardmodell vereinigten Kräfte sind sehr verschieden. Den verschiedenen Reichweiten der elektromagnetischen und der schwachen Kräfte entsprechen die verschiedenen Massen der zugehörigen Austauschteilchen, die das Standardmodell in dieselbe Teilchenfamilie einordnet: Während das Austauschteilchen der elektromagnetischen Wechselwirkung, das Photon, masselos ist, besitzen die

Austauschteilchen W und Z der geladenen und neutralen schwachen Wechselwirkungen die Masse von etwa 90 Protonen; das ist ungefähr die Masse des Silberatoms. Die unterschiedliche Stärken zweier Kräfte, die laut GUTs nur verschiedene Erscheinungsformen derselben Urkraft sind, drückt deren Bezeichnung aus: Starke und schwache; hinzu kommt die elektromagnetische. Den Unterschied der Stärken der elektromagnetischen Wechselwirkungen der Atome – genauer: Atomhüllen – und der starken der Atomkerne führt uns die unterschiedliche Explosionskraft der diese Kräfte ausnützenden Bomben drastisch vor Augen: Einer sogenannten Atombombe, die eigentlich eine Kernbombe ist, entsprechen tausende chemische Bomben.

Symmetriestörungen versus verborgene Symmetrien

All das zeigt, daß eine den Naturgesetzen vielleicht zu Grunde liegende Symmetrie bei vielen Erscheinungen nahezu vollkommen verborgen ist. Zu jedem Vorschlag einer umfassenden Symmetrie der fundamentalen Naturgesetze muß also ein Mechanismus gehören, der diese Symmetrie so verbirgt, daß sie mit den beobachteten Asymmetrien vereinbar wird. Der Mechanismus, der dies leistet, ist die spontane Symmetriebrechung.

Von "expliziter Symmetriebrechung" spricht man bei Störung einer Symmetrie durch eine vergleichsweise kleine nicht symmetrische Zutat – so bricht ein Muttermal die (statische) Spiegelsymmetrie eines Gesichtes explizit. Klebt man eine kleine Masse – ein Pfennigstück – irgendwo, aber nicht im Mittelpunkt auf ein rundes eingespanntes Trommelfell, so wird die (dynamische) Drehsymmetrie des für dessen Schwingungen geltenden Naturgesetzes explizit gebrochen (Kapitel 1, §2). Da der Einfluß des Pfennigstücks auf die Schwingungen des Trommelfells klein ist, unterscheidet sich das asymmetrische Gesetz für die Schwingungen des gestörten Trommelfells von dem drehsymmetrischen für die Schwingungen des ungestörten nur durch einen kleinen asymmetrischen Term. Daher kann bei dem Gesetz für das Gesamtsystem "Trommel plus Pfennig" zwischen einem großen symmetrischem und einem kleinen asymmetrischem Beitrag klar unterschieden werden.

Das Konzept der expliziten Symmetriebrechung ist genau dann sinnvoll, wenn die Symmetrie sichtbarer ist als ihre vergleichsweise kleine Brechung. Daher ist es nicht möglich, den Übergang von symmetrischen fundamentalen zu anscheinend asymmetrischen "effektiven"

Gesetzen durch dieses Konzept zu beschreiben: Wäre der die Symmetrie brechende Term in den Gesetzen so groß wie erforderlich, wäre es nicht sinnvoll, symmetrische Gesetze überhaupt einzuführen. Die beobachtete Brechung der grundlegenden Symmetrien ist so umfassend, daß es unmöglich ist, die Symmetrien der fundamentalen Gesetze von den effektiven Gesetzen, mit denen wir die Erscheinungen beschreiben, abzulesen.

Die Elementarteilchenphysik führt die Gesetze bei großen Abständen auf die bei kürzeren geltenden zurück; die "fundamentaleren" Gesetze sind die bei kürzeren Abständen geltenden (Kapitel 4, §1). Daß die fundamentalen Gesetze Symmetrien besitzen, die nicht überall offensichtlich sind, kann also nur bedeuten, daß die bei kurzen Abständen geltenden Gesetze symmetrischer sind als die bei großen. Das ist in der Tat der Fall. Die Symmetrien der elektroschwachen Theorie zum Beispiel werden erst bei Abständen von 10^{-18}m und weniger sichtbar; im Atomkern bei Abständen von 10^{-15}m sind sie vollkommen verborgen. Vereinheitlichung der starken und elektroschwachen Theorien soll bei der GUT-Skala von 10^{-31}m einsetzen; bei dem Abstand von 10^{-18}m, bei dem, wie gesagt, die Vereinheitlichung der elektrischen mit den schwachen Wechselwirkungen zur elektroschwachen beginnt, ist von dieser Symmetrie nichts zu merken. Wie es sein kann, daß der Zustand der Welt die fortbestehenden Symmetrien der Naturgesetze so vollkommen verbirgt, daß die Wirklichkeit einfacher durch unsymmetrische effektive Naturgesetze als durch die ihnen zu Grunde liegenden symmetrischen beschrieben werden kann, wollen wir zunächst durch Beispiele aus Biologie und Chemie erläutern.

Die Spiraltendenz des Lebendigen als spontane Symmetriebrechung

Goethe spricht von der "Spiraltendenz der Vegetation" und meint damit, daß zahlreiche Pflanzen wie Bohnen, aber auch Bäume spiralförmig wachsen – Bohnen an ihren Stangen beispielsweise bilden Rechtsschrauben aus. Die vorkommenden Lebensformen sind also nicht spiegelsymmetrisch; die Spiegelbilder der sich als Rechtsschrauben um ihre Stange windenden Bohnen wären Bohnen, die als Linksschrauben wüchsen. Die aber gibt es nicht. Insbesondere läßt sich keine Rechtsschraube durch eine wirklich ausführbare Bewegung – Verschiebung oder Drehung – in ihr Spiegelbild, eine Linksschraube, überführen. Genauso kann kein sich von außen nach innen spiralförmig erweiterndes

Schneckenhaus mit seinem Spiegelbild durch eine durchführbare Bewegung zur Deckung gebracht werden: Beide unterscheiden sich voneinander wie sich eine rechte von einer linken Hand unterscheidet.

Nun besitzen nahezu alle in der Natur vorkommende Schnecken derselben Art Häuser desselben Spiegelungstyps; nur eine unter tausenden trägt ein sich falsch herum windendes Haus. Uns geht es nicht um die (faszinierende) Frage, wie sich die Bevorzugung einer Händigkeit von Schneckenhäusern im Laufe der Evolution herausgebildet hat und wie sie sich erhalten kann. Das Vorkommen von Schnecken mit sich falschherum windenden Häusern zeigt, daß die Gesetze der Biologie sie erlauben, insofern also spiegelsymmetrisch sind. Diese Symmetrie ist aber durch das Überwiegen des einen Spiegelungstyps nahezu vollkommen verborgen; vernachlässigt man die wenigen Schnecken mit falsch gewundenen Häusern, so erhält man eine Population, in der nichts auf die eigentlich bestehende Spiegelsymmetrie hinweist, und es ist leichter möglich, diese Population durch effektive Gesetze zu beschreiben, die nicht spiegelsymmetrisch sind als durch die fundamentaleren spiegelsymmetrischen. Eigentlich und wirklich besteht die Spiegelsymmetrie der fundamentalen Gesetze selbstverständlich weiter – sie ist verborgen, nicht gebrochen. Wir wollen sagen, daß die nicht spiegelsymmetrischen effektiven Gesetze, zu denen gehört, daß sich alle Schneckenhäuser rechtsherum winden, durch spontane Symmetriebrechung aus den spiegelsymmetrischen entstehen. Vom Standpunkt der eigentlichen spiegelsymmetrischen Gesetze aus gesehen ist dieser Symmetriebruch ein uninteressanter Zufall: Die gepiegelte Welt mit ausschließlich linksgewundenen Schneckenhäusern ist genauso möglich, aber zufällig nicht realisiert.

Die weitergehende Frage, welche Mechanismen die spontane Brechung der Spiegelsymmetrie durch das Überwiegen rechtsgewundener Schneckenhäuser bewirken kann – soweit wir gelesen haben –, heute nicht abschliessend beantwortet werden. Wir erwähnen einen Umstand (Galloway 1987), der uns in abgewandelter Form abermals interessieren wird: Aus elementargeometrischen Umständen ist es unmöglich, daß Schnecken mit sich entgegengesetzt windenden Häusern gemeinsame Nachkommen haben – ganz wie Händeschütteln zwei Hände derselben Händigkeit voraussetzt. Dieser Umstand bewirkt, daß die selten auftretenden Schnecken mit falschgewundenen Häusern kaum Vermehrungschancen besitzen und kann zur Entwicklung zweier unabhängiger Arten führen. Er stabilisiert die Eindeutigkeit des Drehsinns der

Häuser vorhandener Populationen und hat im Lauf der Evolution zur Vergrößerung eines zufällig aufgetretenen Überwiegens eines Spiegelungstyps beigetragen.

Uns kommt es darauf an, daß der Drehsinn von Schneckenhäusern eine vererbbare Eigenschaft ist und daher molekular gespeichert werden kann. Dazu muß es in Lebewesen nicht spiegelsymmetrische Moleküle geben, deren Spiegelbilder jedoch nicht (oder zumindest nicht in derselben Menge). Das ist bekanntlich der Fall; natürlich auftretende Weinsäure ist ein – bereits Pasteur bekanntes – Beispiel unter zahllosen anderen. Sowohl die von einer Schnecke zu verdauenden Moleküle als auch die der Verdauungsfermente der Schnecke gehören einem Spiegelungstyp von – jeweils – zwei möglichen an. Beide passen zusammen wie zwei rechte Hände beim Händedruck oder – wie oft gesagt wird – wie Schlüssel und Schloß: Die Spiegelbilder der Moleküle der wirklichen Fermente einer Schnecke könnten die Moleküle ihrer wirklichen Nahrung nicht verarbeiten. Daher sind Schnecken mit sich falschherum windenden Schneckenhäusern keinesfalls vollkommene Spiegelbilder von Schnecken mit normalen Häusern. Wären sie bis herunter zum molekularen Niveau Spiegelbilder, müßten sie verhungern, da ihre Fermentmoleküle die (in wirklichem Basilikum beispielsweise vorkommenden) Nahrungsmoleküle nicht umsetzen könnten. Das zeigt noch einmal, daß zur Nachprüfung der Spiegelsymmetrie der Naturgesetze alle, aber wirklich alle am jeweiligen Experiment beteiligten Moleküle gespiegelt werden müssen.

Obwohl Spiegelung aller für das Leben relevanter Moleküle praktisch unmöglich ist, kann nicht bezweifelt werden, daß das Resultat einer solchen Operation ein gleichermaßen funktionierendes Ökosystem wäre. Die Gesetze der Chemie sind – mit anderen Worten – spiegelsymmetrisch, ihre Symmetrie ist aber durch die Asymmetrie des Zustands der belebten Welt verborgen. Auf einem tieferen Niveau, dem der Atome und Moleküle, wiederholt sich das von den Schneckenhäusern bereits Bekannte: Die grundlegenden Gesetze der Chemie sind symmetrisch, nicht aber die effektiven Gesetze der Chemie des Lebens oder der Biologie. Diese hängen gleichermaßen von den symmetrischen Gesetzen der Chemie und den Asymmetrien des Lebens ab. Niemand zweifelt – denken wir – daran, daß der (auch molekulare) Nachbau des Spiegelbilds der heutigen belebten Welt genauso funktionieren würde wie diese Welt selbst, im Spiegel betrachtet. (Einige Physiker, die mit radioaktivem ^{60}Co experimentieren, nehmen wir allerdings aus.)

Entstehung der Asymmetrien

Mit Eigen 1975 und 1987 denken wir, daß sich die Asymmetrien des Lebens zufällig so herausgebildet haben, wie sie es taten. Wir haben gesehen, daß, wenn die Spiegelung auch die Moleküle betrifft, das Spiegelbild allen Lebens ein Ökosystem bilden würde, das genau so gut funktionieren würde wie das tatsächlich bestehende. Es ist selbstverständlich eine andere Frage, ob das Spiegelbild des tatsächlichen Lebens hätte *entstehen* können. Dagegen könnte sprechen, daß die Gesetze des β-Zerfalls und die Bedingungen auf der Erde nicht ganz spiegelsymmetrisch sind. Darauf gehen wir nicht ein. Interessant ist der Versuch (Mason 1984, Janoschek 1984), für den Spiegelungstyp des Lebens eine mit bisherigen Mitteln unnachweisbar kleine Verletzung der Spiegelsymmetrie der Gesetze der Chemie verantwortlich zu machen.

Grundlage der Gesetze der Chemie sind die Gesetze der Atomphysik. Zu diesen trägt neben der dominierenden spiegelsymmetrischen elektromagnetischen Wechselwirkung als winzige Korrektur auch die nicht spiegelsymmetrische neutrale schwache Wechselwirkung bei. Folglich sind die Gesetze der Atomphysik und damit genau genommen auch die der Chemie nicht exakt spiegelsymmetrisch. Nachgewiesen wurde der Effekt bisher nur in der Atomphysik, nicht in der Chemie. Trotzdem: Will man eine Asymmetrie der Naturgesetze dafür verantwortlich machen, daß die Händigkeit der (besser: einiger, der ursprünglichen) Moleküle des Lebens so ist, wie sie ist, kann man auf die Abhängigkeit der Gesetze der Chemie von der neutralen schwachen Wechselwirkung verweisen. Obwohl diese Asymmetrie das Leben, ist es einmal entstanden, nicht mehr merklich beeinflussen kann und sein Spiegelbild genauso erlauben würde, wird sie von den erwähnten Autoren dafür verantwortlich gemacht werden, daß das wirkliche Leben mit seinen Molekülen *entstanden* ist und nicht dessen Spiegelbild.

Auch bei spiegelsymmetrischen Gesetzen können wir leicht verstehen, daß das Leben und seine Moleküle nicht spiegelsymmetrisch sind. Welche Händigkeit sich aber ausgebildet hat, müssen wir bei symmetrischen Gesetzen dem Zufall überlassen. Denn da wir wissen, daß zufällige Schwankungen durch Kooperation verstärkt werden, wird einer, gleichgültig welcher, Spiegelungstyp nach einiger Zeit dominieren. Die heute zu beobachtende Asymmetrie des Lebens hat sich mit Sicherheit auf verschiedenen Ebenen unabhängig durch eine Serie spontaner Symmetriebrechungen entwickelt. So könnte sich unser Herz bei ungeänderter Spiraltendenz der DNA durchaus auf der rechten Seite befinden.

Spontane Symmetriebrechung

Wieder (Kapitel 1, §2 und Kapitel 2, §1) sind asymmetrische Erscheinungen durch Asymmetrien, die aus Anfangsbedingungen folgen, mit symmetrischen Gesetzen verträglich. Hierfür ist nicht einmal Asymmetrie der Anfangsbedingungen erforderlich ist; es reicht aus, daß Symmetrie eine instabile Eigenschaft der Anfangsbedingungen ist. Wenn so, wird eine kleine und unvermeidbare asymmetrische Störung oder Fluktuation alsbald so vergrößert, daß die am Anfang möglicherweise vorhandene Symmetrie zerstört wird. Ein berühmtes Beispiel hierfür, das allerdings als Beispiel für das Gegenteil gemeint war, ist Buridans Esel. Der scholastische Philosoph Buridan, der um 1300 wirkte, hat argumentiert, daß ein Esel genau in der Mitte zwischen zwei identischen Heuhaufen verhungern müsse, da es ihm unmöglich sein werde, einen bestimmten der zwei Heuhaufen anzusteuern, d.h. die Symmetrie zu brechen. Das stimmt nicht, da Symmetrie eine instabile Eigenschaft der Situation ist: Wenn sich der Esel zufällig ein wenig in die Richtung des einen Heuhaufens bewegt, wächst die Anziehung, die gerade dieser Heuhaufen auf ihn ausübt, so daß der Esel sich abermals ein wenig in dessen Richtung bewegen, sich ihm schließlich ganz zuwenden und die Symmetrie brechen wird. Analog dazu hat wahrscheinlich die Evolution zufällig aufgetretene Fluktuationen verstärkt mit dem Resultat, daß von der anfangs vorhandenen Spiegelsymmetrie – gleich viele Moleküle von jedem Spiegelungstyp – heute nichts mehr zu bemerken ist.

Die spontane Symmetriebrechung in Biologie und Physik ist, anders als die bei Buridans Esel, nicht trivial. Bei dem Esel wäre es sinnlos, von Gesetzen zu sprechen, deren Symmetrien bei der spontanen Symmetriebrechung erhalten bleiben. Biologie und Physik hingegen kennen neben den symmetrischen fundamentalen effektive Gesetze, die asymmetrisch sind, da sie den asymmetrischen Zustand der Welt einbeziehen.

Das haben wir bereits gesagt. Die spontane Symmetriebrechung in Biologie und Physik betrifft zudem nicht nur einzelne Phänomene unter vielen, sondern all jene, für die die Gesetze der Biologie oder Physik gelten – das ganze Leben im Fall der Biologie. Asymmetrische Anfangsbedingungen der Mechanik, die etwa die Bahn einer ausgebrannten Rakete festlegen, tun genau das; es ist unmöglich, von ihnen eine Vielfalt asymmetrischer Phänomene abzuleiten, für die dieselben effektiven

Gesetze gelten würden. Spontane Symmetriebrechung betrifft hingegen den Grundzustand des Systems, den Zustand also, aus dem alle anderen Zustände als Anregungen entstehen. Daher ist Asymmetrie bei spontaner Symmetriebrechung in der Physik allgegenwärtig: Sie betrifft alle Zustände, die überhaupt zugänglich sind.

§3 Spontane Symmetriebrechung und die fundamentalen Naturgesetze

Der Grundgedanke der spontanen Symmetriebrechung ist, zwischen den symmetrischen Naturgesetzen und dem asymmetrischen Zustand der Welt zu unterscheiden. Dies wollen wir durch Phasenübergängen als Beispiel erläutern. Gase sind makroskopisch betrachtet vollkommen bewegungssymmetrisch: Genau wie im leeren Raum, kann ich auch in einem Gas nicht feststellen, wo ich mich befinde, und in welche Richtung ich sehe. Die vollkommene Symmetrie beruht atomar gesehen aber nicht auf Symmetrie, sondern auf Unordnung, dem vollkommenem Chaos, das aus den Zufallsbewegungen der Gasmoleküle folgt. Mittelt man nun aber über die Positionen der Moleküle des Gases, achtet also nur auf die Wahrscheinlichkeiten, in Raumbereichen und/oder Zeitintervallen Moleküle anzutreffen, erreicht man die vollkommene Symmetrie "im Mittel" des makroskopischen Gases.

Chaos und Symmetrie im Mittel

Gegeben sei eine Momentaufnahme der Orte aller Moleküle eines Gases. Dann ist es möglich, durch Information über die individuellen Positionen der Moleküle in den Umgebungen von Punkten diese Punkte zu unterscheiden: Es gibt weder Verschiebungs- noch Drehsymmetrie. Doch diese Asymmetrie ist weniger interessant als die Symmetrie, die dadurch entsteht, daß man über die Orte, die die einzelnen Moleküle im Laufe der Zeit einnehmen, mittelt – etwas, was das die Wärmebewegung der Moleküle ununterbrochen tut.

Die einzelnen Moleküle im Laufe der Zeit verfolgen zu wollen, ist ein aussichtsloses und, verglichen mit der Beobachtung von Mittelwerten, nutzloses Unterfangen. Es gibt verschiedene Möglichkeiten, Mittelwerte zu bilden. Beispielsweise kann man nach der Zahl der Moleküle fragen, die man in einem Volumen mit vorgegebener Größe antrifft. Ist dieses Volumen groß genug, wird diese Zahl nur wenig davon abhängen, wo in dem Gas sich das Volumen befindet. Dadurch, daß man über die

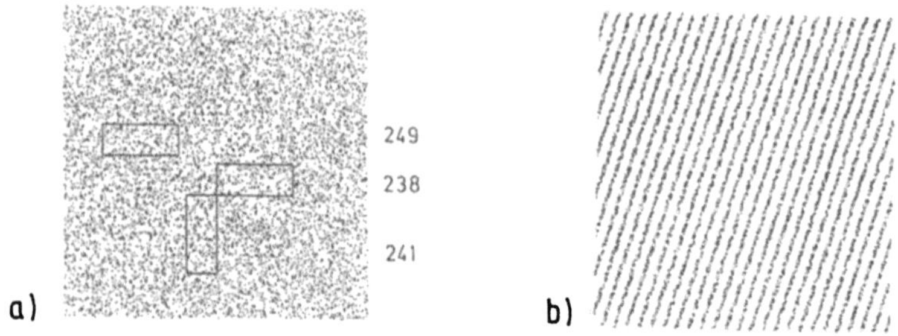

Abb. 5.4 **Die Zufallsverteilung der Punkte in a) ist im Mittel symmetrisch; nicht aber die periodische Verteilung in b).**

Zahl der zu verschiedenen Zeiten in gegebenen, jetzt auch kleinen, Volumina angetroffenen Moleküle mittelt, erhält man die Dichte des Gases als Funktion des Ortes. Da diese Dichte vom Ort in dem Gas nicht abhängt, kommt man, etwas pauschal gesagt, durch Mittelung über die (in jedem Zeitpunkt und mehr noch im Laufe der Zeit) chaotisch verteilten individuellen Positionen seiner Moleküle zu der vollständigen Verschiebungs-, Dreh- und Spiegelsymmetrie eines makroskopischen Gases: Chaos und Symmetrie sind äquivalent.

Kristalle sind ein Sinnbild der Symmetrie; dabei ist die bei ihnen erkennbare Ordnung eigentlich und genau genommen eine Brechung der vollkommenen Symmetrie des in einem Gas oder einer Schmelze herrschenden Chaos (Genz 1987a). Das gilt allgemein: Durch Ordnung endlicher Teile ist die höchste Symmetrie des Chaos nicht erreichbar; als Ordnung erkennbare Symmetrie bedeutet immer Symmetriebrechung. Der nach Sendeschluß weiß rauschende Fernsehschirm ist im Mittel vollkommen symmetrisch; erscheint auf ihm die Darstellung eines symmetrischen Escher-Bildes, ist diese vollkommene Symmetrie gebrochen: Statt vollständiger Drehsymmetrie gibt es nur noch Drehsymmetrie um gewisse Punkte und Winkel.

Ein weiteres Beispiel (Genz 1988, 1989a+b, 1990a) zeigt die Abb. 5.4: Die Koordinaten der jeweils 10^4 Punkte der Abbildungen entstammen den Zufallszahlgeneratoren des BASIC zweier verschiedener Rechner. Das Programm ruft nacheinander $2 \cdot 10^4$ Zufallszahlen auf und interpretiert sie Paar auf Paar als Koordinaten von zu zeichnenden Punkten. Gute Zufallszahlen sollten keiner leicht erkennbaren Regel folgen; die vom Rechner generierten Punkte sollten also regellos in den Quadraten der Abbildung verteilt sein. Das ist bei Abb. 5.4a mehr oder weniger der Fall, nicht aber bei Abb. 5.4b. Leicht zu erkennen ist auch, daß die Verteilung der Abb. 5.4a im Mittel symmetrischer ist als die Abb. 5.4b: Die sichtbare Ordnung der Zufallszahlen der Abb. 5.4b erinnert an einen Kristall und bricht Symmetrien der Abb. 5.4a. Die Kästen der Abbildung a zeigen, was unter "Symmetrie im Mittel" verstanden werden soll: Angegeben ist in Höhe der Kästen neben der Abbildung die Zahl der Punkte in ihnen. Diese Zahlen hängen, bezogen auf die mittlere Zahl der Punkte in dem Kasten, von dessen Lage und Ausrichtung kaum ab. Das wäre bei Abb. 5.4b offenbar ganz anders.

Von spontaner Symmetriebrechung spricht man, wenn ein physikalisches System von einem der Abb. 5.4a entsprechenden Zustand in einen übergeht, der Abb. 5.4b entspricht. Das ist der Fall, wenn sich aus einer Schmelze Kristalle bilden. Ein anderes Beispiel ist die spontan auftretende Magnetisierung makroskopischer Stücke Eisen beim Abkühlen: Oberhalb der Curie-Temperatur von 768 °C ist Eisen unmagnetisch; kühlt man es auf diese Temperatur und darunter ab, ist es ab dieser Temperatur magnetisch.

Spontane Symmetriebrechung in der Festkörperphysik

Jedes Eisenatom ist ein kleiner Elementarmagnet. Oberhalb der Curie-Temperatur bewirkt die Wärmebewegung, daß in jede Raumrichtung nahezu gleich viele Elementarmagnete zeigen: Das System ist als hinreichend chaotisches im Mittel drehsymmetrisch. Da ein Magnetfeld stets eine bestimmte Richtung besitzt, der Zustand einer magnetischen Substanz also durch eine Drehung geändert werden kann, ist Eisen in diesem Zustand notwendigerweise unmagnetisch. Mikroskopisch betrachtet, kompensieren sich die Magnetfelder der in alle Richtungen zeigenden Elementarmagnete gegenseitig – mit eben diesem Resultat.

Nun ist der Zustand niedrigster Energie eines Systems (sein Grund- oder Vakuumzustand) von Elementarmagneten einer, in dem sie alle in dieselbe Richtung zeigen. Daher werden sie sich in dem Ausmaß parallel stellen, das die der Ordnung entgegen wirkende Wärmebewegung zuläßt. Ist die Temperatur niedrig genug, werden auch makroskopisch gesehen mehr Elementarmagnete in eine gewisse Richtung zeigen als in jede andere. Dies Phänomen setzt bei der Curie-Temperatur ein. Daher ist Eisen unterhalb der Curie-Temperatur magnetisch – die magnetischen Wirkungen der parallel stehenden Elementarmagnete

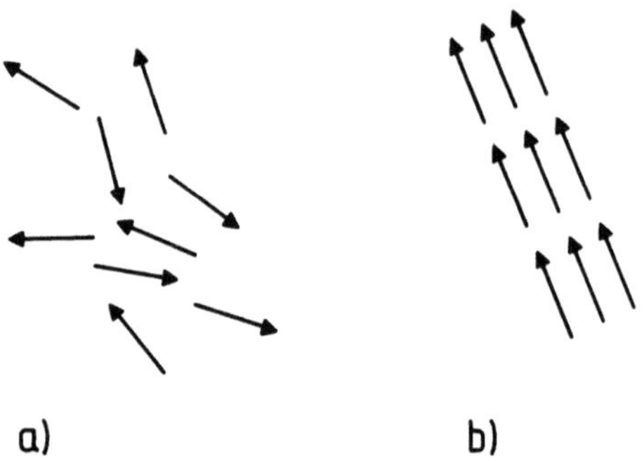

Abb. 5.5 **Die Abbildung veranschaulicht die Einstellungen der Spins eines Ferromagneten (a) im unmagnetischen Zustand oberhalb und im magnetischen (b) unterhalb der Curie-Temperatur.**

verstärken einander und bauen ein makroskopisch wirksames Magnetfeld auf. Abb. 5.5 stellt die Elementarmagnete des Stücks Eisen in diesen Fällen (Abb. 5.5a oberhalb, Abb. 5.5b unterhalb der Curie-Temperatur) schematisch dar.

Der Übergang von unmagnetischem zu magnetischem Eisen bricht die Drehsymmetrie spontan. Denn die Naturgesetze, die für die Atome des Eisenstücks und ihre Wechselwirkungen gelten, sind bei beliebigen Temperaturen drehsymmetrisch. Doch der Zustand des Eisens unterhalb der Curie-Temperatur ist es nicht. Die Existenz der durch die Richtung des makroskopischen Magnetfeldes gegebenen Vorzugsrichtung im Eisen verbirgt die immer noch geltende Drehsymmetrie der Naturgesetze. Wesen, die innerhalb magnetischen Eisens lebten, würden die in Wahrheit geltende Drehsymmetrie nicht bemerken; in ihre – von unserem Standpunkt aus: effektiven – Naturgesetze würde die allgemeine Vorzugsrichtung eingehen. Denn um herauszufinden, ob für den insgesamt gedrehten Magneten dieselben Naturgesetze gelten würden wie für ihren wirklichen, müßten sie unendlich viele Elementarmagnete gleichzeitig drehen, was zwar nicht im Prinzip, wohl aber tatsächlich unmöglich ist. Sie können nur mit lokalen Anregungen experimentieren, die ausnahmslos von der Magnetisierungsrichtung beeinflußt werden. Die spontane Symmetriebrechung betrifft also den Grundzustand des Eisens; alle anderen erreichbaren Zustände sind Anregungen dieses Grundzustands.

Zur Magnetisierung Null gehört der drehsymmetrische Zustand, in dem in alle Richtungen ungefähr gleich viele Elementarmagnete zeigen. Zwar nicht mikroskopisch, wohl aber makroskopisch – bei alleiniger Betrachtung gemittelter Größen – gibt es nur einen derartigen Zustand.

Bei nichtverschwindender Magnetisierung kann es eben wegen der Drehsymmetrie der Naturgesetze keinen drehsymmetrischen Zustand des Eisens insgesamt geben: Durch Drehungen wird das Eisen im allgemeinen in Zustände mit anderer Richtung der Magnetisierung – notwendigerweise sind das andere Zustände – überführt, die aber genauso möglich sind und dieselbe Energie besitzen. Wenn also ein Zustand niedrigster (freier) Energie eines Systems die Symmetrie der Naturgesetze, die sein Verhalten beherrschen, nicht besitzt, muß es eben wegen dieser Symmetrie mehrere gleichberechtigte Zustände niedrigster Energie geben. Aber das System kann nur einen von ihnen annehmen – derjenige, in den es übergeht, besitzt also notwendigerweise die Symmetrien der für das System geltenden Naturgesetze nicht. Von dem einen symmetrischem Zustand höherer Energie wird das System in der Regel – wenn dies beispielsweise die Wärmebewegung erlaubt – spontan in einen der Grundzustände niedrigster Energie übergehen.

Die Festkörperphysik kennt zahlreiche Übergänge aus ungeordneten, symmetrischen zu geordneteren, weniger symmetrischen mit niedriger (freier Energie. Welches diese Zustände, insbesondere die Grunzustände des Systems sind, hängt von dem Wert eines Kontrollparameters (Kapitel 1, §2) ab – beim Ferromagnet ist der Kontrollparameter die Temperatur. Wenn der Kontrollparameter einen bestimmten kritischen Wert über- oder unterschreitet – die Curie-Temperatur T_C beim Ferromagneten – tritt die Symmetrieänderung ein.

Makroskopisch werden die Übergänge von ungeordneten zu geordneten Phasen durch Ordnungsparameter beschrieben. Ordnungsparameter besitzen in der ungeordneten – symmetrischen – Phase den Zahlenwert Null; in der geordneteren – weniger symmetrischen – Phase sind sie von Null verschieden. Beim Ferromagneten können wir als Ordnungsparameter die drei Komponenten der Magnetisierung $\vec{M}$ wählen.

Der Ferromagnet ist in doppelter Hinsicht untypisch (Anderson 1981, 1984). Erstens besitzen all seine für unser Thema wichtigen Eigenschaften eine anschauliche Bedeutung; vor allem der Ordnungsparameter Magnetisierung. Zweitens ist untypisch, daß für den Ordnungsparameter ein Erhaltungssatz gilt. Genauer vertauschen alle drei Komponenten des Drehimpulsoperators wegen der Drehsymmetrie der Naturgesetze mit dem Hamilton-Operator des Ferromagneten; das führt auf Erhaltung der Magnetisierung, da im (Modell des) Ferromagneten nur Elementarmagnete – das sind die Spins der Elektronen der Eisenatome

– Drehimpuls tragen. Von den anderen Systemen der Festkörperphysik, bei denen spontane Symmetriebrechung auftritt, besitzt keines einen erhaltenen Ordnungsparameter; zugleich sind diese Ordnungsparameter anschaulich schwer zu interpretieren.

Da also allein der Ferromagnet anschauliche Argumente zur spontanen Symmetriebrechung erlaubt, verwenden wir ihn als Paradigma. Wie andere Autoren werden wir dabei die untypische Tatsache, daß für seine Ordnungsparameter Erhaltungssätze gelten, nicht beachten.

Nach den Gesetzen der Quantenmechanik ist bei einem aus endlich vielen Elementarmagneten aufgebautem Ferromagneten der Zustand niedrigster Energie nicht entartet: Keiner der Zustände mit bestimmter Magnetisierung ist ein quantenmechanischer Grundzustand des endlichen Ferromagneten. Der quantenmechanische Grundzustand ergibt sich vielmehr durch symmetrische Linearkombination aller klassisch äquivalenten Zustände, die aus einem dieser Zustände mit bestimmter Magnetisierung durch Drehungen entstehen. Das ist mit Drehungen statt Spiegelungen wie es in Kapitel 2, §2 bei dem NHDT-Molekül war. Erst unendlich viele Spins besitzen in der Quantenmechanik verschiedene Zustände mit derselben niedrigsten Energie (die übrigens in verschiedenen Hilberträumen liegen; mathematische Schwierigkeiten sind aber nicht unser Thema).

Spontane Symmetriebrechung besprechen wir auf zwei Ebenen: der mikroskopischen und der makroskopischen. Mikroskopisch betrachten wir Spins und deren Einstellungen; makroskopisch weisen wir dem Ferromagnet seinen dreikomponentigen Ordnungsparameter $\vec{M}$ zu. Wenn wir mikroskopisch über die Einstellungen von Spins in Raumgebieten mitteln, können wir makroskopisch von der "Dichte der Magnetisierung" $\vec{M}(t,\vec{x})$ als Funktion der Zeit t und des Ortes $\vec{x}$ sprechen.

Grundzustände und ihre Anregungen

Felder wie $\vec{M}(t,\vec{x})$ treffen wir auch in der Physik der Elementarteilchen an. Sowohl in der Teilchen- als auch in der Festkörperphysik beschreiben sie "Anregungen" des jeweiligen Grundzustandes, des Zustandes niedrigster Energie oder auch Vakuums. Als Anregungen treten vor allem "Wellen" und "Fluktuationen" auf. Diese haben in der Festkörperphysik, speziell beim Ferromagnet, vermöge ihrer mikroskopischen Interpretation als "Spinwellen" oder "Spinfluktuationen" eine anschauliche Bedeutung. Ihr wenden wir uns zunächst zu.

Die spontane Symmetriebrechung läßt die Naturgesetze ungeändert. Das Medium, für dessen Anregungen die Gesetze gelten, geht von seinem symmetrischen, ungeordneten Zustand in einen weniger symmetrischen, geordneteren Zustand mit geringerer Energie über – vom "falschen" in ein "richtiges" Vakuum; das ist alles. Die "kleinen" Anregungen des so erreichten richtigen Vakuums, in denen nur wenige Spins aus ihrer Gleichgewichtslage ausgelenkt sind, sind zugleich "große" Anregungen des falschen, dafür aber symmetrischen Vakuums: Bis auf wenige zeigen alle Spins in dieselbe Richtung. Für die zweite Beschreibung, und nur für sie, gelten die ursprünglichen, durch die spontane Symmetriebrechung unbeeinflußten Naturgesetze. Die effektiven Naturgesetze unserer Wesen im Innern des Ferromagneten beziehen hingegen das geänderte Vakuum ein. Dadurch können sie kleine Anregungen ihres, des richtigen, Vakuums als solche behandeln. Ihre effektiven Gesetze sehen daher anders aus als die "wahren", immer noch gültigen, ursprünglichen Naturgesetze.

Bei der Diskussion der Anregungen des Vakuums nach der spontanen Symmetriebrechung müssen wir zwei Fälle unterscheiden. Erstens den, daß es nach Auskunft der wahren, ursprünglichen Naturgesetze keine Kräfte mit unendlicher Reichweite gibt. Diese Annahme schließt lokal symmetrische Theorien aus. Denn diese enthalten masselose Austauschteilchen; ein Beispiel ist das Photon. Die Reichweite der zugehörigen Kräfte ist, wie die des Coulomb-Potentials, unendlich. Statische Kräfte besitzen die Yukawa-Abhängigkeit $g \cdot e^{-r/R}/r$ vom Abstand r, wobei R die Reichweite der Kraft und g eine Proportionalitätskonstante ist. Durch $R \to \infty$ entsteht hieraus das g/r-Potential mit seiner unendlichen Reichweite. Die Masse des Austauschteilchens ist zu $1/R$ proportional, verschwindet daher bei der Reichweite unendlich: Das Photon hat die Masse Null.

Gibt es keine Kräfte mit der Reichweite unendlich, so gilt das Goldstone-Theorem. Von ihm näheres sogleich. Gibt es hingegen derartige Kräfte, und betrifft die spontane Symmetriebrechung eine lokale Symmetrie der Theorie, so gilt "statt" des Goldstone-Theorems das Higgs-Theorem.

Das Goldstone-Theorem

Im Ferromagneten gibt es keine Kräfte mit Reichweite unendlich. Daher können wir das Goldstone-Theorem mit Hilfe des Ferromagneten plausibel machen. Das Theorem sagt, daß bei spontaner Brechung einer kontinuierlichen und (nur) globalen Symmetrie – der Drehsymmetrie beim Ferromagneten – das richtige Vakuum nach der Symmetriebrechung Anregungen besitzt, deren Frequenz verschwindet, wenn ihre Wellenlänge über alle Grenzen wächst. In der Quantenmechanik ist die Energie einer Welle zur Frequenz proportional, ihr Impuls zur Wellenlänge umgekehrt proportional. Daher gibt es unter den Voraussetzungen des Goldstone-Theorems im richtigen Vakuum Anregungen, deren Energie mit dem Impuls verschwindet. Gilt für die Anregungen des betrachteten Systems, anders als für die des Ferromagneten, der relativistische Zusammenhang $E(\vec{p}) = \sqrt{m^2 + \vec{p}^{\,2}}$, so ist wegen $E(\vec{p} = \vec{0}) = m$ die Masse m einer Goldstone-Anregung Null. Für relativistische Feldtheorien sagt das Goldstone-Theorem also, daß es bei spontaner Brechung einer kontinuierlichen (nur) globalen Symmetrie stets Anregungen – Teilchen! – mit der Masse Null gibt. Auch über deren Spin macht das Theorem eine Aussage: Er ist Null.

Die Goldstone-Anregungen des Ferromagneten sind Spinwellen. Schlußendlich beruht das Goldstone-Theorem darauf, daß es keine Energie kostet, das System unendlich langsam eine Folge von Grundzuständen mit derselben Energie durchlaufen zu lassen; diese bilden nach den Voraussetzungen des Theorems ja eine kontinuierliche Mannigfaltigkeit. Den Ferromagneten, und mit ihm seine Magnetisierung, können wir, ohne Energie aufzuwenden, unendlich langsam drehen. Die hypothetischen Wesen in seinem Innern können das aus praktischen Gründen selbstverständlich nicht. Spinwellen wollen wir uns – nicht ganz korrekt – als gekoppelte Drehungen von Spinvektoren um eine Achse, auf der sie aufgereiht sind, vorstellen (Abb. 5.6). In Übereinstimmung mit dem Goldstone-Theorem können unendlich langsame Drehungen der Magnetisierung eines Ferromagneten als Spinwellen mit der Wellenlänge unendlich und der Frequenz Null aufgefaßt werden; relativistisch also als Masse-Null Teilchen.

Die "Spin"-Vektoren $\vec{S}_i$ der unendlich langen Reihe mit i ganzzahlig und $-\infty < i < \infty$ in Abb. 5.6 sind an der Gerade der Abbildung in konstantem Abstand δ so angebracht, daß sie sich widerstandslos um die Gerade drehen können. Der Winkel, den der i-te Spin mit einer fest vorgegebenen Richtung einschließt, sei ϕ_i. Wir wollen nur Anregungen betrachten, bei denen die Winkeldifferenzen $\phi_i - \phi_{i+1}$ dem Betrage nach klein sind (und für alle Zeiten klein bleiben). Jeder Spin soll nur mit seinem nächsten Nachbarn wechselwirken; die Potentialfunktion sei

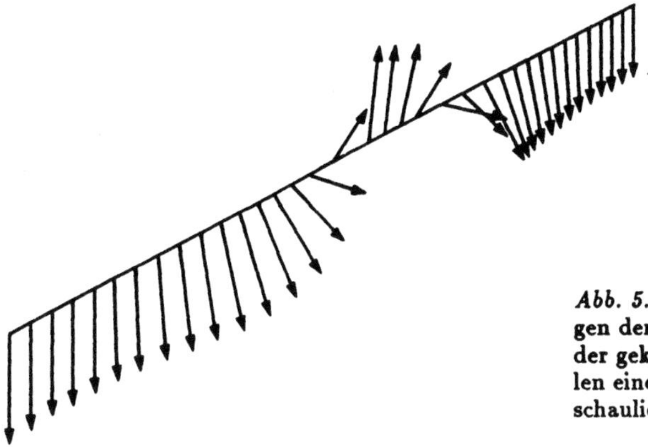

Abb. 5.6 **Die Auslenkungen der elastisch aneinander gekoppelten Pfeile sollen eine "Spinwelle" veranschaulichen.**

$-g\sum_i \vec{S}_i \cdot \vec{S}_{i+1}$ mit $g > 0$. Die Energie ist dann am kleinsten, wenn alle Spins parallel sind – wie es bei einem Ferromagnet sein muß.

Wir wollen nach der potentiellen Energie fragen, die in einer Wellenlänge enthalten ist, wenn diese bei konstant gehaltener Amplitude ϕ_A über alle Grenzen wächst. Ist die Winkelauslenkung periodisch mit der Periode $2 \cdot N$ um $\phi = 0$, wächst die Auslenkung in N (oder $N-1$; das ist gleichgültig, da N groß sein soll) Schritten von $-\phi_A$ auf ϕ_A. Zur Vereinfachung nehmen wir an, daß die Auslenkung linear wächst; bei jedem Schritt dann um $\delta\phi = 2 \cdot \phi_A/N$. Der Schritt vom i-ten Spin zum $(i+1)$-ten Spin trägt

$$-g\vec{S}_i \cdot \vec{S}_{i+1} = -g' \cos\delta\phi = -g' \cos(2 \cdot \phi_A/N) \approx -g'[1 - (2\phi_A/N)^2/2]$$

zur Energie bei (mit g' einer positiven Konstante). Verglichen mit dem Grundzustand ($\phi_A = 0$), enthält eine Wellenlänge $2N \cdot \delta$ einer Spinwelle also die Energie $g'(2 \cdot N \cdot \delta)(2\phi_A/N)^2/2$. Sie ist (bei festem δ) zur Wellenlänge umgekehrt proportional, verschwindet also, wenn die Wellenlänge gegen unendlich geht.

Folglich verschwindet der "elastische" Energieinhalt der Spinwelle mit wachsender Wellenlänge – wie es das Goldstone-Theorem verlangt. Die kinetische Energie der Welle hängt von der Dynamik ab; bei harmonischen Oszillatoren stimmt sie nach dem Virialsatz (Kapitel 3, §1) im Mittel mit der potentiellen Energie überein. Die Frequenz tatsächlicher Spinwellen ist übrigens zum Quadrat der Wellenlänge proportional. Unsere Betrachtungen haben ihren Zweck erfüllt, wenn sie die Bedeutung der *Voraussetzung* des Theorems, daß die Reichweite der Kräfte endlich ist, plausibel machen: Anderenfalls könnten wir nicht einmal sicher sein, daß die potentielle Energie der Welle bei unendlicher Wellenlänge verschwindet. Sie verschwindet, da – erstens – mit wachsender Wellenlänge die Auslenkungen benachbarter Spins abnehmen, also weniger zur Energie beitragen, und – zweitens – der Beitrag von Spins mit großer relativer Auslenkung zur Energie wegen deren wachsender Entfernung gegen Null geht. Gäbe es Kräfte mit unendlicher Reichweite, wäre der zweite Teil des Arguments hinfällig.

Fluktuationen

In einem Spinsystem können nicht nur Wellen, sondern auch Fluktuationen auftreten. Durch ein Blockspintransformation genanntes Verfahren gelingt es, die "kleinen" Fluktuationen zugunsten der "großen" zu eliminieren. Unterwirft man ein System einer Blockspintransformation, sieht man es bildlich gesprochen aus größerer Entfernung an; das System wird verkleinert. Unterhalb von T_C eliminiert dieses Verfahren die "kleinen" Inseln von Spins, die in die "falsche" Richtung zeigen; das System wird einem durchgehend magnetisierten ähnlicher und ähnlicher. Oberhalb von T_C werden alle Inseln mit einheitlicher Magnetisierung, die größer sind als die Statistik unabhängiger Spins erwarten läßt, eliminiert; die Verteilung der Spins wird im Verlauf der Blockspintransformationen zu einer rein statistischen. Genau bei T_C ist die Verteilung der Spins selbstähnlich: Große und kleine Fluktuationen – Inseln mit derselben Spineinstellung – sind so verteilt, daß die Verteilung im Mittel durch die verkleinernden Blockspintransformationen nicht geändert wird. Auf Details können wir nicht eingehen und verweisen auf den schönen Artikel Wilson 1979 des Erfinders des Verfahrens und Physiknobelpreisträgers (siehe auch Genz 1987a, S. 197-208).

Ein mathematisches Modell

Betrachtet man ein System wie den Ferromagneten "von außen", wird er durch die Feld-Funktionen $\vec{M}(t,\vec{x})$ beschrieben. Im Zustand niedrigster Energie gibt es keine Anregungen und $\vec{M}(t,\vec{x})$ ist von $t,\vec{x}$ unabhängig, $\vec{M}(t,\vec{x}) = \vec{M}$. Dieses $\vec{M}$ minimalisiert die (freie) Energie des Systems; insofern kann es wie ein Massenpunkt in einem Potentialfeld beschrieben werden. Die Werte von $\vec{M}$, die das System im Grundzustand annimmt, entsprechen den Ruhelagen des Massenpunktes: Beide minimalisieren eine vorgegebene Funktion. Im Fall des Massenpunktes

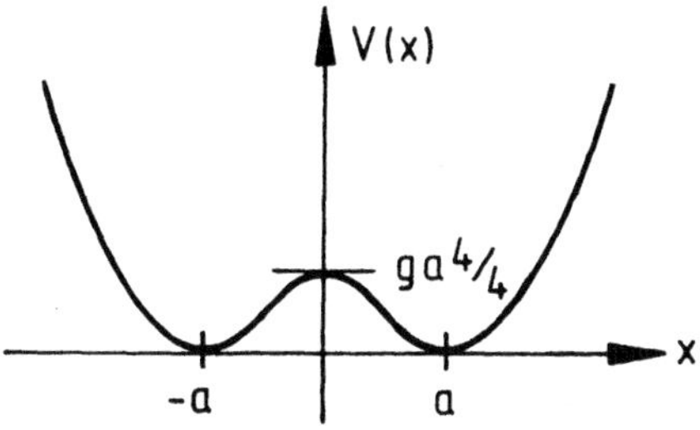

Abb. 5.7 **Das Potential** $V(x) = (g/4) \cdot (x^2 - a^2)^2$

ist dies die Potentialfunktion. Kleinen Anregungen des Systems entsprechen die Schwingungen des Massenpunktes um seine stabilen Ruhelagen.

Das eindimensionale Potential der Gl. 1.1 beschreibt für $T < T_0$ ein System mit spontan gebrochener Spiegelungssymmetrie $x \to -x$; für $T > T_0$ ist die Symmetrie manifest und ungebrochen. Jetzt kommt es nur noch auf die Eigenschaften des Systems bei gebrochener Symmetrie an. Als Potentialfunktion mit der Gestalt in Abb. 1.24c wählen wir (Abb. 5.7)

$$V(x) = \frac{g}{4}(x^2 - a^2)^2$$

mit g und a zwei positiven Konstanten. Für ein Teilchen mit Masse m lautet die Hamilton-Funktion dann $H = p^2/(2m) + g \cdot (x^2 - a^2)^2/4$. Die Energie ist minimal bei ruhendem Teilchen ($p = 0$) und $x = a$ oder $-a$. Nun vollführe das Teilchen – der Ordnungsparameter des Systems – kleine Schwingungen um die Ruhelage bei $x = a$. Diese, wie alle Bewegungen des Teilchens, genügen der Bewegungsgleichung $m\ddot{x} + g \cdot x(x^2 - a^2) = 0$, die aus $V(x)$ folgt. Beide, Potentialfunktion und Bewegungsgleichung, sind selbstverständlich symmetrisch gegenüber der Spiegelung $x \to -x$ (zusammen mit $p \to -p$, $x \to -x$, $\dot{x} \to -\dot{x}$).

Direktere Auskunft darüber, wie sich das Teilchen bei Schwingungen um $x = a$ verhält, gibt $V(x)$ in der Form

$$V(x) = g[\frac{(x-a)^4}{4} + (x-a)^3 + (x-a)^2].$$

Es ist leicht, sich von der Selbstverständlichkeit zu überzeugen, daß $V(x)$ auch in dieser Form gegenüber der Transformation $x \to -x$ symmetrisch ist: Spontane Symmetriebrechung läßt die Symmetrie der Naturgesetze ungeändert.

Bei kleinen Schwingungen um den Gleichgewichtspunkt $x = a$ stimmt das symmetrische Potential $V(x)$ nahezu mit dem "effektiven" Potential

$$V_{\text{eff.}} = g[(x-a)^3 + (x-a)^2]$$

überein. Hätten wir auch den Term $(x-a)^3$ gestrichen, wäre das genäherte Potential symmetrisch gegenüber der Transformation $x \to -x + 2 \cdot a$; eine Symmetrie, die das wirkliche Potential nicht besitzt.

Das effektive Potential wird jedenfalls durch die Symmetrietransformation $x \to -x$ des ursprünglichen Potentials geändert. Und dem mit der Definition $x_1 = x - a$ umgeschriebenen vollständigen Potential $g \cdot [x_1^4/4 + x_1^3 + x_1^2]$ sieht man seine Symmetrie gegenüber der Transformation $x_1 \to -x_1 + 2 \cdot a$, der Umschreibung von $x \to -x$, nicht an: Die spontane Symmetriebrechung verbirgt die Symmetrie, hebt sie aber nicht auf.

Ein Teilchen, das sich in der Ebene in einem Potentialfeld (Abb. 5.8) $V(x,y) = g \cdot (x^2 + y^2 - a^2)^2$ bewegt, besitzt Goldstone-Anregungen. Wieder ist die Energie minimal, wenn das Teilchen ruht. Das Potential $V(x,y)$ ist eine drehsymmetrische Verallgemeinerung des bisher betrachteten spiegelsymmetrischen Potentials $V(x)$. In ebenen Polarkoordinaten r,ϕ gilt $V(r,\phi) \equiv V(x(r,\phi), y(r,\phi)) = g \cdot (r^2 - a^2)^2$; das Potential ist in der Tat drehsymmetrisch, da es von nicht ϕ abhängt. In r-Richtung wird das Teilchen (Abb. 5.8) um das Potentialminimum bei $r_0 = a$ kleine Schwingungen ausführen. Das ist wie bei der Bewegung im Potential $V(x)$. Aber in ϕ-Richtung, in der Rinne des Potentials, kann sich das Teilchen kräftefrei bewegen - ganz wie sich ein Ferromagnet kräftefrei drehen kann. Die Analogie ist offensichtlich: Ein Teilchen im Potential der Abb. 5.8 muß "seinen" Winkel ϕ "spontan" wählen und dadurch die Symmetrie brechen. Eben wegen der kontinuierlichen Drehsymmetrie kann es zugleich ohne Energieaufwand sein ϕ unendlich langsam ändern.

Wenn wir x und y in Abb. 5.8 nicht als Orte, sondern als Ordnungsparameter interpretieren, beschreibt das Modell spontane Symmetriebrechungen in der Festkörperphysik. Anregungen des Festkörpers sind Felder zugeordnet; das sind die von der Zeit t und den Koordinaten $\vec{x}$ des Festkörpers abhängigen Dichten der Ordnungsparameter (z.B. $\vec{M}(t,\vec{x})$). In der Elementarteilchenphysik treten komplexe Felder $\phi(t,\vec{x})$ auf. Über diese haben wir in Kapitel 4 einiges gesagt. Ganz wie die Lagrangefunktionen der Mechanik als Funktionen der Orte und

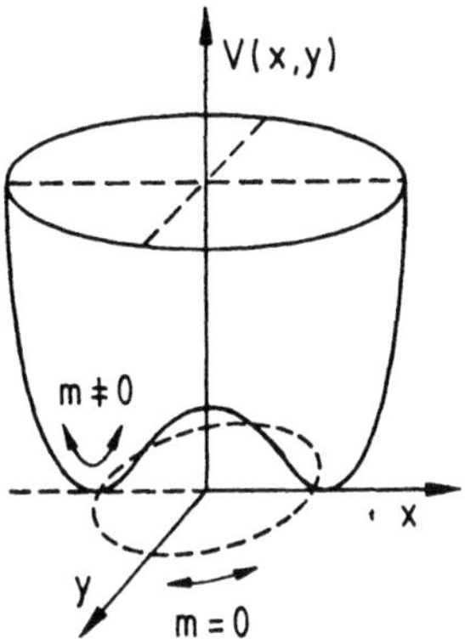

Abb. 5.8 Das "Flaschenboden-Potential" $V(x,y) = g \cdot (x^2 + y^2 - a^2)^2$

der Geschwindigkeiten, der Zeitableitungen der Orte, geschrieben werden können, so die Lagrangefunktionen der Elementarteilchenphysik als Funktionen der Felder $\phi(t,\vec{x})$ und ihrer Ableitungen $\dot{\phi}(t,\vec{x})$ und $\vec{\nabla}\phi(t,\vec{x})$). Obwohl die Felder $\phi(t,\vec{x})$ der Elementarteilchenphysik keine anschaulichen mikroskopischen Interpretationen als "Dichten" erlauben, treten sie makroskopisch genauso auf wie die Dichten der Ordnungsparameter in der Festkörperphysik.

Spontane Symmetriebrechung in der Feldtheorie

Um dies zu sehen, wollen wir Abb. 5.8 neu interpretieren. Wir beginnen mit einer mathematischen Umformung. Durch die Definition $z = x + iy$, wobei i die imaginäre Einheit ist, wird die x-y-Ebene zur komplexen Zahlenebene. Das Potential in Abb. 5.8 ist eine Funktion des Betrages $|z|$ von z, $V(z) = g \cdot (|z|^2 - a^2)^2$. Es bleibt also ungeändert, wenn z mit einem Phasenfaktor $e^{i\alpha}$ multipliziert wird. Diese Symmetrie gegenüber den Transformationen der Gruppe $U(1)$ "Multiplikation mit einem Phasenfaktor" ist die Drehsymmetrie des ursprünglichen Potentials $V(x,y)$ in neuem Gewand.

Zur Feldtheorie gehen wir durch eine Neuinterpretation der Abzissen x, y in Abb. 5.8 über: Wir fassen sie als Real- und Imaginärteil des komplexen Feldes $\phi(t,\vec{x})$ auf. Die Ableitungen des Feldes nach den Orten bringen, wenn sie nicht verschwinden, positive Beiträge zur Energie. Auch jetzt ist die Energie also für Felder minimal, die von t und $\vec{x}$ nicht abhängen, $\phi(t,\vec{x}) = \phi = \phi_1 + i\phi_2$ mit konstanten, reellen Feldern ϕ_1 und ϕ_2. Die Potentialfunktion lautet $V(\phi) = g \cdot (|\phi|^2 - a^2)^2$.

Kasten 5.3: Supraleitung I: Meißner-Effekt und die Masse des Photons im Supraleiter

Die Klein-Gordon Gl. 3.47 gilt nach ihrer Herleitung für Felder $\phi(t, \vec{x})$ freier Teilchen mit Masse m in der Relativitätstheorie. Ihre stationären Lösungen für $m = 0$ und $m \neq 0$ unterscheiden sich wesentlich voneinander. Wir betrachten die Halbebene $x \geq 0$ und schreiben vor, daß die Randwerte von ϕ für $x = 0$ von y und z unabhängig sind. Dann ist $\phi(t, \vec{x})$ für $x \geq 0$ von t, y und z unabhängig, $\phi(t, \vec{x}) = \phi(x)$, und mit der Konvention $\hbar = c = 1$ gilt $(d^2/dx^2)\phi(x) = m^2\phi(x)$. Die allgemeine Lösung ist $\phi(x) = a + b \cdot x$ für $m = 0$ und $\phi(x) = a \cdot e^{-m \cdot x} + b \cdot e^{m \cdot x}$ für $m \neq 0$. Hier sind a und b Konstante. Bei $x \to \infty$ bleibt die physikalische Lösung endlich, so daß $b = 0$. Die stationäre Lösung der Klein-Gordon-Gleichung in einem Halbraum ist also für $m = 0$ ein konstantes, für $m \neq 0$ ein exponentiell abklingendes Feld der Reichweite $R = 1/m$. Umgekehrt kann ein stationäres Feld $\phi(x) = a \cdot e^{-x/R}$ in einem Halbraum, das mit der Reichweite R abklingt, als ein Feld eines Teilchens der Masse $m = 1/R$ interpretiert werden. Der Grenzübergang $R \to \infty$ ergibt $m = 0$ und das zugehörige Feld $\phi(x) = a$. – In einen Supraleiter können Magnetfelder $\vec{B}$ nicht eindringen (Meißner Effekt); sie nehmen exponentiell mit dem Abstand zur Oberfläche ab. Dasselbe gilt für das Vektorpotential $\vec{A}$ (Kasten 2.7). Wir verwenden die Coulomb-Eichung, $\vec{\nabla} \cdot \vec{A} = 0$. Die $\vec{A}$ sind Felder von Photonen. Für sie gilt im Vakuum die Klein-Gordon-Gleichung mit $m = 0$; im Supraleiter mit $m \neq 0$. In einem Supraleiter verhalten sich Photonen also wie Teilchen mit von Null verschiedenen Massen. Beschreibt man Magnetfelder $\vec{B}$ durch Photonenfelder $\vec{A}$, so wird die Ausbreitung von Photonen im Supraleiter durch das $\vec{B}$-Feld, das sie mit sich bringen, behindert, da dies nach der Lenzschen Regel einen Strom $\vec{j}$ induziert, dessen Magnetfeld dem eindringenden $\vec{B}$ entgegengesetzt ist.

Anders gesagt, besitzt der Grundzustand des Supraleiters Anregungen, die sich wie Teilchen mit $m \neq 0$ verhalten. – Auf diesen Zusammenhang von $\vec{A}$ und $\vec{j}$ mit der Wellenfunktion des Supraleiters gehen wir in Kasten 5.4 ein. Beschrieben wird der Meißner-Effekt durch die London-Gleichung für $\vec{A}$, $\vec{\nabla}^2 \vec{A} = m^2 \cdot \vec{A}$, wobei m aus der mikroskopischen Theorie des Supraleiters berechnet werden kann. Durch Bildung der Rotation folgt die London-Gleichung für $\vec{B}$, $\vec{\nabla}^2 \vec{B} = m^2 \cdot \vec{B}$.

Multiplikation von ϕ mit einem Phasenfaktor $e^{i\alpha}$ ändert sie nicht – die Drehsymmetrie des Potentials ist als Eichsymmetrie zu interpretieren.

Für Felder $\phi = a \cdot e^{i\theta}$ mit θ einer beliebigen Phase ist $V(\phi)$ minimal. Wahl eines bestimmten Grundzustandes mit $\phi^\circ = a \cdot e^{i\theta^\circ}$ bedeutet Wahl einer bestimmten Phase von ϕ; die spontan gebrochene Symmetrie ist die Eichsymmetrie. Nur bei $\phi = 0$ ist die Symmetrie intakt; Übergang des Systems in einen der Grundzustände mit $|\phi| = a$ bricht sie spontan. Jeder Grundzustand zeichnet also eine bestimmte Phase aus; das Vakuum ist in dem Sinn nicht trivial, daß in ihm eine bestimmte Phase vorliegt. Befindet sich das System im Grundzustand, ist das zeitlich und räumlich konstante Feld $\phi = \phi^\circ = a$ allgegenwärtig; als Phase im Grundzustand haben wir $\theta^\circ = 0$ gewählt. Da es das Feld $\phi^\circ = a$ gibt, ist das Vakuum nicht leer. Es ist auch nicht eigenschaftslos und "trivial", da es eine bestimmte Phase ($\theta = 0$ bei unserer Wahl) vor allen anderen Phasen auszeichnet.

Wieder gibt es Anregungen des Grundzustands. Wir schreiben $\phi(t,\vec{x}) = [a + \xi(t,\vec{x})]e^{i\theta(t,\vec{x})}$ mit Feldern $\xi(t,\vec{x})$ und $\theta(t,\vec{x})$. Der Leser wird erwarten, daß $\theta(t,\vec{x})$ eine masselose, $\xi(t,\vec{x})$ eine Anregung mit positiver Masse beschreibt. In einer relativistischen Theorie trifft das tatsächlich zu. Um es zu beweisen, müssen wir nur die durch die Forderung nach Poincaré-Symmetrie eindeutig festgelegten quadratische Terme des Hamiltonoperators anschreiben. Setzt man in sie $[a + \xi(t,\vec{x})]e^{i\theta(t,\vec{x})}$ für $\phi(t,\vec{x})$ ein, können die Massen der Anregungen ξ und θ als $m_\xi = (8 \cdot g \cdot a)^{1/2}$ und $m_\theta = 0$ berechnet werden. Die Theorie enthält also zwei Teilchen mit Spin Null: ein masseloses Teilchen θ und ein massives ξ.

Das Potential für das komplexe Feld $\phi(t,\vec{x})$ sagt nichts darüber, welche Teilchen es sonst noch gibt. Gibt es Austauschteilchen mit Masse Null, so auch Kräfte mit der Reichweite unendlich – im Widerspruch

Kasten 5.4: Supraleitung II: Quantenmechanik des Supraleiters, spontane Symmetriebrechung und der Higgs-Mechanismus

Träger des Stroms $\vec{j}$ eines Supraleiters sind makroskopisch viele Bosonen, die sich in demselben quantenmechanischen Zustand $\Psi(t,\vec{x})$ befinden. Nach der Theorie des Supraleiters von Bardeen, Cooper und Schriefer sind diese Bosonen Paare – Cooper-Paare – von Elektronen. Hierauf gehen wir nicht ein. Die Masse eines Cooper-Paares ist die doppelte Elektronenmasse $2 \cdot m_e$; die Ladung die doppelte Elektronenladung $-2 \cdot e$. Die Wellenfunktion Ψ ist, analog zur Magnetisierung des Ferromagneten, der Ordnungsparameter des Supraleiters. Wir betrachten nur stationäre Zustände. In ihnen hängt Ψ nicht von der Zeit ab, und $|\Psi|^2$, da zur Dichte frei beweglicher Ladungen proportional, ist ortsunabhängig. Die wichtigste Annahme der Theorie des Supraleiters ist, daß der Strom $\vec{j}$ aus Ψ nach der quantenmechanischen Formel (Ashcroft 1976, Feynman 1965)

$$\vec{j} = \frac{-2 \cdot e}{2 \cdot m_e} \cdot \Re e \left\{ (1/i) \Psi^* [\vec{\nabla} - i \cdot (-2e \cdot) \vec{A}] \Psi \right\}$$

berechnet werden kann. Sie entsteht aus der wohlbekannten Formel für $\vec{j}$ bei $\vec{A} = 0$ durch Ersetzen der Ableitung $\vec{\nabla}$ durch die kovariante Ableitung (Kapitel 2, §1) *für Teilchen der Ladung $(-2 \cdot e)$. Wir schreiben $\Psi(t,\vec{x}) = |\Psi| \cdot e^{i\Theta(\vec{x})}$ und erhalten*

$$\vec{j} = (-e/m)|\Psi|^2 \cdot [2 \cdot e \cdot \vec{A} + \vec{\nabla}\Theta(\vec{x})]. \tag{1}$$

Wegen $\vec{\nabla} \times \vec{A} = \vec{B}$ und $\vec{\nabla} \times (\vec{\nabla}\Theta(\vec{x})) = 0$ liefert die Rotation dieser Gleichung

$$\vec{\nabla} \times \vec{j} = -(2 \cdot e^2/m_e) \cdot |\Psi|^2 \cdot \vec{B}.$$

Die stationäre Maxwell-Gleichung $\vec{\nabla} \times \vec{B} = \mu_0 \vec{j}$ impliziert $\mu_0 \vec{\nabla} \times \vec{j} = -\vec{\nabla}^2 \vec{B}$ und damit die London-Gleichung für $\vec{B}$ mit $m^2 = (2 \cdot e^2 \cdot \mu_0/m_e) \cdot |\Psi|^2$. – Wichtiger für uns ist die Gleichung $\vec{\nabla}^2 \Theta(\vec{x}) = 0$, die durch Bildung der Divergenz aus Gl. (1) folgt. Denn in stationären Situationen heißt die Kontinuitätsgleichung $\vec{\nabla} \cdot \vec{j} = 0$, und in der Coulomb-Eichung gilt $\vec{\nabla} \cdot \vec{A} = 0$.

Die physikalische Lösung von $\vec{\nabla}^2\Theta(\vec{x}) = 0$ ist $\Theta(\vec{x}) = a$ (Kasten 5.3). Folglich gilt $\vec{\nabla}\Theta(\vec{x}) = 0$, so daß Gl. (1), zusammen mit einer Umformung der stationären Maxwell-Gleichung $\vec{\nabla} \times (\vec{\nabla} \times \vec{A}) = \mu_0 \vec{j}$ die London-Gleichung für $\vec{A}$ impliziert. – Da also die Phase der Wellenfunktion des Supraleiters im Grundzustand konstant ist, ist die lokale Eichsymmetrie der quantenmechanischen Elektrodynamik in ihm spontan gebrochen: Die Phase $\Theta = a$ ist beliebig, aber fest. Die Anregungen des Grundzustandes, die durch $\vec{j}$ und/oder $\vec{A}$ beschrieben werden, besitzen eine von Null verschiedene Masse. Wir können auch sagen, daß das Austauschteilchen der lokal symmetrischen Theorie, das Photon, durch Brechung der Symmetrie massiv wird. Die Phase der Wellenfunktion kann durch eine Eichtransformation eliminiert werden, ist also keine dynamische Variable. Dem entsprechend besitzt das Photon mit $m \neq 0$ im Supraleiter einen Freiheitsgrad mehr als das mit $m = 0$ im Vakuum – drei Freiheitsgrade statt zwei.

---

zu den Voraussetzungen des Goldstone-Theorems. Die Betrachtungen zur spontanen Symmetriebrechung hängen davon aber nicht ab; nur der Schluß, daß es ein masseloses Teilchen (mit Spin Null) geben muß, wird hinfällig. Einen wichtigen Sonderfall bilden Theorien, die gegenüber lokalen Eichtransformationen des komplexen Feldes $\phi(t, \vec{x})$ – Multiplikation mit einem orts- und zeitabhängigen Phasenfaktor – symmetrisch sind. In ihnen kann nämlich das masselose Feld $\theta(t, \vec{x})$ durch eine Eichtransformation eliminiert werden. Von den beiden Feldern ξ und θ, die ϕ enthält, verbleibt in der Theorie dann nur das massive "Higgs"-Feld ξ. Außerdem "bekommen" die "zuvor" masselosen Austauschteilchen durch die spontane Symmetriebrechung Massen. Das heißt genauer, daß sie in der effektiven Theorie, durch die wir Anregungen in der Nähe des Vakuums mit gebrochener Symmetrie beschreiben, als massive Teilchen auftreten. Die Reichweite der Kräfte, für die sie stehen, ist in dem unsymmetrischen Vakuum als "neuem" Medium nicht mehr unendlich.

Higgs-Mechanismus

Wir beginnen unsere Beschreibung des "Higgs-Mechanismus", der all dies leistet, mit einem Beispiel aus der Festkörperphysik, dem Meißner-Effekt. Magnetfelder, so der Effekt, können in ein Material im supraleitenden Zustand nicht eindringen; sie fallen in dessen Oberfläche exponentiell auf Null ab. Die für das Magnetfeld verantwortlichen elektromagnetischen Kräfte besitzen mit anderen Worten im Supraleiter, anders als im leeren Raum, eine endliche Reichweite. Das aber bedeutet, daß ihr Austauschteilchen, das Photon, sich im Supraleiter so verhält, als besäße es eine endliche Masse: Die für das Material im supraleitenden Zustand geltenden effektiven Naturgesetze (Kasten 5.3 und Kasten 5.4) schreiben dem Photon eine von Null verschiedene Masse zu. Das ist eine Konsequenz der spontanen Symmetriebrechung, die vom normalleitenden zum supraleitenden Zustand führt. Derselbe Mechanismus verleiht den $W^{\pm}$ und dem Z^0 in der elektroschwachen Theorie ihre Massen.

Wie in einer Theorie mit lokaler Phasensymmetrie die Phase $\theta(t,\vec{x})$ des Feldes $\phi(t,\vec{x}) = [a + \xi(t,x)]e^{i\theta(t,\vec{x})}$ eliminiert werden kann, haben wir beschrieben: Durch die Symmetrietransformation, die $\phi(t,\vec{x})$ mit $e^{-i\theta(t,\vec{x})}$ multipliziert, entsteht aus $\phi(t,\vec{x})$ ein reelles Feld; zugleich werden die Felder der Austauschteilchen modifiziert (Kapitel 2, §1). Da die Prozedur keine observablen Konsequenzen besitzt, ist $\theta(t,\vec{x})$ kein physikalischer Freiheitsgrad der Theorie nach der spontanen Symmetriebrechung. Aber: Die effektiven Gesetze der Theorie mit spontan gebrochener Symmetrie sind zu den ursprünglichen Gesetzen äquivalent. Sie müssen insbesondere die gleiche Zahl physikalischer Freiheitsgrade besitzen. Was wird also aus dem Freiheitsgrad $\theta(t,\vec{x})$?

Die Herleitung der Antwort erfordert den Apparat der Quantenfeldtheorie; die Antwort selbst ist aber einfach: Die Austauschteilchen der ursprünglichen Theorie sind, genau wie das Photon, als masselose Teilchen mit Spin 1 stets transversal polarisiert. Durch die spontane Symmetriebrechung bekommen sie eine von Null verschiedene Masse. Massive Teilchen mit Spin 1 aber können auch longitudinal polarisiert sein, besitzen also einen Freiheitsgrad mehr als masselose. Die spontane Symmetriebrechung überführt $\theta(t,\vec{x})$ in diesen neuen Freiheitsgrad der Austauschteilchen. Das Vektorteilchen verzehrt, so sagt man gelegentlich, das masselose skalare Feld.

Wir halten fest, daß die spontane Brechung lokaler Eichtheorien "zuvor" masselose Vektor-Austauschteilchen massiv macht. Die Theorie sagt die Existenz eines massiven Teilchens mit Spin Null, des Higgs-Bosons der Symmetriebrechung, voraus. Ansonsten aber bleiben die wesentlichen Eigenschaften einer lokal symmetrischen Theorie bei der spontanen Symmetriebrechung erhalten.

Lokale Eichtheorien zeichnen sich dadurch aus, daß sie den Konsistenz-Forderungen, die an Quantenfeldtheorien zu stellen sind, von vornherein genügen. Vor allem daher kommt das große Interesse an ihnen. Der Higgs-Mechanismus hat eine Möglichkeit eröffnet, konsistente realistische Theorien mit massiven Vektor-Austauschteilchen anzuschreiben. Durch ihn ist es gelungen, Theorien von der Güte der Quantenelektrodynamik für andere Wechselwirkungen als nur die elektromagnetische zu formulieren. Auf dem Higgs-Mechanismus beruht denn auch der elektroschwache Sektor des Standardmodells der Elementarteilchen.

Mit Hilfe der spontanen Symmetriebrechung können wir Systeme, die sich ganz und gar unsymmetrisch verhalten, durch symmetrische Gesetze beschreiben. Gibt man eine Eigenschaft einer symmetrischen Theorie vor, so folgen weitere durch die Symmetrie. Eigenschaften symmetrischer Theorien machen daher den Eindruck der Unvermeidbarkeit. Das genau ist, was wir von Theorien erwarten (Weinberg 1987). Auf Grund von Symmetrien können wir in vielen Fällen verstehen, warum Parameter gerade die beobachteten Zahlenwerte besitzen. Führte man, um beobachtete Asymmetrien zu beschreiben, in eine symmetrische Theorie einen asymmetrischen Term ein, würde die Theorie durch ihn unsymmetrisch mit der Konsequenz, daß sie ihre attraktiven Eigenschaften verlöre. Insbesondere würde die modifizierte Theorie die an Quantenfeldtheorien zu stellenden Konsistenzforderungen verletzen. Spontane Symmetriebrechung hingegen verbirgt Symmetrien einer Theorie, hebt sie aber nicht auf.

Spontane Symmetriebrechung und Kosmologie

Einige Details der spontanen Symmetriebrechung im Standardmodell der Elementarteilchen und in den spekulativen Theorien GUT und TOE haben wir in Kapitel 4, §4 beschrieben. Nach dem Urknallmodell der Kosmologie hat der Kosmos in den ersten Bruchteilen von Sekunden seiner Existenz die Serie von Symmetriebrüchen, die von den hohen Symmetrie der TOE zu den gebrochenen Symmetrien des Standardmodells führen, tatsächlich durchlaufen. Bei der Temperatur unendlich des Urknalls galt die vermutete höchste Symmetrie der Naturgesetze auch für den Zustand der Welt. Mit abnehmender Temperatur wurde die weiter bestehende Symmetrie der Naturgesetze dadurch verborgen, daß das Universum eine Folge von Zuständen durchlief, die immer weniger

Symmetrien besaßen: Individuelle Teilcheneigenschaften und verschiedene Wechselwirkungen kristallierten aus.

Daß mit steigender Temperatur die nicht verborgenen Symmetrien zahlreicher werden, ist leicht zu verstehen. Wir wissen, daß die effektiven Gesetze bei kurzen Abständen symmetrischer sind als bei großen. Bei höherer Temperatur bewegen sich die beteiligten Teilchen im Mittel relativ zueinander schneller und stoßen daher auch mit größerer Energie zusammen als bei niedrigerer Temperatur. Je größer aber die Energie zweier kollidierender Teilchen, desto näher können sie sich beim Zusammenstoß kommen und desto symmetrischer sind die effektiven Gesetze, die für ihre Wechselwirkungen gelten.

Bei jedem Übergang des Universums von einem symmetrischen zu einem weniger symmetrischen Zustand "entsteht" das konstante Hintergrundfeld des jeweiligen Higgs-Teilchen. Der heute durch die Serie von spontanen Symmetriebrüchen der Abb. 5.9 erreichte Grundzustand der Welt – der Vakuum-Zustand – ist höchst kompliziert. Von allen Symmetriebrüchen, die zu ihm geführt haben, ist die Brechung der GUT-Symmetrie nach heutiger Auffassung ein besonders interessanter Übergang. Wie das Potential des für die Brechung der GUT-Symmetrie verantwortlichen skalaren Feldes ϕ genau aussieht, ist unbekannt; das Higgs-Potential der Abb. 5.8 ist ja nur ein einfaches Modell.

Wenn die Temperatur des Universums 10^{-34} Sekunden nach dem Urknall durch Expansion gegen den Widerstand der Schwerkraft auf die der GUT-Energie von 10^{16}GeV entsprechenden 10^{29} Grad gesunken ist, beginnt die Brechung der GUT-Symmetrie. Einmal angenommen, das dann erreichte Potential V habe als Funktion des Betrages $|\phi|$ des skalaren Feldes die Gestalt in Abb. 5.10. Dann befindet sich das Universum zunächst in dem symmetrischen, dem lokalen Minimum von V bei $\phi = 0$ entsprechenden Zustand. In den richtigen Vakuumzustand, das absolute Minimum von V bei $|\phi_0|$, kann es nur durch den Tunneleffekt übergehen – ein Prozeß, der Zeit beansprucht. Verglichen mit der Energie des wahren Grundzustands enthält das Vakuum in dieser Zeit sehr viel Energie. Nach Auskunft der Gleichungen der Allgemeinen Relativitätstheorie führt im Vakuum verborgene Energie dazu, daß sich Massen gegenseitig abstoßen (Kasten 5.5). Abschätzungen sagen, daß das Universum vielleicht 10^{-33} Sekunden lang im falschen Vakuumzustand verweilt. In dieser Zeit überwiegt die durch die Energie des Vakuums bewirkte Abstoßung die normale Massenanziehung so sehr, daß die mittleren Abstände im Universum um den unvorstellbar großen

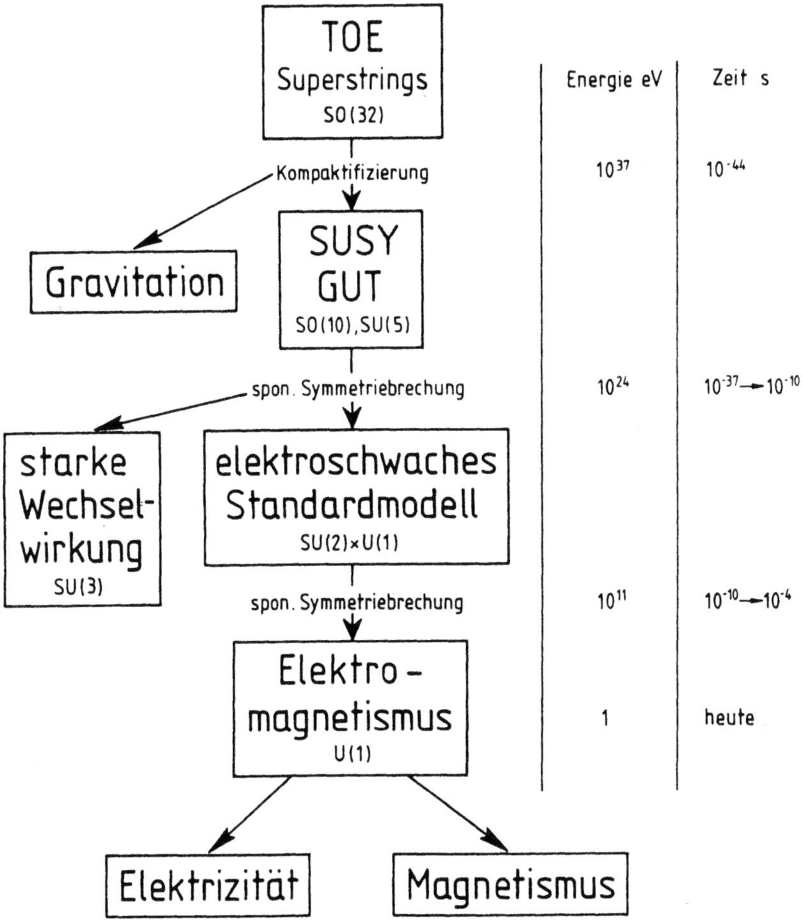

Abb. 5.9 **Entwicklung der Asymmetrien der elementaren Wechselwirkungen**

Faktor 10^{50} wachsen. Durch Vergrößerung um den Faktor 10^{40} entsteht aus dem Radius eines Atomkerns der des heute beobachtbaren Universums. Der Faktor 10^{50} ist unvorstellbar groß.

Inflation

Dies ist das – besser: ein – Szenario des inflationären Universums (Linde 1990). Inflation löst viele Probleme des konventionellen

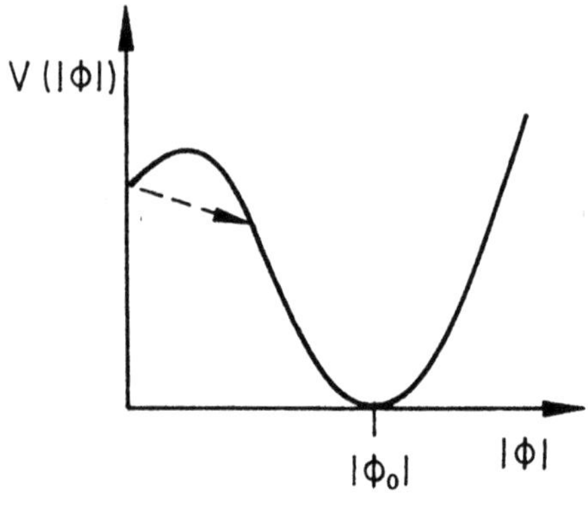

Abb. 5.10 Ein in der inflationären Kosmologie verwendetes Potential

Urknallmodells; davon weiter unten. Auf eine der spektakulärsten offenen Fragen des Urknallmodells gibt aber auch das inflationäre Szenario keine Antwort: *Warum ist die kosmologische Konstante so klein* (Kasten 5.5)? Während das Universum laut inflationärem Szenario durch den Tunneleffekt im richtigen Vakuumzustand ankommt, wird die im falschen Vakuum gespeicherte Energie frei. Teilweise wird sie, so das Szenario, zur Erzeugung von Elementarteilchen verwendet, und teilweise führt sie zu einer Wiederaufheizung des Universums.

Die sich an die inflationäre Epoche von vielleicht 10^{-33} Sekunden Dauer anschließende Entwicklung des Universums kann durch das konventionelle Urknallmodell beschrieben werden. Hierauf gehen wir nicht ein. Die GUT-Physik kann auch erklären, warum es im Universum auf 10^9 Photonen ein Baryon und kein Antibaryon gibt. Dieser Überschuß von Baryonen über Antibaryonen, der Strukturen wie Sterne und Lebewesen ermöglicht, ist eine Symmetriebrechung. Wir würden daher gern annehmen, daß sich das Universum anfangs in einem gegenüber der Vertauschung von Baryonen mit Antibaryonen symmetrischen Zustand befunden hat. Da ist es höchst interesant, daß die GUT die Entstehung des Baryonenüberschusses zumindest im Prinzip erklären können.

Die Austauschteilchen der GUT-Wechselwirkung, die X-Bosonen (Kapitel 4, §4), befinden sich oberhalb der GUT-Temperatur im thermischen Gleichgewicht; unterhalb dieser Temperatur können keine gebildet werden. Für den Zerfall der X gilt die CP-Symmetrie wohl nicht. Er liefert also möglicherweise mehr Baryonen – Quarks – als Antibaryonen – Antiquarks. Da CP-Verletzung ein winziger Effekt ist, führt diese Asymmetrie der Naturgesetze auf einen sehr kleinen Überschuß von

Kasten 5.5: Die kosmologische Konstante

Die kosmologische Konstante Λ *kann, muß aber nicht in den Gleichungen der Allgemeinen Relativitätstheorie vorkommen. Kommt sie vor, besitzen die Gleichungen statische Lösungen; ohne sie nicht. Wie wohl alle Physiker bis etwa 1923 dachte Einstein im Jahr 1917, das Universum im Großen sei statisch. Um es beschreiben zu können, hat er damals die kosmologische Konstante eingeführt. Sein Widerruf von 1923 (zitiert nach Pais 1986, S. 292)* "Wenn schon keine quasistatische Welt, dann fort mit dem kosmologischen Term" *markiert den Umschwung zu einer neuen Denkweise, die seit 1929 durch Hubbles Nachweis der Expansion des Universums empirisch gesichert ist. – Da physikalische Argumente auf Tatsachen, nicht Meinungen beruhen, ist Widerruf in der Physik ohne Bedeutung. Seitdem Einstein gezeigt hatte, daß* $\Lambda \neq 0$ *mit den Prinzipien der Allgemeinen Relativitätstheorie vereinbar ist, kann niemand ohne Begründung* Λ *aus deren Gleichungen streichen. Wichtiger noch ist, daß Einsteins* Λ *in den Gleichungen der Allgemeinen Relativitätstheorie nur* ein *Beitrag zu einer Summe* $\Lambda_{\text{eff}} = \Lambda + 8 \cdot \pi \cdot G \cdot (\hbar/c^2) \cdot \langle\rho\rangle$ *ist. Quantenmechanik und die Physik der Elementarteilchen liefern zur "Energiedichte des Vakuums"* $\langle\rho\rangle \cdot c^2$ *zahlreiche, nach unserer heutigen Kenntnis voneinander unabhängige Einzelbeiträge. Jeder Beitrag, den wir berechnen können, führt auf ein* Λ_{eff}*, das um viele Zehnerpotenzen größer ist als dessen experimentelle Obergrenze. Davon weiter unten. – Da alle Energie in der Allgemeinen Relativitätstheorie Schwerkraft ausübt, kann der Energienullpunkt in ihr nicht frei gewählt,* Λ_{eff} *also nicht wegtransformiert werden. Ist* $\Lambda_{\text{eff}} \neq 0$*, so ist der leere Raum gekrümmt. Beobachtungen (Weinberg 1989; verwendet wird die Hubble-Konstante* $H_0 = 5 \cdot 10^{-11}/\text{Jahr}$*) haben* $|\Lambda_{\text{eff}}| < 10^{-56}\text{cm}^{-2}$ *ergeben. Da die Theorie von* Λ_{eff} *die Quantenmechanik, die Relativitätstheorie und die Gravitation umfassen muß, zeigt das dimensionslose* $|\Lambda_{\text{eff}}| \cdot l_{\text{Pl}}^2 < 10^{-122}$ *eindrucksvoll, wie* klein *die experimentelle Schranke für* $|\Lambda_{\text{eff}}|$ *ist. Hier ist* l_{Pl} *die Planck-Länge. Wäre* Λ_{eff} *negativ und dem Betrage nach so groß wie experimentell erlaubt, würde es auf dieselbe Krümmung führen wie eine gewöhnliche nicht-Vakuum Massendichte von* $5 \cdot 10^{-30}\text{g/cm}^3$*, etwa 0.003 Wasserstoffatome pro Liter und damit nah an der (nicht genau bekannten) tatsächlichen mittleren Massendichte des Universums. Die kritische Dichte (z.B. Weinberg 1977) ist bei dem angenommenen Wert der Hubble-Konstanten dreimal so groß, 0.01 Wasserstoffatome pro Liter.*

Daher kann Λ_{eff} in allen Anwendungen der Allgemeinen Relativitätstheorie außer der Kosmologie vernachlässigt werden. Auf das relative Vorzeichen von Vakuum- und äquivalenter gewöhnlicher Energiedichte gehen wir noch ein. – Bei jeder spontanen Symmetriebrechung geht das Universum in einen Zustand mit einer anderen Vakuumenergie über. Spontane Symmetriebrechungen ändern also Λ_{eff}. Als Energieskala verwenden wir die Massen der Eichbosonen, einhundert Protonenmassen m_p bei der elektroschwachen Symmetriebrechung. Aus $100 \cdot m_p$, $\hbar$ und c läßt sich auf genau eine Weise eine (Vakuum-) Massendichte $\langle\rho_{es}\rangle$ mit ihrer Dimension g/cm^3 konstruieren: $\langle\rho_{es}\rangle = (100 \cdot m_p)^4 (c/\hbar)^3 = 5 \cdot 10^{24} \text{g/cm}^3$. Die durch die spontane Symmetriebrechung tatsächlich erzeugte Massendichte des Vakuums kann sich von dieser durch einen Faktor wie π^2, nicht aber wie 10^{35} unterscheiden. Folglich ist der Beitrag von $\langle\rho_{es}\rangle$ zu $\langle\rho_{\text{eff}}\rangle$, gemessen am maximal erlaubten, gigantisch: ohne Korrekturfaktoren um den Faktor $5 \cdot 10^{54}$ größer. – Dies ist das Problem der kosmologischen Konstante: Wie die elektroschwache, bringen alle spontanen Symmetriebrechungen der Elementarteilchenphysik (Kapitel 4) Beiträge zu $\langle\rho_{\text{eff}}\rangle$, die viel größer als die Summe sind. Und nicht nur sie, auch die Vakuumfluktuationen der Quantenmechanik und die Nullpunktsenergien der Felder bringen große Beiträge (Greiner 1978, Aitchison 1985, Rafelski 1985, Fahr 1989; siehe auch Genz 1992). Sie alle müssen sich praktisch zu Null addieren – mit einer phantastischen Genauigkeit, die 118 Stellen hinter dem Komma erreicht. Genauer gesagt, muß das Einsteinsche Λ so festgelegt werden (oder durch Naturgesetze festgelegt sein!), daß es die übrige Summe aufhebt – mit der erwähnten Genauigkeit. – Wenn überhaupt etwas auf eine alle Wechselwirkungen verbindende Symmetrie hinweist, dann dies: Es sollte eine Symmetrie geben, die bewirkt, daß die Summe aller Beiträge zu Λ_{eff} Null ist. Die Symmetrie könnte zum Beispiel erzwingen, daß scheinbar unabhängige Beiträge bis auf das Vorzeichen übereinstimmen müssen – die Beiträge von Fermionen zum Beispiel mit denen von Bosonen (wie es in der ungebrochenen Supersymmetrie ist). Oder es könnte eine Eichsymmetrie geben, die das Verschwinden von Λ_{eff} erzwingt – wie die Eichsymmetrie der Elektrodynamik das Verschwinden der Masse des Photons. – Als Näherung, die zum Beispiel für das Planetensystem gilt, folgt (Rindler 1977, Doughty 1990) aus den Gleichungen der Allgemeinen Relativitätstheorie mit kosmologischem Term Λ die modifizierte Newtonsche Gleichung für das Gravitationspotential ϕ,

$$\vec{\nabla}^{\,2}\phi = 4\pi G\rho - c^2\Lambda.$$

Hier ist ρ die gewöhnliche, Newtonsche Massendichte. Die Gleichung zeigt, daß ein positives Λ *zu einem konstanten* negativen ρ *äquivalent ist. Ist ein positives Λ vorhanden, führt es zu einer allgemeinen* Abstoßung *durch die Kraft*

$$\vec{K} = -\vec{\nabla}\phi = -\vec{\nabla}\left(-\frac{c^2\Lambda}{6}\vec{r}^{\,2}\right) = \frac{c^2\Lambda}{3}\vec{r}.$$

Sie wirkt auf Testpartikel wie ein negativer Außendruck: Positives Λ verstärkt in kosmologischen Anwendungen die Expansion. Mit positivem Λ besitzen Newtons Gleichungen, wie die Einsteins, daher stationäre Lösungen; ohne es nicht. Allerdings sind die statischen Lösungen mit kosmologischem Term instabil: Wenn sich zwei Sterne näher kommen, nimmt die Anziehung zu, die Abstoßung ab (und umgekehrt).

Baryonen über Antibaryonen (und, wegen der Ladungserhaltung im elektrisch neutralen Universum, zu demselben Überschuß von Elektronen über Positronen).

Die beim Eintritt in die Epoche der GUT-Symmetriebrechung vorhandenen X-Bosonen zerfallen in Baryonen und Antibaryonen. Hierbei treten für 10^9 Antibaryonen $10^9 + 1$ Baryonen auf. Später vernichten sich Baryonen und Antibaryonen paarweise zu (ungefähr gleich vielen) Photonen; von jeweils 10^9 Baryonen bleibt ein Baryon übrig.

Dieses Szenario für den Ursprung aller Materie im Universum ist genau dies – ein Szenario, keine bestätigte Theorie. Denn es setzt voraus, daß eine der GUT richtig ist. Ob das aber zutrifft, wissen wir nicht. Wenn so, ist das Proton instabil (Kapitel 4, §4). Diese Vorhersage der GUT-Modelle – die einzige zur Zeit überprüfbare – konnte bisher nicht bestätigt werden (Kasten 4.5).

Von den Problemen des konventionellen Urknallmodells, die durch Inflation gelöst werden, greifen wir eines mit besonderer Beziehung zur Symmetrie heraus: Warum ist das beobachtbare Universum homogen und isotrop? Wir unterstellen, daß das so ist, und führen als Beleg nur an, daß keine Eigenschaft der kosmischen Hintergrundstrahlung von der Richtung abhängt, aus der sie auf der Erde ankommt (abgesehen, selbstverständlich, von Effekten, die durch die Bewegung der Erde mit dem Sonnensystem, der Milchstraße und unserer Gruppe von Galaxien hervorgerufen werden; Kapitel 2, §1). Ohne Inflation wäre die aus entgegengesetzten Richtungen bei uns eintreffende Hintergrundstrahlung in Raumgebieten entstanden, die bis zur Entstehung der Strahlung einander nicht beeinflußt hatten, da in der seit dem Urknall vergangenen Zeit kein Lichstrahl von einem Gebiet zum anderen gelangen konnte. Mit Inflation entstammen die Entstehungsgebiete der Hintergrundstrahlung hingegen "demselben", kausal durchmischten Raumgebiet.

Ohne Inflation kann die Tatsache, daß die Verhältnisse in den verschiedenen Entstehungsgebieten der Hintergrundstrahlung zur Zeit ihrer Entstehung gleich waren, nur durch überall gleiche "Anfangsbedingungen des Urknalls", nicht aber allein durch die Naturgesetze erklärt werden; mit Inflation ist sie eine von den Anfangsbedingungen unabhängige Konsequenz der Naturgesetze. Unter allen Anfangsbedingungen ist die, daß höchstmögliche Symmetrie herrschte, sicher die plausibelste; nichtsdestoweniger *ist sie* eine Anfangsbedingung. Die befriedigendste Antwort auf Fragen nach den Symmetrien des Universums, vielleicht auch der Naturgesetze, käme ohne Anfangsbedingungen aus (Nielsen 1983, 1985). Die Welt wäre so, wie sie ist, da ihre Entwicklung für alle möglichen Anfangsbedingungen, symmetrische oder unsymmetrische, auf den jetzigen Zustand geführt hätte. Vorerst aber zeigen die (Weinberg 1987b) "Pfeile der Erklärung" auf die Symmetrien der Naturgesetze und vielleicht auch des Anfangszustands des Universums als tiefste Gründe dafür, daß dieses ist, wie es ist.

Literaturverzeichnis

Abdullah, K. u. a., New experimental limit on the electron dipole moment, Phys. Rev. Lett. 65, 2347 (1990)

Aitchison, I. J. R., Nothing's plenty - The vacuum in modern quantum field theory, Contemp. Phys. 26, 333 (1985)

Altarev, Y. u. a., JETP Lett. 44, 460 (1986)

Amaldi, U. u. a., Comparison of grand unified theories with electroweak and strong coupling constants at LEP, Phys. Lett. B260, 447 (1991)

Anderson, P. W., "Some general thoughts about broken symmetry", in N. Boccara (Herausgeber), Symmetries and broken symmetries in condensed matter physics (IDSET, Paris 1981)

Anderson, P. W., Basic notions of condensed matter physics (Benjamin, Menlo Park 1984)

Arnol'd, V. I., Mathematische Methoden der klassischen Mechanik (VEB Deutscher Verlag der Wissenschaften, Berlin 1988)

Ashcroft, N. W. und N. D. Mermin, Solid state physics (Saunders College, Philadelphia 1976)

Baeyer, H. Ch. von, Looking-glass worlds, The Sciences 26/5, S.8 (1986)

Bailin, D., Why superstrings?, Contemp. Phys. 30, 237 (1989)

Barrow, J. D. und F. J. Tipler, The anthropic cosmological principle (Clarendon, Oxford 1986)

Baum, W. A. und R. Florentin-Nielsen, Astrophys. J. 209, 319 (1976)

Bellotti, E. u. a., A new experimental limit on electron stability, Phys. Lett. 124B, 435 (1983)

Bentley, W. A. und W. J. Humphreys, Snow crystals (Dover, New York 1962)

Bergmann, L. und Cl. Schaefer, Lehrbuch der Experimentalphysik, Band I, Mechanik, Akustik, Wärmelehre (de Gruyter, Berlin 1954)

Berry, M., Kosmologie und Gravitation (Teubner, Stuttgart 1990)

Bethge, K. und U. E. Schröder, Elementarteilchen (Wiss. Buchgesellschaft, Darmstadt 1986)

Börner, G., The early universe (Springer, Berlin 1988)

Breuer, R., Das anthropische Prinzip (Ullstein, Frankfurt/M. 1984)

Breuer, R., Mensch und Kosmos (GEO, Hamburg 1990)

Briggs, J. und F. D. Peat, Die Entdeckung des Chaos (Hanser, München 1990)

Cabrera, B., Phys. Rev. Lett. 48, 1378 (1982)

Cheng, T.-P. und L.-F. Li, Gauge theory of elementary particle physics (Clarendon, Oxford 1984)

Chupp, E. T., Results of a new test of local Lorentz invariance: A search for mass anisotropy in ^{21}Ne, Phys. Rev. Lett. 63, 1541 (1989)

Clavirie, P. und G. Jona-Lasinio, Instability of tunneling and the concept of molecular structure in quantum mechanics: The case of pyramidal molecules and the enantiomer problem, Phys. Rev A33, 2245 (1986)

Close, F., The cosmic onion (Heinemann, London 1983)

Cohen-Tannoudji, C., B. Diu und F. Laloë, Quantum mechanics I und II (Wiley, New York 1977)

Cooper, N. G. und G. B. West (Herausgeber), Particle physics - A Los Alamos primer (Cambridge University Press, Cambridge 1988)

Damour, T. u. a., Limits on the variability of G using binary-pulsar data, Phys. Rev. Lett. 61, 1151 (1988)

Davies, P. C. W., The accidental universe (Cambridge University Press, Cambridge 1982)

Davies, P. C. W., The forces of nature (Cambridge University Press, Cambridge 1986)

Davies, P. C. W., Die Urkraft (Rasch und Röhrig, Hamburg 1987)

Davies, P. C. W. und J. Brown (Herausgeber), Superstrings - eine allumfassende Theorie? (Birkhäuser, Basel 1989a)

Davies, P. (Herausgeber), The new physics (Cambridge University Press, Cambridge 1989b)

Decker, R., Tests and present status of discrete symmetries, Fortschritte der Physik 37, 657 (1989)

Dicke, R. H., Rev. Mod. Phys. 29, 375 (1957)

Dicke, R. H., Nature 192, 440 (1961)

Dirac, P. A. M., Proc. Roy. Soc. A133, 60 (1931)

Dirac, P. A. M., Cosmological constants, Nature 139, 323 (1937)

Dirac, P. A. M., Phys. Rev. 74, 883 (1948)

Dirac, P. A. M., The principles of quantum mechanics (Clarendon, Oxford 1958)

Dodd, J. E., The ideas of particle physics (Cambridge University Press, Cambridge 1984)

Doughty, N. A., Lagrangian interaction (Addison-Wesley, Sydney 1990)

Dyson, F. J., "The fundamental constants and their time variation", in A. Salam and E. P. Wigner (Herausgeber), Aspects of quantum theory (Cambridge University Press, Cambridge 1972)

Eigen, M. und R. Winkler, Das Spiel (Piper, München 1975)

Eigen, M., Stufen zum Leben (Piper, München 1987)

Ekeland, I., Das Vorhersehbare und das Unvorhersehbare (Harnack, München 1985)

Elliott, J. und P. G. Dawber, Symmetry in physics, Vol.1 and 2 (Macmillan, Houndmills 1979)

Ellis, J., Theory of the neutron electric dipole moment, NIM A284, 33 (1989)

Evans, J. C. Jr. und R. I. Steinberg, Science 197, 989 (1977)

Eversheim, P. D. u. a., Parity violation in proton-proton scattering at 13.6 MeV, Phys. Lett. B256, 11 (1991)

Fackler, O. und J. Tran Thanh Van (Herausgeber), Tests of fundamental laws in physics (Editions Frontière, Gif-sur-Yvette 1989)

Fackler, O. und J. Tran Thanh Van (Herausgeber), New and exotic phenomena '90 (Editions Frontière, Gif-sur-Yvette 1990)

Fahr, H. J., "The modern concept of vacuum and its relevance for the cosmological models of the universe", in Paul Weingartner und Gerhard Schulz (Herausgeber), Philosophy of the natural sciences (hpt, Wien 1989)

Fang, L. Z. und L. S. Xian, Creation of the universe (World Scientific, Singapore 1989)

Feynman, R. P., R. L. Leighton und M. Sands, The Feynman lectures on physics, Vol. I-III (Addison-Wesley, Reading 1965)

Feynman, R. P., Vom Wesen physikalischer Gesetze (Piper, München 1990)

Fischbach, E. u. a., Phys. Rev. Lett. 56, 3 (1986)

Fonda, L. und G. C. Ghirardi, Symmetry principles in quantum physics (M. Dekker, New York 1970)

Frauenfelder, H. und E. M. Henley, Teilchen und Kerne (Oldenbourg, München 1979)

Fritzsch, H., Vom Urknall zum Zerfall (Piper, München 1983)

Galilei, G., Unterredungen und mathematische Demonstrationen über zwei neue Wissenszweige, die Mechanik und die Fallgesetze betreffend (Wiss. Buchgesellschaft, Darmstadt 1985)

Galloway, J., A cause for reflection?, Nature 330 (1987), S.204

Gamov, G., Mr. Tompkins' seltsame Reise durch Kosmos und Mikrokosmos (Vieweg, Braunschweig 1980)

Gardner M., The new ambidextrous universe (Freeman, New York 1990)

Genz, H., "Natur, Naturgesetze - und Bilder", in: Kosmische Bilder in der Kunst des 20. Jahrhunderts, Katalog zur Ausstellung in der Staatlichen Kunsthalle (Baden-Baden 1983)

Genz, H., Lineare und ebene Kristalle, Physik in unserer Zeit 17, 56 (1986)

Genz, H., Symmetrie - Bauplan der Natur (Piper, München 1987a)

Genz, H., Symmetrie: ein Programm zum Zeichnen symmetrischer ebener Muster (Kristalle) I, Physik und Didaktik 15, 166 (1987b); Teil II ibid S. 200; Teil III ibid S. 274

Genz, H., Symmetrie und Symmetriebrechung in den Naturwissenschaften, insbesondere der Physik, Naturwissenschaften 75, 432 (1988)

Genz, H., "Symmetries and Their Breaking", in Paul Weingartner und Gerhard Schulz (Herausgeber), Philosophy of the natural sciences (hpt Wien 1989a)

Genz, H., Statische Symmetrien, Praxis der Naturwissenschaften Physik 5/38, 2 (1989b); Dynamische Symmetrien, ibid S. 9; Symmetriebrechung, ibid S. 17; Symmetrien spezieller Systeme, ibid S. 39

Genz, H., "Symmetries and Their Breaking in Physics", in H. Kühnelt (Herausgeber), Interdisciplinary aspects of physics education" (World Scientific, Singapore 1990a)

Genz, H., Über Wägen, Massen, Gewichte und fünfte Kraft, Die Weltwoche Zürich Nr.30, S. 21 (1990b)

Genz, H., Kleiner Exkurs über das Nichts - Das Vakuum in der Physik (Hanser, München 1992, in Vorbereitung)

Gerok, W. u. a. (Herausgeber), Ordnung und Chaos in der unbelebten und belebten Natur (Wiss. Verl. Ges., Stuttgart 1989)

Gilde, W., Gespiegelte Welt (Aulis, Köln 1979)

Goldhaber, M., P. Langacker und R. Slansky, Is the proton stable?, Science 210, 851 (1980)

Golub, R. und Pendlebury, J. M., The electric dipole moment of the neutron, Contemp. Phys. 13, 519 (1972)

Greenberger, D. M., Esoteric elementary particle phenomena in undergraduate physics - spontaneous symmetry breaking and scale invariance, Am. J. Phys. 46, 394 (1978)

Greiner, W. und H. Peitz, Ist das Vakuum wirklich leer?, Physik in unserer Zeit 9, 165 (1978)

Großmann, S., "Selbstähnlichkeit: Das Strukturgesetz in und vor dem Chaos", in Gerok 1989. Auch Physikalische Blätter 45, 172 (1989)

Grünbaum, B. und G. C. Shephard, Tilings and patterns (Freeman, New York 1989)

Haken, H. und Wunderlin A., Die Selbststrukturierungder Materie (Vieweg, Braunschweig 1991)

Haken, H., Erfolgsgeheimnisse der Natur (DVA, Stuttgart 1981)

Haldane, J. B. S., Warum die Natur keine Riesen schuf, Bild der Wissenschaft, Heft 2, 1981

Hargittai, I. und M. Hargittai, Symmetry through the eyes of a chemist (VCH, Weinheim 1986)

Harrison, Edward R., Kosmologie (Darmstädter Blätter, Darmstadt 1983)

Haugan, M. P. und C. M. Will, Modern tests of special relativity, Physics Today 5/1987, S. 69

Hawking, S. W., Eine kurze Geschichte der Zeit (Rowohlt, Reinbeck 1988)

Heilbronner, E., "Über die Symmetrie in der Chemie" in panta rhei (Luzern 1981)

Hegstrom, R. A. und D. K. Kondepudi, Händigkeit im Universum, Spektrum der Wissenschaft März 1990, S.56

Hey, T. und P. Walters, Quantenuniversum (Spektrum der Wissenschaft, Heidelberg 1989)

Hibi, S. (Fotos) und M. Niwa (Text), Japanese traditional patterns, Volume 2 (Graphic-sha, Tokyo 1990)

Hommel, H., Symmetrie im Spiegel der Antike (Carl Winter, Heidelberg 1987)

Honerkamp, J. und H. Römer, Grundlagen der Klassischen Theoretischen Physik (Springer, Berlin 1986)

Houtappel, R. M. F., H. Van Dam und E. P. Wigner, The conceptual basis and use of the geometric invariance principles, Rev. Mod. Phys. 37, 595 (1965)

Huang, K. Quarks, leptons and gauge fields (World Scientific, Singapore 1982)

Hund, F. W., Zeits. für Phys. 43, 805 (1927)

Irvine, J. M und R. Humpreys, "The constancy of physics", in Amand Faessler (Herausgeber), The early universe and its evolution, Progress in particle and nuclear physics, Vol.17 (Pergamon, Oxford 1986)

Irvine, J. M., Constancy of the laws of physics in the light of prehistoric nuclear reactors, Contemp. Phys. 24, 427 (1983)

Jackiw, R., Introducing scale symmetry, Physics Today 1/1972, S. 23

Jackson, J. D., Klassische Elektrodynamik (de Gruyter, Berlin 1983)

Jones, H. F., Groups, representations and physics (Adam Hilger, Bristol 1990)

Janoschek, R., Zur Linkshändigkeit der Natur, Naturwissenschaftliche Rundschau 39, 327 (1984)

Kittel, Ch., W. D. Knight und M. A. Rudermann, Berkeley physics course Volume I: Mechanik (McGraw Hill, New York 1965)

Kondepudi, D. H. und G. W. Nelson, Physica A125, 465 (1984)

Krimmel, B. (Redaktion und Gestaltung), Symmetrie in Kunst, Natur und Wissenschaft, Bände 1 und 2, Katalog der Ausstellung Mathildenhöhe Darmstadt 1986

Lee, T. D., Particle physics and introduction to field theory (Harwood, Chur 1981)

Linde, A., Particle physics and inflationary cosmology (Harwood, Chur 1990)

Llewellyn Smith, C. H., "Manifest and hidden symmetries", in J. H. Mulvey (Herausgeber), The Nature of Matter (Clarendon Press, Oxford 1981)

Lockwood, E. H. und R. H. Macmillan, Geometric symmetry (Cambridge University Press, Cambridge 1978)

Ludwig, W. und C. Falter, Symmetries in physics (Springer, Berlin 1988)

Mandelbrot, B. B., Fraktale Geometrie der Natur (Birkhäuser, Basel 1987)

Mainzer, K., Symmetrien der Natur (de Gruyter, Berlin 1988)

Marciano, W. J., Time variation of the fundamental "constants" and Kaluza-Klein theories, Phys. Rev. Lett. 52, 489 (1984)

Martin, G. E., Transformation geometry (Springer, New York 1982)

Martin, J. L., General relativity (Ellis Horwood, Chichester 1988)

Mason, S. F., Origins of biomolecular handedness, Nature 311, 327 (1984),

Mather, J. C. u. a., A preliminary measurement of the cosmic microwave background spectrum by the Cosmic Background Explorer (COBE) satellite, Astrophys. Journ. 354, L37 (1990)

Mathews, I. und R. L. Walker, Mathematical methods of physics (Benjamin, New York 1970)

Mayer-Kuckuck T., Der gebrochene Spiegel (Birkhäuser, Basel 1989)

McCrea, W. H. u. a. (Herausgeber), The constants of physics, Phil. Trans. R. Soc. Lond. A310, 209 (1983)

McMahon, Th. A. und J. T. Bonner, Form und Leben (Spektrum, Heidelberg 1985)

Michel, Louis, Symmetry defects and broken symmetry. Configurations hidden symmetry, Rev. Mod. Phys. 52, 617 (1980)

Miljanic, D. u. a., Test of the Pauli principle in nuclear reactions, Phys. Lett. B252, 487 (1990)

Moore, W. J. und M. Scriven (Herausgeber), Symmetries and reflections, scientific essays of Eugene P. Wigner (Indiana University Press, Bloomington 1967)

Moriyasu, K., An elementary primer for gauge theory (World Scientific, Singapore 1983)

Müller, C., Symmetrie und Ornament (Westdeutscher Verlag, Opladen 1985)

Nachtmann, O., Phänomene und Konzepte der Elementarteilchenphysik (Vieweg, Braunschweig 1986)

Narlikar, J. V., The primeval universe (Oxford University Press, Oxford 1988)

Nicolis, G. und I. Prigogine, Die Erforschung des Komplexen (Piper, München 1987)

Nielsen, H. B., Field theories without fundamental gauge symmetries, in McCrea 1983

Nielsen, H. B., D. L. Bennett und N. Brene, "The random dynamics project or from fundamental to human physics", in J. Ambjorn, B. J. Durhuus und J. L. Petersen (Herausgeber), Recent developments in quantum field theory (North Holland, Amsterdam 1985)

Norman, E. B., Are fundamental constants really constant?, Am. J. Phys. 54, 317 (1986)

Novikov, V. M. u. a., Test of the Pauli exclusion principle for atomic electrons, Phys. Lett. B240, 227 (1990)

Okun, L. B., Particle physics (Harwood, Chur 1985)

Okun, L. B., Comm. Nucl. Part. Phys. 19, 99 (1989)

Pagels, H., The cosmic code (Ullstein, Berlin 1983)

Pagels, H., Die Zeit vor der Zeit (Ullstein, Berlin 1985)

Pais, A., Raffiniert ist der Herrgott... (Vieweg, Braunschweig 1986)

Particle Data Group, Review of particle properties, Phys. Lett. B204, 1 (1990)

Peat, F. D., Superstrings - Kosmische Fäden (Hoffmann und Campe, Hamburg 1989)

Peitgen, H. -O. und D. Saupe (Herausgeber), The science of fractal images (Springer, New York 1988)

Pfeifer, P., ETH Dissertation Nr.6551 (Zürich 1980)

Pomanski, A. A., in H. Faissner u. a. (Herausgeber), Proc. 1976 Intern. Neutrino Conf. (Aachen 1976)

Prescott, C.Y. u. a., Phys. Lett. B77, 347 (1978)

Primas, H., Chemistry, quantum mechanics, and reductionism (Springer, New York 1983)

Rafelski, J. und B. Müller, Die Struktur des Vakuums - Ein Dialog über das Nichts (Harri Deutsch, Frankfurt 1985)

Rindler, W., Essential relativity (Springer, New York 1977)

Rollnik, H., Symmetrische Gesetze für eine unsymmetrisch erscheinende Welt oder Verborgene Symmetrien in der Elementarteilchenphysik, Vortrag auf der Physik-Schule Bad Honnef (1987, unpubliziert)

Rosen, J., Symmetry discovered (Cambridge University Press, Cambridge 1978)

Rune Mields, Katalog der Ausstellungen der Staatlichen Kunsthalle Baden-Baden 1988 und des Bonner Kunstvereins 1988

Sachs, R. G., The physics of time reversal (The University of Chicago Press, Chicago 1987)

Salam, Abdus, The role of chirality in the origin of life, Preprint International Centre for Theoretical Physics IC/90/277 (Trieste 1990)

Schattschneider, D., Visions of symmetry (Freeman, New York 1990)

Schlichting, H. J. und B. Rodewald, Von großen und kleinen Tieren, PdN-Ph. 5/37, S. 2 (1988); Wenn Wasser schlüpfrig und Luft klebrig wird..., ibid S. 22

Schopper, H., Materie und Antimaterie (Piper, München 1978)

Schwarzschild, B., COBE satellite finds no hint of excess in the cosmic microwave spectrum, Physics Today Heft 5, Seite 17 (1990)

Sexl, R. und H. K. Schmidt, Raum-Zeit-Relativität (Vieweg, Braunschweig 1979)

Shubnikov, A. V. und V. A. Koptsik, Symmetry in science and art (Plenum, New York 1974)

Smith, K. F. u. a., A search for the electric dipole moment of the neutron, Phys. Lett. B234, 191 (1990)

Smoot, G. F. u. a., Detection of anisotropy in the cosmic blackbody radiation, Phys. Rev. Lett. 39, 898 (1977)

Solheim, T. G. u. a., Astrophys. J. 209, 330 (1976)

Stober, K., "Planstadtanlagen in Europa", in Klar und lichtvoll wie eine Regel – Planstädte der Neuzeit, Ausstellung in Karlsruher Schloß (1990)

Stork, H. (Herausgeber), Symmetrie (Aulis, Köln 1985)

Sudbery, A., Quantum mechanics and the particles of Nature (Cambridge University Press, Cambridge 1986)

Sudbery, T., Exclusion principle still intact, Nature 348, 193 (1990)

Takayasu, H., Fractals in the physical sciences (Manchester University Press, Manchester 1990)

Trefil, J., Fünf Gründe, warum es die Welt nicht geben kann (Rowohlt, Reinbeck 1990)

Washburn, Dorothy K. und Donald W. Crowe, Symmetries of culture (University of Washington Press, Seattle 1988)

Weinberg, S., Gravitation and cosmology (Wiley, New York 1972)

Weinberg, S., Die ersten drei Minuten (Piper, München 1977)

Weinberg, S., Conceptual foundations of the unified theory of weak and electromagnetic interactions, Rev. Mod. Phys. 52, 515 (1980)

Weinberg, S., "Towards the final laws of physics", in Elementary particles and the laws of physics (Cambridge University Press, Cambridge 1987a)

Weinberg, S., Newtonianism, reductionism and the art of congressional testimony, Nature 330, 433 (1987b)

Weinberg, S., The cosmological constant problem, Rev. Mod. Phys. 61, 1 (1989)

Weisskopf, V. F., Of atoms, mountains, and stars: A study in qualitative physics, Science 187, 605 (1975)

Wess, J., The CPT-Theorem and its significance for fundamental physics, Nucl. Phys. B (Proc. Suppl.) 8, 461 (1989)

Wess, J., Theoretische Aspekte der Elementarteilchenphysik, Fridericiana 36, 14 (1985)

Weyl, H., Symmetrie (Birkhäuser, Basel 1955)

Wightman, A. S., Relativistic invariance and quantum mechanics, Supplemento al Volume XIV, Serie X, del Nuovo Cimento, 81 (1959)

Wightman, A. S. und N. Glance, "Superselection rules in molecules", in: Y. S. Kim und W. W. Zachary (Herausgeber), Proceedings of the international symposium on spacetime symmetries, College Park, Maryland, USA, 24-28 May 1988 (North Holland, Amsterdam 1989)

Wigner, E., On unitary representations of the inhomogenous Lorentz group, Annals of Mathematics 40, 149 (1939)

Will, C. M., The confrontation between general relativity and experiment: an update, Phys. Rep. 113, 345 (1984)

Will, C. M., Theory and experiment in gravitational physics (Cambridge University Press, Cambridge 1981)

Will, C. M., Und Einstein hatte doch recht (Springer, Berlin 1989)

Wille, R. (Herausgeber), Symmetrie in Geistes- und Naturwissenschaften (Springer, Berlin 1988)

Williams, J.G. u. a., Geophys. Res. Lett. 5, 943 (1978)

Wilson, K.G, Die Renormierungsgruppe, Spektrum der Wissenschaft 10/1979. Nachgedruckt in: Teilchen, Felder und Symmetrien (Spektrum, Heidelberg 1984)

Zee, A., Magische Symmetrie (Birkhäuser, Basel 1990)

Zeh, H. D., The physical basis of the direction of time (Springer, Berlin 1989)

Zeh, H. D., Found. Phys. 1, 60 (1970)

Empfohlene Literatur

Allgemeine Werke zur Symmetrie ausgenommen, nennen wir nur Abhandlungen auf dem in diesem Buch angestrebten Niveau zwischen verbal-populärwissenschaftlicher und professionell-wissenschaftlicher Darstellung. Die Auswahl ist subjektiv.

a) *Symmetrie allgemein*: Genz 1987a (siehe Vorwort), Weyl 1955 (vor allem geometrische Symmetrien; in seinen physikalischen Teilen überholt), Hargittai 1986 (vor allem Symmetrien in der Chemie), Mainzer 1988 (der Untertitel sagt zu Recht "Handbuch zur Natur- und Wissenschaftsphilosophie"), Krimmel 1986 (Austellungskatalog mit vielen Abbildungen, Einzeldarstellungen von Symmetrie-Themen), Stork 1985 (Einzelaufsätze zur Symmetrie), Wille 1988 (Einzelaufsätze zur Symmetrie), Genz 1983,1986,1988,1989a, 1989b,1990a (Einzelaufsätze zur Symmetrie; Vorformen dieses Buches), Gilde 1979 (sehr eingängliche Darstellung von Spiegelwelten; Späße mit Symmetrie), Pagels 1985 (moderne physikalische Aspekte von Symmetrien auf teilweise sehr hohem Niveau), Zee 1990 (siehe Pagels 1985), Mayer-Kuckuck 1989 (siehe Pagels 1985), Gardner 1990 (typisch Gardner), Kapitel 4 von Feynman 1990 (sehr klare Darstellung der Bedeutung physikalischer Symmetrien), Llewellyn Smith 1981 (Diskussion physikalischer Symmetrien), Kapitel I von Moore 1967 (Aufsätze von E. P. Wigner zur Symmetrie). *Professionell-wissenschaftliche*: Fonda 1970 (physikalische und mathematische Grundlagen), Jones 1990 (gute Mischung; auch Poincaré- und Eich-Symmetrie), Elliott 1979 (Kompendium), Ludwig 1988 (recht mathematisches Kompendium), Houtappel 1965 (physikalische Grundlagen)

b) *Symmetrische Objekte*: Grünbaum 1989 (ausführlich, anspruchsvoll), Lockwood 1978 (elementar, kaum Mathematik), Shubnikov 1974 (systematisch, Farbsymmetrien, Symmetrie und Kunst), Washburn 1988 (kulturhistorischer Überblick), Schattschneider 1990 (vollständigste uns bekannte Sammlung der Werke Eschers)

c) *Relativitätstheorien und Kosmologie*: Sexl 1979 (genau das, was der Titel sagt), Narlikar 1988 (sehr klar), Rindler 1977 (sehr klar, für das Thema nicht sehr mathematisch), Harrison 1983 (ausführlich, zahlreiche informative Abschweifungen), Berry 1990 (siehe Rindler 1977), Fang 1989 (etwas besonderes; hervorragend in Einzelfragen), Weinberg 1977 (ein Klassiker; sehr empfehlenswert)

d) *Elementarteilchenphysik*: Aitchison 1985 (sehr klare Darstellung von mit dem Vakuum zusammenhängenden Fragen), Bailin 1989 (Einführung in Superstrings mit wenigen Formeln), Bethge 1986 (fast schon professionell), Close 1983 (poppig, aber gut), Cooper 1988 (mehrere Autoren; teilweise ausgezeichnet, elementar einsehbare Formeln), Moriyasu 1983 (abstrakt-mathematisches anschaulich dargestellt), Okun 1985 (sehr klar, elementar einsehbare Formeln), Dodd 1984 (gut gegliederte Darstellung mit Formeln), Sachs 1987 (genau das, was der Titel sagt)

e) *Festkörperphysik*: Anderson 1984 (professionelle Darstellung; Kapitel 2 ist gut lesbar), Anderson 1981 (genau das, was der Titel sagt; anregend, interessant)

f) *Skalensymmetrie, Strukturbildung, Chaos*: Ekeland 1985 (sehr klar, etwas veraltet), Großmann 1989 (sehr klar; siehe unser Kapitel 5), Haken 1991 (Synergetik auf Schulniveau), Nicolis 1987 (Strukturbildung; wenige elementare Formeln), Peitgen 1988 (Details, auch mathematische), Mandelbrodt 1987 (*das* Original für Fraktale, ein wissenschaftliches Kunstwerk)

Quellen der Abbildungen

Die nicht erwähnten Abbildungen wurden neu angefertigt.

Abb. 1.1a: Sonderbriefmarke der Deutschen Bundespost 1991
Abb. 1.1b: Bentley 1962
Abb. 1.1c: nach Hibi 1990, S. 112
Abb. 1.1g: Prospekt der Firma DERTOUR/Bootstouren Frankfurt (1991)
Abb. 1.1i: Abel A.n.d. Gutierrez, Dibujos indigenas de Chile (Imprenta Universitaria, Santiago de Chile), wiedergegeben in Washburn 1988
Abb. 1.1k: Washburn 1988
Abb. 1.1j, 1.16, 1.17 und 1.19: Genz 1986
Abb. 1.4: nach Rosen 1978
Abb. 1.6: Hommel 1987, S. 50 und S. 51
Abb. 1.7: Gombrich in Wille 1988, S. 111
Abb. 1.10: nach Hargittai 1986
Abb. 1.14: nach Rune Mields 1988, S. 175
Abb. 1.21a: Stober 1990, S. 349
Abb. 1.21b: aus einer Anzeige des New Scientist
Abb. 1.21c: aus einem Katalog der Firma Märklin
Abb. 1.22: Thomas D. Rossing, Bild auf S. 173 im Beitrag "The Physics of the Kettledrums", Scientific American, Heft 11, 1982
Abb. 1.27 und 1.28: nach Mathews 1970
Abb. 1.35: Berry 1990, S. 73
Abb. 1.37: nach Feynman 1965
Abb. 1.39: nach Harrison 1983, S. 240
Abb. 2.2: nach Mather 1990
Abb. 2.4a: Petrus Apianus, Petri Apiani Cosmographia (Antverpiae: Berckmann 1540), Herzog-August-Bibliothek, Wolfenbüttel
Abb. 2.4b: wiedergegeben in Fang 1989, S. 4
Abb. 2.5, 4.12, 4.13, 5.2, 5.5 und 5.6: nach Genz 1987a
Abb. 2.6: Genz 1987
Abb. 2.17 und 5.4: Genz 1988
Abb. 2.21: Gamov 1980, S. 167
Abb. 3.1, 3.2 und 3.3: Genz 1989b
Abb. 5.1: Galilei 1985, S. 108–109
Abb. 5.3: Takayasu 1990, S. 29
Abb. 5.8: nach Huang 1982
Abb. 5.9: nach Schopper 1989
Abb. 5.10: nach Okun 1985

Sachverzeichnis

Die Selbststrukturierung der Materie

Synergetik in der unbelebten Welt

von Hermann Haken und Arne Wunderlin

*1991. XII, 466 Seiten mit 234 Abbildungen. (Facetten) Gebunden.
ISBN 3-528-06315-7*

Dieses Buch befaßt sich mit einem der faszinierendsten Probleme der modernen Naturwissenschaft: Wie können spontan, d.h. ohne Zutun von außen, makroskopische Strukturen entstehen? Nicht nur in der belebten, auch schon in der unbelebten Natur gibt es hierfür zahlreiche Beispiele: Wolkenstraßen oder meteorologische Strömungssysteme, Basaltsäulen, Wellen und Schwingungen bei chemischen Reaktionen, das Laserlicht, das sich so grundlegend vom Licht normaler Lampen unterscheidet, oder Vorgänge im Computer bei der Erkennung von Objekten, etwa Gesichtern. Zur einheitlichen Behandlung all dieser Erscheinungen und vieler anderer ist ein neues Forschungsgebiet entstanden, die Synergetik, die in viele andere Forschungsgebiete über die eigentlichen Naturwissenschaften hinaus ausstrahlt. Die Synergetik ist somit zu einem unverzichtbaren Bestandteil des modernen Weltbildes geworden.

Anhand ausgesuchter Beispiele legt dieses Buch die grundlegenden Begriffsbildungen der Synergetik dar und führt in einfach verständlicher Weise an die theoretische Behandlung der verschiedenartigsten Strukturbildungen heran.

Verlag Vieweg · Postfach 58 29 · D-6200 Wiesbaden 1

vieweg

Die Debatte um die Quantentheorie

von Franco Selleri

3., überarbeitete Auflage 1990. X, 212 Seiten. (Facetten) Gebunden.
ISBN 3-528-28518-4

Die Quantentheorie nimmt keineswegs eine philosophisch neutrale Stellung ein – im Gegenteil: Sie führt zu Vorhersagen, die im Widerspruch zu einigen als selbstverständlich erscheinenden Auffassungen der physikalischen Realität stehen; unsere Sichtweise der Realität muß überdacht werden, wenn die Quantentheorie wahr ist.

Grundsätzliche Unterschiede in der philosophischen Haltung führen zu einer Kontroverse um die Quantentheorie, die zwischen den Befürwortern (wie Bohr, Heisenberg und Born) und ihren Gegnern (wie Einstein, Planck und de Broglie) entstand. Nicht zuletzt durch neue, zum Teil bis an die Grenzen der herkömmlichen Physik stoßende Experimente lebte die Debatte wieder auf – weitreichende philosophische Konsequenzen deuten sich an.

„(...) Ausführlich setzt sich Selleri mit den verschiedenen Interpretationen und ihren Schwachstellen auseinander. Philosophische Exkurse sowie die Herleitung mancher Formel mit Hilfe des quantenmechanischen Formalismus fehlen nicht. Einen breiten Raum nimmt das Gedankenexperiment von Einstein, Podolsky und Rosen ein, welches in lobenswerter Schärfe analysiert wird."

Bild der Wissenschaft

Verlag Vieweg · Postfach 58 29 · D-6200 Wiesbaden 1

vieweg

GPSR Compliance

The European Union's (EU) General Product Safety Regulation (GPSR) is a set of rules that requires consumer products to be safe and our obligations to ensure this.

If you have any concerns about our products, you can contact us on ProductSafety@springernature.com

In case Publisher is established outside the EU, the EU authorized representative is:

Springer Nature Customer Service Center GmbH
Europaplatz 3
69115 Heidelberg, Germany

Batch number: 10577917

Printed by Printforce, the Netherlands